生生한 새로운 출제기준에 따른
# 자동차정비기능사 실기
# 답안지 작성법

임춘무 · 최종기 · 이호상 · 최필식 · 이주학 공저

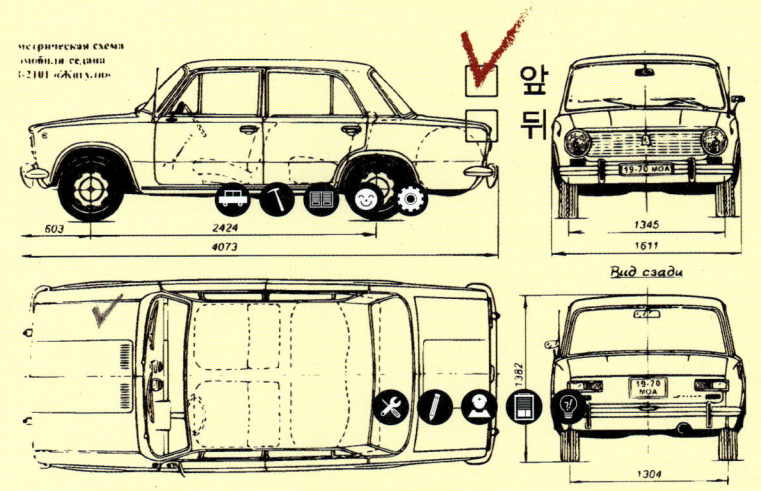

일진사

 # 머 리 말

자동차 관련 환경은 새로운 기술 혁신과 더불어 하루가 다르게 빠른 속도로 변화되고 있으며, 자동차 관련 국가기술자격 실기시험도 자동차의 발전 방향과 함께 꾸준히 변화되었음을 실감할 수 있습니다.

자동차정비기능사 실기시험은 4파트(엔진1, 엔진2, 섀시, 전기)로 분류되어 진행되고 있지만, 실제로는 3파트(엔진, 섀시, 전기)로 분류되어 있습니다. 이에 따라 '답안지 작성법'은 파트별 문제에 따라 답안지를 작성하는 방법에 대하여 쉽고 명확한 방법을 제시하기 위해 꼭 필요한 내용을 정리하였습니다. 파트별로 핵심이 되는 문제의 답안지를 정리하여 제시하였으므로 수험생들이 편안한 마음으로 실기시험 답안지를 작성할 수 있을 것이라 확신합니다.

이 책은 자동차정비기능사 실기시험을 준비하는 수험생들이 가장 많은 어려움을 겪는 답안지 작성을 위해 쉽고 명확한 방법을 제시하고자 다음과 같은 특징으로 구성하였습니다.

첫째, 출제 문제를 안별로 분류하여 원하는 문제를 쉽고 빠르게 확인할 수 있도록 하였습니다.
둘째, 파트별 문제 중 답안지 작성에 관련된 내용만 수록하여 실기시험 답안지 작성 방법을 구체적으로 예시하였습니다.
셋째, 판정과 정비 및 조치 사항을 정확히 작성하여 출제 가능한 예시 답안을 수록하였습니다.
넷째, 차종별, 제작사별 규정값을 시험장 출제 가능 차량으로 다루었으며, 스캐너를 활용하여 기준값을 확인할 수 있도록 하였습니다.
다섯째, 자동차관리법 시행규칙, 자동차 검사기준과 방법, 대기환경보전법에 따른 최신 기준을 적용하여 답안지를 작성할 수 있도록 하였습니다.
여섯째, 답안지 작성에 필요한 컬러사진을 다양하게 수록하여 시험장 분위기를 최대한 느낄 수 있도록 하였습니다.

이 책이 자동차정비기능사를 준비하는 수험생들에게 체계적이고 효과적인 학습을 통해 답안지를 바르게 작성하고, 모두 합격할 수 있는 좋은 지침서가 되기를 기대하며, 내용의 오류를 지적해주시면 겸허한 마음으로 수정·보완하여 더 나은 책이 되도록 심혈을 기울이겠습니다.
끝으로 이 책이 출간될 수 있도록 열정과 사랑으로 지원해주신 **일진사** 대표님과 편집부 직원들께 감사의 마음을 전합니다.

저자 일동

# 한국산업인력공단 시행 자동차정비기능사 실기 안별 출제 문제

| 파트별 | | 안별 문제 | 1 | 2 | 3 | 4 | 5 | 6 | 7 |
|---|---|---|---|---|---|---|---|---|---|
| 엔진 | 1 | 엔진(부품) 분해 조립 | 실린더 헤드(디젤)/ 노즐 | 실린더 헤드(가솔리)/ 밸브 스프링 | 워터펌프(디젤)/ 라디에이터 캡 | 가솔린 엔진(DOHC) 타이밍벨트/캠축 | 디젤엔진 크랭크축 | 가솔린 엔진 크랭크축 | 가솔린 엔진(DOHC) 실린더 헤드 |
| | | 측정/답안작성 | 노즐압력 및 후적 | 밸브 스프링 장력 | 라디에이터 압력식 캡 | 캠 높이 | 크랭크축 휨 | 크랭크축 마모 | 실린더 헤드 변형 |
| | 2 | 시스템 점검 엔진 시동 | 점화회로 | 연료계통회로 | 시동회로 | 점화회로 | 연료계통회로 | 시동회로 | 점화회로 |
| | | 부품 탈거/조립 | 공회전 조절 장치 (ISC 서보 및 스텝 모터) | 가솔린 인젝터(1개) | 흡입공기량센서 (AFS) | CRDI 연료압력 조절밸브 | CRDI 예열플러그 | 스로틀 보디 | 점화플러그(LPG) 배선 |
| | 3 | 자기진단(답안작성) | | | 스캐너를 이용한 엔진 전자제어 센서(액추에이터) 점검 | | | | |
| | 4 | 차량 검사 측정 | 디젤 매연 | 가솔린 배기가스 | 디젤 매연 | 가솔린 배기가스 | 디젤 매연 | 가솔린 배기가스 | 디젤 매연 |
| 섀시 | 1 | 부품 탈거/조립 | 앞 속업소버 스프링 | 허브와 너클 | 타이어 탈착 | 로어 암 | 등속 축 | 범퍼(앞 또는 뒤) | 후진 아이들 기어(M/T) |
| | 2 | 점검/답안작성 | 캐스터, 캠버각 | 캐스터, 캠버각 | 압력축 엔드 플레이(M/T) | 조향 휠 유격 | 타이어 휠 탈거 휠밸런스 | 주차 레버 클릭수 | 디스크 (두께, 런 아웃) |
| | 3 | 부품 탈거 작동 상태 | ABS 브레이크 패드 | 브레이크 라이닝(슈) | 릴리스 실린더/ 공기빼기 | 브레이크 캘리퍼 | 타이로드 엔드 작동 상태 | 오일펌프(PS) 작동 상태 | 타이로드 엔드 작동 상태 |
| | 4 | 점검/답안작성 | A/T 인히비터 스위치 | A/T 자기진단 | ECS 자기진단 | ABS 자기진단 | A/T 자기진단 | A/T 자기진단 | A/T 오일 압력 점검 |
| | 5 | 안전기준 검사 | 브레이크 제동력 | 최소 회전 반지름 | 브레이크 제동력 | 최소 회전 반지름 | 브레이크 제동력 | 최소 회전 반지름 | 브레이크 제동력 |
| 전기 | 1 | 부품 탈거/조립 작동 확인 | 와이퍼 모터/ 작동 확인 | 발전기/벨트 확인 | 점화플러그(DOHC) 케이블/시동 | 시동모터/시동 | 에어컨 냉매 충전/회수 작동 확인 | 다기능스위치/ 작동확인 | 경음기 릴레이/작동 확인 |
| | 2 | 측정/답안작성 | 크랭킹 시 전류 소모 시험 | 점화코일 점검 (1, 2차 저항) | 충전 전류, 전압 점검 | 메인 컨트롤 릴레이 | ISC 밸브 듀티값 | 급속 충전 후 축전지 비중 및 전압 | 에어컨 압력 점검 (저압, 고압) |
| | 3 | 전기회로점검 고장부답안작성 | 미등 및 번호등 회로 | 전조등 회로 | 와이퍼 회로 | 방향지시등 회로 | 경음기 회로 | 기동 및 점화회로 | 전동 팬 회로 |
| | 4 | 차량 검사 측정 | 전조등 | 경음기 | 전조등 | 경음기 | 전조등 | 경음기 | 전조등 |

※ 자동차정비기능사 실기시험은 1안~15(안)을 기본 문제로 하며, 그것을 조합한 복합적인 문제로 16~30(안)까지 출제되고 있으므로 실기시험을 준비하는데 1~15(안) 중심으로 실기시험을 준비하도록 편성하였음.

| 파트별 | 안별 문제 | 1 | 2 | 3 | 4 | 5 | 6 | 7 | 8 | 9 | 10 | 11 | 12 | 13 | 14 | 15 |
|---|---|---|---|---|---|---|---|---|---|---|---|---|---|---|---|---|
| **엔진** | 1 | 엔진(부품) 분해 조립 | | | | | | | | 공기정정기 (가솔린/ 점화플러그) | 크랭크축 (가솔린 엔진) | 크랭크축 (가솔린 엔진) 메인 베어링 | 실린더 헤드 개폐 (DOHC 가솔린 엔진) | 크랭크축(디젤) | CRDI 인젝터 1개 예열 플러그 | 실린더 헤드 (DOHC) 피스톤 1개 | 실린더 헤드 (가솔린) 피스톤 피스톤 링 엔드 갭 |
| | | 측정/답안작성 | | | | | | | | 압축압력시험 | 크랭크축 방향 엔드 플레이 | 크랭크축 메인 베어링 유무 간극 | 캠축 휠 | 폴리이홈 런 이웃 | 예열 폴리고 저항 | 피스톤 간극 | 피스톤 링 엔드 갭 |
| | 2 | 시스템 점검 엔진 시동 | | | | | | | | 연료계열회로 | 시동회로 | 점화회로 | 연료계통 회로 | 시동회로 | 점화회로 | 연료계통회로 | 시동회로 |
| | | 부품 탈거/조립 | | | | | | | | 엔진 점화코일 (LPG) | 맵 센서(LPG) | 연료 펌프 | 연료 펌프 | 연료펌프 | AFS/에어클리너 | AFS/에어클리너 | AFS/에어클리너 |
| | 3 | 자기진단(답안작성) | | | | | | | | 스캐너를 이용한 엔진 전자제어 센서(액추에이터) 점검 | | | | | | | |
| | 4 | 차량 검사 측정 | | | | | | | | 가솔린 배기가스 | 디젤 매연 | 가솔린 배기가스 | 디젤 매연 | 가솔린 배기가스 | 디젤 매연 | 가솔린 배기가스 | 디젤 매연 |
| **새시** | 1 | 부품 탈거/조립 | | | | | | | | 액슬축(후륜) | 뒤 숏업소버 | A/T 오일 필터 유온 센서 | 추진축 | 자동기어(FR) | A/T 오일펌프 | M/T 1단 기어 | A/T 밸브 보디 |
| | 2 | 점검/답안작성 | | | | | | | | A/T 오일 점검 | 종감속 기어 백래시 | 브레이크 페달 유격/작동거리 | 토(toe) | 클러치 페달 유격 | 사이드 슬립 | ABS 톤 휠 간극 | A/T 오일 점검 |
| | 3 | 부품 탈거 작동 상태 | | | | | | | | 브레이크 캘리퍼 | 휠 실린더/ 공기빼기 | 파워스티어링 오일펌프 | ABS 브레이크 패드 | 브레이크 라이닝(슈) 교환 | ABS 브레이크 패드 | 휠 실린더/ 공기빼기 | 릴리스 실린더/ 공기빼기 |
| | 4 | 점검/답안작성 | | | | | | | | A/T 인히비터 스위치 | ABS 자기진단 | ECS 자기진단 | ABS 자기진단 | ABS 자기진단 | A/T 오일 압력 점검 | A/T 자기진단 | ECS 자기진단 |
| | 5 | 안전기준 검사 | | | | | | | | 최소 회전 반지름 | 브레이크 제동력 | 브레이크 제동력 | 최소 회전 반지름 | 최소 회전 반지름 | 브레이크 제동력 | 최소 회전 반지름 | 브레이크 제동력 |
| **전기** | 1 | 부품 탈거/ 조립 작동 확인 | | | | | | | | 윈도 레귤레이터 | 전조등/ 조사 방향 | 에어컨 필터/ 블로어 모터 | 발전기 탈거 | 히터 블로어 모터 | 에어컨 벨트 | 계기판 | |
| | 2 | 측정/답안작성 | | | | | | | | 축전지 점검 급속 충전, 비중 전압 | 발전기 충전 전류, 전압 | 인젝터 코일저항 | 스탑 모터 저항 | 메인 컨트롤 릴레이 점검 | 점화코일 1, 2차 저항 측정 | | |
| | 3 | 전기회로 점검 고장부위 작성 | | | | | | | | 충전회로 | 에어컨 회로 | 점화회로 | 실내등 및 열선 회로 | 방향지시등 회로 | 와이퍼 회로 | 파워윈도 회로 | |
| | 4 | 차량 검사 측정 | | | | | | | | 경음기 | 전조등 | 경음기 | 경음기 | 전조등 | 경음기 | 전조등 | |

※ 자동차정비기능사 실기시험은 1안~15안(안)을 기본 문제로 하며, 그것을 조합한 복합적인 문제로 16~30(안)까지 출제되고 있으므로 1~15(안) 중심으로 실기시험을 준비하도록 편성하였음.

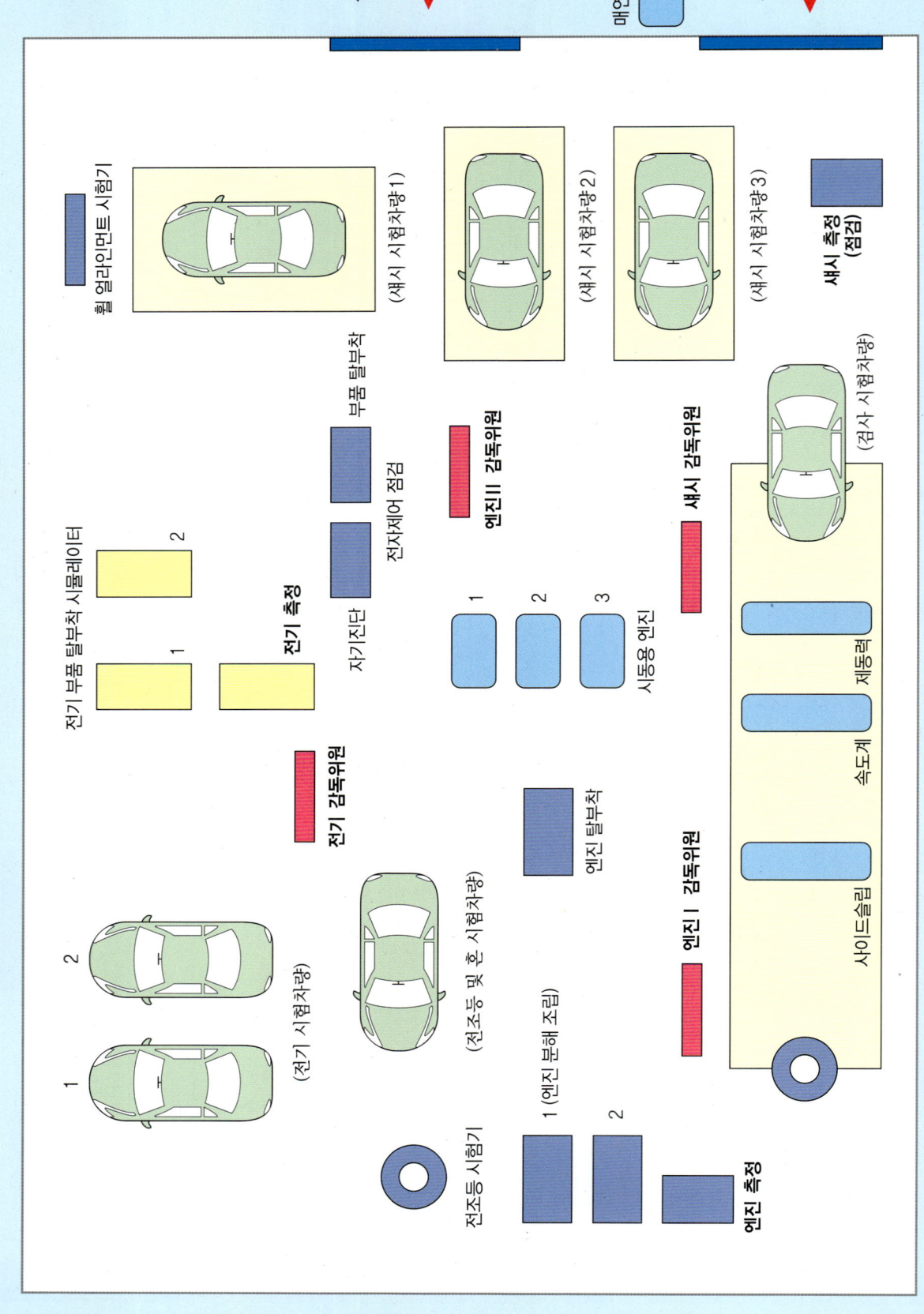

# 차종별 자동차 분류기준

자동차관리법 시행규칙 [별표 1] 자동차의 종류
〈2018. 11. 23〉

| 승용자동차 | | |
|---|---|---|
| 소형 | 중형 | 대형 |
| • 배기량 1600 cc 미만<br>• 길이 4.7 m, 너비 1.7 m, 높이 2.0 m 이하 | • 배기량 1600 cc 이상 2000 cc 미만<br>• 길이, 너비, 높이 중 하나라도 소형을 초과 | • 배기량 2000 cc 이상<br>• 길이, 너비, 높이 모두 소형을 초과 |
| 엑센트, 아베오, 프라이드, 아반떼 포르테 | 쏘나타, K5, SM5 | K7, K9, 모하비, 카니발, 쏠라티, 그랜저, SM7, 코란도 투스리모, G70, G80, EQ900, 스팅어 2.2디젤과 3.3 터보 |

| 승합자동차 | | |
|---|---|---|
| 소형 | 중형 | 대형 |
| • 승차정원 15인 이하<br>• 길이 4.7 m, 너비 1.7 m, 높이 2.0 m 이하 | • 승차정원 16인 이상 35인 이하<br>• 길이, 너비, 높이 중 하나가 소형을 초과하고 길이가 9 m 미만 | • 승차정원 36인 이상<br>• 길이, 너비, 높이 모두 소형을 초과하고 길이가 9 m 이상 |
| 쏠라티, 봉고, 그레이스, 뉴카운티, 이스타나 | 에어로타운버스, 카운티, 그랜드 스타렉스 | 그린시티, 유니버스, 그랜버드, 자일대우버스 |

| 화물자동차 | | |
|---|---|---|
| 소형 | 중형 | 대형 |
| • 최대적재량 1톤 이하<br>• 총중량 3.5톤 이하 | • 최대적재량 1톤 이상 5톤 미만<br>• 총중량 3.5톤 초과 10톤 미만 | • 최대적재량 5톤 이상<br>• 총중량 10톤 이상 |
| 봉고3트럭, 봉고프런티어, 와이드봉고, 타이탄, 포터, 포터2, 리베로, 카고(2.5톤) | 카고(3.5~5톤) | 트라고 엑시언트, 카고(11톤 이상) |

## 차례 CONTENTS

### 안별 답안지 작성 방법

### ① 안

- 엔진 1 분사노즐 분사압력 점검 ········· 14
- 엔진 3 엔진 센서(액추에이터) 점검 ········· 16
- 엔진 4 디젤 자동차 매연 측정 ········· 18
- 섀시 2 캐스터각, 캠버각 점검 ········· 22
- 섀시 4 자동변속기 인히비터 스위치 점검 ········· 24
- 섀시 5 제동력 측정 ········· 26
- 전기 2 크랭킹 전류 소모 점검 ········· 28
- 전기 3 미등 및 번호등 회로 점검 ········· 30
- 전기 4 전조등 광도 측정 ········· 32

### ② 안

- 엔진 1 밸브 스프링 장력 점검 ········· 36
- 엔진 3 엔진 센서(액추에이터) 점검 ········· 38
- 엔진 4 가솔린 자동차 배기가스 측정 ········· 40
- 섀시 2 캐스터각, 캠버각 점검 ········· 43
- 섀시 4 자동변속기 자기진단 센서(액추에이터) 점검 ········· 45
- 섀시 5 최소 회전 반지름 측정 ········· 46
- 전기 2 점화코일 저항 점검 ········· 48
- 전기 3 전조등 회로 점검 ········· 50
- 전기 4 경음기 음량 측정 ········· 52

### ③ 안

- 엔진 1 라디에이터 압력식 캡 점검 ········· 56
- 엔진 3 엔진 센서(액추에이터) 점검 ········· 58
- 엔진 4 디젤 자동차 매연 측정 ········· 60
- 섀시 2 입력축 엔드 플레이 점검 ········· 63
- 섀시 4 전자제어 현가장치(ECS) 점검 ········· 65
- 섀시 5 제동력 측정 ········· 67
- 전기 2 발전기 충전 전류, 전압 점검 ········· 69
- 전기 3 와이퍼 회로 점검 ········· 71
- 전기 4 전조등 광도 측정 ········· 73

### ④ 안

- 엔진 1 캠축의 캠 높이 점검 ········· 76
- 엔진 3 엔진 센서(액추에이터) 점검 ········· 78
- 엔진 4 가솔린 자동차 배기가스 측정 ········· 80
- 섀시 2 조향 휠 유격 점검 ········· 83
- 섀시 4 전자제어 제동장치(ABS) 점검 ········· 85
- 섀시 5 최소 회전 반지름 측정 ········· 86
- 전기 2 메인 컨트롤 릴레이 점검 ········· 88
- 전기 3 방향지시등 회로 점검 ········· 90
- 전기 4 경음기 음량 측정 ········· 92

## 5 안

| | | |
|---|---|---|
| 엔진 1 | 크랭크축 휨 점검 | 96 |
| 엔진 3 | 엔진 센서(액추에이터) 점검 | 98 |
| 엔진 4 | 디젤 자동차 매연 측정 | 100 |
| 섀시 2 | 타이어 휠 밸런스 점검 | 103 |
| 섀시 4 | 자동변속기 자기진단 | 105 |
| 섀시 5 | 제동력 측정 | 106 |
| 전기 2 | ISC 밸브 듀티값 점검 | 108 |
| 전기 3 | 경음기 회로 점검 | 110 |
| 전기 4 | 전조등 광도 측정 | 112 |

## 7 안

| | | |
|---|---|---|
| 엔진 1 | 실린더 헤드 변형도 점검 | 134 |
| 엔진 3 | 엔진 센서(액추에이터) 점검 | 136 |
| 엔진 4 | 디젤 자동차 매연 측정 | 138 |
| 섀시 2 | 브레이크 디스크 두께 및 흔들림 점검 | 142 |
| 섀시 4 | 자동변속기 오일 압력 점검 | 144 |
| 섀시 5 | 제동력 측정 | 146 |
| 전기 2 | 에어컨 라인 압력 점검 | 148 |
| 전기 3 | 전동 팬 회로 점검 | 150 |
| 전기 4 | 전조등 광도 측정 | 152 |

## 6 안

| | | |
|---|---|---|
| 엔진 1 | 크랭크축 마모량 점검 | 114 |
| 엔진 3 | 엔진 센서(액추에이터) 점검 | 116 |
| 엔진 4 | 가솔린 자동차 배기가스 측정 | 118 |
| 섀시 2 | 주차 레버 클릭 수 점검 | 121 |
| 섀시 4 | 자동변속기 자기진단 | 123 |
| 섀시 5 | 최소 회전 반지름 측정 | 124 |
| 전기 2 | 축전지 비중 및 전압 점검 | 126 |
| 전기 3 | 점화회로 점검 | 128 |
| 전기 4 | 경음기 음량 측정 | 130 |

## 8 안

| | | |
|---|---|---|
| 엔진 1 | 가솔린 엔진 압축압력 점검 | 156 |
| 엔진 3 | 엔진 센서(액추에이터) 점검 | 158 |
| 엔진 4 | 가솔린 자동차 배기가스 측정 | 160 |
| 섀시 2 | 자동변속기 오일 양 점검 | 163 |
| 섀시 4 | 자동변속기 인히비터 스위치 점검 | 165 |
| 섀시 5 | 최소 회전 반지름 측정 | 167 |
| 전기 2 | 축전지 비중 및 전압 점검 | 169 |
| 전기 3 | 충전회로 점검 | 171 |
| 전기 4 | 경음기 음량 측정 | 173 |

## 차례 CONTENTS

### ⑨ 안

| 엔진 1 | 크랭크축 방향 유격 점검 | 176 |
| 엔진 3 | 엔진 센서(액추에이터) 점검 | 178 |
| 엔진 4 | 디젤 자동차 매연 측정 | 180 |
| 섀시 2 | 종감속 기어 백래시 점검 | 183 |
| 섀시 4 | 전자제어 제동장치(ABS) 점검 | 185 |
| 섀시 5 | 제동력 측정 | 186 |
| 전기 2 | 발전기 충전 전류, 전압 점검 | 188 |
| 전기 3 | 에어컨 회로 점검 | 190 |
| 전기 4 | 전조등 광도 측정 | 192 |

### ⑩ 안

| 엔진 1 | 크랭크축 오일 간극 점검 | 196 |
| 엔진 3 | 엔진 센서(액추에이터) 점검 | 198 |
| 엔진 4 | 가솔린 자동차 배기가스 측정 | 200 |
| 섀시 2 | 브레이크 페달 점검 | 203 |
| 섀시 4 | 전자제어 현가장치(ECS) 점검 | 205 |
| 섀시 5 | 제동력 측정 | 206 |
| 전기 2 | 인젝터 코일 저항 점검 | 208 |
| 전기 3 | 점화회로 점검 | 210 |
| 전기 4 | 경음기 음량 측정 | 211 |

### ⑪ 안

| 엔진 1 | 캠축의 휨 점검 | 214 |
| 엔진 3 | 엔진 센서(액추에이터) 점검 | 216 |
| 엔진 4 | 디젤 자동차 매연 측정 | 218 |
| 섀시 2 | 토(Toe) 점검 | 221 |
| 섀시 4 | 자동변속기 자기진단 | 223 |
| 섀시 5 | 제동력 측정 | 224 |
| 전기 2 | 크랭킹 시 전압 강하 점검 | 226 |
| 전기 3 | 제동등 및 미등 회로 점검 | 228 |
| 전기 4 | 전조등 광도 측정 | 230 |

### ⑫ 안

| 엔진 1 | 플라이휠 런아웃 점검 | 234 |
| 엔진 3 | 엔진 센서(액추에이터) 점검 | 236 |
| 엔진 4 | 가솔린 자동차 배기가스 측정 | 238 |
| 섀시 2 | 클러치 페달 유격 점검 | 241 |
| 섀시 4 | 전자제어 제동장치(ABS) 점검 | 243 |
| 섀시 5 | 최소 회전 반지름 측정 | 244 |
| 전기 2 | 스텝 모터(공회전 속도 조절 서보) 저항 점검 | 245 |
| 전기 3 | 실내등 및 열선 회로 점검 | 246 |
| 전기 4 | 경음기 음량 측정 | 248 |

## 13안

- 엔진 1  예열 플러그 저항 점검 ......... 250
- 엔진 3  엔진 센서(액추에이터) 점검 ......... 252
- 엔진 4  디젤 자동차 매연 측정 ......... 254
- 섀시 2  사이드슬립 점검 ......... 258
- 섀시 4  자동변속기 오일 압력 점검 ......... 260
- 섀시 5  제동력 측정 ......... 262
- 전기 2  스텝 모터(공회전 속도 조절 서보) 저항 점검 ......... 264
- 전기 3  방향지시등 회로 점검 ......... 266
- 전기 4  전조등 광도 측정 ......... 268

## 14안

- 엔진 1  실린더 간극 점검 ......... 270
- 엔진 3  엔진 센서(액추에이터) 점검 ......... 272
- 엔진 4  가솔린 자동차 배기가스 측정 ......... 274
- 섀시 2  ABS 스피드 센서(톤 휠 간극) 점검 ......... 277
- 섀시 4  자동변속기 자기진단 ......... 279
- 섀시 5  최소 회전 반지름 측정 ......... 280
- 전기 2  메인 컨트롤 릴레이 점검 ......... 282
- 전기 3  와이퍼 회로 점검 ......... 284
- 전기 4  경음기 음량 측정 ......... 286

## 15안

- 엔진 1  피스톤 링 이음 간극 점검 ......... 290
- 엔진 3  엔진 센서(액추에이터) 점검 ......... 292
- 엔진 4  디젤 자동차 매연 측정 ......... 294
- 섀시 2  자동변속기 오일 양 점검 ......... 297
- 섀시 4  전자제어 현가장치(ECS) 점검 ......... 298
- 섀시 5  제동력 측정 ......... 299
- 전기 2  점화코일 저항 점검 ......... 301
- 전기 3  파워 윈도 회로 점검 ......... 303
- 전기 4  전조등 광도 측정 ......... 304

**자동차정비 기능사 실기시험문제
제1안~15안** ......... 305

# 자동차정비 기능사 실기 1안

## 답안지 작성법

| 파트별 | 안별 문제 | 1안 |
|---|---|---|
| 엔진 | 엔진(부품) 분해 조립 | 실린더 헤드(디젤)/노즐 |
| | 측정/답안작성 | 노즐압력 및 후적 |
| | 시스템 점검/엔진 시동 | 점화회로 |
| | 부품 탈거/조립 | 공회전 조절 장치 (ISC 서보 및 스텝 모터) |
| | 자기진단(답안작성) | 스캐너를 이용한 엔진 전자제어 센서(액추에이터) 점검 |
| | 차량 검사 측정 | 디젤 매연 |
| 섀시 | 부품 탈거/조립 | 앞 쇽업소버 스프링 |
| | 점검/답안작성 | 캐스터각, 캠버각 |
| | 부품 탈거 작동 상태 | ABS 브레이크 패드 |
| | 점검/답안작성 | 인히비터 스위치 |
| | 안전기준 검사 | 브레이크 제동력 |
| 전기 | 부품 탈거/조립 작동 확인 | 와이퍼 모터/작동 확인 |
| | 측정/답안작성 | 크랭킹 시 전류 소모 시험 |
| | 전기회로 점검/고장부위 작성 | 미등 및 번호등 회로 |
| | 차량 검사 측정 | 전조등 |

## 1안 분사노즐 분사압력 점검

**엔진 1** 주어진 디젤 엔진에서 실린더 헤드와 분사노즐(1개)을 탈거한 후(감독위원에게 확인하고) 감독위원의 지시에 따라 기록표의 내용대로 기록·판정한 후 다시 조립하시오.

### 1 분사압력이 규정값 범위 내에 있고 후적이 없을 경우

| | ① 엔진 번호 : | | | ② 비번호 | | ③ 감독위원 확인 | |
|---|---|---|---|---|---|---|---|
| 항목 | 측정(또는 점검) | | | 판정 및 정비(또는 조치) 사항 | | | ⑨ 득점 |
| | ④ 측정값 | ⑤ 규정 (정비한계)값 | ⑥ 후적 유무 판정(□에 'V'표) | ⑦ 판정(□에 'V'표) | ⑧ 정비 및 조치할 사항 | | |
| 분사노즐 분사압력 | 120 kgf/cm² | 100~120 kgf/cm² | □ 유<br>☑ 무 | ☑ 양호<br>□ 불량 | 정비 및 조치할 사항 없음 | | |

① **엔진 번호** : 측정하는 엔진 번호를 기록한다(측정 엔진이 1대인 경우 생략할 수 있다).
② **비번호** : 책임관리위원(공단 본부)이 배부한 등번호(비번호)를 기록한다.
③ **감독위원 확인** : 시험 전 또는 시험 후 감독위원이 채점 후 확인한다(날인).
④ **측정값** : 분사노즐 분사압력을 측정한 값을 기록한다.
  • 측정값 : 120 kgf/cm²
⑤ **규정(정비한계)값** : 정비지침서를 확인하거나 감독위원이 제시한 규정값을 기록한다.
  • 규정값 : 100~120 kgf/cm²
⑥ **후적 유무 판정** : 후적이 없으므로 ☑ 무에 표시한다.
⑦ **판정** : 측정값이 규정(정비한계)값 범위 내에 있으므로 ☑ 양호에 표시한다.
⑧ **정비 및 조치할 사항** : 판정이 양호이므로 정비 및 조치할 사항 없음을 기록한다.
⑨ **득점** : 감독위원이 해당 문항을 채점하고 점수를 기록한다.

※ 단위가 누락되거나 틀린 경우는 오답으로 채점한다.

### 2 분사압력이 규정값보다 크고 후적이 없을 경우

| | 엔진 번호 : | | | 비번호 | | 감독위원 확인 | |
|---|---|---|---|---|---|---|---|
| 항목 | 측정(또는 점검) | | | 판정 및 정비(또는 조치) 사항 | | | 득점 |
| | 측정값 | 규정 (정비한계)값 | 후적 유무 판정(□에 'V'표) | 판정(□에 'V'표) | 정비 및 조치할 사항 | | |
| 분사노즐 분사압력 | 145 kgf/cm² | 100~120 kgf/cm² | □ 유<br>☑ 무 | □ 양호<br>☑ 불량 | 심으로 조정 후 재점검 | | |

## 3 분사압력이 규정값 범위 내에 있고 후적이 있을 경우

| 엔진 번호 : | | | | 비번호 | | 감독위원 확 인 | |
|---|---|---|---|---|---|---|---|
| 항목 | 측정(또는 점검) | | | 판정 및 정비(또는 조치) 사항 | | | 득점 |
| | 측정값 | 규정<br>(정비한계)값 | 후적 유무<br>판정(□에 'V'표) | 판정(□에 'V'표) | 정비 및<br>조치할 사항 | | |
| 분사노즐<br>분사압력 | 110 kgf/cm² | 100~120 kgf/cm² | ☑ 유<br>□ 무 | □ 양호<br>☑ 불량 | 딜리버리 밸브<br>교체 후 재점검 | | |

## 4 분사노즐 분사개시압력 규정값

| 차 종 | 분사개시압력 | 분사압력 조정 방법 |
|---|---|---|
| 그레이스 | 120 kgf/cm² | 규정값 범위를 벗어난 경우 심으로 조정한다. |
| 포터 | 120 kgf/cm² | 규정값 범위를 벗어난 경우 조정나사로 조정한다. |

※ 규정값은 100~120 kgf/cm² 또는 100~130 kgf/cm²로 주어지거나 감독위원이 제시한 값으로 한다.

## 5 분사노즐 분사압력 측정

1. 분사노즐이 수직상태임을 확인한다.

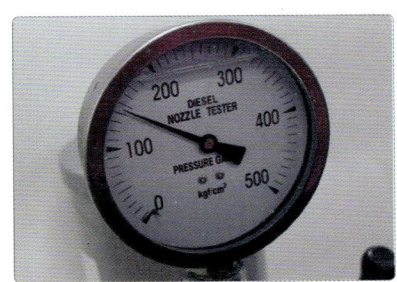

2. 분사압력을 확인한다(145 kgf/cm²).

3. 노즐 팁을 육안으로 확인하여 후적 유무를 확인한다.

**분사압력이 규정값 범위를 벗어난 경우 정비 및 조치할 사항**
❶ 분사압력이 규정값보다 높을 경우 → 심을 감소하거나 압력 조정나사를 푼다.
❷ 분사압력이 규정값보다 낮을 경우 → 심을 증가하거나 압력 조정나사를 조인다.

## 1안 엔진 센서(액추에이터) 점검

**엔진 3** 주어진 자동차에서 엔진의 공회전 조절장치를 탈거(감독위원에게 확인)한 후, 다시 조립하고 감독위원의 지시에 따라 진단기(스캐너)를 사용하여 엔진의 각종 센서(액추에이터) 점검 후 고장 부분을 기록하시오.

### 1 흡기온도 센서 커넥터가 탈거된 경우(센서 출력 : 온도)

| 항목 | ① 자동차 번호 : | | | ② 비번호 | | ③ 감독위원 확인 | |
|---|---|---|---|---|---|---|---|
| | 측정(또는 점검) | | | 판정 및 정비(또는 조치) 사항 | | | ⑨ 득점 |
| | ④ 고장 부위 | ⑤ 측정값 | ⑥ 규정값 | ⑦ 고장 내용 | ⑧ 정비 및 조치할 사항 | | |
| 센서 (액추에이터) 점검 | 흡기온도 센서 (ATS) | -40℃ | 20℃ | 커넥터 탈거 | ATS 커넥터 체결, ECU 기억 소거 후 재점검 | | |

① **자동차 번호** : 측정하는 자동차 번호를 기록한다(측정 차량이 1대인 경우 생략할 수 있다).
② **비번호** : 책임관리위원이 배부한 등번호(비번호)를 기록한다.
③ **감독위원 확인** : 시험 전 또는 시험 후 감독위원이 채점 후 확인한다(날인).
④ **고장 부위** : 스캐너 자기진단에서 확인된 고장 부위를 기록한다.
  • 고장 부위 : 흡기온도 센서(ATS)
⑤ **측정값** : 스캐너 센서 출력에서 확인된 측정값을 기록한다.
  • 측정값 : -40℃
⑥ **규정값** : 스캐너 내 규정값을 기록하거나 감독위원이 제시한 규정값을 기록한다.
  • 규정값 : 20℃
⑦ **고장 내용** : 고장 부위 점검으로 확인된 커넥터 탈거를 기록한다.
⑧ **정비 및 조치할 사항** : 커넥터가 탈거되었으므로 ATS 커넥터 체결, ECU 기억 소거 후 재점검을 기록한다.
⑨ **득점** : 감독위원이 해당 문항을 채점하고 점수를 기록한다.

### 2 흡기온도 센서 커넥터가 탈거된 경우(센서 출력 : 전압)

| 항목 | 자동차 번호 : | | | 비번호 | | 감독위원 확인 | |
|---|---|---|---|---|---|---|---|
| | 측정(또는 점검) | | | 판정 및 정비(또는 조치) 사항 | | | 득점 |
| | 고장 부위 | 측정값 | 규정값 | 고장 내용 | 정비 및 조치할 사항 | | |
| 센서 (액추에이터) 점검 | 흡기온도 센서 (ATS) | 0 V (20℃) | 3.6 V (20℃) | 커넥터 탈거 | ATS 커넥터 체결, ECU 기억 소거 후 재점검 | | |

## 3 뉴EF 쏘나타의 흡기온도 센서 기준 전압

| 온 도 | 저 항 | 출력 전압 | 온 도 | 저 항 | 출력 전압 |
|---|---|---|---|---|---|
| −20℃ | 약 16~17 kΩ | 4.8 V | 60℃ | 약 0.5~0.6 kΩ | 1.9 V |
| 0℃ | 약 5~6 kΩ | 4.4 V | 80℃ | 약 0.3 kΩ | 1.2 V |
| 20℃ | 약 2~3 kΩ | 3.6 V | 100℃ | 약 0.1~0.2 kΩ | 0.8 V |

※ 스캐너에 규정값(기준값)이 제시되지 않을 경우 감독위원이 제시한 값을 적용한다.

## 4 엔진 센서 점검

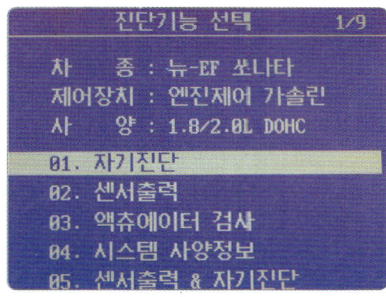

1. 자기진단을 선택한다.

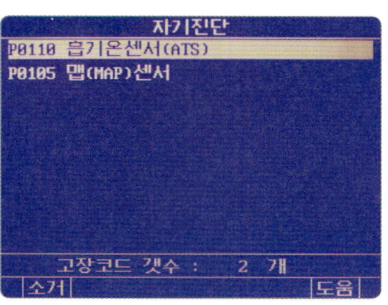

2. 고장 센서가 출력된다(흡기온도 센서 ATS).

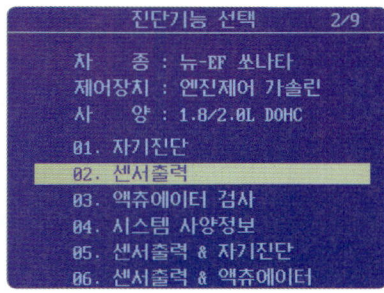

3. 센서출력을 선택한다.

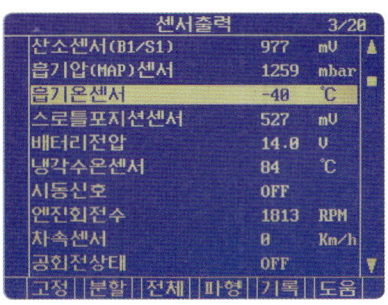

4. 센서 출력값을 확인한다(−40℃).

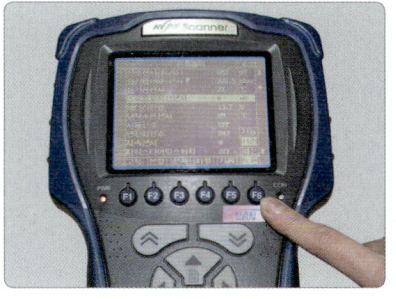

5. 기준값을 확인한다. 감독위원이 제시할 경우 제시한 값으로 한다.

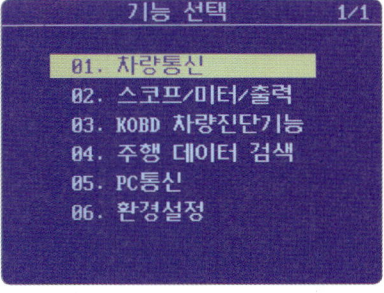

6. 측정이 끝나면 스캐너 시작단계의 위치로 놓는다.

### 고장 부위가 있을 경우 정비 및 조치할 사항

① 과거 기억 소거 불량 → ECU 기억 소거 후 재점검
② 센서 불량 → 센서 교체, ECU 기억 소거 후 재점검
③ 커넥터 탈거 → 커넥터 체결, ECU 기억 소거 후 재점검

# 1안 디젤 자동차 매연 측정

**엔진 4** 주어진 자동차에서 기록표에 제시된 내용을 측정하고 기록·판정하시오.

## 1 매연 측정값이 기준값 범위 내에 있을 경우(터보차량, 5% 가산)

| ① 자동차 번호 : | | | | | ② 비번호 | | ③ 감독위원 확 인 | ⑪ 득점 |
|---|---|---|---|---|---|---|---|---|
| 측정(또는 점검) | | | | | 산출 근거 및 판정 | | | |
| ④ 차종 | ⑤ 연식 | ⑥ 기준값 | ⑦ 측정값 | ⑧ 측정 | ⑨ 산출 근거(계산) 기록 | ⑩ 판정 (□에 'V'표) | | |
| 승용차 | 2007 | 45% 이하 (터보차량) | 37% | 1회 : 34.1%<br>2회 : 35.6%<br>3회 : 41.4% | $\dfrac{34.1 + 35.6 + 41.4}{3} = 37.03\%$ | ☑ 양호<br>☐ 불량 | | |

① **자동차 번호** : 측정하는 자동차 번호를 기록한다(측정 차량이 1대인 경우 생략할 수 있다).
② **비번호** : 책임관리위원(공단 본부)이 배부한 등번호(비번호)를 기록한다.
③ **감독위원 확인** : 시험 전 또는 시험 후 감독위원이 채점 후 확인한다(날인).
④ **차종** : KM**H**SH81WP7U100168(차대번호 3번째 자리 : H)
  • 차종 : 승용차
⑤ **연식** : KMHSH81WP**7**U100168(차대번호 10번째 자리 : 7)
  • 연식 : 2007
⑥ **기준값** : 자동차등록증 차대번호의 연식을 확인하고, 터보차량이므로 기준값 40%에 5%를 가산하여 기록한다.
  • 기준값 : 45% 이하
⑦ **측정값** : 3회 산출한 값의 평균값을 기록한다(소수점 이하는 버림).
  • 측정값 : 37%
⑧ **측정** : 1회부터 3회까지 측정한 값을 기록한다.
  • 1회 : 34.1%  • 2회 : 35.6%  • 3회 : 41.4%
⑨ **산출 근거(계산) 기록** : $\dfrac{34.1 + 35.6 + 41.4}{3} = 37.03\%$
⑩ **판정** : 측정값이 기준값 범위 내에 있으므로 ☑ 양호에 표시한다.
⑪ **득점** : 감독위원이 해당 문항을 채점하고 점수를 기록한다.

※ 감독위원이 제시한 자동차등록증(또는 차대번호)을 활용하여 차종 및 연식을 적용한다.  ※ 측정 및 판정은 무부하 조건으로 한다.
※ 매연 농도를 산술평균하여 소수점 이하는 버린 값으로 기입한다.  ※ 자동차 검사 기준 및 방법에 의하여 기록·판정한다.

### 매연 측정 시 유의사항
엔진을 충분히 워밍업시킨 후 매연 측정을 한다(정상온도 70~80°C).

## 2 매연 측정값이 기준값보다 클 경우 (터보차량, 5% 가산)

| 자동차 번호 : | | | | | 비번호 | | 감독위원 확  인 | |
|---|---|---|---|---|---|---|---|---|
| 측정(또는 점검) | | | | | 산출 근거 및 판정 | | | 득점 |
| 차종 | 연식 | 기준값 | 측정값 | 측정 | 산출 근거(계산) 기록 | 판정 (□에 'v'표) | | |
| 승용차 | 2007 | 45% 이하 (터보차량) | 46% | 1회 : 45.5% 2회 : 44.7% 3회 : 48.6% | $\dfrac{45.5 + 44.7 + 48.6}{3} = 46.26\%$ | □ 양호 ☑ 불량 | | |

※ 판정 : 측정값이 기준값 범위를 벗어났으므로 ☑ 불량에 표시한다.

## 3 매연 기준값 (자동차 등록증 차대번호 확인)

| 차 종 | | 제 작 일 자 | | 매 연 |
|---|---|---|---|---|
| 경자동차 및 승용자동차 | | 1995년 12월 31일 이전 | | 60% 이하 |
| | | 1996년 1월 1일부터 2000년 12월 31일까지 | | 55% 이하 |
| | | 2001년 1월 1일부터 2003년 12월 31일까지 | | 45% 이하 |
| | | 2004년 1월 1일부터 2007년 12월 31일까지 | | 40% 이하 |
| | | 2008년 1월 1일 이후 | | 20% 이하 |
| 승합 · 화물 · 특수자동차 | 소형 | 1995년 12월 31일까지 | | 60% 이하 |
| | | 1996년 1월 1일부터 2000년 12월 31일까지 | | 55% 이하 |
| | | 2001년 1월 1일부터 2003년 12월 31일까지 | | 45% 이하 |
| | | 2004년 1월 1일부터 2007년 12월 31일까지 | | 40% 이하 |
| | | 2008년 1월 1일 이후 | | 20% 이하 |
| | 중형 · 대형 | 1992년 12월 31일 이전 | | 60% 이하 |
| | | 1993년 1월 1일부터 1995년 12월 31일까지 | | 55% 이하 |
| | | 1996년 1월 1일부터 1997년 12월 31일까지 | | 45% 이하 |
| | | 1998년 1월 1일부터 2000년 12월 31일까지 | 시내버스 | 40% 이하 |
| | | | 시내버스 외 | 45% 이하 |
| | | 2001년 1월 1일부터 2004년 9월 30일까지 | | 45% 이하 |
| | | 2004년 10월 1일부터 2007년 12월 31일까지 | | 40% 이하 |
| | | 2008년 1월 1일 이후 | | 20% 이하 |

# 자 동 차 등 록 증

제2007 - 03260호   최초등록일 : 2007년 10월 05일

| ① 자동차 등록번호 | 08다 1402 | ② 차종 | 승용(대형) | ③ 용도 | 자가용 |
|---|---|---|---|---|---|
| ④ 차명 | 싼타페 | ⑤ 형식 및 연식 | 2007 | | |
| ⑥ 차대번호 | KMHSH81WP7U100168 | ⑦ 원동기형식 | | | |
| ⑧ 사용자 본거지 | 서울특별시 영등포구 당산로 | | | | |
| 소유자 ⑨ 성명(상호) | 기동찬 | ⑩ 주민(사업자)등록번호 | ******-****** | | |
| ⑪ 주소 | 서울특별시 영등포구 당산로 | | | | |

자동차관리법 제8조 규정에 의하여 위와 같이 등록하였음을 증명합니다.

2007년 10월 05일

서울특별시장

## 1. 제원

⑫ 형식승인번호 1-10109-8765-4321

| ⑬ 길이 | 4675 mm | ⑭ 너비 | 1890 mm |
|---|---|---|---|
| ⑮ 높이 | 1840 mm | ⑯ 총중량 | 2345 kg |
| ⑰ 배기량 | 2188 cc | ⑱ 정격출력 | 153/4000 |
| ⑲ 승차정원 | 7명 | ⑳ 최대적재량 | kg |
| ㉑ 기통수 | 4기통 | ㉒ 연료의 종류 | 경유 |

## 2. 등록번호판 교부 및 봉인

| ㉓ 구분 | ㉔ 번호판교부일 | ㉕ 봉인일 | ㉖ 교부대행자확인 |
|---|---|---|---|
| 신규 | 2007 | | |

## 3. 저당권 등록

| ㉗ 구분(설정 또는 말소) | ㉘ 일자 |
|---|---|
| | |

*기타 저당권 등록의 내용은 자동차 등록 원부를 열람, 확인하시기 바랍니다.
※ 비고

## 4. 검사유효기간

| ㉙ 연월일부터 | ㉚ 연월일까지 | ㉛ 검사시행장소 | ㉜ 검사책임자 |
|---|---|---|---|
| 2007-10-05 | 2008-10-04 | | |
| | | | |
| | | | |
| | | | |
| | | | |
| | | | |
| | | | |
| | | | |

※ 주의사항 : 29항 첫째 칸 란에는 신규 등록일을 기록합니다.

## ● 차대번호 구성

| K | M | H | S | H | 8 | 1 | W | P | 7 | U | 1 | 0 | 0 | 1 | 6 | 8 |
|---|---|---|---|---|---|---|---|---|---|---|---|---|---|---|---|---|
| ① | ② | ③ | ④ | ⑤ | ⑥ | ⑦ | ⑧ | ⑨ | ⑩ | ⑪ | ⑫ | | | | | |
| 제작회사군 | | | 자동차 특성군 | | | | | | 제작 일련번호군 | | | | | | | |

## ● 차대번호 식별방법

차대번호는 총 17자리로 구성되어 있다.

### KMHSH81WP7U100168

① 첫 번째 자리는 제작국가(K=대한민국)
② 두 번째 자리는 제작회사(M=현대, N=기아, P=쌍용, L=GM 대우)
③ 세 번째 자리는 자동차 종별(H=승용차, J=승합차, F=화물차)
④ 네 번째 자리는 차종 구분(S=싼타페, D=아반떼, V=엑센트)
⑤ 다섯 번째 자리는 세부 차종(H=슈퍼 디럭스, G=디럭스, F=스탠다드, J=그랜드살롱)
⑥ 여섯 번째 자리는 차체 형상(1=리무진, 2~5=도어 수, 6=쿠페, 8=왜건)
⑦ 일곱 번째 자리는 안전벨트 안전장치(1=액티브 벨트, 2=패시브 벨트)
⑧ 여덟 번째 자리는 엔진 형식(배기량)(W=2200 cc, A=1800 cc, B=2000 cc, G=2500 cc)
⑨ 아홉 번째 자리는 기타 사항 용도 구분(P=왼쪽 운전석, R=오른쪽 운전석)
⑩ 열 번째 자리는 제작연도(영문 I, O, Q, U, Z 제외)~Y(2000)~4(2004)~7(2007)~
⑪ 열한 번째 자리는 제작공장(A=아산, C=전주, U=울산)
⑫ 열두 번째~열일곱 번째 자리는 차량 생산(제작) 일련번호

## 4 매연 측정

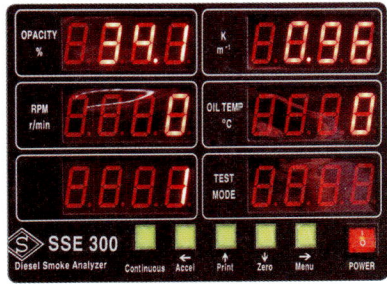
1회 측정값 (34.1%)

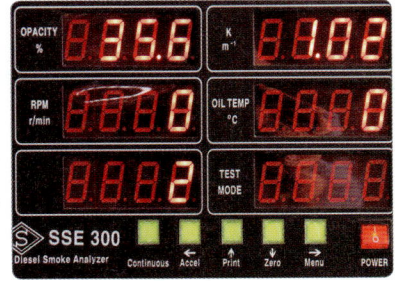
2회 측정값 (35.6%)

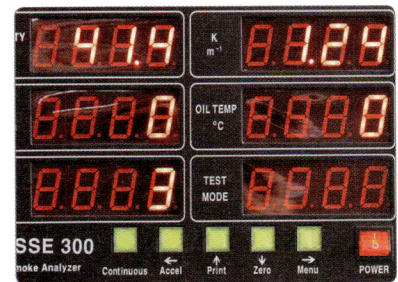
3회 측정값 (41.4%)

# 1안 캐스터각, 캠버각 점검

**섀시 2** 주어진 자동차에서 감독위원의 지시에 따라 휠 얼라인먼트 시험기를 사용하여 캐스터각과 캠버각을 점검하여 기록·판정하시오.

## 1 캐스터각과 캠버각이 규정값 범위 내에 있을 경우

| | ① 자동차 번호 : | | ② 비번호 | | ③ 감독위원 확 인 | |
|---|---|---|---|---|---|---|
| 항목 | 측정(또는 점검) | | 판정 및 정비(또는 조치) 사항 | | | ⑧ 득점 |
| | ④ 측정값 | ⑤ 규정(정비한계)값 | ⑥ 판정(□에 'V'표) | ⑦ 정비 및 조치할 사항 | | |
| 캐스터각 | 2° | 2.5±0.5° | ☑ 양호<br>□ 불량 | 정비 및 조치할 사항 없음 | | |
| 캠버각 | 0.5° | 0±0.5° | | | | |

① **자동차 번호** : 측정하는 자동차 번호를 기록한다(측정 차량이 1대인 경우 생략할 수 있다).
② **비번호** : 책임관리위원(공단 본부)이 배부한 등번호(비번호)를 기록한다.
③ **감독위원 확인** : 시험 전 또는 시험 후 감독위원이 채점 후 확인한다(날인).
④ **측정값** : 캐스터각과 캠버각을 측정한 값을 기록한다.
  • 캐스터각 : 2°   • 캠버각 : 0.5°
⑤ **규정값** : 감독위원이 제시한 값이나 정비지침서를 보고 규정값을 기록한다.
  • 캐스터각 : 2.5±0.5°   • 캠버각 : 0±0.5°
⑥ **판정** : 측정값이 규정값 범위 내에 있으므로 ☑ **양호**에 표시한다.
⑦ **정비 및 조치할 사항** : 판정이 양호이므로 **정비 및 조치할 사항 없음**을 기록한다.
⑧ **득점** : 감독위원이 해당 문항을 채점하고 점수를 기록한다.

※ 단위가 누락되거나 틀린 경우는 오답으로 채점한다.

## 2 캐스터각이 규정값보다 작을 경우

| | 자동차 번호 : | | 비번호 | | 감독위원 확 인 | |
|---|---|---|---|---|---|---|
| 항목 | 측정(또는 점검) | | 판정 및 정비(또는 조치) 사항 | | | 득점 |
| | 측정값 | 규정(정비한계)값 | 판정(□에 'V'표) | 정비 및 조치할 사항 | | |
| 캐스터각 | 1° | 2.5±0.5° | □ 양호<br>☑ 불량 | 스트럿 바 교체 후 재점검 | | |
| 캠버각 | 0.5° | 0±0.5° | | | | |

※ **판정** : 캐스터각이 규정값 범위를 벗어났으므로 ☑ **불량**에 표시하고, 스트럿 바 교체 후 재점검한다.

## 3 캠버각이 규정값보다 클 경우

| 항목 | 측정(또는 점검) | | 판정 및 정비(또는 조치) 사항 | | 득점 |
|---|---|---|---|---|---|
| | 측정값 | 규정(정비한계)값 | 판정(□에 'V'표) | 정비 및 조치할 사항 | |
| 캐스터각 | 2° | 2.5±0.5° | □ 양호 | 로어암 교체 후 재점검 | |
| 캠버각 | 5° | 0±0.5° | ☑ 불량 | | |

자동차 번호 :   비번호   감독위원 확인

## 4 휠 얼라인먼트 규정값

| 차 종 | | 캐스터각(°) | 캠버각(°) |
|---|---|---|---|
| 싼타페 | 전차축 | 2.5 ± 0.5 | 0 ± 0.5 |
| | 후차축 | | (−)0 ± 0.5 |
| 뉴그랜저 | 전차축 | 2.75 ± 0.5 | 0 ± 0.5 |
| | 후차축 | | 0 ± 0.5 |
| 베르나 | 전차축 | 1.75 ± 0.5 | 0.17 ± 0.5 |
| | 후차축 | | (−)0.68 ± 0.5 |

※ 휠 얼라인먼트 측정은 시험장 상황에 따라 모니터에 출력된 측정값을 시험 전에 확인한 후 판정한다.

## 5 캐스터각, 캠버각 측정

턴테이블 장착

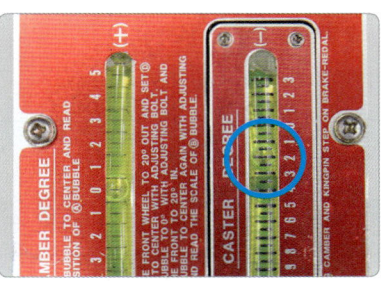
캐스터각 측정(2°)

캠버각 측정(30′ = 0.5°)

**캐스터각과 캠버각이 규정값 범위를 벗어난 경우 정비 및 조치할 사항**
1. 로어암 불량 → 로어암 교체
2. 스트럿 바 불량 → 스트럿 바 교체
3. 차대의 휨 → 차대 정렬
4. 스핀들의 휨 → 조향 너클 교체

## 1안 자동변속기 인히비터 스위치 점검

> **섀시 4**  주어진 자동차에서 감독위원의 지시에 따라 인히비터 스위치와 변속 선택 레버 위치를 점검하고 기록·판정하시오.

### 1 변속 선택 레버와 인히비터 스위치의 위치가 일치하지 않을 경우 1

| 항목 | 측정(또는 점검) | | 판정 및 정비(또는 조치) 사항 | | ⑧ 득점 |
|---|---|---|---|---|---|
| | ① 자동차 번호 : | ② 비번호 | | ③ 감독위원 확 인 | |
| | ④ 점검 위치 | ⑤ 내용 및 상태 | ⑥ 판정(□에 'V' 표) | ⑦ 정비 및 조치할 사항 | |
| 변속 선택 레버 | N 위치 | 인히비터 스위치 위치 불량 | □ 양호<br>☑ 불량 | 변속 선택 레버를 N에 놓고 인히비터 몸체 홈과 링크 홈을 세팅한 후 인히비터 스위치를 조정한다. | |
| 인히비터 스위치 | R 위치 | | | | |

① **자동차 번호** : 측정하는 자동차 번호를 기록한다(측정 차량이 1대인 경우 생략할 수 있다).
② **비번호** : 책임관리위원(공단 본부)이 배부한 등번호(비번호)를 기록한다.
③ **감독위원 확인** : 시험 전 또는 시험 후 감독위원이 채점 후 확인한다(날인).
④ **점검 위치** : 변속 선택 레버가 N 위치인 상태에서 인히비터 스위치가 R 위치로 확인됨을 기록한다.
  • 변속 선택 레버 : N 위치   • 인히비터 스위치 : R 위치
⑤ **내용 및 상태** : 점검한 내용 및 상태로 인히비터 스위치 위치 불량을 기록한다.
⑥ **판정** : 변속 선택 레버와 인히비터 스위치의 위치가 일치하지 않으므로 ☑ 불량에 표시한다.
⑦ **정비 및 조치할 사항** : 판정이 불량이므로 변속 선택 레버를 N에 놓고 인히비터 몸체 홈과 링크 홈을 세팅한 후 인히비터 스위치를 조정한다.를 기록한다.
⑧ **득점** : 감독위원이 해당 문항을 채점하고 점수를 기록한다.

### 2 변속 선택 레버와 인히비터 스위치의 위치가 일치하지 않을 경우 2

| 항목 | 측정(또는 점검) | | 판정 및 정비(또는 조치) 사항 | | 득점 |
|---|---|---|---|---|---|
| | 자동차 번호 : | 비번호 | | 감독위원 확 인 | |
| | 점검 위치 | 내용 및 상태 | 판정(□에 'V' 표) | 정비 및 조치할 사항 | |
| 변속 선택 레버 | N 위치 | 인히비터 스위치 위치 불량 | □ 양호<br>☑ 불량 | 변속 선택 레버를 N에 놓고 인히비터 몸체 홈과 링크 홈을 세팅한 후 인히비터 스위치를 조정한다. | |
| 인히비터 스위치 | P 위치 | | | | |

※ **판정** : 변속 선택 레버와 인히비터 스위치의 위치가 일치하지 않으므로 ☑ 불량에 표시하고, 변속 선택 레버를 N에 놓고 인히비터 몸체 홈과 링크 홈을 세팅한 후 인히비터 스위치를 조정한다.

## 3 인히비터 스위치 전원공급 및 스위치 점검

| 항목 | 단자번호 | | | | | | | | | |
|---|---|---|---|---|---|---|---|---|---|---|
| | 1 | 2 | 3 | 4 | 5 | 6 | 7 | 8 | 9 | 10 |
| P | | | ●―|―|―|―|―|―● | ●―|―● |
| R | | | | | | | ●―|―● | | |
| N | | | | ●―|―|―|―|―● | ●―|―● |
| D | ●―|―|―|―|―|―|―|―● | | |

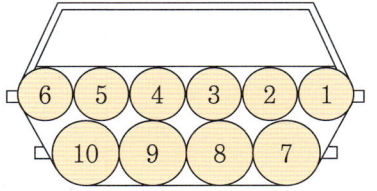

## 4 인히비터 스위치 점검

1. 자동변속기 차량을 확인하고 인히비터 스위치 커넥터를 탈거한다.

2. 선택 레버를 N에 놓는다. 인히비터 스위치와 링크 중립 홈이 일치하는지 확인한다.

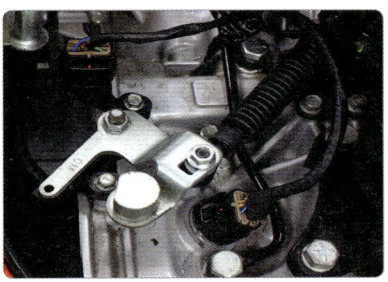

3. 중립 홈이 일치하지 않으면 인히비터 스위치 몸체를 돌려 중립 홈 위치에 조정한다.

4. 인히비터 스위치 커넥터 단자를 통해 인히비터 본선을 확인한다.

5. 선택 레버를 P, R, N, D, L 순서로 선택하고 인히비터 스위치 단자별 통전 상태를 확인한다.

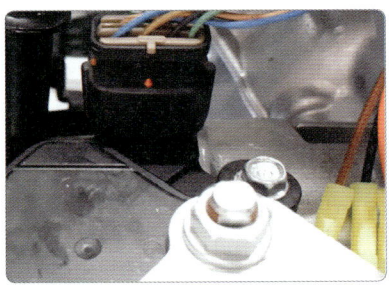

6. 점검이 끝나면 인히비터 스위치 커넥터를 체결한다.

### 자동변속기 인히비터 스위치 검검 시 유의사항

❶ 자동변속기 점검은 반드시 N(중립) 위치를 확인한 후 변속 선택 레버의 위치를 선택하며 점검한다.
❷ 판정 불량 시 인히비터 스위치 조정을 한 후 자동변속기 N 위치에서 엔진 시동이 되어야 한다.

# 1안 제동력 측정

**섀시 5** 주어진 자동차에서 감독위원의 지시에 따라 제동력을 측정하여 기록 · 판정하시오.

## 1 제동력 편차와 합이 기준값 범위 내에 있을 경우 (앞바퀴)

| ① 자동차 번호: | | | | ② 비번호 | | ③ 감독위원 확인 | | |
|---|---|---|---|---|---|---|---|---|
| 측정(또는 점검) | | | | 산출 근거 및 판정 | | | | ⑨ 득점 |
| ④ 항목 | 구분 | ⑤ 측정값 (kgf) | ⑥ 기준값 (□에 'V'표) | | ⑦ 산출 근거 | | ⑧ 판정 (□에 'V'표) | |
| 제동력 위치 (□에 'V'표) ☑ 앞 □ 뒤 | 좌 | 240 kgf | ☑ 앞 □ 뒤 | 축중의 | 편차 | $\dfrac{260-240}{630} \times 100 = 3.17\%$ | ☑ 양호 □ 불량 | |
| | 우 | 260 kgf | 편차 | 8.0% 이하 | 합 | $\dfrac{260+240}{630} \times 100 = 79.36\%$ | | |
| | | | 합 | 50% 이상 | | | | |

① **자동차 번호**: 측정하는 자동차 번호를 기록한다(측정 차량이 1대인 경우 생략할 수 있다).
② **비번호**: 책임관리위원(공단 본부)이 배부한 등번호(비번호)를 기록한다.
③ **감독위원 확인**: 시험 전 또는 시험 후 감독위원이 채점 후 확인한다(날인).
④ **항목**: 감독위원이 지정하는 축에 ☑ 표시를 한다.    • 위치 : ☑ 앞
⑤ **측정값**: 제동력을 측정한 값을 기록한다.    • 좌 : 240 kgf    • 우 : 260 kgf
⑥ **기준값**: 검사 기준에 의거하여 제동력 편차와 합의 기준값을 기록한다.
　　　• 편차 : 앞 축중의 8.0% 이하    • 합 : 앞 축중의 50% 이상
⑦ **산출 근거**: 공식에 대입하여 산출한 계산식을 기록한다.
　　　• 편차 : $\dfrac{260-240}{630} \times 100 = 3.17\%$    • 합 : $\dfrac{260+240}{630} \times 100 = 79.36\%$
⑧ **판정**: 앞바퀴 제동력의 편차와 합이 기준값 범위 내에 있으므로 ☑ 양호에 표시한다.
⑨ **득점**: 감독위원이 해당 문항을 채점하고 점수를 기록한다.

■ **제동력 계산**
- 앞바퀴 제동력의 편차 = $\dfrac{\text{큰 쪽 제동력} - \text{작은 쪽 제동력}}{\text{해당 축중}} \times 100$ ➡ 앞 축중의 8.0% 이하이면 양호
- 앞바퀴 제동력의 총합 = $\dfrac{\text{좌우 제동력의 합}}{\text{해당 축중}} \times 100$ ➡ 앞 축중의 50% 이상이면 양호

※ 측정 차량은 크루즈 1.5 DOHC A/T의 공차 중량(1130 kgf)의 앞(전) 축중(630 kgf)으로 산출하였다.

※ 측정 위치는 감독위원이 지정하는 위치의 □에 'V' 표시를 한다.　　※ 자동차 검사 기준 및 방법에 의하여 기록 · 판정한다.
※ 측정값의 단위는 시험 장비 기준으로 기록한다.　　　　　　　　　※ 산출 근거에는 단위를 기록하지 않아도 된다.

## 2 제동력 편차가 기준값보다 클 경우(앞바퀴)

| 항목 | 자동차 번호 : | | | 비번호 | | 감독위원 확 인 | | |
|---|---|---|---|---|---|---|---|---|
| | 측정(또는 점검) | | | | 산출 근거 및 판정 | | | 득점 |
| 항목 | 구분 | 측정값 (kgf) | 기준값 (□에 'V'표) | | 산출 근거 | | 판정 (□에 'V'표) | |
| 제동력 위치 (□에 'V'표) ☑ 앞 □ 뒤 | 좌 | 280 kgf | ☑ 앞 □ 뒤 | 축중의 | 편차 | $\dfrac{280-180}{630} \times 100 = 15.87\%$ | □ 양호 ☑ 불량 | |
| | | | 편차 | 8.0% 이하 | | | | |
| | 우 | 180 kgf | 합 | 50% 이상 | 합 | $\dfrac{280+180}{630} \times 100 = 73.01\%$ | | |

■ 제동력 계산

- 앞바퀴 제동력의 편차 = $\dfrac{280-180}{630} \times 100 = 15.87\% > 8.0\%$ ➡ 불량
- 앞바퀴 제동력의 총합 = $\dfrac{280+180}{630} \times 100 = 73.01\% \geq 50\%$ ➡ 양호

## 3 제동력 측정

제동력 측정

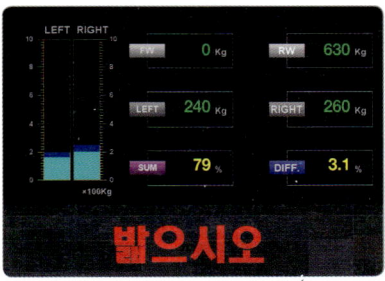

측정값(좌 : 240 kgf, 우 : 260 kgf)

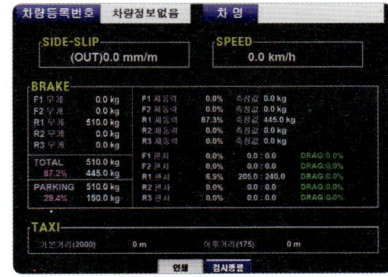

결과 출력

### 제동력 측정 시 유의사항

1. 시험장 여건에 따라 감독위원이 임의의 측정값을 제시한 후 제동력 편차와 합을 계산하기도 한다.
2. 제동력 측정 시 브레이크 페달을 최대 압력으로 유지한 상태에서 측정값을 확인한다.
3. 앞 축중 또는 뒤 축중 측정 시 측정 상태를 정확하게 확인한 후 제동력 테스터의 모니터 출력값을 확인한다.
4. 측정이 끝나면 편차와 합을 계산하고 기록표를 작성한 후 감독위원에게 제출한다.

## 1안 크랭킹 전류 소모 점검

**전기 2**    주어진 자동차에서 시동 모터의 크랭킹 부하시험을 하여 고장부분을 점검한 후 기록·판정하시오.

### 1 전류 소모가 규정값 범위 내에 있을 경우

| 항목 | ① 자동차 번호 : | | ② 비번호 | | ③ 감독위원<br>확 인 | ⑧ 득점 |
|---|---|---|---|---|---|---|
| | 측정(또는 점검) | | 판정 및 정비(또는 조치) 사항 | | | |
| | ④ 측정값 | ⑤ 규정(정비한계)값 | ⑥ 판정(□에 'V'표) | ⑦ 정비 및 조치할 사항 | | |
| 전류 소모 | 110 A | 180 A 이하 | ☑ 양호<br>□ 불량 | 정비 및 조치할 사항<br>없음 | | |

① **자동차 번호** : 측정하는 자동차 번호를 기록한다(측정 차량이 1대인 경우 생략할 수 있다).
② **비번호** : 책임관리위원(공단 본부)이 배부한 등번호(비번호)를 기록한다.
③ **감독위원 확인** : 시험 전 또는 시험 후 감독위원이 채점 후 확인한다(날인).
④ **측정값** : 전류 소모를 측정한 값 110 A를 기록한다.
⑤ **규정(정비한계)값** : 감독위원이 제시한 값이나 축전지에 표시된 60 A의 3배인 180 A 이하를 기록한다.
⑥ **판정** : 측정값이 규정값 범위 내에 있으므로 ☑ 양호에 표시한다.
⑦ **정비 및 조치할 사항** : 판정이 양호이므로 정비 및 조치할 사항 없음을 기록한다.
⑧ **득점** : 감독위원이 해당 문항을 채점하고 점수를 기록한다.

※ 단위가 누락되거나 틀린 경우는 오답으로 채점한다.

### 2 전류 소모가 규정값보다 클 경우

| 항목 | 자동차 번호 : | | 비번호 | | 감독위원<br>확 인 | 득점 |
|---|---|---|---|---|---|---|
| | 측정(또는 점검) | | 판정 및 정비(또는 조치) 사항 | | | |
| | 측정값 | 규정(정비한계)값 | 판정(□에 'V'표) | 정비 및 조치할 사항 | | |
| 전류 소모 | 190 A | 180 A 이하 | □ 양호<br>☑ 불량 | 기동전동기 교체 후<br>재점검 | | |

### 3 기동전동기 크랭킹 전류 소모 규정값

| 차 종 | 전압 강하 | 전류 소모 |
|---|---|---|
| 규정값 | 축전지 용량의 80% 이상 | 축전지 용량의 3배 이하 |
| 예 12 V 60 A | 9.6 V 이상 | 180 A 이하 |

## 4 크랭킹 전류 소모 측정

1. 축전지 전압과 용량을 확인한다. (12 V, 60 AH)

2. 축전지 단자 체결 상태 및 전압을 측정한다.

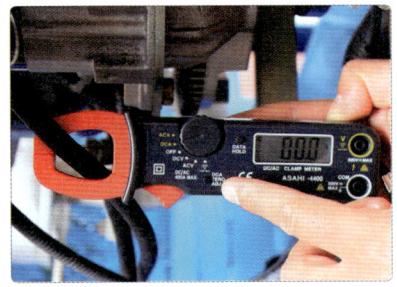

3. 기동전동기 B단자에 전류계를 설치한 후 0점 조정한다(DCA 선택).

4. 인젝터 커넥터를 탈거한다.

5. 엔진을 크랭킹시킨다. (300~400 rpm)

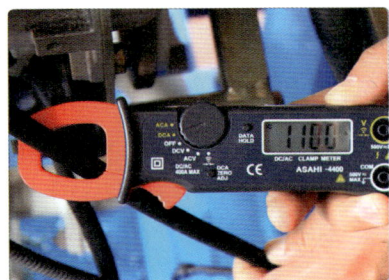

6. 측정값을 확인한다(110 A).

### 전류 소모가 규정값 범위를 벗어난 경우 정비 및 조치할 사항

① 축전지 불량 → 축전지 교체
② 기동전동기 불량 → 기동전동기 교체
③ 전기자 축 휨 → 전기자 코일 교체
④ 전기자 코일 단락 → 전기자 코일 교체
⑤ 계자 코일 단락 → 계자 코일 교체
⑥ 전기자 축 베어링 파손 → 베어링 교체

### 크랭킹 전류 소모 점검 시 유의사항

① 전류 소모 측정 시 기동전동기와 축전지 (+), (−)의 접촉 저항이 발생하지 않도록 체결상태를 확인한다.
② 전류계 후크 타입으로 측정할 때 기동전동기로 입력되는 축전지 선 또는 축전지 접지선에 후크를 걸고, 엔진 시동이 걸리지 않는 상태에서 크랭킹시킨다.
③ 엔진을 크랭킹시키고 측정값을 확인하므로 보조원의 도움을 받아 측정한다.
④ 측정이 끝나면 전류계를 정위치에 놓고 기록표에 측정값을 기록한다.

## 1안 미등 및 번호등 회로 점검

**전기 3** 주어진 자동차에서 미등 및 번호등 회로의 고장 부분을 점검한 후 기록·판정하시오.

### 1 앞 우측 미등 전구 커넥터가 탈거된 경우

| 항목 | ① 자동차 번호 : | | ② 비번호 | | ③ 감독위원 확인 | ⑧ 득점 |
|---|---|---|---|---|---|---|
| | 측정(또는 점검) | | 판정 및 정비(또는 조치) 사항 | | | |
| | ④ 이상 부위 | ⑤ 내용 및 상태 | ⑥ 판정(□에 'V'표) | ⑦ 정비 및 조치할 사항 | | |
| 미등 및 번호등 회로 | 앞 우측 미등 전구 | 커넥터 탈거 | □ 양호<br>☑ 불량 | 앞 우측 미등 전구 커넥터 체결 후 재점검 | | |

① **자동차 번호** : 측정하는 자동차 번호를 기록한다(측정 차량이 1대인 경우 생략할 수 있다).
② **비번호** : 책임관리위원(공단 본부)이 배부한 등번호(비번호)를 기록한다.
③ **감독위원 확인** : 시험 전 또는 시험 후 감독위원이 채점 후 확인한다(날인).
④ **이상 부위** : 미등 및 번호등 회로 점검으로 확인된 이상 부위로 앞 우측 미등 전구를 기록한다.
⑤ **내용 및 상태** : 이상 부위의 내용 및 상태로 커넥터 탈거를 기록한다.
⑥ **판정** : 앞 우측 미등 전구의 커넥터가 탈거되었으므로 ☑ 불량에 표시한다.
⑦ **정비 및 조치할 사항** : 판정이 불량이므로 앞 우측 미등 전구 커넥터 체결 후 재점검을 기록한다.
⑧ **득점** : 감독위원이 해당 문항을 채점하고 점수를 기록한다.

### 2 미등 릴레이 코일이 단선일 경우

| 항목 | 자동차 번호 : | | 비번호 | | 감독위원 확인 | 득점 |
|---|---|---|---|---|---|---|
| | 측정(또는 점검) | | 판정 및 정비(또는 조치) 사항 | | | |
| | 이상 부위 | 내용 및 상태 | 판정(□에 'V'표) | 정비 및 조치할 사항 | | |
| 미등 및 번호등 회로 | 미등 릴레이 | 코일 단선 | □ 양호<br>☑ 불량 | 미등 릴레이 교체 후 재점검 | | |

---

**미등 및 번호등이 작동하지 않는 경우 정비 및 조치할 사항**
① 축전지 방전 → 축전지 충전 및 교체
② 미등 퓨즈 단선 → 미등 퓨즈 교체
③ 미등 릴레이 불량 → 미등 릴레이 교체
④ 미등 전구 불량 → 미등 전구 교체

## 3 미등 퓨즈가 단선일 경우

| 자동차 번호 : | | | 비번호 | | 감독위원<br>확 인 | |
|---|---|---|---|---|---|---|
| 항목 | 측정(또는 점검) | | 판정 및 정비(또는 조치) 사항 | | | 득점 |
| | 이상 부위 | 내용 및 상태 | 판정(□에 'V'표) | 정비 및 조치할 사항 | | |
| 미등 및 번호등<br>회로 | 미등 퓨즈 | 단선 | □ 양호<br>☑ 불량 | 미등 퓨즈 교체 후<br>재점검 | | |

## 4 미등 및 번호등 회로 점검

1. 축전지 전압을 확인한다.

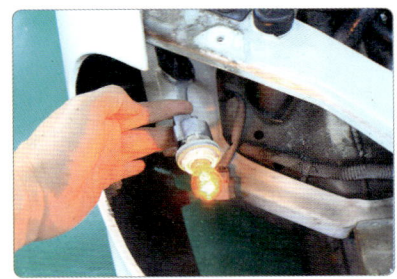

2. 미등 스위치를 ON시키고 미등이 점등되는지 확인한다.

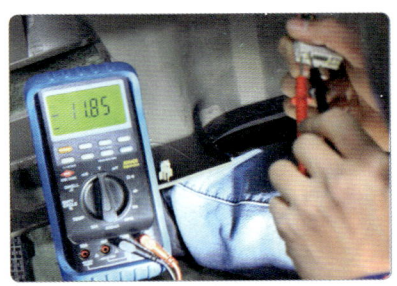

3. 커넥터에 축전지 전압이 인가되는지 확인한다.

4. 번호등이 들어오는지 확인한다.

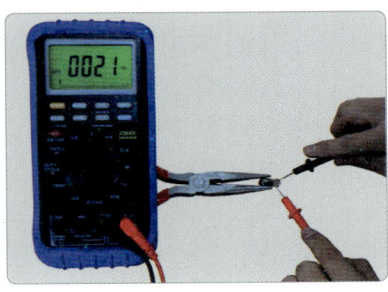

5. 번호등 단선 유무를 점검한다.

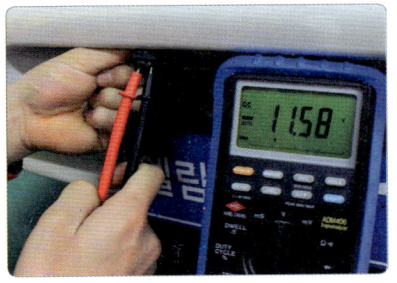

6. 번호판 커넥터에 축전지 전압이 인가되는지 확인한다.

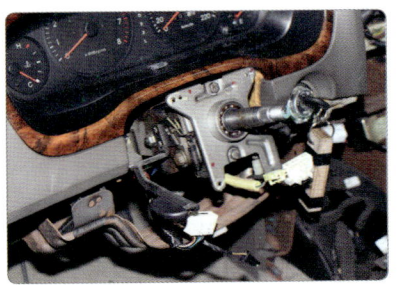

7. 콤비네이션 미등 스위치 이상 유무를 확인한다.

8. 운전석 퓨즈 박스에서 퓨즈 단선과 탈거 상태를 확인한다.

9. 미등 점등 상태를 확인한다.

# 1안 전조등 광도 측정

**전기 4**  주어진 자동차에서 좌 또는 우측의 전조등을 측정하고 기록 · 판정하시오.

## 1 전조등 광도가 기준값 범위 내에 있을 경우

| ① 자동차 번호 : | | ② 비번호 | ③ 감독위원 확인 | |
|---|---|---|---|---|
| 측정(또는 점검) | | | ⑦ 판정 (□에 'V'표) | ⑧ 득점 |
| ④ 구분 | 측정 항목 | ⑤ 측정값 | ⑥ 기준값 | |
| (□에 'V'표) 위치 : ☑ 좌  □ 우 등식 : ☑ 2등식  □ 4등식 | 광도 | 42000 cd | 15000 cd 이상 | ☑ 양호 □ 불량 | |

① **자동차 번호** : 측정하는 자동차 번호를 기록한다(측정 차량이 1대인 경우 생략할 수 있다).
② **비번호** : 책임관리위원(공단 본부)이 배부한 등번호(비번호)를 기록한다.
③ **감독위원 확인** : 시험 전 또는 시험 후 감독위원이 채점 후 확인한다(날인).
④ **구분** : 감독위원이 지정한 위치와 등식에 ☑ 표시를 한다. • 위치 : ☑ 좌  • 등식 : ☑ 2등식
⑤ **측정값** : 전조등 광도 측정값 42000 cd를 기록한다.
⑥ **기준값** : 전조등 광도 기준값 15000 cd 이상을 기록한다.
⑦ **판정** : 측정한 값이 기준값 범위 내에 있으므로 ☑ 양호에 표시한다.
⑧ **득점** : 감독위원이 해당 문항을 채점하고 점수를 기록한다.

※ 측정 위치는 감독위원이 지정하는 위치의 □에 'V' 표시한다.   ※ 자동차 검사 기준 및 방법에 의하여 기록 · 판정한다.

## 2 전조등 광도가 기준값보다 낮을 경우

| 자동차 번호 : | | 비번호 | 감독위원 확인 | |
|---|---|---|---|---|
| 측정(또는 점검) | | | 판정 (□에 'V'표) | 득점 |
| 구분 | 측정 항목 | 측정값 | 기준값 | |
| (□에 'V'표) 위치 : ☑ 좌  □ 우 등식 : ☑ 2등식  □ 4등식 | 광도 | 11000 cd | 15000 cd 이상 | □ 양호 ☑ 불량 | |

## 3 전조등 광도, 광축 기준값

[자동차관리법 시행규칙 별표15 적용]

| 구 분 | | 기준값 |
|---|---|---|
| 광도 | 2등식 | 15000 cd 이상 |
| | 4등식 | 12000 cd 이상 |
| 좌·우측등 상향 진폭 | | 10 cm 이하 |
| 좌·우측등 하향 진폭 | | 30 cm 이하 |
| 좌우 진폭 | 좌측등 | 좌 : 15 cm 이하<br>우 : 30 cm 이하 |
| | 우측등 | 좌 : 30 cm 이하<br>우 : 30 cm 이하 |

※ 전조등에서 좌·우측등이 상향과 하향으로 분리되어 작동되는 것은 4등식이며, 상향과 하향이 하나의 등에서 회로 구성이 되어 작동되는 것은 2등식이다.

## 4 전조등 광도 측정

1. 전조등 테스터(좌우, 상하)를 모두 0으로 맞춘다.

2. 엔진을 공회전으로 유지하고 전조등 스위치를 ON시킨다(상향등을 켠다).

3. 전조등 테스터를 스크린 광축에 맞추어 상하, 좌우로 이동시켜서 전조등이 중심에 오도록 맞춘다.

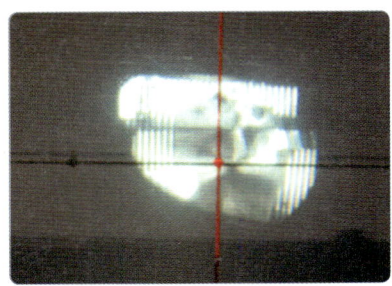

4. 스크린을 보고 전조등의 중심점이 십자의 중심에 오도록 조정한다.

5. 전조등 테스터의 기둥 눈금을 읽는다.
(하향 진폭 = 전조등 높이 $\times \frac{3}{10}$)

6. 테스터의 몸체를 좌우로 밀고 상하 이동 핸들을 돌려 좌우, 상하 광축계의 지침이 0에 오도록 조정한다.

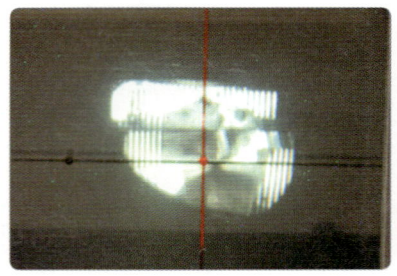

**7.** 전조등의 중심을 스크린 십자의 중심에 오도록 좌우, 상하 조정 다이얼을 조정한다.

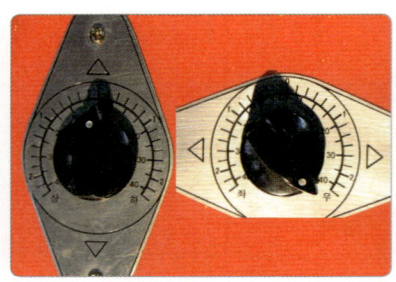

**8.** 조정 다이얼 눈금을 확인한다.
(상 : 0 cm, 우 : 40 cm)

**9.** 엔진 rpm을 2000~2500 rpm으로 올리고 광도를 측정한다.
(상향 : 하이빔)

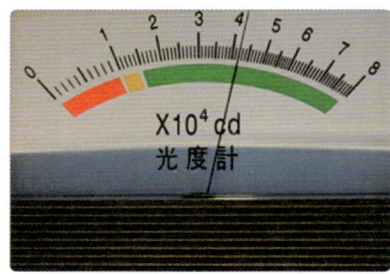

**10.** 테스터에 지시된 광도를 측정한다.
(42000 cd)

**11.** 전조등 테스터를 정렬한다.

**12.** 전조등 스위치를 OFF시킨다.

### 전조등 광도 측정 시 유의사항

1. 시험용 차량은 공회전(광도 측정 시 2000 rpm) 상태, 공차 상태, 운전자(관리원) 1인이 승차하여 전조등 상향등(주행)을 점등시킨다.
2. 시험장 여건에 따라 엔진 시동 OFF 후, DC 컨버터를 축전지에 연결한 다음 측정하기도 한다(엔진 rpm 무시).

### 전조등 테스터 준비사항

1. 시험 차량의 타이어 공기압, 축전지 충전 상태, 헤드램프의 고정 상태 등이 유지되었는지 확인한다.
2. 수준기를 보고 전조등 테스터가 수평으로 있는지 확인한다.
3. 전조등이 테스터 렌즈면에 집중되는 위치까지 이동시키고, 측정하지 않는 램프는 빛 가리개로 가린다.
4. 시험 차량은 테스터와 3 m 거리를 유지하며 레일에 대하여 직각으로 진입한 후 정지한다.
5. 테스터의 상하 높이는 조정핸들, 좌우 축선이 전조등의 중앙에 오도록 조정한 후 광도를 측정한다.

## 자동차정비 기능사 실기 2안 답안지 작성법

| 파트별 | 안별 문제 | 2안 |
|---|---|---|
| 엔진 | 엔진(부품) 분해 조립 | 실린더 헤드(가솔린)/밸브 스프링 |
| 엔진 | 측정/답안작성 | 밸브 스프링 장력 |
| 엔진 | 시스템 점검/엔진 시동 | 연료계통 회로 |
| 엔진 | 부품 탈거/조립 | 가솔린 인젝터(1개) |
| 엔진 | 자기진단(답안작성) | 스캐너를 이용한 엔진 전자제어 센서(액추에이터) 점검 |
| 엔진 | 차량 검사 측정 | 가솔린 배기가스 |
| 섀시 | 부품 탈거/조립 | 허브와 너클 |
| 섀시 | 점검/답안작성 | 캐스터각, 캠버각 |
| 섀시 | 부품 탈거 작동 상태 | 브레이크 라이닝(슈) |
| 섀시 | 점검/답안작성 | A/T 자기진단 |
| 섀시 | 안전기준 검사 | 최소 회전 반지름 |
| 전기 | 부품 탈거/조립 작동 확인 | 발전기/벨트 확인 |
| 전기 | 측정/답안작성 | 점화코일 점검(1, 2차 저항) |
| 전기 | 전기회로 점검/고장 부위 작성 | 전조등 회로 |
| 전기 | 차량 검사 측정 | 경음기 |

## 2안 밸브 스프링 장력 점검

**엔진 1** 주어진 가솔린 엔진에서 실린더 헤드와 밸브 스프링(1개)을 탈거(감독위원에게 확인)하고 감독위원의 지시에 따라 기록표의 내용대로 기록·판정한 후 다시 조립하시오.

### 1 밸브 스프링 장력이 규정값보다 클 경우

| 항목 | ① 엔진 번호 : | | ② 비번호 | ③ 감독위원 확인 | |
|---|---|---|---|---|---|
| | 측정(또는 점검) | | 판정 및 정비(또는 조치) 사항 | | ⑧ 득점 |
| | ④ 측정값 | ⑤ 규정(정비한계)값 | ⑥ 판정(□에 'v'표) | ⑦ 정비 및 조치할 사항 | |
| 밸브 스프링 장력 | 24.0 kgf/37.3 mm | 23.0 kgf/37.3 mm (한계값 : 20 kgf) | ☑ 양호 □ 불량 | 정비 및 조치할 사항 없음 | |

① **엔진 번호** : 측정하는 엔진 번호를 기록한다(측정 엔진이 1대인 경우 생략할 수 있다).
② **비번호** : 책임관리위원(공단 본부)이 배부한 등번호(비번호)를 기록한다.
③ **감독위원 확인** : 시험 전 또는 시험 후 감독위원이 채점 후 확인한다(날인).
④ **측정값** : 밸브 스프링 장력을 측정한 값 24.0 kgf/37.3 mm를 기록한다.
⑤ **규정(정비한계)값** : 감독위원이 제시한 값 또는 해당 차량 정비지침서를 보고 기록한다.
 • 규정값 : 23.0 kgf/37.3 mm(한계값 : 20 kgf)
⑥ **판정** : 측정값이 규정(정비한계)값보다 크므로 ☑ 양호에 표시한다.
⑦ **정비 및 조치할 사항** : 판정이 양호이므로 정비 및 조치할 사항 없음을 기록한다.
⑧ **득점** : 감독위원이 해당 문항을 채점하고 점수를 기록한다.

■ **한계값**
규정 장력의 15% : 23 kgf × 0.15 = 3 kgf ➡ 한계값 : 23 kgf − 3 kgf = 20 kgf

※ 단위가 누락되거나 틀린 경우는 오답으로 채점한다.

### 2 밸브 스프링 장력이 규정값보다 작을 경우

| 항목 | 엔진 번호 : | | 비번호 | 감독위원 확인 | |
|---|---|---|---|---|---|
| | 측정(또는 점검) | | 판정 및 정비(또는 조치) 사항 | | 득점 |
| | 측정값 | 규정(정비한계)값 | 판정(□에 'v'표) | 정비 및 조치할 사항 | |
| 밸브 스프링 장력 | 18 kgf/37.3 mm | 23.0 kgf/37.3 mm (한계값 : 20 kgf) | □ 양호 ☑ 불량 | 밸브 스프링 교체 | |

※ 판정 : 측정값이 규정(정비한계)값보다 작으므로 ☑ 불량에 표시하고, 밸브 스프링을 교체한다.

## 3 밸브 스프링 장력 규정값

| 차 종 | 자유 길이(한계값) | 장력 규정값 | 장력 한계값 |
|---|---|---|---|
| 엑셀 | 23.5 mm | 23.0 kgf/37.3 mm | 규정값의 15% 이내 |
| 아반떼 XD | 44.0 mm | 21.6 kgf/35.0 mm | |
| 베르나 | 42.03 mm | 24.7 kgf/34.5 mm | |
| EF 쏘나타 | 45.82 mm | 25.3 kgf/40.0 mm | |

## 4 밸브 스프링 장력 측정

**1.** 스프링 압축 길이(자)의 눈금을 확인한 후 저울을 확인한다.

**2.** 테스터에 스프링을 슬치하고 밸브 스프링을 1~2회 지그시 완충시킨다.

**3.** 밸브 스프링 장력 테스터를 규정값에 근접시킨다.

**4.** 밸브 스프링을 규정값 37.3 mm로 압축한다.

**5.** 밸브 스프링 장력을 측정한다. (24.0 kgf)

### 밸브 스프링 점검사항
1. 자유고 : 규정 높이의 3% 이상 감소하면 밸브 스프링을 교체한다.
2. 직각도 : 자유 길이가 10 mm당 3 mm 이상 기울어지면 밸브 스프링을 교체한다.
3. 장력 : 규정 장력의 15% 이상 감소하면 밸브 스프링을 교체한다.

### 밸브 스프링 장력 측정 시 유의사항
1. 차종에 맞는 규정값을 확인하고 한계값을 계산하여 판정한다.
2. 측정 시 눈높이 상태에서 밸브 장력 테스터의 눈금을 확인한 후 장력(저울)을 확인한다.

## 2안 엔진 센서(액추에이터) 점검

**엔진 3** 주어진 자동차에서 엔진의 인젝터 1개를 탈거(감독위원에게 확인)한 후 다시 조립하고 감독위원의 지시에 따라 진단기(스캐너)를 사용하여 엔진의 각종 센서(액추에이터) 점검 후 고장 부분을 기록하시오.

### 1 맵 센서 커넥터가 탈거된 경우

| 항목 | ① 자동차 번호 : | | | ② 비번호 | | ③ 감독위원 확인 | |
|---|---|---|---|---|---|---|---|
| | 측정(또는 점검) | | | 판정 및 정비(또는 조치) 사항 | | | ⑨ 득점 |
| | ④ 고장 부위 | ⑤ 측정값 | ⑥ 규정값 | ⑦ 고장 내용 | ⑧ 정비 및 조치할 사항 | | |
| 센서 (액추에이터) 점검 | 맵 센서 | 0 mbar | 190~390 mbar (공회전 상태) | 커넥터 탈거 | 맵 센서 커넥터 체결, ECU 기억 소거 후 재점검 | | |

① **자동차 번호** : 측정하는 자동차 번호를 기록한다(측정 차량이 1대인 경우 생략할 수 있다).
② **비번호** : 책임관리위원(공단 본부)이 배부한 등번호(비번호)를 기록한다.
③ **감독위원 확인** : 시험 전 또는 시험 후 감독위원이 채점 후 확인한다(날인).
④ **고장 부위** : 스캐너 자기진단에서 확인된 고장 부위로 맵 센서를 기록한다.
⑤ **측정값** : 스캐너 센서 출력에서 확인된 측정값 0 mbar를 기록한다.
⑥ **규정값** : 스캐너 내 규정값을 기록하거나 감독위원이 제시한 규정값 190~390 mbar(공회전 상태)를 기록한다.
⑦ **고장 내용** : 고장 부위 점검으로 확인된 커넥터 탈거를 기록한다.
⑧ **정비 및 조치할 사항** : 커넥터가 탈거되었으므로 맵 센서 커넥터 체결, ECU 기억 소거 후 재점검을 기록한다.
⑨ **득점** : 감독위원이 해당 문항을 채점하고 점수를 기록한다.

※ 단위가 누락되거나 틀린 경우는 오답으로 채점한다.

### 2 뉴EF 쏘나타의 맵 센서 규정값

| 압력 기준 | 엔진 정지, 스로틀 밸브 완전 열림 | 난기 후 공회전 무부하 |
|---|---|---|
| 절대압력 | 약 800~1080 mbar (600~810 mmHg, 80~108 kPa) / 약 3.2~4.4 V | • 수동변속기 : 약 160~360 mbar (120~270 mmHg, 16~36 kPa) / 약 0.7~1.5 V<br>• 자동변속기<br>  N위치 : 190~390 mbar (143~293 mmHg, 19~39 kPa) / 약 0.8~1.6 V |

※ 스캐너에 규정값(기준값)이 제시되지 않을 경우 감독위원이 제시한 값을 적용한다.

## 3 엔진 센서 점검

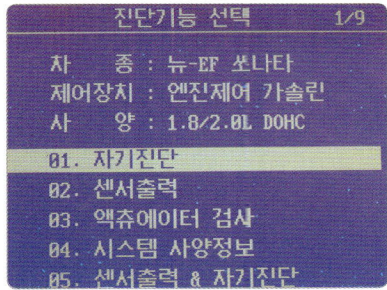
1. 자기진단을 실시한다.

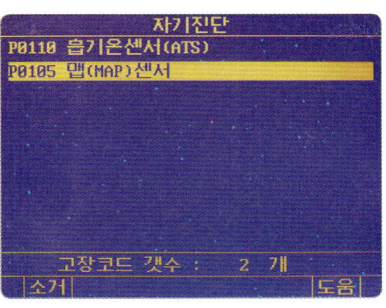
2. 고장 센서가 출력된다.
   (맵(map) 센서)

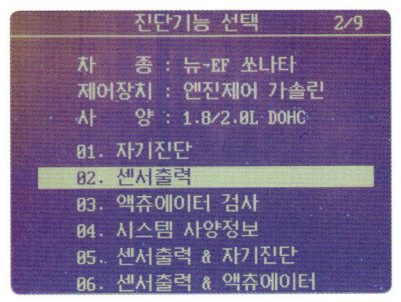
3. 센서출력을 선택한다.

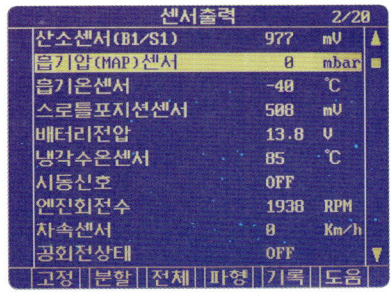
4. 센서 출력값을 확인한다 (0 mbar).

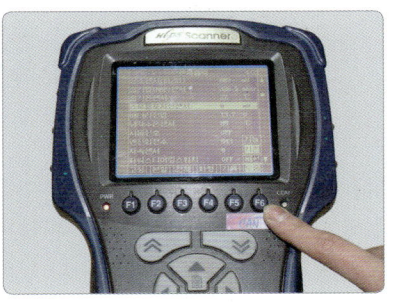
5. 기준값을 확인한다. 감독위원이 제시할 경우 제시한 값으로 한다.

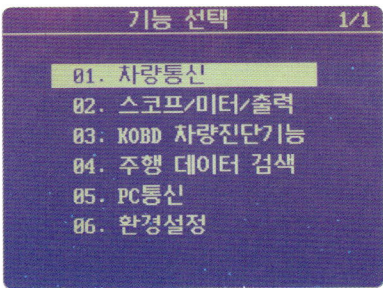
6. 측정이 끝나면 스캐너 시작단계의 위치에 놓는다.

### 고장 부위가 있을 경우 정비 및 조치할 사항

1. 과거 기억 소거 불량 → ECU 기억 소거 후 재점검
2. 센서 불량 → 센서 교체, ECU 기억 소거 후 재점검
3. 커넥터 탈거 → 커넥터 체결, ECU 기억 소거 후 재점검

### 맵 센서 기능과 작동

1. 맵 센서는 흡기관의 압력 변화를 전압으로 변화시켜 ECU로 보낸다.
2. 급가속할 때는 흡기관 내의 압력이 대기 압력과 동일한 압력으로 상승하게 되므로 실리콘 입자층의 저항값이 낮아져 ECU에서 공급하는 5V의 전압이 출력된다.
3. 감속할 때는 흡기관 내의 압력이 급격히 떨어지므로 맵 센서 내의 저항값이 높아져 출력값은 낮아진다.
4. ECU는 이 신호에 의해 엔진의 부하 상태를 판단하고 흡입 공기량을 간접 계측할 수 있으므로 연료 분사 시간을 결정하는 주 신호로 사용된다.

## 2안 가솔린 자동차 배기가스 측정

**엔진 4** 주어진 자동차에서 기록표에 제시된 내용을 측정하고 기록·판정하시오.

### 1 CO와 HC 배출량이 기준값 범위 내에 있을 경우

| 측정 항목 | ① 자동차 번호 : | | ② 비번호 | ③ 감독위원 확 인 | ⑦ 득점 |
|---|---|---|---|---|---|
| | 측정(또는 점검) | | ⑥ 판정(□에 'V'표) | | |
| | ④ 측정값 | ⑤ 기준값 | | | |
| CO | 0.4% | 1.2% 이하 | ☑ 양호<br>□ 불량 | | |
| HC | 163 ppm | 220 ppm 이하 | | | |

① **자동차 번호** : 측정하는 자동차 번호를 기록한다(측정 차량이 1대인 경우 생략할 수 있다).
② **비번호** : 책임관리위원(공단 본부)이 배부한 등번호(비번호)를 기록한다.
③ **감독위원 확인** : 시험 전 또는 시험 후 감독위원이 채점 후 확인한다(날인).
④ **측정값** : 배기가스를 측정한 값을 기록한다.
　　　• CO : 0.4%　• HC : 163 ppm
⑤ **기준값** : 운행 차량의 배출 허용 기준값을 기록한다.
　　　KMHFV41CP**Y**A068147(차대번호 10번째 자리 : Y) ➡ 2000년식
　　　• CO : 1.2% 이하　• HC : 220 ppm 이하
⑥ **판정** : 측정값이 기준값 범위 내에 있으므로 ☑ 양호에 표시한다.
⑦ **득점** : 감독위원이 해당 문항을 채점하고 점수를 기록한다.

※ 감독위원이 제시한 자동차등록증(또는 차대번호)을 활용하여 차종 및 연식을 적용한다.
※ 자동차 검사기준 및 방법에 의하여 기록·판정한다. ※ CO 측정값은 소수 둘째 자리 이하를 버림하여 기입한다.
※ HC 측정값은 소수 첫째 자리 이하를 버림하여 기입한다.

### 2 CO와 HC 배출량이 기준값보다 높게 측정될 경우

| 측정 항목 | 자동차 번호 : | | 비번호 | 감독위원 확 인 | 득점 |
|---|---|---|---|---|---|
| | 측정(또는 점검) | | 판정(□에 'V'표) | | |
| | 측정값 | 기준값 | | | |
| CO | 2.0% | 1.2% 이하 | □ 양호<br>☑ 불량 | | |
| HC | 350 ppm | 220 ppm 이하 | | | |

## 3 배기가스 배출 허용 기준값 (CO, HC)

[개정 2015.7.21.]

| 차 종 | | 제작일자 | 일산화탄소 | 탄화수소 | 공기 과잉률 |
|---|---|---|---|---|---|
| 경자동차 | | 1997년 12월 31일 이전 | 4.5% 이하 | 1200 ppm 이하 | 1±0.1 이내 기화기식 연료 공급장치 부착 자동차는 1±0.15 이내 촉매 미부착 자동차는 1±0.20 이내 |
| | | 1998년 1월 1일부터 2000년 12월 31일까지 | 2.5% 이하 | 400 ppm 이하 | |
| | | 2001년 1월 1일부터 2003년 12월 31일까지 | 1.2% 이하 | 220 ppm 이하 | |
| | | 2004년 1월 1일 이후 | 1.0% 이하 | 150 ppm 이하 | |
| 승용자동차 | | 1987년 12월 31일 이전 | 4.5% 이하 | 1200 ppm 이하 | |
| | | 1988년 1월 1일부터 2000년 12월 31일까지 | 1.2% 이하 | 220 ppm 이하 (휘발유·알코올 자동차) 400 ppm 이하 (가스자동차) | |
| | | 2001년 1월 1일부터 2005년 12월 31일까지 | 1.2% 이하 | 220 ppm 이하 | |
| | | 2006년 1월 1일 이후 | 1.0% 이하 | 120 ppm 이하 | |
| 승합·화물·특수 자동차 | 소형 | 1989년 12월 31일 이전 | 4.5% 이하 | 1200 ppm 이하 | |
| | | 1990년 1월 1일부터 2003년 12월 31일까지 | 2.5% 이하 | 400 ppm 이하 | |
| | | 2004년 1월 1일 이후 | 1.2% 이하 | 220 ppm 이하 | |
| | 중형·대형 | 2003년 12월 31일 이전 | 4.5% 이하 | 1200 ppm 이하 | |
| | | 2004년 1월 1일 이후 | 2.5% 이하 | 400 ppm 이하 | |

## 4 배기가스 점검

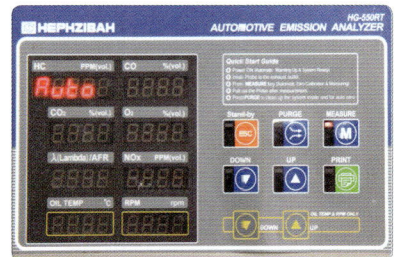

1. MEASURE(측정) : M(측정) 버튼을 누른다.

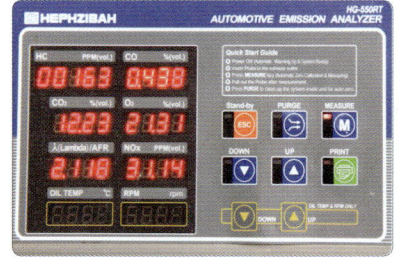

2. 측정한 배기가스를 확인한다.
   HC : 163 ppm, CO : 0.4%

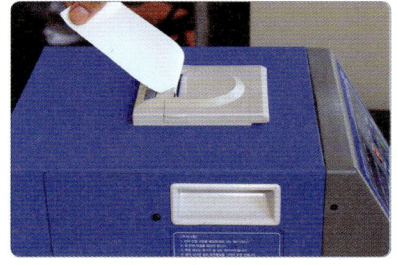

3. 배기가스 측정 결과를 출력한다.

# 자 동 차 등 록 증

제2000 - 3260호　　　　　　　　　　　　　　　　　최초등록일 : 2000년 08월 05일

| ① 자동차 등록번호 | 08다 1402 | ② 차종 | 승용(대형) | ③ 용도 | 자가용 |
|---|---|---|---|---|---|
| ④ 차명 | 그랜저 XG | ⑤ 형식 및 연식 | 2000 | | |
| ⑥ 차대번호 | KMHFV41CPYA068147 | ⑦ 원동기형식 | | | |
| ⑧ 사용자 본거지 | 서울특별시 영등포구 번영로 | | | | |
| 소유자 | ⑨ 성명(상호) | 기동찬 | ⑩ 주민(사업자)등록번호 | ******-****** | |
| | ⑪ 주소 | 서울특별시 영등포구 번영로 | | | |

자동차관리법 제8조 규정에 의하여 위와 같이 등록하였음을 증명합니다.

2000년 08월 05일

서울특별시장

● **차대번호 식별방법**

차대번호는 총 17자리로 구성되어 있다.

### KMHFV41CPYA068147

① 첫 번째 자리는 제작국가(K=대한민국)
② 두 번째 자리는 제작회사(M=현대, N=기아, P=쌍용, L=GM 대우)
③ 세 번째 자리는 자동차 종별(H=승용차, J=승합차, F=화물차)
④ 네 번째 자리는 차종 구분(B=쏘나타, C=베르나, D=아반떼, E=EF 쏘나타, F=그랜저)
⑤ 다섯 번째 자리는 세부 차종 및 등급(L=기본, M(V)=고급, N=최고급)
⑥ 여섯 번째 자리는 차체 형상(3=3도어세단, 4=4도어세단, 5=5도어세단)
⑦ 일곱 번째 자리는 안전장치(1=액티브 벨트(운전석+조수석), 2=패시브 벨트(운전석+조수석))
⑧ 여덟 번째 자리는 엔진 형식(B=1500 cc DOHC, C=2500 cc, D=1769 cc, G : 1500 cc SOHC)
⑨ 아홉 번째 자리는 운전석 위치(P=왼쪽, R=오른쪽)
⑩ 열 번째 자리는 제작연도(영문 I, O, Q, U, Z 제외) ~J(1988)~Y(2000), 1(2001)~4(2004)~
⑪ 열한 번째 자리는 제작 공장(A=아산, C=전주, M=인도, U=울산, Z=터키)
⑫ 열두 번째~열일곱 번째 자리는 차량 제작 일련번호

# 2안 캐스터각, 캠버각 점검

**섀시 2** 주어진 자동차에서 감독위원의 지시에 따라 휠 얼라인먼트 시험기를 사용하여 캐스터각과 캠버각을 점검하여 기록·판정하시오.

## 1 캐스터각이 규정값보다 클 경우

| 항목 | ① 자동차 번호 : | | ② 비번호 | | ③ 감독위원 확인 | ⑧ 득점 |
|---|---|---|---|---|---|---|
| | 측정(또는 점검) | | 판정 및 정비(또는 조치) 사항 | | | |
| | ④ 측정값 | ⑤ 규정(정비한계)값 | ⑥ 판정(□에 'V'표) | ⑦ 정비 및 조치할 사항 | | |
| 캐스터각 | 4° | 2.5±0.5° | ☐ 양호 ☑ 불량 | 로어암 교체 후 재점검 | | |
| 캠버각 | 0.5° | 0±0.5° | | | | |

① **자동차 번호** : 측정하는 자동차 번호를 기록한다(측정 차량이 1대인 경우 생략할 수 있다).
② **비번호** : 책임관리위원(공단 본부)이 배부한 등번호(비번호)를 기록한다.
③ **감독위원 확인** : 시험 전 또는 시험 후 감독위원이 채점 후 확인한다(날인).
④ **측정값** : 캐스터각과 캠버각을 측정한 값을 기록한다.
  • 캐스터각 : 4°   • 캠버각 : 0.5°
⑤ **규정값** : 감독위원이 제시한 값이나 정비지침서를 보고 규정값을 기록한다.
  • 캐스터각 : 2.5±0.5°   • 캠버각 : 0±0.5°
⑥ **판정** : 측정값이 규정값 범위를 벗어났으므로 ☑ 불량에 표시한다.
⑦ **정비 및 조치할 사항** : 판정이 불량이므로 로어암 교체 후 재점검을 기록한다.
⑧ **득점** : 감독위원이 해당 문항을 채점하고 점수를 기록한다.

※ 단위가 누락되거나 틀린 경우는 오답으로 채점한다.

## 2 캠버각이 규정값보다 클 경우

| 항목 | 자동차 번호 : | | 비번호 | | 감독위원 확인 | 득점 |
|---|---|---|---|---|---|---|
| | 측정(또는 점검) | | 판정 및 정비(또는 조치) 사항 | | | |
| | 측정값 | 규정(정비한계)값 | 판정(□에 'V'표) | 정비 및 조치할 사항 | | |
| 캐스터각 | 2° | 2.5±0.5° | ☐ 양호 ☑ 불량 | 로어암 교체 후 재점검 | | |
| 캠버각 | 4° | 0±0.5° | | | | |

※ 판정 : 캠버각이 규정값 범위를 벗어났으므로 ☑ 불량에 표시하고, 로어암 교체 후 재점검한다.

## 3 캐스터각과 캠버각이 규정값보다 클 경우

| 항목 | 측정(또는 점검) | | 판정 및 정비(또는 조치) 사항 | | 득점 |
|---|---|---|---|---|---|
| | 측정값 | 규정(정비한계)값 | 판정(□에 'V'표) | 정비 및 조치할 사항 | |
| 캐스터각 | 5° | 2.5±0.5° | □ 양호<br>☑ 불량 | 로어암과 스트럿 바 교체 후 재점검 | |
| 캠버각 | 3° | 0±0.5° | | | |

자동차 번호 :   비번호   감독위원 확 인

## 4 휠 얼라인먼트 규정값

| 차 종 | | 캐스터각(°) | 캠버각(°) |
|---|---|---|---|
| 싼타페 | 전차축 | 2.5 ± 0.5 | 0 ± 0.5 |
| | 후차축 | | (−)0 ± 0.5 |
| NEW 싼타페 | 전차축 | 4.4 ± 0.5 | (−)0.5 ± 0.5 |
| | 후차축 | | (−)1 ± 0.5 |
| 뉴그랜저 | 전차축 | 2.75 ± 0.5 | 0 ± 0.5 |
| | 후차축 | | 0 ± 0.5 |
| 아반떼 | 전차축 | 2.35 ± 0.5 | (−)0.25 ± 0.75 |
| | 후차축 | | (−)0.83 ± 0.75 |
| 베르나 | 전차축 | 1.75 ± 0.5 | 0.17 ± 0.5 |
| | 후차축 | | (−)0.68 ± 0.5 |

※ 휠 얼라인먼트 측정은 시험장 상황에 따라 모니터에 출력된 측정값을 시험 전에 확인한 후 판정한다.

---

**캐스터각과 캠버각이 규정값 범위를 벗어난 경우 정비 및 조치할 사항**

❶ 로어암 불량 → 로어암 교체
❷ 스트럿 바 불량 → 스트럿 바 교체
❸ 차대의 휨 → 차대 정렬
❹ 스핀들의 휨 → 조향 너클 교체

**캐스터각과 캠버각 조정**

❶ 캐스터각 조정 : 스트럿 바로 조정하거나 로어암을 교체한다.
❷ 캠버각 조정
어퍼 암에 조정심을 넣거나 빼서 조정하는 방식과 로어암 볼트를 돌려서 조정하는 방식이 있다.
토션 바 스프링과 같은 타입은 로어암 볼트를 돌려 조정하는 방식이며, 캠버 조정이 어려울 때는 로어암을 교체한다.

## 2안 자동변속기 자기진단 센서(액추에이터) 점검

**섀시 4** 주어진 자동차에서 감독위원의 지시에 따라 진단기(스캐너)로 자동변속기를 점검하고 기록·판정하시오.

### 1 입력축 속도 센서(PG – A) 커넥터가 탈거된 경우

| 항목 | ① 자동차 번호 : | | ② 비번호 | | ③ 감독위원 확인 | ⑧ 득점 |
|---|---|---|---|---|---|---|
| | 측정(또는 점검) | | 판정 및 정비(또는 조치) 사항 | | | |
| | ④ 이상 부위 | ⑤ 내용 및 상태 | ⑥ 판정(□에 'V'표) | ⑦ 정비 및 조치할 사항 | | |
| 변속기 자기진단 | 입력축 회전속도 센서 (PG – A) | 커넥터 탈거 | □ 양호<br>☑ 불량 | PG – A 커넥터 체결, A/T ECU 과거 기억 소거 후 재점검 | | |

① **자동차 번호** : 측정하는 자동차 번호를 기록한다(측정 차량이 1대인 경우 생략할 수 있다).
② **비번호** : 책임관리위원(공단 본부)이 배부한 등번호(비번호)를 기록한다.
③ **감독위원 확인** : 시험 전 또는 시험 후 감독위원이 채점 후 확인한다(날인).
④ **이상 부위** : 스캐너 자기진단 화면에 출력된 입력축 회전속도 센서(PG – A)를 기록한다.
⑤ **내용 및 상태** : 이상 부위의 내용 및 상태로 커넥터 탈거를 기록한다.
⑥ **판정** : 입력축 회전속도 센서(PG – A) 커넥터가 탈거되었으므로 ☑ 불량에 표시한다.
⑦ **정비 및 조치할 사항** : 판정이 불량이므로 PG – A 커넥터 체결, A/T ECU 과거 기억 소거 후 재점검을 기록한다.
⑧ **득점** : 감독위원이 해당 문항을 채점하고 점수를 기록한다.

### 2 출력축 속도 센서(PG – B) 커넥터가 탈거된 경우

| 항목 | 자동차 번호 : | | 비번호 | | 감독위원 확인 | 득점 |
|---|---|---|---|---|---|---|
| | 측정(또는 점검) | | 판정 및 정비(또는 조치) 사항 | | | |
| | 이상 부위 | 내용 및 상태 | 판정(□에 'V'표) | 정비 및 조치할 사항 | | |
| 변속기 자기진단 | 출력축 회전속도 센서 (PG – B) | 커넥터 탈거 | □ 양호<br>☑ 불량 | PG – B 커넥터 체결, A/T ECU 과거 기억 소거 후 재점검 | | |

**자동변속기 자기진단 시 유의사항**
자동변속기 자기진단 시 입출력 센서, 액추에이터 구성 및 위치를 파악하는 것이 중요하다.

# 2안 최소 회전 반지름 측정

**섀시 5** 　주어진 자동차에서 감독위원의 지시에 따라 좌 또는 우회전 시 최소 회전 반지름을 측정하여 기록·판정하시오.

## 1 우회전 시 최소 회전 반지름이 기준값 범위 내에 있을 경우($r$값을 무시할 때)

| ④ 항목 | 측정(또는 점검) | | ⑥ 기준값 (최소 회전 반지름) | ⑦ 측정값 (최소 회전 반지름) | 산출 근거 및 판정 | | ⑩ 득점 |
|---|---|---|---|---|---|---|---|
| | ⑤ 최대조향각도 | | | | ⑧ 산출 근거 | ⑨ 판정 (□에 'V'표) | |
| | 좌측 바퀴 | 우측 바퀴 | | | | | |
| 회전 방향 (□에 'V'표) □ 좌 ☑ 우 | 30° | 35° | 12 m 이하 | 5.6 m | $R = \dfrac{2.8\,\text{m}}{\sin 30°} = 5.6\,\text{m}$ | ☑ 양호 □ 불량 | |

*표 상단: ① 자동차 번호 :　　② 비번호　　③ 감독위원 확 인*

① **자동차 번호** : 측정하는 자동차 번호를 기록한다(측정 차량이 1대인 경우 생략할 수 있다).
② **비번호** : 책임관리위원(공단 본부)이 배부한 등번호(비번호)를 기록한다.
③ **감독위원 확인** : 시험 전 또는 시험 후 감독위원이 채점 후 확인한다(날인).
④ **항목** : 감독위원이 제시하는 회전 방향에 ☑ 표시를 한다(운전석 착석 시 좌우 기준). ☑ 우
⑤ **최대조향각도** : 좌측 바퀴 : 30°, 우측 바퀴 : 35°를 기록한다.
⑥ **기준값** : 최소 회전 반지름의 기준값 12 m 이하를 기록한다.
⑦ **측정값** : 최소 회전 반지름의 측정값 5.6 m를 기록하며, 반드시 단위를 기록한다.
⑧ **산출 근거** : 최소 회전 반지름 공식에서 산출한 계산식을 기록한다($r$값은 무시하고 계산한다).

$$R = \dfrac{L}{\sin \alpha} + r \quad \therefore R = \dfrac{2.8\,\text{m}}{\sin 30°} = 5.6\,\text{m}$$

- $R$ : 최소 회전 반지름(m)　　• $\sin \alpha$ : 좌측 바퀴의 조향각도($\sin 30° = 0.5$)
- $L$ : 축거(2.8 m)　　• $r$ : 바퀴 접지면 중심과 킹핀 중심과의 거리($r = 0$)

⑨ **판정** : 측정값이 기준값 범위 내에 있으므로 ☑ 양호에 표시한다.
⑩ **득점** : 감독위원이 해당 문항을 채점하고 점수를 기록한다.

※ 축거 및 바퀴의 접지면 중심과 킹핀과의 거리($r$)는 감독위원이 제시한다.　　※ 자동차 검사 기준 및 방법에 의하여 기록·판정한다.
※ 회전 방향은 감독위원이 지정하는 위치의 □에 'V'표시한다.　　※ 산출 근거에는 단위를 기록하지 않아도 된다.

### 최소 회전 반지름 측정 시 유의사항

❶ 조향각과 축거는 직접 측정하며, 바퀴 접지면 중심과 킹핀 중심과의 거리는 감독위원이 제시하거나 무시하고 계산한다.
❷ 시험 차량은 대부분 승용차로, 최소 회전 반지름 기준값 12 m 이내에 측정되므로 일반적으로 판정은 양호이다.

## 2 축간거리 및 조향각 기준값

| 차 종 | 축 거 | 조향각 | | 회전 반지름 |
|---|---|---|---|---|
| | | 내측 | 외측 | |
| 그랜저 | 2745 mm | 37° | 30°30′ | 5700 mm |
| 쏘나타 | 2700 mm | 39°67′ | 32°21′ | – |
| EF 쏘나타 | 2700 mm | 39.70°±2° | 32.40°±2° | 5000 mm |
| 아반떼 | 2550 mm | 39°17′ | 32°27′ | 5100 mm |
| 아반떼 XD | 2610 mm | 40.1°±2° | 32°45′ | 4550 mm |
| 베르나 | 2440 mm | 33.37°±1°30′ | 35.51° | 4900 mm |
| 오피러스 | 2800 mm | 37° | 30° | 5600 mm |

## 3 최소 회전 반지름 측정 (우회전 시)

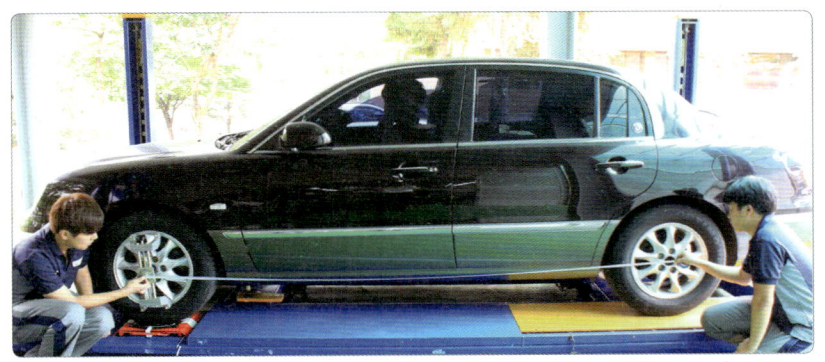

최소 회전 반지름 측정(축거)

1. 앞바퀴 중심(허브 중심)에 줄자를 맞춘다.

2. 뒷바퀴 중심(허브 중심)까지의 거리를 측정한다(2.8 m).

3. 우회전 시 안쪽(오른쪽) 바퀴의 조향각도를 측정한다(35°).

4. 우회전 시 바깥쪽(왼쪽) 바퀴의 조향 각도를 측정한다(30°).

## 2안 점화코일 저항 점검

**전기 2** 주어진 자동차에서 점화코일 1, 2차 저항을 측정하고 코일의 고장 유무를 확인하여 기록·판정하시오.

### 1 1차 저항이 규정값보다 클 경우

| | ① 자동차 번호 : | | ② 비번호 | | ③ 감독위원 확 인 | |
|---|---|---|---|---|---|---|
| 항목 | 측정(또는 점검) | | 판정 및 정비(또는 조치) 사항 | | | ⑧ 득점 |
| | ④ 측정값 | ⑤ 규정(정비한계)값 | ⑥ 판정(□에 'V'표) | ⑦ 정비 및 조치할 사항 | | |
| 1차 저항 | 1.0 Ω (20℃) | 0.80±0.08 Ω (20℃) | □ 양호  ☑ 불량 | 점화코일 교체 | | |
| 2차 저항 | 12.5 kΩ (20℃) | 12.1±1.8 kΩ (20℃) | ☑ 양호  □ 불량 | | | |

① **자동차 번호** : 측정하는 자동차 번호를 기록한다(측정 차량이 1대인 경우 생략할 수 있다).
② **비번호** : 책임관리위원(공단 본부)이 배부한 등번호(비번호)를 기록한다.
③ **감독위원 확인** : 시험 전 또는 시험 후 감독위원이 채점 후 확인한다(날인).
④ **측정값** : 점화코일의 1차 저항과 2차 저항을 측정한 값을 기록한다.
  • 1차 저항 : 1.0 Ω (20℃)    • 2차 저항 : 12.5 kΩ (20℃)
⑤ **규정(정비한계)값** : 정비지침서 또는 감독위원이 제시한 규정값을 기록한다.
  • 1차 저항 : 0.80±0.08 Ω (20℃)    • 2차 저항 : 12.1±1.8 kΩ (20℃)
⑥ **판정** : 1차 저항이 규정값 범위를 벗어났으므로 ☑ **불량**에 표시한다.
⑦ **정비 및 조치할 사항** : 판정이 불량이므로 **점화코일 교체**를 기록한다.
⑧ **득점** : 감독위원이 해당 문항을 채점하고 점수를 기록한다.

※ 단위가 누락되거나 틀린 경우는 오답으로 채점한다.

### 2 2차 저항이 규정값보다 클 경우

| | 자동차 번호 : | | 비번호 | | 감독위원 확 인 | |
|---|---|---|---|---|---|---|
| 항목 | 측정(또는 점검) | | 판정 및 정비(또는 조치) 사항 | | | 득점 |
| | 측정값 | 규정(정비한계)값 | 판정(□에 'V'표) | 정비 및 조치할 사항 | | |
| 1차 저항 | 0.83 Ω (20℃) | 0.80±0.08 Ω (20℃) | ☑ 양호  □ 불량 | 점화코일 교체 | | |
| 2차 저항 | 16 kΩ (20℃) | 12.1±1.8 kΩ (20℃) | □ 양호  ☑ 불량 | | | |

※ 판정 : 2차 저항이 규정값 범위를 벗어났으므로 ☑ 불량에 표시하고, 점화코일을 교체한다.

## 3 1, 2차 저항이 모두 규정값보다 클 경우

| 항목 | 측정(또는 점검) | | 판정 및 정비(또는 조치) 사항 | | 득점 |
|---|---|---|---|---|---|
| | 측정값 | 규정(정비한계)값 | 판정(□에 'V'표) | 정비 및 조치할 사항 | |
| 1차 저항 | 1.8 Ω (20℃) | 0.80±0.08 Ω (20℃) | □ 양호  ☑ 불량 | 점화코일 교체 | |
| 2차 저항 | 14 kΩ (20℃) | 12.1±1.8 kΩ (20℃) | □ 양호  ☑ 불량 | | |

자동차 번호: / 비번호: / 감독위원 확인

## 4 1, 2차 저항 규정값

| 차 종 | 1차 저항 | 2차 저항 | 비 고 |
|---|---|---|---|
| 엘란트라 | 0.80±0.08 Ω | 12.1±1.8 kΩ | 온도에 따라 오차가 발생할 수 있다. (20℃ 기준) |
| 아반떼, 베르나 | 0.5±0.05 Ω | 12.1±1.8 kΩ | |
| 아반떼 XD | 0.5±0.05 Ω | 12.1±1.8 kΩ | |
| 세피아 | 0.81±0.99 Ω | 10~16 kΩ | |
| EF 쏘나타 | 0.78 Ω | 20 kΩ | |

## 5 점화코일 1, 2차 저항 측정

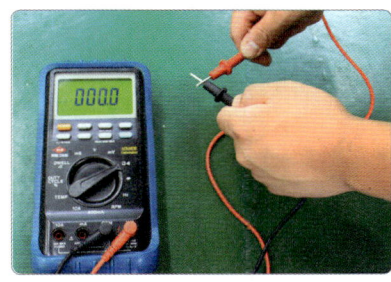

1. 멀티 테스터를 세팅하여 0 Ω을 확인한다.

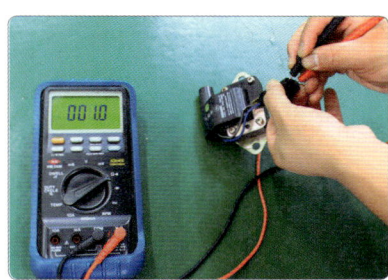

2. 점화코일 1차 저항을 측정한다. (1.0 Ω)

3. 점화코일 2차 저항을 측정한다. (12.5 kΩ)

### 점화코일 저항 측정 시 유의사항
1. 측정 용도에 따라 반드시 멀티 테스터 선택 레인지를 확인한 후 점화코일 저항을 측정한다.
2. 디지털 멀티 테스터로 측정하는 것이 아날로그 멀티테스터보다 더 정확하며, 반드시 측정 전에 세팅하여 작동 상태를 확인한다.

## 2안 전조등 회로 점검

**전기 3** 주어진 자동차에서 전조등 회로의 고장 부분을 점검한 후 기록·판정하시오.

### 1 전조등 LOW 퓨즈가 단선일 경우

| 항목 | ① 자동차 번호 : | | ② 비번호 | | ③ 감독위원 확 인 | ⑧ 득점 |
|---|---|---|---|---|---|---|
| | 측정(또는 점검) | | 판정 및 정비(또는 조치) 사항 | | | |
| | ④ 이상 부위 | ⑤ 내용 및 상태 | ⑥ 판정(□에 'V'표) | ⑦ 정비 및 조치할 사항 | | |
| 전조등 회로 | 전조등 LOW 퓨즈 | 단선 | □ 양호<br>☑ 불량 | 전조등 LOW 퓨즈 교체 후 재점검 | | |

① **자동차 번호** : 측정하는 자동차 번호를 기록한다(측정 차량이 1대인 경우 생략할 수 있다).
② **비번호** : 책임관리위원(공단 본부)이 배부한 등번호(비번호)를 기록한다.
③ **감독위원 확인** : 시험 전 또는 시험 후 감독위원이 채점 후 확인한다(날인).
④ **이상 부위** : 전조등이 작동되지 않는 이상 부위로 전조등 LOW 퓨즈를 기록한다.
⑤ **내용 및 상태** : 이상 부위의 내용 및 상태로 단선을 기록한다.
⑥ **판정** : 전조등 LOW 퓨즈가 단선되었으므로 ☑ 불량에 표시한다.
⑦ **정비 및 조치할 사항** : 판정이 불량이므로 전조등 LOW 퓨즈 교체 후 재점검을 기록한다.
⑧ **득점** : 감독위원이 해당 문항을 채점하고 점수를 기록한다.

### 2 오른쪽 전조등 커넥터가 탈거된 경우

| 항목 | 자동차 번호 : | | 비번호 | | 감독위원 확 인 | 득점 |
|---|---|---|---|---|---|---|
| | 측정(또는 점검) | | 판정 및 정비(또는 조치) 사항 | | | |
| | 이상 부위 | 내용 및 상태 | 판정(□에 'V'표) | 정비 및 조치할 사항 | | |
| 전조등 회로 | 오른쪽 전조등 | 커넥터 탈거 | □ 양호<br>☑ 불량 | 오른쪽 전조등 커넥터 체결 후 재점검 | | |

---

**전조등 회로가 작동하지 않는 경우 정비 및 조치할 사항**

❶ 전조등 퓨즈 단선 → 전조등 퓨즈 교체
❷ 전조등 전구 탈거 → 전조등 전구 체결
❸ 전조등 전구 단선 → 전조등 전구 교체
❹ 전조등 릴레이 불량 → 전조등 릴레이 교체
❺ 전조등 릴레이 탈거 → 전조등 릴레이 체결
❻ 전조등 연결 커넥터 불량 → 전조등 커넥터 교체

## 3 전조등 콤비네이션 스위치 커넥터가 탈거된 경우

| 항목 | 자동차 번호 : | | 비번호 | | 감독위원 확인 | 득점 |
|---|---|---|---|---|---|---|
| | 측정(또는 점검) | | 판정 및 정비(또는 조치) 사항 | | | |
| | 이상 부위 | 내용 및 상태 | 판정(□에 'V'표) | 정비 및 조치할 사항 | | |
| 전조등 회로 | 콤비네이션 스위치 | 커넥터 탈거 | □ 양호<br>☑ 불량 | 콤비네이션 스위치 커넥터 체결 후 재점검 | | |

※ 판정 : 콤비네이션 스위치 커넥터가 탈거되었으므로 ☑ 불량에 표시하고, 콤비네이션 스위치 커넥터 체결 후 재점검한다.

## 4 전조등 회로 점검

1. 축전지 단자 (+), (−) 체결 상태 및 접촉 상태를 확인한다.

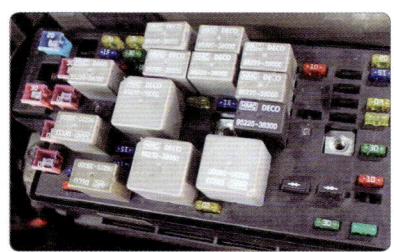

2. 엔진 정션 박스 전조등 릴레이 점검과 공급 전원을 확인한다.

3. 실내 퓨즈 박스에서 전조등 퓨즈 단선 및 공급 전원을 확인한다.

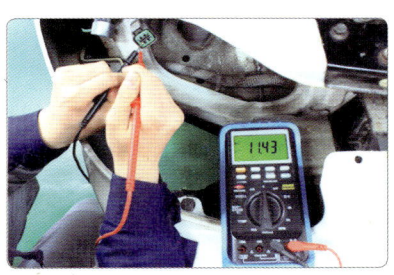

4. 전조등 LOW 공급 전원을 확인한다.

5. 전조등 스위치 커넥터 및 통전 상태를 점검한다.

6. 전조등을 유관 점검한다(유리관을 손으로 직접 만지지 않는다).

7. 전조등 램프 단선 및 저항을 점검한다.

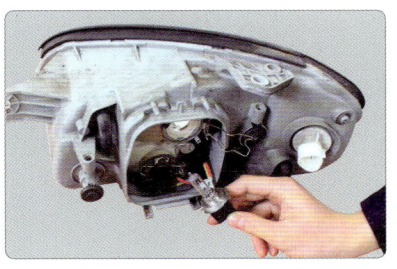

8. 전조등을 커넥터에 체결하고 접촉 및 작동 상태를 확인한다.

9. 전조등 점등 상태를 확인한다.

## 2안 경음기 음량 측정

**전기 4**  주어진 자동차에서 경음기음을 측정하여 기록·판정하시오.

### 1 경음기 음량이 기준값 범위 내에 있을 경우

| 항목 | ① 자동차 번호 : | | ② 비번호 | ③ 감독위원 확인 | |
|---|---|---|---|---|---|
| | 측정(또는 점검) | | ⑥ 판정 (□에 'V'표) | ⑦ 득점 | |
| | ④ 측정값 | ⑤ 기준값 | | | |
| 경음기 음량 | 99 dB | 90 dB 이상<br>110 dB 이하 | ☑ 양호<br>□ 불량 | | |

① **자동차 번호** : 측정하는 자동차 번호를 기록한다(측정 차량이 1대인 경우 생략할 수 있다).
② **비번호** : 책임관리위원(공단 본부)이 배부한 등번호(비번호)를 기록한다.
③ **감독위원 확인** : 시험 전 또는 시험 후 감독위원이 채점 후 확인한다(날인).
④ **측정값** : 경음기 음량을 측정한 값을 기록한다.
  • 측정값 : 99 dB
⑤ **기준값** : 경음기 음량 기준값을 수검자가 암기하여 기록한다.
  • 기준값 : 90 dB 이상 110 dB 이하
⑥ **판정** : 측정값이 기준값 범위 내에 있으므로 ☑ 양호에 표시한다.
⑦ **득점** : 감독위원이 해당 문항을 채점하고 점수를 기록한다.

※ 감독위원이 제시한 자동차등록증(차대번호)을 활용하여 차종 및 연식을 적용한다.
※ 자동차 검사기준 및 방법에 의하여 기록·판정한다.  ※ 암소음은 무시한다.

### 2 경음기 음량이 기준값보다 높을 경우

| 항목 | 자동차 번호 : | | 비번호 | 감독위원 확인 | |
|---|---|---|---|---|---|
| | 측정(또는 점검) | | 판정 (□에 'V'표) | (F) 득점 | |
| | 측정값 | 기준값 | | | |
| 경음기 음량 | 120 dB | 90 dB 이상<br>110 dB 이하 | □ 양호<br>☑ 불량 | | |

※ 판정 : 경음기 음량이 기준값 범위를 벗어났으므로 ☑ 불량에 표시한다.

## 3 경음기 음량 기준값

[2006년 1월 1일 이후 제작된 자동차]

| 자동차 종류 | | 소음 항목 | 경적 소음(dB(C)) |
|---|---|---|---|
| 경자동차 | | | 110 이하 |
| 승용자동차 | | 소형, 중형 | 110 이하 |
| | | 중대형, 대형 | 112 이하 |
| 화물자동차 | | 소형, 중형 | 110 이하 |
| | | 대형 | 112 이하 |

※ 경음기 음량의 크기는 최소 90 dB 이상일 것 [자동차 및 자동차 성능과 기준에 관한 규칙 제53조]

## 4 경음기 음량 측정

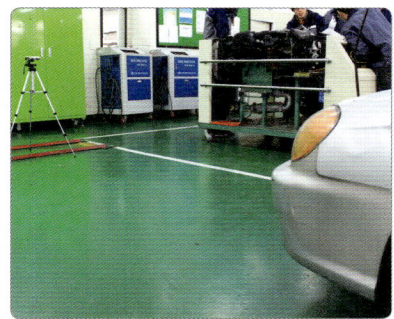

1. 음량계 높이를 1.2±0.05 m로, 자동차 전방 2 m가 되도록 설치한다.

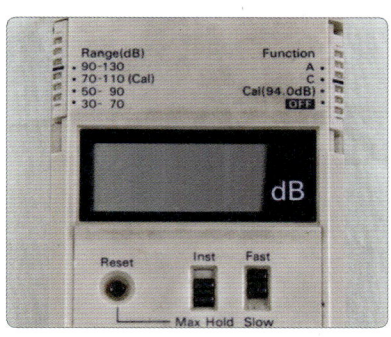

2. 리셋 버튼을 눌러 초기화시킨 후 C 특성, Fast 90~130 dB을 선택한다.

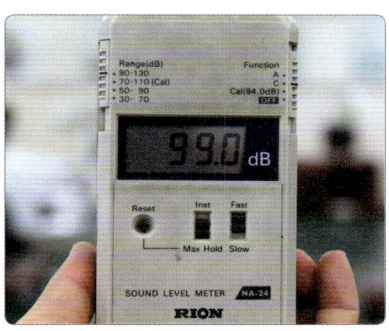

3. 경음기를 3~5초 동안 작동시켜 배출되는 소음 크기의 최댓값을 측정한다(측정값 : 99 dB).

### 경음기 음량이 기준값 범위를 벗어난 경우
1. 축전지 방전
2. 경음기 불량
3. 경음기 릴레이 불량
4. 경음기 접지 불량
5. 경음기 음량 조정 불량
6. 경음기 커넥터 접촉 불량
7. 경음기 스위치 접촉 불량
8. 규격품이 아닌 경음기 사용

# 자동차정비 기능사 실기

# 3안

## 답안지 작성법

| 파트별 | 안별 문제 | 3안 |
|---|---|---|
| 엔진 | 엔진(부품) 분해 조립 | 워터펌프(디젤)/라디에이터 캡 |
| | 측정/답안작성 | 라디에이터 압력식 캡 |
| | 시스템 점검/엔진 시동 | 시동회로 |
| | 부품 탈거/조립 | 흡입공기량 센서(AFS) |
| | 자기진단(답안작성) | 스캐너를 이용한 엔진 전자제어 센서(액추에이터) 점검 |
| | 차량 검사 측정 | 디젤 매연 |
| 섀시 | 부품 탈거/조립 | 타이어 탈착 |
| | 점검/답안작성 | 입력축 엔드 플레이(M/T) |
| | 부품 탈거 작동 상태 | 릴리스 실린더/공기빼기 |
| | 점검/답안작성 | ECS 자기진단 |
| | 안전기준 검사 | 브레이크 제동력 |
| 전기 | 부품 탈거/조립 작동 확인 | 점화플러그(DOHC) 케이블/시동 |
| | 측정/답안작성 | 충전 전류, 전압 점검 |
| | 전기회로 점검/고장부위 작성 | 와이퍼 회로 |
| | 차량 검사 측정 | 전조등 |

## 3안 라디에이터 압력식 캡 점검

**엔진 1** 주어진 디젤 엔진에서 워터펌프와 라디에이터 압력식 캡을 탈거(감독위원에게 확인)하고 감독위원의 지시에 따라 기록표의 내용대로 기록·판정한 후 다시 조립하시오.

### 1 작동압력이 규정값 범위 내에 있을 경우

| 항목 | 측정(또는 점검) | | 판정 및 정비(또는 조치) 사항 | | ⑧ 득점 |
|---|---|---|---|---|---|
| | ① 엔진 번호 : | | ② 비번호 | ③ 감독위원 확 인 | |
| | ④ 측정값 | ⑤ 규정(정비한계)값 | ⑥ 판정(□에 'v'표) | ⑦ 정비 및 조치할 사항 | |
| 압력식 캡 작동압력 | 0.89 kgf/cm² (10초간 유지함) | 0.83~1.10 kgf/cm² (10초간 유지될 것) | ☑ 양호<br>□ 불량 | 정비 및 조치할 사항 없음 | |

① **엔진 번호** : 측정하는 엔진 번호를 기록한다(측정 엔진이 1대인 경우 생략할 수 있다).
② **비번호** : 책임관리위원(공단 본부)이 배부한 등번호(비번호)를 기록한다.
③ **감독위원 확인** : 시험 전 또는 시험 후 감독위원이 채점 후 확인한다(날인).
④ **측정값** : 압력식 캡 작동압력을 측정한 값을 기록한다.
   • 측정값 : 0.89 kgf/cm² (10초간 유지함)
⑤ **규정(정비한계)값** : 감독위원이 제시한 값이나 정비지침서를 보고 규정값을 기록한다.
   • 규정값 : 0.83~1.10 kgf/cm² (10초간 유지될 것)
⑥ **판정** : 측정값이 규정값 범위 내에 있으므로 ☑ 양호에 표시한다.
⑦ **정비 및 조치할 사항** : 판정이 양호이므로 정비 및 조치할 사항 없음을 기록한다.
⑧ **득점** : 감독위원이 해당 문항을 채점하고 점수를 기록한다.

※ 단위가 누락되거나 틀린 경우는 오답으로 채점한다.

### 2 작동압력이 규정값보다 낮을 경우

| 항목 | 측정(또는 점검) | | 판정 및 정비(또는 조치) 사항 | | 득점 |
|---|---|---|---|---|---|
| | 엔진 번호 : | | 비번호 | 감독위원 확 인 | |
| | 측정값 | 규정(정비한계)값 | 판정(□에 'v'표) | 정비 및 조치할 사항 | |
| 압력식 캡 작동압력 | 0.50 kgf/cm² (10초간 유지 안 됨) | 0.83~1.10 kgf/cm² (10초간 유지될 것) | □ 양호<br>☑ 불량 | 라디에이터 압력식 캡 교체 | |

※ 판정 : 측정값이 규정값 범위를 벗어났으므로 ☑ 불량에 표시하고, 라디에이터 압력식 캡을 교체한다.

## 3 압력이 발생하지 않고 누유되는 경우

| 항목 | 엔진 번호 : | | 비번호 | 감독위원 확 인 | 득점 |
|---|---|---|---|---|---|
| | 측정(또는 점검) | | 판정 및 정비(또는 조치) 사항 | | |
| | 측정값 | 규정(정비한계)값 | 판정(□에 'V'표) | 정비 및 조치할 사항 | |
| 압력식 캡 작동압력 | 0 kgf/cm² (압력 발생이 안 됨) | 0.83~1.10 kgf/cm² (10초간 유지될 것) | □ 양호<br>☑ 불량 | 라디에이터 압력식 캡 교체 | |

## 4 라디에이터 압력식 캡 작동압력 규정값

| 차 종 | 라디에이터 | 라디에이터 압력식 캡 |
|---|---|---|
| | 압력 | 고압 밸브 개방 압력 |
| 아반떼, 쏘나타 II, III, 그랜저 | 1.53 kgf/cm² (2분간 유지) | 0.83~1.10 kgf/cm² (10초간 유지) |

※ 라디에이터 압력식 캡 작동압력 규정값은 감독위원이 제시할 경우 제시한 값으로 적용한다.

## 5 라디에이터 압력식 캡 작동압력 측정

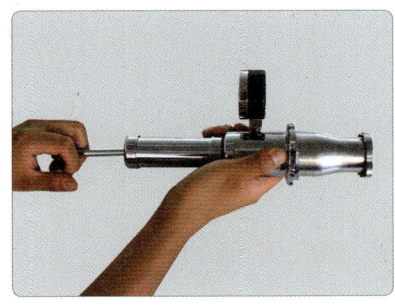  

1. 라디에이터 압력식 캡을 압축한다.
2. 압력식 캡 작동압력을 확인한다. (0.89 kgf/cm²)
3. 측정압력이 유지되는지 확인한다. (10초간 유지함)

**라디에이터 캡 압력이 유지되지 않는 경우 정비 및 조치할 사항**
① 라디에이터 캡 실링 불량 → 라디에이터 캡 교체
② 라디에이터 캡 손상 및 변형 → 라디에이터 캡 교체
③ 라디에이터 캡 압력 스프링 불량 → 라디에이터 캡 교체

## 3안 엔진 센서(액추에이터) 점검

**엔진 3** 주어진 자동차에서 흡입공기 유량 센서를 탈거(감독위원에게 확인)한 후 다시 조립하고 감독위원의 지시에 따라 진단기(스캐너)를 사용하여 엔진의 각종 센서(액추에이터) 점검 후 고장 부분을 기록하시오.

### 1 스로틀 포지션 센서 커넥터가 탈거된 경우 1

| 항목 | ① 자동차 번호 : | | | ② 비번호 | ③ 감독위원 확인 | |
|---|---|---|---|---|---|---|
| | 측정(또는 점검) | | | 판정 및 정비(또는 조치) 사항 | | ⑨ 득점 |
| | ④ 고장 부위 | ⑤ 측정값 | ⑥ 규정값 | ⑦ 고장 내용 | ⑧ 정비 및 조치할 사항 | |
| 센서 (액추에이터) 점검 | 스로틀 포지션 센서(TPS) | 0 mV | 0.4~0.8 V (공회전 rpm, 스로틀 밸브 닫힘) | 커넥터 탈거 | TPS 커넥터 체결, ECU 기억 소거 후 재점검 | |

① **자동차 번호** : 측정하는 자동차 번호를 기록한다(측정 차량이 1대인 경우 생략할 수 있다).
② **비번호** : 책임관리위원(공단 본부)이 배부한 등번호(비번호)를 기록한다.
③ **감독위원 확인** : 시험 전 또는 시험 후 감독위원이 채점 후 확인한다(날인).
④ **고장 부위** : 스캐너 자기진단에서 확인된 고장 부위로 스로틀 포지션 센서(TPS)를 기록한다.
⑤ **측정값** : 스캐너 센서 출력에서 확인된 측정값을 기록한다.
- 측정값 : 0 mV
⑥ **규정값** : 스캐너 내 규정값을 기록하거나 감독위원이 제시한 규정값을 기록한다.
- 규정값 : 0.4~0.8 V(공회전 rpm, 스로틀 밸브 닫힘)
⑦ **고장 내용** : 고장 부위 점검으로 확인된 커넥터 탈거를 기록한다.
⑧ **정비 및 조치할 사항** : 커넥터가 탈거되었으므로 TPS 커넥터 체결, ECU 기억 소거 후 재점검을 기록한다.
⑨ **득점** : 감독위원이 해당 문항을 채점하고 점수를 기록한다.

※ 단위가 누락되거나 틀린 경우는 오답으로 채점한다.

### 2 스로틀 포지션 센서 커넥터가 탈거된 경우 2

| 항목 | 자동차 번호 : | | | 비번호 | 감독위원 확인 | |
|---|---|---|---|---|---|---|
| | 측정(또는 점검) | | | 판정 및 정비(또는 조치) 사항 | | 득점 |
| | 고장 부위 | 측정값 | 규정값 | 고장 내용 | 정비 및 조치할 사항 | |
| 센서 (액추에이터) 점검 | 스로틀 포지션 센서(TPS) | 0 mV | 0.6±0.3 V (공회전 rpm) | 커넥터 탈거 | TPS 커넥터 체결, ECU 기억 소거 후 재점검 | |

## 3 스로틀 포지션 센서 규정값

| 차 종 | 스로틀 포지션 센서 | 비 고 |
|---|---|---|
| 뉴EF 쏘나타 | 0.6 ± 0.3 V(공회전 rpm) | |
| 엑센트, 베르나 | 0.25~0.5V(공회전 rpm) | |

※ 규정값은 엔진 공회전 상태에서 0.4~0.8 V의 일반적인 값을 적용하거나 스캐너 기준값 또는 감독위원이 제시한 값을 적용한다.

## 4 엔진 센서 점검

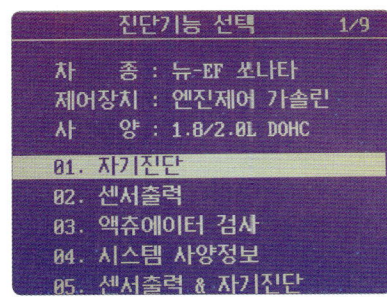

1. 자기진단을 선택한다.

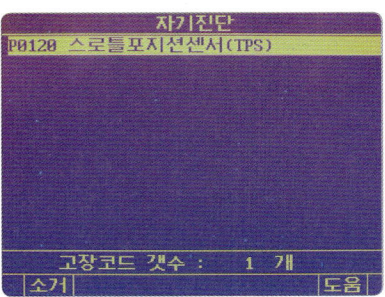

2. 고장 센서가 출력된다(스로틀 포지션 센서 TPS).

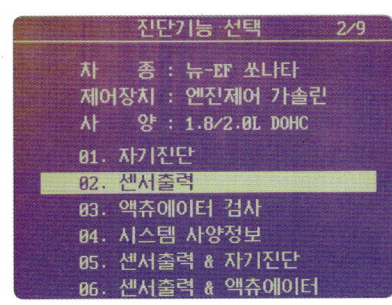

3. 센서출력을 선택한다.

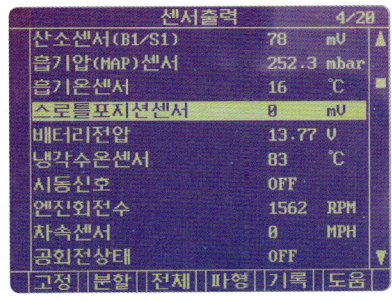

4. 센서 출력값을 확인한다(0 mV).

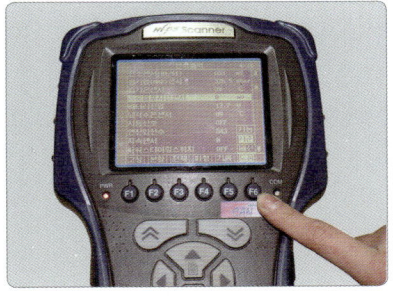

5. 기준값을 확인한다. 감독위원이 제시할 경우 제시한 값으로 한다.

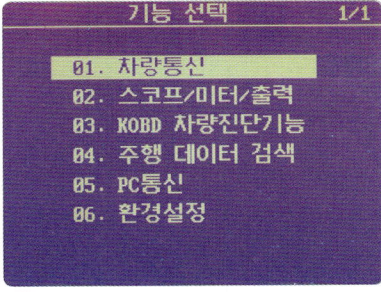

6. 측정이 끝나면 스캐너 시작단계의 위치로 놓는다.

### 고장 부위가 있을 경우 정비 및 조치할 사항

1. 과거 기억 소거 불량 → ECU 기억 소거 후 재점검
2. 센서 불량 → 센서 교체, ECU 기억 소거 후 재점검
3. 커넥터 탈거 → 커넥터 체결, ECU 기억 소거 후 재점검

### 엔진 센서 점검 시 유의사항

1. 고장 부위를 확인하고 스캐너 센서 출력에서 측정값을 확인하여 기록표에 작성한다.
2. 고장 부위가 2개 이상 출력될 경우 감독위원에게 확인한 후 고장 부위 중 1개를 기록표에 작성한다.

## 3안 디젤 자동차 매연 측정

**엔진 4** 주어진 자동차에서 기록표에 제시된 내용을 측정하고 기록·판정하시오.

### 1 매연 측정값이 기준값 범위 내에 있을 경우

| ① 자동차 번호 : | | | | ② 비번호 | | ③ 감독위원 확인 | |
|---|---|---|---|---|---|---|---|
| 측정(또는 점검) | | | | 산출 근거 및 판정 | | | |
| ④ 차종 | ⑤ 연식 | ⑥ 기준값 | ⑦ 측정값 | ⑧ 측정 | ⑨ 산출 근거(계산) 기록 | ⑩ 판정 (□에 'V'표) | ⑪ 득점 |
| 승용차 | 2002 | 45% 이하 | 23% | 1회 : 26%<br>2회 : 22%<br>3회 : 23% | $\dfrac{26+22+23}{3} = 23.66\%$ | ☑ 양호<br>□ 불량 | |

① **자동차 번호** : 측정하는 자동차 번호를 기록한다(측정 차량이 1대인 경우 생략할 수 있다).
② **비번호** : 책임관리위원(공단 본부)이 배부한 등번호(비번호)를 기록한다.
③ **감독위원 확인** : 시험 전 또는 시험 후 감독위원이 채점 후 확인한다(날인).
④ **차종** : KP**T**LB21D12P145861(차대번호 3번째 자리 : T) ➡ 승용차(승용관람차)
⑤ **연식** : KPTLB21D1**2**P145861(차대번호 10번째 자리 : 2) ➡ 2002
⑥ **기준값** : 자동차등록증 차대번호의 연식을 보고 기준값 45% 이하를 기록한다.
⑦ **측정값** : 3회 산출한 값의 평균값 23%를 기록한다(소수점 이하는 버림).
⑧ **측정** : 1회부터 3회까지 측정한 값을 기록한다.  • 1회 : 26%   • 2회 : 22%   • 3회 : 23%
⑨ **산출 근거(계산) 기록** : $\dfrac{26+22+23}{3} = 23.66\%$
⑩ **판정** : 측정값이 기준값 범위 내에 있으므로 ☑ 양호에 표시한다.
⑪ **득점** : 감독위원이 해당 문항을 채점하고 점수를 기록한다.

※ 감독위원이 제시한 자동차등록증(또는 차대번호)을 활용하여 차종 및 연식을 적용한다.  ※ 측정 및 판정은 무부하 조건으로 한다.
※ 매연 농도를 산술평균하여 소수점 이하는 버린 값으로 기입한다.  ※ 자동차 검사기준 및 방법에 의하여 기록·판정한다.

### 2 매연 측정값이 기준값보다 클 경우

| 자동차 번호 : | | | | 비번호 | | 감독위원 확인 | |
|---|---|---|---|---|---|---|---|
| 측정(또는 점검) | | | | 산출 근거 및 판정 | | | |
| 차종 | 연식 | 기준값 | 측정값 | 측정 | 산출 근거(계산) 기록 | 판정 (□에 'V'표) | 득점 |
| 승용차 | 2002 | 45% 이하 | 48% | 1회 : 50%<br>2회 : 46%<br>3회 : 49% | $\dfrac{50+46+49}{3} = 48.33\%$ | □ 양호<br>☑ 불량 | |

## 3 매연 기준값 (자동차등록증 차대번호 확인)

| 차 종 | | 제 작 일 자 | | 매 연 |
|---|---|---|---|---|
| 경자동차 및 승용자동차 | | 1995년 12월 31일 이전 | | 60% 이하 |
| | | 1996년 1월 1일부터 2000년 12월 31일까지 | | 55% 이하 |
| | | 2001년 1월 1일부터 2003년 12월 31일까지 | | 45% 이하 |
| | | 2004년 1월 1일부터 2007년 12월 31일까지 | | 40% 이하 |
| | | 2008년 1월 1일 이후 | | 20% 이하 |
| 승합·화물·특수자동차 | 소형 | 1995년 12월 31일까지 | | 60% 이하 |
| | | 1996년 1월 1일부터 2000년 12월 31일까지 | | 55% 이하 |
| | | 2001년 1월 1일부터 2003년 12월 31일까지 | | 45% 이하 |
| | | 2004년 1월 1일부터 2007년 12월 31일까지 | | 40% 이하 |
| | | 2008년 1월 1일 이후 | | 20% 이하 |
| | 중형·대형 | 1992년 12월 31일 이전 | | 60% 이하 |
| | | 1993년 1월 1일부터 1995년 12월 31일까지 | | 55% 이하 |
| | | 1996년 1월 1일부터 1997년 12월 31일까지 | | 45% 이하 |
| | | 1998년 1월 1일부터 2000년 12월 31일까지 | 시내버스 | 40% 이하 |
| | | | 시내버스 외 | 45% 이하 |
| | | 2001년 1월 1일부터 2004년 9월 30일까지 | | 45% 이하 |
| | | 2004년 10월 1일부터 2007년 12월 31일까지 | | 40% 이하 |
| | | 2008년 1월 1일 이후 | | 20% 이하 |

## 4 매연 측정

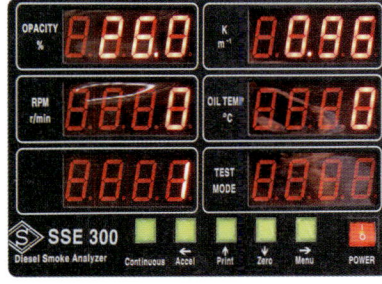  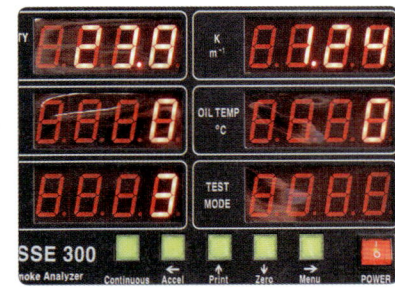

1회 측정값 (26%)　　　2회 측정값 (22%)　　　3회 측정값 (23%)

# 자 동 차 등 록 증

제2002 - 03260호 　　　　　　　　　　　　　　　최초등록일 : 2002년 5월 05일

| ① 자동차 등록번호 | 08다 1402 | ② 차종 | 승용(중형) | ③ 용도 | 자가용 |
|---|---|---|---|---|---|
| ④ 차명 | 뉴코란도 | ⑤ 형식 및 연식 | 2002 | | |
| ⑥ 차대번호 | KPTLB21D12P145861 | ⑦ 원동기형식 | | | |
| ⑧ 사용자 본거지 | 서울특별시 금천구 생산로 | | | | |
| 소유자 ⑨ 성명(상호) | 기동찬 | ⑩ 주민(사업자)등록번호 | ******-****** | | |
| ⑪ 주소 | 서울특별시 금천구 생산로 | | | | |

자동차관리법 제8조 규정에 의하여 위와 같이 등록하였음을 증명합니다.

2002년 05월 05일

### 서울특별시장

● **차대번호 식별방법**

차대번호는 총 17자리로 구성되어 있다.

### KPTLB21D12P145861

① 첫 번째 자리는 제작국가(K=대한민국)
② 두 번째 자리는 제작회사(M=현대, N=기아, P=쌍용, L=GM 대우)
③ 세 번째 자리는 자동차 종별(H=승용차, J=승합차, F=화물차, T=승용관람차)
④ 네 번째 자리는 차종 구분(K=무쏘, L=뉴코란도)
⑤ 다섯 번째 자리는 차체 형상(B=본닛, C=캡 오버)
⑥ 여섯 번째 자리는 트림 구분(1=표준. 기본차, 2=고급사양)
⑦ 일곱 번째 자리는 앞좌석 안전벨트 구분(1=엑티브 벨트, 2=피시브 벨트)
⑧ 여덟 번째 자리는 엔진 형식(D=1769 cc)
⑨ 아홉 번째 자리는 대조번호(I=미정정)
⑩ 열 번째 자리는 제작연도(영문 I, O, Q, U, Z 제외) J(1988)~Y(2000), 1(2001)~2(2002)~
⑪ 열한 번째 자리는 제작공장(P=평택, U=울산)
⑫ 열두 번째~열일곱 번째 자리는 차량생산 일련번호

## 3안 입력축 엔드 플레이 점검

**섀시 2**  주어진 수동변속기에서 감독위원의 지시에 따라 입력축 엔드 플레이를 점검하여 기록·판정하시오.

### 1 엔드 플레이 측정값이 규정값 범위 내에 있을 경우

| 항목 | ① 자동차 번호 : | | ② 비번호 | | ③ 감독위원 확 인 | ⑧ 득점 |
|---|---|---|---|---|---|---|
| | 측정(또는 점검) | | 판정 및 정비(또는 조치) 사항 | | | |
| | ④ 측정값 | ⑤ 규정(정비한계)값 | ⑥ 판정(□에 'V'표) | ⑦ 정비 및 조치할 사항 | | |
| 엔드 플레이 | 0.1 mm | 0.01~0.12 mm | ☑ 양호<br>□ 불량 | 정비 및 조치할 사항 없음 | | |

① **자동차 번호** : 측정하는 자동차 번호를 기록한다(측정 차량이 1대인 경우 생략할 수 있다).
② **비번호** : 책임관리위원(공단 본부)이 배부한 등번호(비번호)를 기록한다.
③ **감독위원 확인** : 시험 전 또는 시험 후 감독위원이 채점 후 확인한다(날인).
④ **측정값** : 입력축 엔드 플레이를 측정한 값을 기록한다.
  • 측정값 : 0.1 mm
⑤ **규정(정비한계)값** : 정비지침서를 보고 기록하거나 감독위원이 제시한 규정값을 기록한다.
  • 규정값 : 0.01~0.12 mm
⑥ **판정** : 측정값이 규정값 범위 내에 있으므로 ☑ 양호에 표시한다.
⑦ **정비 및 조치할 사항** : 판정이 양호이므로 정비 및 조치할 사항 없음을 기록한다.
⑧ **득점** : 감독위원이 해당 문항을 채점하고 점수를 기록한다.

※ 단위가 누락되거나 틀린 경우는 오답으로 채점한다.

### 2 엔드 플레이 측정값이 규정값보다 클 경우

| 항목 | 자동차 번호 : | | 비번호 | | 감독위원 확 인 | 득점 |
|---|---|---|---|---|---|---|
| | 측정(또는 점검) | | 판정 및 정비(또는 조치) 사항 | | | |
| | 측정값 | 규정(정비한계)값 | 판정(□에 'V'표) | 정비 및 조치할 사항 | | |
| 엔드 플레이 | 0.7 mm | 0.01~0.12 mm | □ 양호<br>☑ 불량 | 규정 스페이서보다 두꺼운 것으로 교체 | | |

※ 판정 : 측정값이 규정값 범위를 벗어났으므로 ☑ 불량에 표시하고, 규정 스페이서보다 두꺼운 것으로 교체한다.

### 3 입력축 엔드 플레이 규정값

| 차 종 | 프런트 베어링 엔드 플레이 | 리어 베어링 엔드 플레이 |
|---|---|---|
| 베르나 | 0.01~0.12 mm | 0.01~0.09 mm |
| 엑셀 | 0.01~0.12 mm | 0.01~0.09 mm |
| 아반떼 XD | 0.01~0.12 mm | 0.01~0.09 mm |
| 엘란트라 | 0.01~0.12 mm | 0.01~0.12 mm |
| 그랜저 XG | 0.01~0.12 mm | 0.01~0.12 mm |
| EF 쏘나타 | 0.01~0.12 mm | 0.01~0.12 mm |

### 4 입력축 엔드 플레이 측정

1. 변속기에 다이얼 게이지를 설치한다.

2. 스핀들이 입력축과 직각이 되도록 설치한다.

3. 다이얼 게이지를 0점 세팅한 후 입력축을 축 방향으로 움직인다. (0.1 mm).

---

**입력축 엔드 플레이가 규정값보다 클 경우 정비 및 조치할 사항**
1. 스페이서 마모 → 스페이서 교체
2. 볼 베어링 마모 → 볼 베어링 교체

**입력축 엔드 플레이 측정 시 유의사항**
1. 입력축 엔드 플레이 점검 시 다이얼 게이지 스핀들이 입력축에서 직각 방향으로 1 mm 이상 눌린 상태에서 축 방향 엔드 플레이를 측정한다.
2. 입력축 엔드 플레이가 불량일 경우
   오일 부족 및 윤활 불량, 축 방향 충격으로 인한 스페이서 볼 베어링 마모가 발생한다.

# 3안 전자제어 현가장치(ECS) 점검

**섀시 4**  주어진 자동차에서 감독위원의 지시에 따라 진단기(스캐너)로 전자제어 현가장치(ECS)를 점검하고 기록·판정하시오.

## 1 앞 좌측 G 센서 커넥터가 탈거된 경우

| 항목 | ① 자동차 번호 : | | ② 비번호 | | ③ 감독위원 확인 | |
|---|---|---|---|---|---|---|
| | 측정(또는 점검) | | 판정 및 정비(또는 조치) 사항 | | | ⑧ 득점 |
| | ④ 이상 부위 | ⑤ 내용 및 상태 | ⑥ 판정(□에 'V'표) | ⑦ 정비 및 조치할 사항 | | |
| 전자제어 현가장치 자기진단 | 앞 좌측 G 센서 | 커넥터 탈거 | □ 양호<br>☑ 불량 | 앞 좌측 G 센서 커넥터 체결, ECS ECU 과거 기억 소거 후 재점검 | | |

① **자동차 번호** : 측정하는 자동차 번호를 기록한다(측정 차량이 1대인 경우 생략할 수 있다).
② **비번호** : 책임관리 위원(공단 본부)이 배부한 등번호(비번호)를 기록한다.
③ **감독위원 확인** : 시험 전 또는 시험 후 감독위원이 채점 후 확인한다(날인).
④ **이상 부위** : 스캐너의 자기진단에서 확인된 이상 부위를 기록한다.
  • 이상 부위 : 앞 좌측 G 센서
⑤ **내용 및 상태** : 점검한 이상 부위의 내용 및 상태를 기록한다.
  • 내용 및 상태 : 커넥터 탈거
⑥ **판정** : 앞 좌측 G 센서 커넥터가 탈거되었으므로 ☑ 불량에 표시한다.
⑦ **정비 및 조치할 사항** : 판정이 불량이므로 앞 좌측 G 센서 커넥터 체결, ECS ECU 과거 기억 소거 후 재점검을 기록한다.
⑧ **득점** : 감독위원이 해당 문항을 채점하고 점수를 기록한다.

## 2 앞 우측 액추에이터 커넥터가 탈거된 경우

| 항목 | 자동차 번호 : | | 비번호 | | 감독위원 확인 | |
|---|---|---|---|---|---|---|
| | 측정(또는 점검) | | 판정 및 정비(또는 조치) 사항 | | | 득점 |
| | 이상 부위 | 내용 및 상태 | 판정(□에 'V'표) | 정비 및 조치할 사항 | | |
| 전자제어 현가장치 자기진단 | 앞 우측 액추에이터 | 커넥터 탈거 | □ 양호<br>☑ 불량 | 앞 우측 액추에이터 커넥터 체결, ECS ECU 과거 기억 소거 후 재점검 | | |

## 3 전자제어 현가장치(ECS) 점검

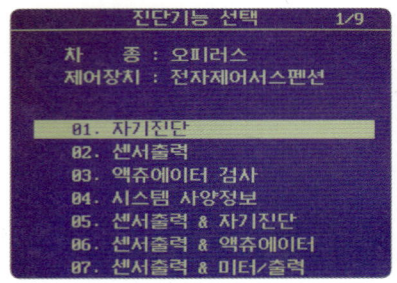

1. 자기진단을 선택한다.

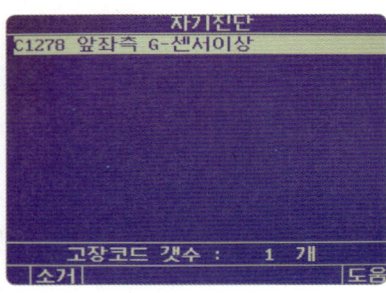

2. ECS 시스템의 이상 부위가 출력된다(앞 좌측 G 센서).

3. 커넥터가 탈거된 상태를 확인한다.

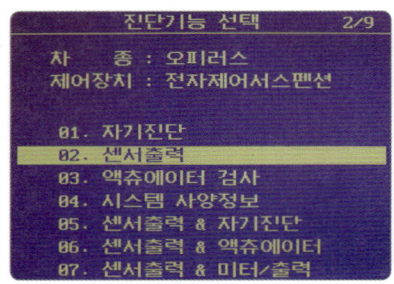

4. 센서출력을 선택한다.

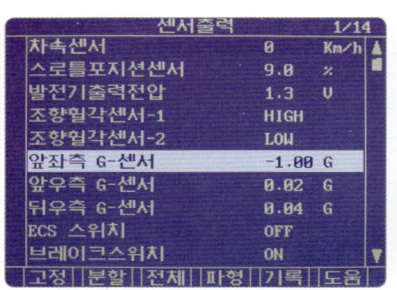

5. 센서 작동 상태를 확인한다.

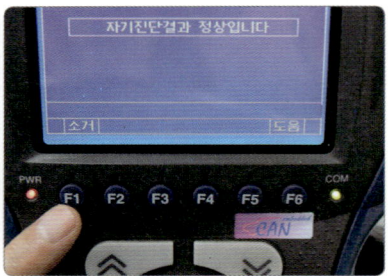

6. 고장 센서를 기억 소거한다(F1).

## 4 전자제어 현가장치의 ECS 구성 및 부품 위치

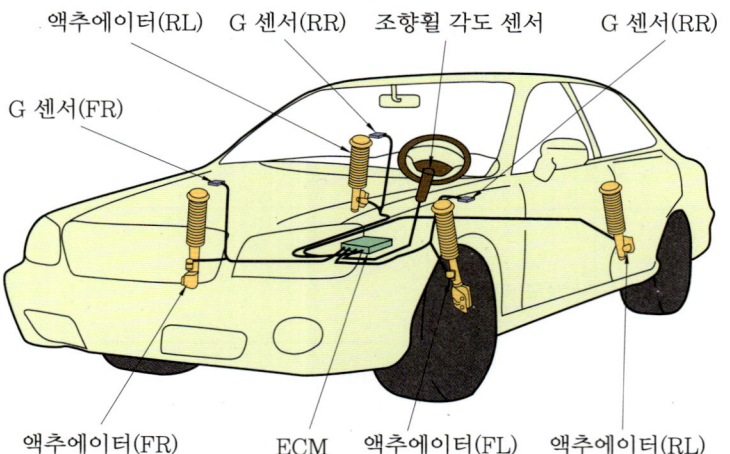

### 전자제어 현가장치 점검 시 유의사항
고장 부위를 기록할 경우 센서 또는 액츄에이터의 위치를 정확하게 표현한다. 예 앞 좌측 액츄에이터

# 3안 제동력 측정

**섀시 5**  주어진 자동차에서 감독위원의 지시에 따라 제동력을 측정하여 기록·판정하시오.

## 1 제동력 편차와 합이 기준값 범위 내에 있을 경우 (뒷바퀴)

| ① 자동차 번호 : | | | | ② 비번호 | | ③ 감독위원 확인 | |
|---|---|---|---|---|---|---|---|
| 측정(또는 점검) | | | | 산출 근거 및 판정 | | | |
| ④ 항목 | 구분 | ⑤ 측정값 (kgf) | ⑥ 기준값 (□에 'V'표) | ⑦ 산출 근거 | | ⑧ 판정 (□에 'V'표) | ⑨ 득점 |
| 제동력 위치 (□에 'V'표) □ 앞 ☑ 뒤 | 좌 | 220 kgf | □ 앞 ☑ 뒤 축중의 | 편차 | $\dfrac{220-210}{500} \times 100 = 2\%$ | ☑ 양호 □ 불량 | |
| | | | 편차 8.0% 이하 | | | | |
| | 우 | 210 kgf | 합 20% 이상 | 합 | $\dfrac{220+210}{500} \times 100 = 86\%$ | | |

① **자동차 번호** : 측정하는 자동차 번호를 기록한다(측정 차량이 1대인 경우 생략할 수 있다).
② **비번호** : 책임관리위원(공단 본부)이 배부한 등번호(비번호)를 기록한다.
③ **감독위원 확인** : 시험 전 또는 시험 후 감독위원이 채점 후 확인한다(날인).
④ **항목** : 감독위원이 지정하는 축에 ☑ 표시를 한다.　• 위치 : ☑ 뒤
⑤ **측정값** : 제동력을 측정한 값을 기록한다.　• 좌 : 220 kgf　• 우 : 210 kgf
⑥ **기준값** : 검사 기준에 의거하여 제동력 편차와 합의 기준값을 기록한다.
　　• 편차 : 뒤 축중의 8.0% 이하　• 합 : 뒤 축중의 20% 이상
⑦ **산출 근거** : 공식에 대입하여 산출한 계산식을 기록한다.
　　• 편차 : $\dfrac{220-210}{500} \times 100 = 2\%$　• 합 : $\dfrac{220+210}{500} \times 100 = 86\%$
⑧ **판정** : 뒷바퀴 제동력의 편차와 합이 기준값 범위 내에 있으므로 ☑ 양호에 표시한다.
⑨ **득점** : 감독위원이 해당 문항을 채점하고 점수를 기록한다.

■ **제동력 계산**
　• 뒷바퀴 제동력의 편차 = $\dfrac{\text{큰 쪽 제동력} - \text{작은 쪽 제동력}}{\text{해당 축중}} \times 100$ ➡ 뒤 축중의 8.0% 이하이면 양호
　• 뒷바퀴 제동력의 총합 = $\dfrac{\text{좌우 제동력의 합}}{\text{해당 축중}} \times 100$ ➡ 뒤 축중의 20% 이상이면 양호
　※ 측정 차량은 크루즈 1.5 DOHC A/T의 공차 중량(1130 kgf)의 뒤(후) 축중(500 kgf)으로 산출하였다.

※ 측정 위치는 감독위원이 지정하는 위치의 □에 'V'표시한다.　※ 자동차 검사 기준 및 방법에 의하여 기록·판정한다.
※ 측정값의 단위는 시험장비 기준으로 기록한다.　※ 산출 근거에는 단위를 기록하지 않아도 된다.

## 2 제동력 편차가 기준값보다 클 경우 (뒷바퀴)

| 자동차 번호 : | | | | 비번호 | | 감독위원 확 인 | |
|---|---|---|---|---|---|---|---|
| 측정(또는 점검) | | | | 산출 근거 및 판정 | | | 득점 |
| 항목 | 구분 | 측정값 (kgf) | 기준값 (□에 'V'표) | 산출 근거 | | 판정 (□에 'V'표) | |
| 제동력 위치 (□에 'V'표) □ 앞 ☑ 뒤 | 좌 | 150 kgf | □ 앞 축중의 ☑ 뒤 | 편차 | $\dfrac{230-150}{500} \times 100 = 16\%$ | □ 양호 ☑ 불량 | |
| | | | 편차 8.0% 이하 | | | | |
| | 우 | 230 kgf | 합 20% 이상 | 합 | $\dfrac{230+150}{500} \times 100 = 76\%$ | | |

■ 제동력 계산

- 뒷바퀴 제동력의 편차 = $\dfrac{230-150}{500} \times 100 = 16\% > 8.0\%$ ➡ 불량
- 뒷바퀴 제동력의 총합 = $\dfrac{230+150}{500} \times 100 = 76\% \geq 20\%$ ➡ 양호

## 3 제동력 측정

제동력 측정

측정값(좌 : 220 kgf, 우 : 210 kgf)

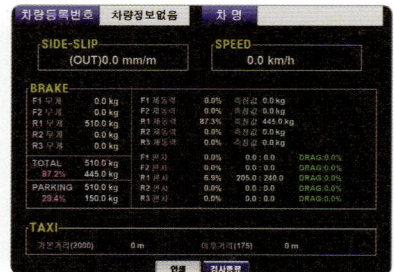

결과 출력

### 제동력 측정 시 유의사항

1. 시험장 여건에 따라 감독위원이 임의의 측정값을 주고 제동력 편차와 합을 계산하기도 한다.
2. 제동력 측정 시 브레이크 페달을 최대 압력으로 유지한 상태에서 측정값을 확인한다.
3. 앞 축중 또는 뒤 축중 측정 상태를 정확하게 확인한 후 제동력 테스터의 모니터 출력값을 확인한다.
4. 측정이 끝나면 편차와 합을 계산하고 기록표를 작성한 후 감독위원에게 제출한다.

## 3안 발전기 충전 전류, 전압 점검

**전기 2**  주어진 자동차의 발전기에서 감독위원의 지시에 따라 충전되는 전류와 전압을 점검하여 확인사항을 기록·판정하시오.

### 1 충전 전류와 충전 전압이 규정값 범위 내에 있을 경우

| 항목 | ① 자동차 번호 : | | ② 비번호 | ③ 감독위원 확인 | |
|---|---|---|---|---|---|
| | 측정(또는 점검) | | 판정 및 정비(또는 조치) 사항 | | ⑧ 득점 |
| | ④ 측정값 | ⑤ 규정(정비한계)값 | ⑥ 판정(□에 'V'표) | ⑦ 정비 및 조치할 사항 | |
| 충전 전류 | 56.7 A (2500 rpm) | — | ☑ 양호<br>□ 불량 | 정비 및 조치할 사항 없음 | |
| 충전 전압 | 14.32 V (2500 rpm) | 13.5~14.8 V (2500 rpm) | | | |

① **자동차 번호** : 측정하는 자동차 번호를 기록한다(측정 차량이 1대인 경우 생략할 수 있다).
② **비번호** : 책임관리 위원(공단 본부)이 배부한 등번호(비번호)를 기록한다.
③ **감독위원 확인** : 시험 전 또는 시험 후 감독위원이 채점 후 확인한다(날인).
④ **측정값** : 충전 전류와 충전 전압을 측정한 값을 기록한다.
  • 충전 전류 : 56.7 A (2500 rpm)   • 충전 전압 : 14.32 V (2500 rpm)
⑤ **규정(정비한계)값** : 감독위원이 제시한 값이나 발전기 뒤(리어 케이스)에 표기된 규정값을 기록한다.
  • 규정값 : 13.5~14.8 V (2500 rpm)
⑥ **판정** : 측정값이 규정값 범위 내에 있으므로 ☑ 양호에 표시한다.
⑦ **정비 및 조치할 사항** : 판정이 양호이므로 정비 및 조치할 사항 없음을 기록한다.
⑧ **득점** : 감독위원이 해당 문항을 채점하고 점수를 기록한다.
※ 규정(정비한계)값 : 30 A × 0.7 = 56 A ➡ 정격 전류의 70%(56 A) 이상이면 정상이다.

※ 단위가 누락되거나 틀린 경우는 오답으로 채점한다.   ※ 측정(조건)은 감독위원의 지시에 따른다.

### 2 충전 전류와 충전 전압이 없는 경우

| 항목 | 자동차 번호 : | | 비번호 | 감독위원 확인 | |
|---|---|---|---|---|---|
| | 측정(또는 점검) | | 판정 및 정비(또는 조치) 사항 | | 득점 |
| | 측정값 | 규정(정비한계)값 | 판정(□에 'V'표) | 정비 및 조치할 사항 | |
| 충전 전류 | 0 A (2500 rpm) | — | □ 양호<br>☑ 불량 | 발전기 커넥터 체결 | |
| 충전 전압 | 0 V (2500 rpm) | 13.5~14.8 V (2500 rpm) | | | |

## 3 충전 전압이 규정값보다 작을 경우

| 항목 | 측정(또는 점검) | | 판정 및 정비(또는 조치) 사항 | | 득점 |
|---|---|---|---|---|---|
| | 측정값 | 규정(정비한계)값 | 판정(□에 'V'표) | 정비 및 조치할 사항 | |
| 충전 전류 | 3 A (2500 rpm) | | □ 양호 | 팬 벨트 장력 조절 후 재점검 | |
| 충전 전압 | 11 V (2500 rpm) | 13.5~14.8 V (2500 rpm) | ☑ 불량 | | |

자동차 번호 : / 비번호 / 감독위원 확인

## 4 정격 전류 및 출력 전압의 규정값

| 차 종 | 정격 전류 | 출력 전압 | 회전수 |
|---|---|---|---|
| 엘란트라 | 85 A | 13.5 V | 2500 rpm |
| 엑셀 | 65 A | 13.5 V | 2500 rpm |
| EF 쏘나타 | 80 A | 13.5 V | 2500 rpm |

※ 규정값은 발전기 뒤에 표기된 값 또는 감독위원이 제시한 값을 적용한다.

## 5 출력 전류 및 전압 측정

1. 발전기 뒤에 표기된 전류와 전압을 확인한 후(12 V, 80 A), 엔진 회전수를 2500 rpm으로 가속시킨다.

2. 발전기 출력 단자를 측정하여 출력 전압을 확인한다(14.32 V).

3. 발전기 출력 단자(B)에 전류계를 설치하고 전류를 측정한다. 실차 점검 시 전기부하 작동 가능(56.7 A)

---

**충전 전류와 전압이 규정값을 벗어난 경우 정비 및 조치할 사항**

① 팬 벨트 단선 → 팬 벨트 교체　　② 팬 벨트 헐거움 → 팬 벨트 장력 조절
③ 퓨저블 링크 단선 → 퓨저블 링크 교체　　④ 로터, 스테이터 코일 단선 → 발전기 교체
⑤ 발전기 커넥터 탈거 → 발전기 커넥터 체결　　⑥ 슬립링과 브러시 접촉 불량 → 브러시 교체

# 3안 와이퍼 회로 점검

**전기 3**  주어진 자동차에서 와이퍼 회로의 고장 부분을 점검한 후 기록·판정하시오.

## 1 와이퍼 스위치 커넥터가 탈거된 경우

| 항목 | ① 자동차 번호 : | | ② 비번호 | ③ 감독위원 확인 | |
|---|---|---|---|---|---|
| | 측정(또는 점검) | | 판정 및 정비(또는 조치) 사항 | | ⑧ 득점 |
| | ④ 이상 부위 | ⑤ 내용 및 상태 | ⑥ 판정(□에 'V'표) | ⑦ 정비 및 조치할 사항 | |
| 와이퍼 회로 | 와이퍼 스위치 | 커넥터 탈거 | □ 양호<br>☑ 불량 | 와이퍼 스위치 커넥터 체결 후 재점검 | |

① **자동차 번호** : 측정하는 자동차 번호를 기록한다(측정 차량이 1대인 경우 생략할 수 있다).
② **비번호** : 책임관리위원(공단 본부)이 배부한 등번호(비번호)를 기록한다.
③ **감독위원 확인** : 시험 전 또는 시험 후 감독위원이 채점 후 확인한다(날인).
④ **이상 부위** : 와이퍼가 작동되지 않는 이상 부위를 기록한다.
   • 이상 부위 : 와이퍼 스위치
⑤ **내용 및 상태** : 이상 부위의 내용 및 상태를 기록한다.
   • 내용 및 상태 : 커넥터 탈거
⑥ **판정** : 와이퍼 스위치 커넥터가 탈거되었으므로 ☑ 불량에 표시한다.
⑦ **정비 및 조치할 사항** : 판정이 불량이므로 와이퍼 스위치 커넥터 체결 후 재점검을 기록한다.
⑧ **득점** : 감독위원이 해당 문항을 채점하고 점수를 기록한다.

## 2 와이퍼 모터 커넥터가 탈거된 경우

| 항목 | 자동차 번호 : | | 비번호 | 감독위원 확인 | |
|---|---|---|---|---|---|
| | 측정(또는 점검) | | 판정 및 정비(또는 조치) 사항 | | 득점 |
| | 이상 부위 | 내용 및 상태 | 판정(□에 'V'표) | 정비 및 조치할 사항 | |
| 와이퍼 회로 | 와이퍼 퓨즈 | 탈거 | □ 양호<br>☑ 불량 | 와이퍼 퓨즈 체결 후 재점검 | |

※ **판정** : 와이퍼 퓨즈가 탈거되었으므로 ☑ 불량에 표시하고, 와이퍼 퓨즈 체결 후 재점검한다.

## 3 와이퍼 퓨즈가 단선된 경우

| 자동차 번호 : | | 비번호 | | 감독위원<br>확 인 | |
|---|---|---|---|---|---|
| 항목 | 측정(또는 점검) | | 판정 및 정비(또는 조치) 사항 | | 득점 |
| | 이상 부위 | 내용 및 상태 | 판정(□에 'V'표) | 정비 및 조치할 사항 | |
| 와이퍼 회로 | 와이퍼 퓨즈 | 단선 | □ 양호<br>☑ 불량 | 와이퍼 퓨즈 교체 후<br>재점검 | |

## 4 와이퍼 회로 점검

1. 축전지 전압 및 단자 접촉 상태를 확인한다.

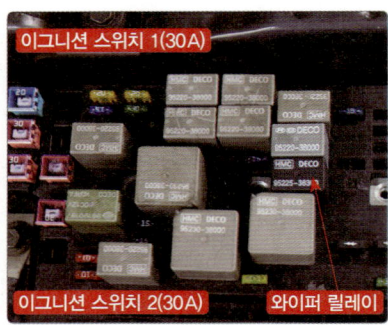

2. 엔진 룸 와이퍼 모터 릴레이를 점검한다.

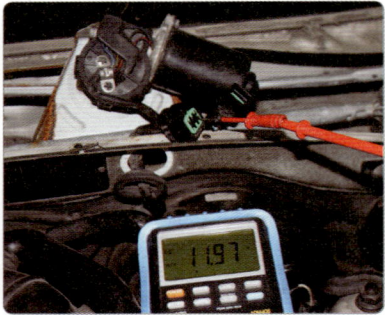

3. 와이퍼 모터 커넥터를 탈거하고 공급 전원을 확인한다.

4. 와이퍼 모터 단품을 점검한다.

5. 와이퍼 스위치 커넥터 탈거 상태 및 단선 유무를 점검한다.

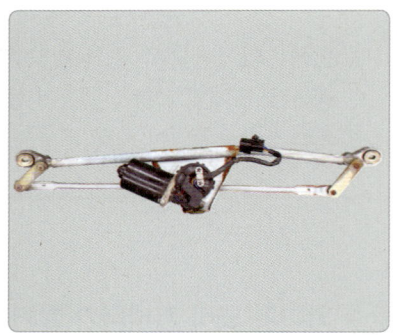

6. 와이퍼 링크와 와이퍼 모터의 체결 상태를 점검한다.

### 와이퍼가 작동하지 않는 경우 정비 및 조치할 사항

① 와이퍼 퓨즈 탈거 → 와이퍼 퓨즈 체결
② 와이퍼 퓨즈 단선 → 와이퍼 퓨즈 교체
③ 축전지 터미널 연결 불량 → 축전지 터미널 재장착
④ 와이퍼 릴레이 불량 → 와이퍼 릴레이 교체
⑤ 와이퍼 모터 커넥터 탈거 → 와이퍼 모터 커넥터 체결
⑥ 와이퍼 모터 불량 → 와이퍼 모터 교체

# 3안 전조등 광도 측정

**전기 4** 주어진 자동차에서 좌 또는 우측의 전조등을 측정하고 기록표에 기록·판정하시오.

## 1 전조등 광도가 기준값 범위 내에 있을 경우

| ① 자동차 번호 : | | | ② 비번호 | ③ 감독위원 확인 | |
|---|---|---|---|---|---|
| 측정(또는 점검) | | | | ⑦ 판정 (□에 'V'표) | ⑧ 득점 |
| ④ 구분 | 측정 항목 | ⑤ 측정값 | ⑥ 기준값 | | |
| (□에 'V'표) 위치 : ☑ 좌  □ 우 등식 : □ 2등식  ☑ 4등식 | 광도 | 30000 cd | 12000 cd 이상 | ☑ 양호 □ 불량 | |

① **자동차 번호** : 측정하는 자동차 번호를 기록한다(측정 차량이 1대인 경우 생략할 수 있다).
② **비번호** : 책임관리위원(공단 본부)이 배부한 등번호(비번호)를 기록한다.
③ **감독위원 확인** : 시험 전 또는 시험 후 감독위원이 채점 후 확인한다(날인).
④ **구분** : 감독위원이 지정한 위치와 등식에 ☑ 표시를 한다.  • 위치 : ☑ 좌   • 등식 : ☑ 4등식
⑤ **측정값** : 전조등 광도 측정값 30000 cd를 기록한다.
⑥ **기준값** : 전조등 광도 기준값 12000 cd 이상을 기록한다.
⑦ **판정** : 측정값이 기준값 범위 내에 있으므로 ☑ 양호에 표시한다.
⑧ **득점** : 감독위원이 해당 문항을 채점하고 점수를 기록한다.

※ 측정 위치는 감독위원이 지정하는 위치의 □에 'V' 표시한다.   ※ 자동차 검사 기준 및 방법에 의하여 기록 판정한다.

## 2 전조등 광도가 기준값보다 낮을 경우

| 자동차 번호 : | | | 비번호 | 감독위원 확인 | |
|---|---|---|---|---|---|
| 측정(또는 점검) | | | | 판정 (□에 'V'표) | 득점 |
| 구분 | 측정 항목 | 측정값 | 기준값 | | |
| (□에 'V'표) 위치 : ☑ 좌  □ 우 등식 : □ 2등식  ☑ 4등식 | 광도 | 5000 cd | 12000 cd 이상 | □ 양호 ☑ 불량 | |

## 3 전조등 광도, 광축 기준값

[자동차관리법 시행규칙 별표15 적용]

| 구 분 | | 기준값 |
|---|---|---|
| 광도 | 2등식 | 15000 cd 이상 |
| | 4등식 | 12000 cd 이상 |
| 좌·우측등 상향 진폭 | | 10 cm 이하 |
| 좌·우측등 하향 진폭 | | 30 cm 이하 |
| 좌우 진폭 | 좌측등 | 좌 : 15 cm 이하<br>우 : 30 cm 이하 |
| | 우측등 | 좌 : 30 cm 이하<br>우 : 30 cm 이하 |

※ 전조등에 좌·우측등이 상향과 하향으로 분리되어 작동되는 것은 4등식이며, 상향과 하향이 하나의 등에서 회로 구성이 되어 작동되는 것은 2등식이다.

## 4 전조등 광도 측정

전조등 테스터 준비

엔진 rpm(2000~2500 rpm)

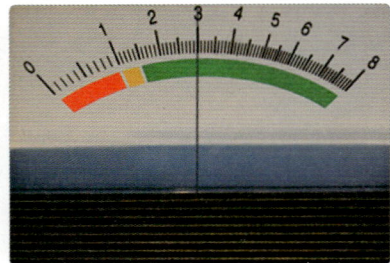

전조등 광도 측정(30000 cd)

### 전조등 광도 측정 시 유의사항

❶ 시험용 차량은 공회전(광도 측정 시 2000 rpm) 상태, 공차 상태, 운전자(관리원) 1인이 승차하여 전조등 상향등(주행)을 점등시킨다.
❷ 시험장 여건에 따라 엔진 시동 OFF 후, DC 컨버터를 축전지에 연결한 다음 측정하기도 한다(엔진 rpm 무시).

### 전조등 테스터 준비사항

❶ 시험 차량의 타이어 공기압, 축전지 충전 상태, 헤드램프의 고정 상태 등이 유지되었는지 확인한다.
❷ 수준기를 보고 전조등 테스터가 수평으로 있는지 확인한다.
❸ 전조등이 테스터 렌즈면에 집중되는 위치까지 이동시키고, 측정하지 않는 램프는 빛 가리개로 가린다.
❹ 시험 차량은 테스터와 3 m 거리를 유지하며 레일에 대하여 직각으로 진입한 후 정지한다.
❺ 테스터의 상하 높이는 조정핸들, 좌우 축선이 전조등의 중앙에 오도록 조정한 후 광도를 측정한다.

# 자동차정비 기능사 실기 4안

## 답안지 작성법

| 파트별 | 안별 문제 | 4안 |
|---|---|---|
| 엔진 | 엔진(부품) 분해 조립 | 가솔린 엔진(DOHC)/타이밍 벨트/캠축 |
| 엔진 | 측정/답안작성 | 캠 높이 |
| 엔진 | 시스템 점검/엔진 시동 | 점화회로 |
| 엔진 | 부품 탈거/조립 | CRDI 연료압력 조절밸브 |
| 엔진 | 자기진단(답안작성) | 스캐너를 이용한 엔진 전자제어 센서(액추에이터) 점검 |
| 엔진 | 차량 검사 측정 | 가솔린 배기가스 |
| 섀시 | 부품 탈거/조립 | 로어암 |
| 섀시 | 점검/답안작성 | 조향 휠 유격 |
| 섀시 | 부품 탈거 작동상태 | 브레이크 캘리퍼 작동상태 |
| 섀시 | 점검/답안작성 | ABS 자기진단 |
| 섀시 | 안전기준 검사 | 최소 회전 반지름 |
| 전기 | 부품 탈거/조립 작동 확인 | 시동모터/시동 |
| 전기 | 측정/답안작성 | 메인 컨트롤 릴레이 |
| 전기 | 전기회로 점검/고장부위 작성 | 방향지시등 회로 |
| 전기 | 차량 검사 측정 | 경음기 |

## 4안 캠축의 캠 높이 점검

**엔진 1** 주어진 DOHC 가솔린 엔진에서 캠축과 타이밍 벨트를 탈거(감독위원에게 확인)하고 감독위원의 지시에 따라 기록표의 내용대로 기록·판정한 후 다시 조립하시오.

### 1 캠 높이가 규정값 범위 내에 있을 경우

| 항목 | ① 엔진 번호 : | | ② 비번호 | | ③ 감독위원 확인 | |
|---|---|---|---|---|---|---|
| | 측정(또는 점검) | | 판정 및 정비(또는 조치) 사항 | | | ⑧ 득점 |
| | ④ 측정값 | ⑤ 규정(정비한계)값 | ⑥ 판정 (□에 'V'표) | ⑦ 정비 및 조치할 사항 | | |
| 캠 높이 | 35.5 mm | 35.393~35.593 mm | ☑ 양호<br>□ 불량 | 정비 및 조치할 사항 없음 | | |

① **엔진 번호** : 측정하는 엔진 번호를 기록한다(측정 엔진이 1대인 경우 생략할 수 있다).
② **비번호** : 책임관리위원(공단 본부)이 배부한 등번호(비번호)를 기록한다.
③ **감독위원 확인** : 시험 전 또는 시험 후 감독위원이 채점 후 확인한다(날인).
④ **측정값** : 캠 높이를 측정한 값을 기록한다.
  • 측정값 : 35.5 mm
⑤ **규정(정비한계)값** : 감독위원이 제시한 값이나 정비지침서를 보고 규정값을 기록한다.
  • 규정값 : 35.393~35.593 mm
⑥ **판정** : 측정값이 규정값 범위 내에 있으므로 ☑ 양호에 표시한다.
⑦ **정비 및 조치할 사항** : 판정이 양호이므로 정비 및 조치할 사항 없음을 기록한다.
⑧ **득점** : 감독위원이 해당 문항을 채점하고 점수를 기록한다.

※ 단위가 누락되거나 틀린 경우는 오답으로 채점한다.

### 2 캠 높이가 규정값보다 클 경우

| 항목 | 엔진 번호 : | | 비번호 | | 감독위원 확인 | |
|---|---|---|---|---|---|---|
| | 측정(또는 점검) | | 판정 및 정비(또는 조치) 사항 | | | 득점 |
| | 측정값 | 규정(정비한계)값 | 판정 (□에 'V'표) | 정비 및 조치할 사항 | | |
| 캠 높이 | 42.95 mm | 35.393~35.593 mm | □ 양호<br>☑ 불량 | 캠축 교체 | | |

※ **판정** : 측정값이 규정값 범위를 벗어났으므로 ☑ 불량에 표시하고, 캠축을 교체한다.

## 3 캠 높이 규정값

| 차 종 | | 규정값(mm) | 한계값(mm) | 차 종 | | 규정값(mm) | 한계값(mm) |
|---|---|---|---|---|---|---|---|
| 마티즈 | 흡기 | 35.156 | 35.124 | 옵티마 2.0D | 흡기 | 35.439 | 35.993 |
| | 배기 | 34.814 | 34.789 | | 배기 | 35.317 | 34.817 |
| 아반떼 1.5D | 흡기 | 43.2484 | 42.7484 | 크레도스 | 흡기 | 37.9593 | – |
| | 배기 | 43.8489 | 43.3489 | | 배기 | 37.9617 | – |
| EF 쏘나타 | 흡기 | 35.493±0.1 | – | 토스카 | 2.0D | 흡기 | 5.8106 | – |
| | 배기 | 35.317±0.1 | – | | | 배기 | 5.3303 | – |
| 쏘나타 | 흡기 | 44.525 | 42.7484 | | 2.5D | 흡기 | 5.931 | – |
| | 배기 | 44.525 | 43.3489 | | | 배기 | 5.3303 | – |

## 4 캠축의 캠 높이 측정

캠축 양정 측정

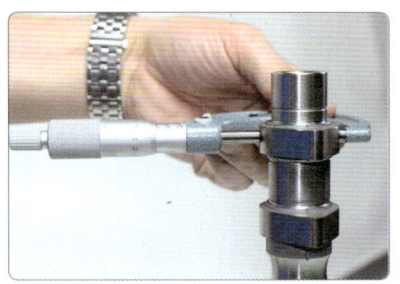

1. 마이크로미터 0점을 확인하고 측정한다.

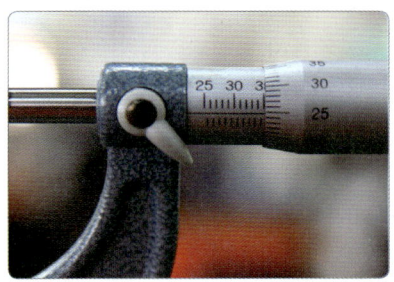

2. 마이크로미터에 측정된 눈금을 읽는다(35.5 mm).

### 캠의 구성

1. 기초원(base circle) : 기초가 되는 원
2. 노즈(nose) : 밸브가 완전히 열리는 점
3. 양정(lift) : 기초원과 노즈와의 거리
4. 플랭크(flank) : 밸브 리프터가 접촉, 구동되는 옆면
5. 로브(lobe) : 밸브가 열려서 닫힐 때까지의 거리

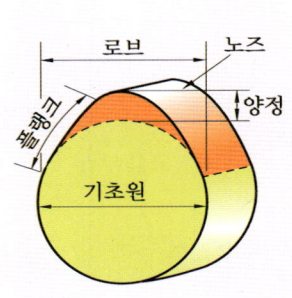

### 캠축 양정 측정

캠의 높이 − 기초원 = 양정

➡ 따라서 캠 높이 마모는 양정의 마모 의미로도 측정한다.

## 4안 엔진 센서(액추에이터) 점검

**엔진 3** 주어진 자동차에서 CRDI 엔진의 연료 압력 조절밸브를 탈거(감독위원에게 확인)한 후 다시 조립하고 감독위원의 지시에 따라 진단기(스캐너)를 사용하여 엔진의 각종 센서(액추에이터) 점검 후 고장 부분을 기록하시오.

### 1 인젝터 커넥터 1개가 탈거된 경우(1번 인젝터)

| 항목 | ① 자동차 번호 : | | | ② 비번호 | ③ 감독위원 확 인 | ⑨ 득점 |
|---|---|---|---|---|---|---|
| | 측정(또는 점검) | | | 판정 및 정비(또는 조치) 사항 | | |
| | ④ 고장 부위 | ⑤ 측정값 | ⑥ 규정값 | ⑦ 고장 내용 | ⑧ 정비 및 조치할 사항 | |
| 센서 (액추에이터) 점검 | 인젝터(1번) | 2.3 mS (공회전 rpm) | 1.5~3.5 mS (공회전 rpm) | 커넥터 탈거 (1번 인젝터) | 1번 인젝터 커넥터 체결, ECU 기억 소거 후 재점검 | |

① **자동차 번호** : 측정하는 자동차 번호를 기록한다(측정 차량이 1대인 경우 생략할 수 있다).
② **비번호** : 책임관리위원(공단 본부)이 배부한 등번호(비번호)를 기록한다.
③ **감독위원 확인** : 시험 전 또는 시험 후 감독위원이 채점 후 확인한다(날인).
④ **고장 부위** : 스캐너 자기진단에서 확인된 고장 부위로 인젝터(1번)을 기록한다.
⑤ **측정값** : 스캐너 센서 출력에서 확인된 측정값을 기록한다.
  • 측정값 : 2.3 mS(공회전 rpm)
⑥ **규정값** : 스캐너 내 규정값을 기록하거나 감독위원이 제시한 규정값을 기록한다.
  • 규정값 : 1.5~3.5 mS(공회전 rpm)
⑦ **고장 내용** : 고장 부위 점검으로 확인된 커넥터 탈거(1번 인젝터)를 기록한다.
⑧ **정비 및 조치 사항** : 커넥터가 탈거되었으므로 1번 인젝터 커넥터 체결, ECU 기억 소거 후 재점검을 기록한다.
⑨ **득점** : 감독위원이 해당 문항을 채점하고 점수를 기록한다.

### 2 인젝터 커넥터가 2개가 탈거된 경우(1, 4번 인젝터)

| 항목 | 자동차 번호 : | | | 비번호 | 감독위원 확 인 | 득점 |
|---|---|---|---|---|---|---|
| | 측정(또는 점검) | | | 판정 및 정비(또는 조치) 사항 | | |
| | 고장 부위 | 측정값 | 규정값 | 고장 내용 | 정비 및 조치할 사항 | |
| 센서 (액추에이터) 점검 | 인젝터(4번) | 4.1 mS (공회전 rpm) | 1.5~3.5 mS (공회전 rpm) | 커넥터 탈거 (1, 4번 인젝터) | 1, 4번 인젝터 커넥터 체결, ECU 기억 소거 후 재점검 | |

※ 4번 인젝터 고장인 경우 1개 또는 2개의 커넥터가 탈거된 것이므로, 커넥터가 탈거된 상태에서 점검하고 조치한다.

### 3 뉴EF 쏘나타 인젝터 분사량 규정값

| 구 분 | 인젝터 분사량 | 비 고 |
|---|---|---|
| 공회전 | 1.5~3.5 mS | 엔진 정상온도 (80℃ 이상) |
| 2500 rpm | 2.0~3.0 mS | |

※ 스캐너에 규정값(기준값)이 제시되지 않을 경우 감독위원이 제시한 값을 적용한다.

### 4 엔진 센서 점검

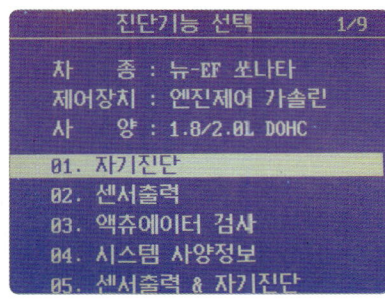

1. 자기진단을 선택한다.

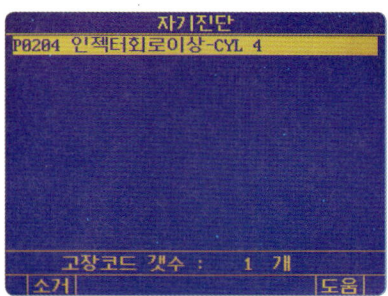

2. 고장 센서가 출력된다(인젝터 회로 이상-1번 실린더).

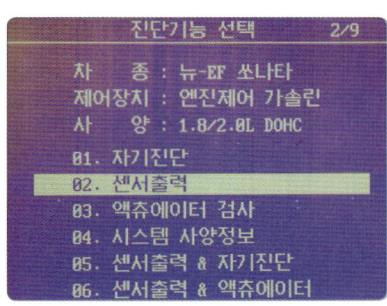

3. 센서출력을 선택한다.

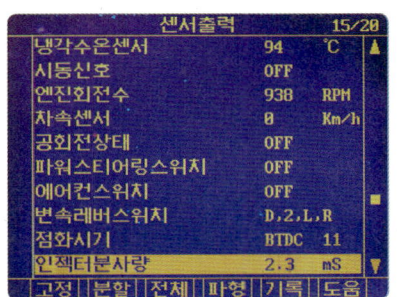

4. 센서 출력값을 확인한다(2.3 mS).

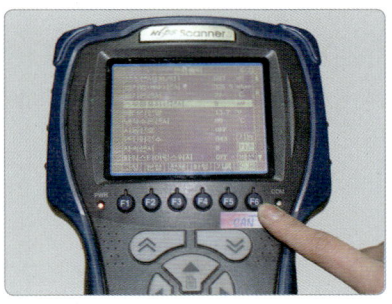

5. 기준값을 확인한다. 감독위원이 제시할 경우 제시한 값으로 한다.

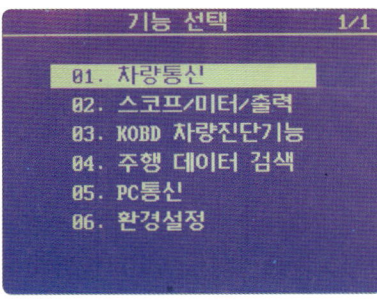

6. 측정이 끝나면 스캐너 시작단계의 위치로 놓는다.

#### 고장 부위가 있을 경우 정비 및 조치할 사항
1. 과거 기억 소거 불량 → ECU 기억 소거 후 재점검
2. 센서 불량 → 센서 교체, ECU 기억 소거 후 재점검
3. 커넥터 탈거 → 커넥터 체결, ECU 기억 소거 후 재점검

## 4안 가솔린 자동차 배기가스 측정

**엔진 4** 주어진 자동차에서 기록표에 제시된 내용을 측정하고 기록·판정하시오.

### 1 CO와 HC 배출량이 기준값보다 높게 측정될 경우

| 측정 항목 | ① 자동차 번호 : | | ② 비번호 | ③ 감독위원 확인 | |
|---|---|---|---|---|---|
| | 측정(또는 점검) | | | ⑥ 판정 (□에 'V'표) | ⑦ 득점 |
| | ④ 측정값 | ⑤ 기준값 | | | |
| CO | 1.8% | 1.0% 이하 | | □ 양호 | |
| HC | 260 ppm | 120 ppm 이하 | | ☑ 불량 | |

① **자동차 번호** : 측정하는 자동차 번호를 기록한다(측정 차량이 1대인 경우 생략할 수 있다).
② **비번호** : 책임관리위원(공단 본부)이 배부한 등번호(비번호)를 기록한다.
③ **감독위원 확인** : 시험 전 또는 시험 후 감독위원이 채점 후 확인한다(날인).
④ **측정값** : 배기가스를 측정한 값을 기록한다.
  • CO : 1.8%   • HC : 260 ppm
⑤ **기준값** : 운행 차량의 배출 허용 기준값을 기록한다.
  KMHFV41CP**6**A068147(차대번호 10번째 자리 : 6) ➡ 2006년식
  • CO : 1.0% 이하   • HC : 120 ppm 이하
⑥ **판정** : 측정값이 기준값 범위를 벗어났으므로 ☑ 불량에 표시한다.
⑦ **득점** : 감독위원이 해당 문항을 채점하고 점수를 기록한다.

※ 감독위원이 제시한 자동차등록증(또는 차대번호)을 활용하여 차종 및 연식을 적용한다.
※ 자동차 검사기준 및 방법에 의하여 기록·판정한다.   ※ CO 측정값은 소수 둘째 자리 이하를 버림하여 기입한다.
※ HC 측정값은 소수 첫째 자리 이하를 버림하여 기입한다.

### 2 HC 배출량이 기준값보다 높게 측정될 경우

| 측정 항목 | 자동차 번호 : | | 비번호 | 감독위원 확 인 | |
|---|---|---|---|---|---|
| | 측정(또는 점검) | | | 판정 (□에 'V'표) | 득점 |
| | 측정값 | 기준값 | | | |
| CO | 0.8% | 1.0% 이하 | | □ 양호 | |
| HC | 280 ppm | 120 ppm 이하 | | ☑ 불량 | |

## 3 배기가스 배출 허용 기준값 (CO, HC)

[개정 2015.7.21.]

| 차 종 | | 제작일자 | 일산화탄소 | 탄화수소 | 공기 과잉률 |
|---|---|---|---|---|---|
| 경자동차 | | 1997년 12월 31일 이전 | 4.5% 이하 | 1200 ppm 이하 | 1±0.1 이내 기화기식 연료 공급장치 부착 자동차는 1±0.15 이내 촉매 미부착 자동차는 1±0.20 이내 |
| 경자동차 | | 1998년 1월 1일부터 2000년 12월 31일까지 | 2.5% 이하 | 400 ppm 이하 | |
| 경자동차 | | 2001년 1월 1일부터 2003년 12월 31일까지 | 1.2% 이하 | 220 ppm 이하 | |
| 경자동차 | | 2004년 1월 1일 이후 | 1.0% 이하 | 150 ppm 이하 | |
| 승용자동차 | | 1987년 12월 31일 이전 | 4.5% 이하 | 1200 ppm 이하 | |
| 승용자동차 | | 1988년 1월 1일부터 2000년 12월 31일까지 | 1.2% 이하 | 220 ppm 이하 (휘발유·알코올 자동차) 400 ppm 이하 (가스자동차) | |
| 승용자동차 | | 2001년 1월 1일부터 2005년 12월 31일까지 | 1.2% 이하 | 220 ppm 이하 | |
| 승용자동차 | | 2006년 1월 1일 이후 | 1.0% 이하 | 120 ppm 이하 | |
| 승합·화물·특수 자동차 | 소형 | 1989년 12월 31일 이전 | 4.5% 이하 | 1200 ppm 이하 | |
| 승합·화물·특수 자동차 | 소형 | 1990년 1월 1일부터 2003년 12월 31일까지 | 2.5% 이하 | 400 ppm 이하 | |
| 승합·화물·특수 자동차 | 소형 | 2004년 1월 1일 이후 | 1.2% 이하 | 220 ppm 이하 | |
| 승합·화물·특수 자동차 | 중형·대형 | 2003년 12월 31일 이전 | 4.5% 이하 | 1200 ppm 이하 | |
| 승합·화물·특수 자동차 | 중형·대형 | 2004년 1월 1일 이후 | 2.5% 이하 | 400 ppm 이하 | |

## 4 배기가스 점검

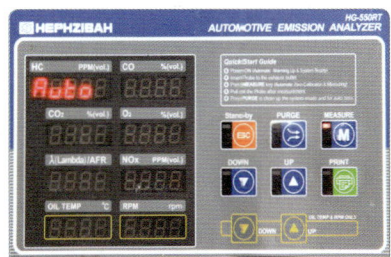

1. MEASURE(측정) : M(측정) 버튼을 누른다.

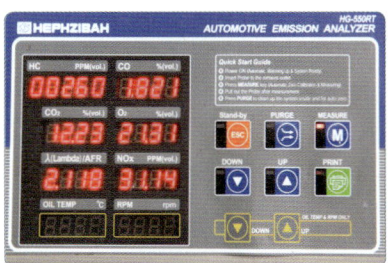

2. 측정한 배기가스를 확인한다.
   HC : 260 ppm, CO : 1.8%

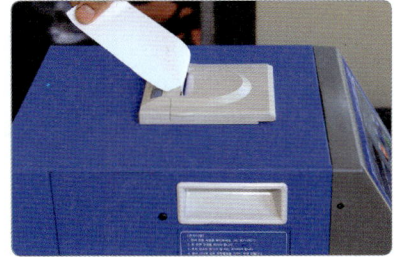

3. 배기가스 측정 결과를 출력한다.

# 자동차등록증

제2006 - 3260호　　　　　　　　　　　　　　　　최초등록일 : 2006년 10월 15일

| ① 자동차 등록번호 | 08다 1402 | ② 차종 | 승용(대형) | ③ 용도 | 자가용 |
|---|---|---|---|---|---|
| ④ 차명 | 그랜저 | ⑤ 형식 및 연식 | 2006 | | |
| ⑥ 차대번호 | KMHFV41CP6A068147 | ⑦ 원동기형식 | | | |
| ⑧ 사용자 본거지 | 서울특별시 영등포구 번영로 | | | | |

| 소유자 | ⑨ 성명(상호) | 기동찬 | ⑩ 주민(사업자)등록번호 | ******-****** |
|---|---|---|---|---|
| | ⑪ 주소 | 서울특별시 영등포구 번영로 | | |

자동차관리법 제8조 규정에 의하여 위와 같이 등록하였음을 증명합니다.

2006년 10월 15일

서울특별시장

● 차대번호 식별방법

### KMHFV41CP6A068147

① 첫 번째 자리는 제작국가(K=대한민국)
② 두 번째 자리는 제작회사(M=현대, N=기아, P=쌍용, L=GM 대우)
③ 세 번째 자리는 자동차 종별(H=승용차, J=승합차, F=화물차)
④ 네 번째 자리는 차종 구분(B=쏘나타, C=베르나, D=아반떼, E=EF 쏘나타, F=그랜저, V=엑센트)
⑤ 다섯 번째 자리는 세부 차종 및 등급(L=기본, M(V)=고급, N=최고급)
⑥ 여섯 번째 자리는 차체 형상(4=세단4도어, 3=세단3도어, 5=세단5도어)
⑦ 일곱 번째 자리는 안전장치(1=액티브 벨트(운전석+조수석), 2=패시브 벨트(운전석+조수석))
⑧ 여덟 번째 자리는 엔진 형식(B=1500 cc DOHC, C=2500 cc, D=1769 cc, G : 1500 cc SOHC)
⑨ 아홉 번째 자리는 운전석 위치(P=왼쪽, R=오른쪽)
⑩ 열 번째 자리는 제작년도(영문 I, O, Q, U, Z 제외)
　　J(1988)~Y(2000), 1(2001)~6(2006)~
⑪ 열한 번째 자리는 제작 공장(A=아산, C=전주, M=인도, U=울산, Z=터키)
⑫ 열두 번째~열일곱 번째 자리는 차량제작 일련번호

# 4안 조향 휠 유격 점검

**섀시 2** 주어진 자동차에서 감독위원의 지시에 따라 휠 유격을 점검하여 기록 · 판정하시오.

## 1 조향 휠 유격이 기준값 범위 내에 있을 경우

| 항목 | 측정(또는 점검) | | 판정 | | ⑧ 득점 |
|---|---|---|---|---|---|
| | ① 자동차 번호 : | | ② 비번호 | ③ 감독위원 확 인 | |
| | ④ 측정값 | ⑤ 기준값 | ⑥ 산출 근거(계산) 기록 | ⑦ 판정(□에 'V'표) | |
| 조향 휠 유격 | 12 mm | 47.5 mm 이하 | $\dfrac{380\,mm \times 12.5}{100} = 47.5\,mm$ | ☑ 양호<br>□ 불량 | |

- ① **자동차 번호** : 측정하는 자동차 번호를 기록한다(측정 차량이 1대인 경우 생략할 수 있다).
- ② **비번호** : 책임관리위원(공단 본부)이 배부한 등번호(비번호)를 기록한다.
- ③ **감독위원 확인** : 시험 전 또는 시험 후 감독위원이 채점 후 확인한다(날인).
- ④ **측정값** : 조향 휠 유격을 측정한 값 12 mm를 기록한다.
- ⑤ **기준값** : 조향 휠 유격 기준값 47.5 mm 이하를 기록한다.
- ⑥ **산출 근거(계산) 기록** : $\dfrac{380\,mm \times 12.5}{100} = 47.5\,mm$
- ⑦ **판정** : 측정값이 기준값 범위 내에 있으므로 ☑ 양호에 표시한다.
- ⑧ **득점** : 감독위원이 해당 문항을 채점하고 점수를 기록한다.

■ **조향 휠 유격 기준값**(검사 기준)

조향 휠 유격 = $\dfrac{\text{조향 핸들 지름} \times 12.5}{100}$ 이내 (조향 핸들 지름의 12.5% 이내)

※ 단위가 누락되거나 틀린 경우는 오답으로 채점한다.

## 2 조향 휠 유격이 기준값보다 클 경우

| 항목 | 측정(또는 점검) | | 판정 | | 득점 |
|---|---|---|---|---|---|
| | 자동차 번호 : | | 비번호 | 감독위원 확 인 | |
| | 측정값 | 기준값 | 산출 근거(계산) 기록 | 판정(□에 'V'표) | |
| 조향 휠 유격 | 50.5 mm | 47.5 mm 이하 | $\dfrac{380\,mm \times 12.5}{100} = 47.5\,mm$ | □ 양호<br>☑ 불량 | |

## 3 조향 휠 유격 및 핸들 지름 기준값(정비 기준)

| 차 종 | 조향 휠 유격 | 차 종 | 조향 핸들 지름 |
|---|---|---|---|
| 쏘나타 II | 30 mm | 카렌스 | 380 mm |
| 코란도 | 30 mm 이내 | 마이티 | 420 mm |
| 그랜저 | 10 mm (한계 30 mm) | 그레이스 | 384 mm |
| 아반떼 XD, 엑셀, 엘란트라, 세피아 | 0~30 mm | 브로엄 | 400 mm |

## 4 조향 휠 유격 점검

1. 조향 핸들 지름을 줄자로 측정한다. (380 mm)

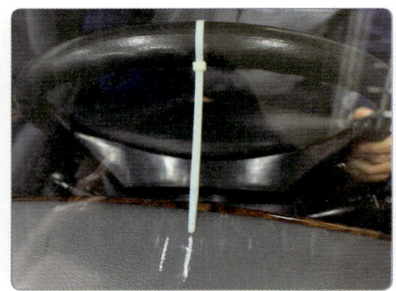

2. 기준점 설정 후 저항이 느껴지는 곳까지 좌우로 움직여 휠이 움직인 거리를 표시한다.

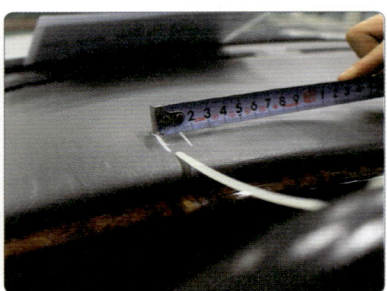

3. 표시한 거리를 측정한다(12 mm).

### 조향 휠 유격 기준값(검사 기준)

조향 휠 유격 = $\dfrac{\text{조향 핸들 지름} \times 12.5}{100}$ 이내 (조향 핸들 지름의 12.5% 이내)

### 조향 휠 유격 점검 시 유의사항

❶ 유격 점검 시 핸들(스티어링 휠)이 중앙에 위치하도록(바퀴는 직진 상태) 조정한 후 자와 핸들을 같은 위치 선상으로 동시에 표시한다.
❷ 핸들을 좌우로 회전시킬 때 저항(토크)이 느껴지지 않는 위치를 표시한 후 핸들이 움직인 양을 합산하여 유격을 측정한다.

## 4안 전자제어 제동장치(ABS) 점검

**섀시 4** 주어진 자동차에서 감독위원의 지시에 따라 진단기(스캐너)로 전자제어 제동장치(ABS)를 점검하고 기록·판정하시오.

### 1 앞 좌측 휠 스피드 센서 커넥터가 탈거된 경우

| | ① 자동차 번호 : | | ② 비번호 | | ③ 감독위원 확인 | |
|---|---|---|---|---|---|---|
| 항목 | 측정(또는 점검) | | 판정 및 정비(또는 조치) 사항 | | | ⑧ 득점 |
| | ④ 이상 부위 | ⑤ 내용 및 상태 | ⑥ 판정(□에 'v'표) | ⑦ 정비 및 조치할 사항 | | |
| ABS 자기진단 | 앞 좌측 휠 스피드 센서 | 커넥터 탈거 | □ 양호<br>☑ 불량 | 앞 좌측 휠 스피드 센서 커넥터 체결, ABS ECU 과거 기억 소거 후 재점검 | | |

① **자동차 번호** : 측정하는 자동차 번호를 기록한다(측정 차량이 1대인 경우 생략할 수 있다).
② **비번호** : 책임관리위원(공단 본부)이 배부한 등번호(비번호)를 기록한다.
③ **감독위원 확인** : 시험 전 또는 시험 후 감독위원이 채점 후 확인한다(날인).
④ **이상 부위** : 스캐너 자기진단 화면에서 확인된 앞 좌측 휠 스피드 센서를 기록한다.
⑤ **내용 및 상태** : 이상 부위의 내용 및 상태로 커넥터 탈거를 기록한다.
⑥ **판정** : 앞 좌측 휠 스피드 센서 커넥터가 탈거되었으므로 ☑ 불량에 표시한다.
⑦ **정비 및 조치할 사항** : 판정이 불량이므로 앞 좌측 휠 스피드 센서 커넥터 체결, ABS ECU 과거 기억 소거 후 재점검을 기록한다.
⑧ **득점** : 감독위원이 해당 문항을 채점하고 점수를 기록한다.

### 2 앞 우측 휠 스피드 센서 커넥터가 탈거된 경우

| | 자동차 번호 : | | 비번호 | | 감독위원 확인 | |
|---|---|---|---|---|---|---|
| 항목 | 측정(또는 점검) | | 판정 및 정비(또는 조치) 사항 | | | 득점 |
| | 이상 부위 | 내용 및 상태 | 판정(□에 'v'표) | 정비 및 조치할 사항 | | |
| ABS 자기진단 | 앞 우측 휠 스피드 센서 | 커넥터 탈거 | □ 양호<br>☑ 불량 | 앞 우측 휠 스피드 센서 커넥터 체결, ABS ECU 과거 기억 소거 후 재점검 | | |

# 4안 최소 회전 반지름 측정

**섀시 5**    주어진 자동차에서 감독위원의 지시에 따라 좌 또는 우회전 시 최소 회전 반지름을 측정하여 기록·판정하시오.

## 1 좌회전 시 최소 회전 반지름이 기준값 범위 내에 있을 경우 (r값이 주어졌을 때 : 30 cm)

| ④ 항목 | ① 자동차 번호 : | | | | ② 비번호 | | ③ 감독위원 확인 | ⑩ 득점 |
|---|---|---|---|---|---|---|---|---|
| | 측정(또는 점검) | | | | 산출 근거 및 판정 | | | |
| | ⑤ 최대조향각도 | | ⑥ 기준값 (최소 회전 반지름) | ⑦ 측정값 (최소 회전 반지름) | ⑧ 산출 근거 | | ⑨ 판정 (□에 'V'표) | |
| | 좌측 바퀴 | 우측 바퀴 | | | | | | |
| 회전 방향 (□에 'V'표) ☑ 좌 □ 우 | 35° | 30° | 12 m 이하 | 5.9 m | $R = \dfrac{2.8\ m}{\sin 30°} + 0.3$ $= 5.9\ m$ | | ☑ 양호 □ 불량 | |

① **자동차 번호** : 측정하는 자동차 번호를 기록한다(측정 차량이 1대인 경우 생략할 수 있다).
② **비번호** : 책임관리위원(공단 본부)이 배부한 등번호(비번호)를 기록한다.
③ **감독위원 확인** : 시험 전 또는 시험 후 감독위원이 채점 후 확인한다(날인).
④ **항목** : 감독위원이 제시하는 회전 방향에 ☑ 표시를 한다(운전석 착석 시 좌우 기준).    ☑ 좌
⑤ **최대조향각도** : 좌측 바퀴 : 35°, 우측 바퀴 : 30°를 기록한다.
⑥ **기준값** : 최소 회전 반지름의 기준값 12 m 이하를 기록한다.
⑦ **측정값** : 최소 회전 반지름의 측정값 5.9 m를 기록하며, 반드시 단위를 기록한다.
⑧ **산출 근거** : 최소 회전 반지름 공식에서 산출한 계산식을 기록한다(감독위원이 제시하는 r값은 30 cm이다).

$$R = \dfrac{L}{\sin \alpha} + r \quad \therefore R = \dfrac{2.8\ m}{\sin 30°} + 0.3 = 5.9\ m$$

- $R$ : 최소 회전 반지름(m)
- $L$ : 축거(2.8 m)
- $\sin \alpha$ : 우측 바퀴의 조향각도($\sin 30° = 0.5$)
- $r$ : 바퀴 접지면 중심과 킹핀 중심과의 거리($r = 30$ cm)

⑨ **판정** : 측정값이 기준값 범위 내에 있으므로 ☑ 양호에 표시한다.
⑩ **득점** : 감독위원이 해당 문항을 채점하고 점수를 기록한다.

※ 축거 및 바퀴의 접지면 중심과 킹핀과의 거리(r)는 감독위원이 제시한다.    ※ 자동차 검사 기준 및 방법에 의하여 기록·판정한다.
※ 회전 방향은 감독위원이 지정하는 위치의 □에 'V'표시한다.    ※ 산출 근거에는 단위를 기록하지 않아도 된다.

### 최소 회전 반지름 측정 시 유의사항

❶ 조향각과 축거는 직접 측정하며, 바퀴 접지면 중심과 킹핀 중심과의 거리는 감독위원이 제시하거나 무시하고 계산한다.
❷ 시험 차량은 대부분 승용차로, 최소 회전 반지름 기준값 12 m 이내에 측정되므로 일반적으로 판정은 양호이다.

## 2 축간거리 및 조향각 기준값

| 차 종 | 축 거 | 조향각 | | 회전 반지름 |
|---|---|---|---|---|
| | | 내측 | 외측 | |
| 그랜저 | 2745 mm | 37° | 30°30′ | 5700 mm |
| 쏘나타 | 2700 mm | 39°67′ | 32°21′ | – |
| EF 쏘나타 | 2700 mm | 39.70°±2° | 32.40°±2° | 5000 mm |
| 아반떼 | 2550 mm | 39°17′ | 32°27′ | 5100 mm |
| 아반떼 XD | 2610 mm | 40.1°±2° | 32°45′ | 4550 mm |
| 베르나 | 2440 mm | 33.37°±1°30′ | 35.51° | 4900 mm |
| 오피러스 | 2800 mm | 37° | 30° | 5600 mm |

## 3 최소 회전 반지름 측정 (좌회전 시)

최소 회전 반지름 측정(축거)

1. 앞바퀴 중심(허브 중심)에 줄자를 맞춘다.

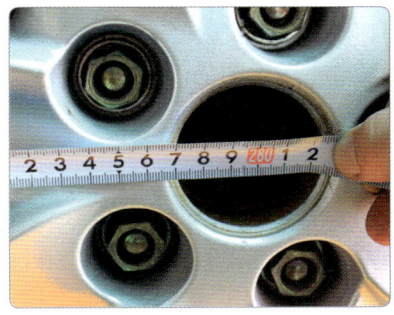

2. 뒷바퀴 중심(허브 중심)까지의 거리를 측정한다(2.8 m).

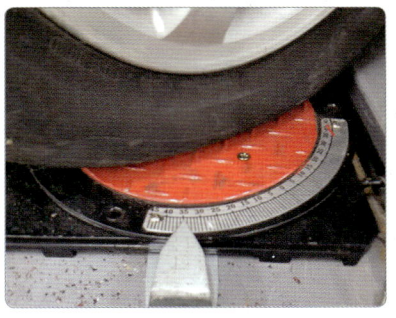

3. 좌회전 시 안쪽(왼쪽) 바퀴의 조향 각도를 측정한다(35°).

4. 좌회전 시 바깥쪽(오른쪽) 바퀴의 조향각도를 측정한다(30°).

## 4안 메인 컨트롤 릴레이 점검

**전기 2** 주어진 자동차에서 감독위원의 지시에 따라 메인 컨트롤 릴레이의 고장 부분을 점검한 후 기록표에 기록·판정하시오.

### 1 메인 컨트롤 릴레이 코일 여자, 비여자 상태가 양호일 경우

| ① 자동차 번호 : | | ② 비번호 | ③ 감독위원 확 인 | |
|---|---|---|---|---|
| 항목 | 측정(또는 점검) | 판정 및 정비(또는 조치) 사항 | | ⑧ 득점 |
| | | ⑥ 판정(□에 'V'표) | ⑦ 정비 및 조치할 사항 | |
| ④ 코일이 여자되었을 때 | ☑ 양호  □ 불량 | ☑ 양호 □ 불량 | 정비 및 조치할 사항 없음 | |
| ⑤ 코일이 여자 안 되었을 때 | ☑ 양호  □ 불량 | | | |

① **자동차 번호** : 측정하는 자동차 번호를 기록한다(측정 차량이 1대인 경우 생략할 수 있다).
② **비번호** : 책임관리위원(공단 본부)이 배부한 등번호(비번호)를 기록한다.
③ **감독위원 확인** : 시험 전 또는 시험 후 감독위원이 채점 후 확인한다(날인).
④ **코일이 여자되었을 때** : BAT 전원 (+), (−)를 코일 $L_1$, $L_2$, $L_3$에 인가한 상태에서는 이상이 없으면 스위치 접점 $S_1$, $S_2$도 통전되므로 ☑ 양호에 표시한다.
⑤ **코일이 여자 안 되었을 때** : BAT 전원 (+), (−)를 코일 $L_1$, $L_2$, $L_3$에 인가하지 않은 상태에서는 스위치 접점 $S_1$, $S_2$가 통전되지 않으므로 ☑ 양호에 표시한다.
(단, 8번→4번 단자는 제외)
⑥ **판정** : 측정값이 모두 양호이므로 ☑ 양호에 표시한다.
⑦ **정비 및 조치할 사항** : 판정이 양호이므로 정비 및 조치할 사항 없음을 기록한다.
⑧ **득점** : 감독위원이 해당 문항을 채점하고 점수를 기록한다.

### 2 메인 컨트롤 릴레이 코일 여자, 비여자 상태가 불량일 경우

| 자동차 번호 : | | 비번호 | 감독위원 확 인 | |
|---|---|---|---|---|
| 항목 | 측정(또는 점검) | 판정 및 정비(또는 조치) 사항 | | 득점 |
| | | 판정(□에 'V'표) | 정비 및 조치할 사항 | |
| 코일이 여자되었을 때 | □ 양호  ☑ 불량 | □ 양호 ☑ 불량 | 메인 컨트롤 릴레이 교체 | |
| 코일이 여자 안 되었을 때 | □ 양호  ☑ 불량 | | | |

※ 위의 두 조건(여자, 비여자) 상태에서 측정과 판정은 개별로 하며, 두 조건 중 하나라도 불량이면 판정은 불량이다.

## 3 메인 컨트롤 릴레이 점검

### (1) A형 컨트롤 릴레이 점검

1. 단자 8번→4번($L_3$) 통전됨(약 140 Ω) 전원 8(+), 4(−) 연결 시 7번과 3번 접점이 통전되어야 양호하다.

2. 단자 6번→4번($L_1$) 통전됨(약 35 Ω) 전원 6(+), 4(−) 연결 시 7번과 1번 접점이 통전되어야 양호하다.

3. 단자 5번→2번($L_2$) 통전됨(약 95 Ω) 전원 5(+), 2(−) 연결 시 7번과 1번 접점이 통전되어야 양호하다.

메인 컨트롤 릴레이 단자 간 저항 규정값

| 코일 | 전원 공급 | 점검 단자 | 통전 및 저항값 |
|---|---|---|---|
| $L_1$, $L_2$ | 여자 안 됨 | 1번과 7번 | 통전 안 됨(∞Ω) |
| | | 2번과 5번 ($L_2$)<br>2번과 3번 ($L_2$) | 통전됨(약 95 Ω) |
| | | 6번과 4번 ($L_1$) | 통전됨(약 35 Ω) |
| | 여자됨 | 1번과 7번 | 통전됨(0 Ω) |
| $L_3$ | 여자 안 됨 | 3번과 7번 | 통전 안 됨(∞Ω) |
| | | 4번→8번 | 통전 안 됨(∞Ω) |
| | | 4번←8번 ($L_3$) | 통전됨(약 140 Ω) |
| | 여자됨 | 3번과 7번 | 통전됨(0 Ω) |

### (2) A형, C형 컨트롤 릴레이 내부회로 및 C형 단자

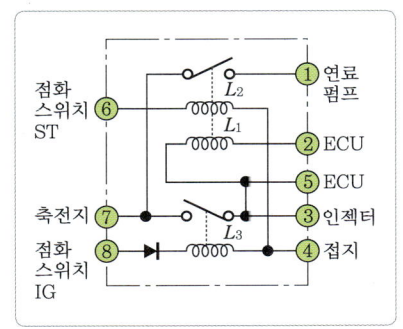

A형 컨트롤 릴레이 내부회로

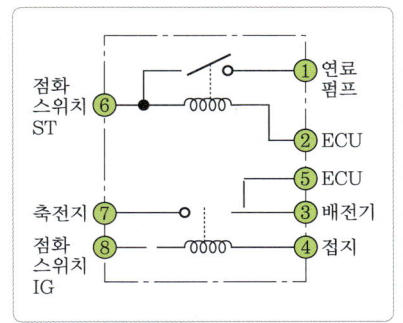

C형 컨트롤 릴레이 내부회로

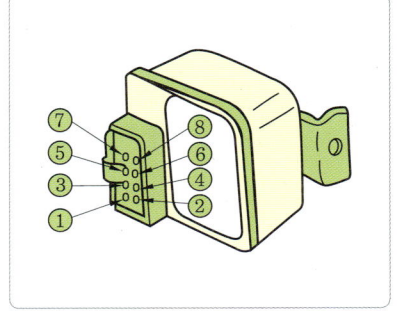

C형 컨트롤 릴레이 단자

# 4안 방향지시등 회로 점검

**전기 3** 주어진 자동차에서 방향지시등 회로에 고장 부분을 점검한 후 기록표에 기록·판정하시오.

## 1 방향지시등 플래셔 유닛 내부 점검이 불량일 경우

| 항목 | 측정(또는 점검) | | 판정 및 정비(또는 조치) 사항 | | ⑧ 득점 |
|---|---|---|---|---|---|
| | ④ 이상 부위 | ⑤ 내용 및 상태 | ⑥ 판정(□에 'ˇ'표) | ⑦ 정비 및 조치할 사항 | |
| 방향지시등 회로 | 플래셔 유닛 | 내부 접점 불량 | □ 양호<br>☑ 불량 | 플래셔 유닛 장착 후 재점검 | |

① **자동차 번호** : 측정하는 자동차 번호를 기록한다(측정 차량이 1대인 경우 생략할 수 있다).
② **비번호** : 책임관리위원(공단 본부)이 배부한 등번호(비번호)를 기록한다.
③ **감독위원 확인** : 시험 전 또는 시험 후 감독위원이 채점 후 확인한다(날인).
④ **이상 부위** : 방향지시등 회로 점검에서 확인된 이상 부위를 기록한다.
  • 이상 부위 : 플래셔 유닛
⑤ **내용 및 상태** : 이상 부위의 내용 및 상태를 기록한다.
  • 내용 및 상태 : 내부 접점 불량
⑥ **판정** : 플래셔 유닛 내부 접점이 불량인 상태이므로 ☑ 불량에 표시한다.
⑦ **정비 및 조치할 사항** : 판정이 불량이므로 플래셔 유닛 장착 후 재점검을 기록한다.
⑧ **득점** : 감독위원이 해당 문항을 채점하고 점수를 기록한다.

## 2 방향지시등 스위치 커넥터가 탈거된 경우

| 항목 | 측정(또는 점검) | | 판정 및 정비(또는 조치) 사항 | | 득점 |
|---|---|---|---|---|---|
| | 이상 부위 | 내용 및 상태 | 판정(□에 'ˇ'표) | 정비 및 조치할 사항 | |
| 방향지시등 회로 | 방향지시등 스위치 | 커넥터 탈거 | □ 양호<br>☑ 불량 | 방향지시등 스위치 커넥터 체결 후 재점검 | |

※ **판정** : 방향지시등 스위치 커넥터가 탈거되었으므로 ☑ 불량에 표시하고, 방향지시등 스위치 커넥터 체결 후 재점검한다.

## 3 전, 우 방향지시등 퓨즈가 단선된 경우

| 항목 | 측정(또는 점검) | | 판정 및 정비(또는 조치) 사항 | | 득점 |
|---|---|---|---|---|---|
| | 이상 부위 | 내용 및 상태 | 판정(□에 'V'표) | 정비 및 조치할 사항 | |
| 방향지시등 회로 | 전, 우 방향지시등 퓨즈 | 단선 | □ 양호<br>☑ 불량 | 전, 우 방향지시등 퓨즈 교체 후 재점검 | |

자동차 번호 :     비번호     감독위원 확인

## 4 방향지시등 회로 점검

1. 축전지 단자 (+), (−) 체결 상태 및 접촉 상태, 축전지 전압을 측정한다.

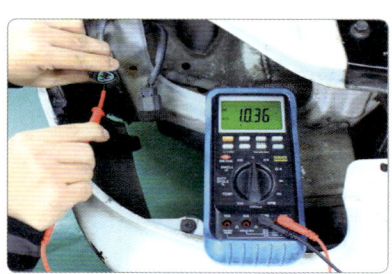
2. 해당 방향지시등 커넥터에 전원이 공급되는지 확인한다.

3. 퓨저블 링크 전압 및 단선 유무를 확인한다.

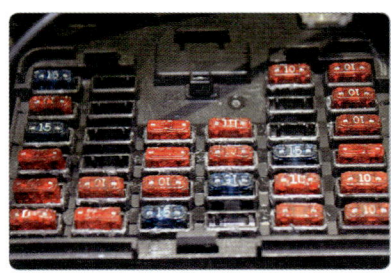
4. 방향지시등 퓨즈 단선 유무를 확인한다.

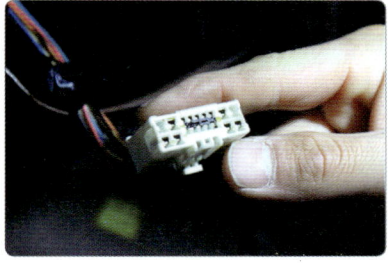
5. 방향지시등 스위치 커넥터 탈거를 확인한다.

6. 수리가 끝나면 작동 상태를 확인한다.

**방향지시등이 작동하지 않는 경우 정비 및 조치할 사항**
① 플래셔 유닛 불량 → 플래셔 유닛 교체
② 방향지시등 퓨즈 단선 → 방향지시등 퓨즈 교체
③ 방향지시등 퓨즈 탈거 → 방향지시등 퓨즈 교체
④ 방향지시등 전구 단선 → 방향지시등 전구 교체
⑤ 콤비네이션 스위치 불량 → 콤비네이션 스위치 교체
⑥ 콤비네이션 스위치 커넥터 탈거 → 콤비네이션 스위치 커넥터 체결
⑦ 방향지시등 스위치 커넥터 탈거 → 방향지시등 스위치 커넥터 체결

## 4안 경음기 음량 측정

**전기 4**  주어진 자동차에서 경음기음을 측정하여 기록·판정하시오.

### 1 경음기 음량이 기준값 범위 내에 있을 경우

| 항목 | 측정(또는 점검) | | ⑥ 판정 (□에 'V'표) | ⑦ 득점 |
|---|---|---|---|---|
| | ④ 측정값 | ⑤ 기준값 | | |
| ① 자동차 번호 : | | ② 비번호 | ③ 감독위원 확 인 | |
| 경음기 음량 | 104 dB | 90 dB 이상<br>110 dB 이하 | ☑ 양호<br>□ 불량 | |

① **자동차 번호** : 측정하는 자동차 번호를 기록한다(측정 차량이 1대인 경우 생략할 수 있다).
② **비번호** : 책임관리위원(공단 본부)이 배부한 등번호(비번호)를 기록한다.
③ **감독위원 확인** : 시험 전 또는 시험 후 감독위원이 채점 후 확인한다(날인).
④ **측정값** : 경음기 음량을 측정한 값을 기록한다.
  • 측정값 : 104 dB
⑤ **기준값** : 경음기 음량 기준값을 수검자가 암기하여 기록한다.
  • 기준값 : 90 dB 이상 110 dB 이하
⑥ **판정** : 측정값이 기준값 범위 내에 있으므로 ☑ 양호에 표시한다.
⑦ **득점** : 감독위원이 해당 문항을 채점하고 점수를 기록한다.

※ 감독위원이 제시한 자동차등록증(차대번호)을 활용하여 차종 및 연식을 적용한다.
※ 자동차 검사기준 및 방법에 의하여 기록·판정한다.    ※ 암소음은 무시한다.

### 2 경음기 음량이 기준값보다 높을 경우

| 항목 | 측정(또는 점검) | | 판정 (□에 'V'표) | (F) 득점 |
|---|---|---|---|---|
| | 측정값 | 기준값 | | |
| 자동차 번호 : | | 비번호 | 감독위원 확 인 | |
| 경음기 음량 | 125 dB | 90 dB 이상<br>110 dB 이하 | □ 양호<br>☑ 불량 | |

※ 판정 : 경음기 음량이 기준값 범위를 벗어났으므로 ☑ 불량에 표시한다.

## 3 경음기 음량 기준값

[2006년 1월 1일 이후 제작된 자동차]

| 자동차 종류 | | 소음 항목 | 경적 소음(dB(C)) |
|---|---|---|---|
| 경자동차 | | | 110 이하 |
| 승용자동차 | | 소형, 중형 | 110 이하 |
| | | 중대형, 대형 | 112 이하 |
| 화물자동차 | | 소형, 중형 | 110 이하 |
| | | 대형 | 112 이하 |

※ 경음기 음량의 크기는 최소 90 dB 이상일 것 [자동차 및 자동차 성능과 기준에 관한 규칙 제53조]

## 4 경음기 음량 측정

1. 음량계 높이를 1.2±0.05 m로, 자동차 전방 2 m가 되도록 설치한다.

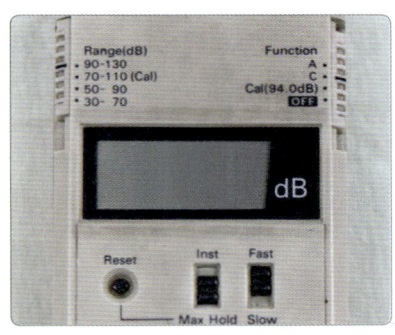

2. 리셋 버튼을 눌러 초기화시킨 후 C 특성, Fast 90~130 dB을 선택한다.

3. 경음기를 3~5초 동안 작동시켜 배출되는 소음 크기의 최댓값을 측정한다(측정값 : 104 dB).

**경음기 음량이 기준값 범위를 벗어난 경우**

- ① 축전지 방전
- ② 경음기 불량
- ③ 경음기 릴레이 불량
- ④ 경음기 접지 불량
- ⑤ 경음기 음량 조정 불량
- ⑥ 경음기 커넥터 접촉 불량
- ⑦ 경음기 스위치 접촉 불량
- ⑧ 규격품이 아닌 경음기 사용

# 자동차정비 기능사 실기 5안

## 답안지 작성법

| 파트별 | 안별 문제 | 5안 |
|---|---|---|
| 엔진 | 엔진(부품) 분해 조립 | 디젤 엔진 크랭크축 |
| | 측정/답안작성 | 크랭크축 휨 |
| | 시스템 점검/엔진 시동 | 연료계통 회로 |
| | 부품 탈거/조립 | CRDI 예열플러그 |
| | 자기진단(답안작성) | 스캐너를 이용한 엔진 전자제어 센서(액추에이터) 점검 |
| | 차량 검사 측정 | 디젤 매연 |
| 섀시 | 부품 탈거/조립 | 등속 축 |
| | 점검/답안작성 | 타이어 휠 탈거 휠 밸런스 |
| | 부품 탈거 작동상태 | 타이로드 엔드 작동상태 |
| | 점검/답안작성 | A/T 자기진단 |
| | 안전기준 검사 | 브레이크 제동력 |
| 전기 | 부품 탈거/조립 작동 확인 | 에어컨 냉매 충전/회수 작동 확인 |
| | 측정/답안작성 | ISC 밸브 듀티값 |
| | 전기회로 점검/고장부위 작성 | 경음기 회로 |
| | 차량 검사 측정 | 전조등 |

## 5안 크랭크축 휨 점검

**엔진 1** 주어진 디젤 엔진에서 크랭크축을 탈거(감독위원에게 확인)하고 감독위원의 지시에 따라 기록표의 내용대로 기록·판정한 후 다시 조립하시오.

### 1 크랭크축 휨 측정값이 규정값 범위 내에 있을 경우

| 항목 | ① 엔진 번호 : | | ② 비번호 | | ③ 감독위원 확인 | |
|---|---|---|---|---|---|---|
| | 측정(또는 점검) | | 판정 및 정비(또는 조치) 사항 | | | ⑧ 득점 |
| | ④ 측정값 | ⑤ 규정(정비한계)값 | ⑥ 판정(□에 'V'표) | ⑦ 정비 및 조치할 사항 | | |
| 크랭크축 휨 | 0.02 mm | 0.03 mm 이내 | ☑ 양호<br>□ 불량 | 정비 및 조치할 사항 없음 | | |

- ① **엔진 번호** : 측정하는 엔진 번호를 기록한다(측정 엔진이 1대인 경우 생략할 수 있다).
- ② **비번호** : 책임관리위원(공단 본부)이 배부한 등번호(비번호)를 기록한다.
- ③ **감독위원 확인** : 시험 전 또는 시험 후 감독위원이 채점 후 확인한다(날인).
- ④ **측정값** : 크랭크축 휨을 측정한 값을 기록한다.
  - 측정값 : 0.02 mm
- ⑤ **규정(정비한계)값** : 측정 차량의 정비지침서 또는 감독위원이 제시한 값을 기록한다.
  - 규정값 : 0.03 mm 이내
- ⑥ **판정** : 크랭크축 휨을 측정한 값이 규정값 범위 내에 있으므로 ☑ 양호에 표시한다.
- ⑦ **정비 및 조치할 사항** : 판정이 양호이므로 정비 및 조치할 사항 없음을 기록한다.
- ⑧ **득점** : 감독위원이 해당 문항을 채점하고 점수를 기록한다.

※ 단위가 누락되거나 틀린 경우는 오답으로 채점한다.

### 2 크랭크축 휨 측정값이 규정값보다 클 경우

| 항목 | 엔진 번호 : | | 비번호 | | 감독위원 확 인 | |
|---|---|---|---|---|---|---|
| | 측정(또는 점검) | | 판정 및 정비(또는 조치) 사항 | | | 득점 |
| | 측정값 | 규정(정비한계)값 | 판정(□에 'V'표) | 정비 및 조치할 사항 | | |
| 크랭크축 휨 | 0.06 mm | 0.03 mm 이내 | □ 양호<br>☑ 불량 | 크랭크축 교체 | | |

※ **판정** : 크랭크축 휨을 측정한 값이 규정값 범위를 벗어났으므로 ☑ 불량에 표시하고, 크랭크축을 교체한다.

## 3 크랭크축 휨 규정값

| 차 종 | 크랭크축 휨 규정값 | 비 고 |
|---|---|---|
| 쏘나타 | 0.03 mm 이내 | 크랭크축 휨 규정값을 측정한 값이 규정값보다 클 경우 크랭크축을 교체한다. |
| 아반떼 | 0.03 mm 이내 | |
| 엘란트라 | 0.03 mm 이내 | |
| 티뷰론 | 0.03 mm 이내 | |
| 세피아 | 0.04 mm 이내 | |
| 프라이드 | 0.04 mm 이내 | |

## 4 크랭크축 휨 측정

크랭크 축 휨 측정 시 다이얼 게이지는 오일 구멍을 피해 축의 중앙에 축과 직각이 되도록 설치하고, 총 다이얼 게이지 측정값의 1/2을 측정값으로 기록한다.

다이얼 게이지 설치

1. 다이얼 게이지를 크랭크축에 직각으로 설치하고 크랭크축을 1회전시킨다.

2. 크랭크축 다이얼 게이지값을 확인한다(0.04 mm). 크랭크축 휨은 다이얼 게이지값의 1/2이다(0.02 mm).

### 크랭크축 휨 측정

크랭크축 휨을 측정할 때 측정 게이지 눈금의 1/2이 측정값이 된다.

### 크랭크축 휨 측정 시 유의사항

❶ 시험장에는 크랭크축 휨 측정용 엔진이 준비되어 있으며 휨은 다이얼 게이지로 측정한다.
❷ 다이얼 게이지는 측정용 엔진에 반드시 고정시킨 후 설치한다.

## 5안 엔진 센서(액추에이터) 점검

**엔진 3** 주어진 자동차에서 전자제어 디젤(CRDI) 엔진의 예열플러그(예열장치) 1개를 탈거(감독위원에게 확인)한 후 다시 조립하고 감독위원의 지시에 따라 진단기(스캐너)를 사용하여 엔진의 각종 센서(액추에이터)를 점검 후 고장 부분을 기록하시오.

### 1 크랭크각 센서 커넥터가 탈거된 경우

| 항목 | ① 자동차 번호 : | | | ② 비번호 | ③ 감독위원 확인 | |
|---|---|---|---|---|---|---|
| | 측정(또는 점검) | | | 판정 및 정비(또는 조치) 사항 | | ⑨ 득점 |
| | ④ 고장 부위 | ⑤ 측정값 | ⑥ 규정값 | ⑦ 고장 내용 | ⑧ 정비 및 조치 사항 | |
| 센서 (액추에이터) 점검 | 크랭크각 센서 | 0 rpm (5 V) | 300~400 rpm (2.7~3.2 V) | 커넥터 탈거 | 크랭크각 센서 커넥터 체결, ECU 기억 소거 후 재점검 | |

① **자동차 번호** : 측정하는 자동차 번호를 기록한다(측정 차량이 1대인 경우 생략할 수 있다).
② **비번호** : 책임관리위원(공단 본부)이 배부한 등번호(비번호)를 기록한다.
③ **감독위원 확인** : 시험 전 또는 시험 후 감독위원이 채점 후 확인한다(날인).
④ **고장 부위** : 스캐너 자기진단에서 확인된 고장 부위로 크랭크각 센서를 기록한다.
⑤ **측정값** : 스캐너 센서 출력에서 확인된 측정값 0 rpm (5 V)을 기록한다.
⑥ **규정값** : 스캐너 내 규정값을 기록하거나 감독위원이 제시한 규정값을 기록한다.
   • 규정값 : 300~400 rpm (2.7~3.2 V)
⑦ **고장 내용** : 고장 부위 점검으로 확인된 커넥터 탈거를 기록한다.
⑧ **정비 및 조치 사항** : 커넥터가 탈거되었으므로 크랭크각 센서 커넥터 체결, ECU 기억 소거 후 재점검을 기록한다.
⑨ **득점** : 감독위원이 해당 문항을 채점하고 점수를 기록한다.

### 2 크랭크각 센서 시동(크랭킹) 시 규정값

| 측정 조건 | 규정 엔진 rpm | 센서 출력 규정 전압 | 비 고 |
|---|---|---|---|
| 시동 (크랭킹) 시 | 300~400 rpm | 2.7~3.2 V | 자기진단 고장 부위 점검은 스캐너로, 출력 전압 확인은 디지털 멀티테스터로 한다. |

■ 점검 절차
1. 고장 진단 : 스캐너 자기진단으로 고장 부위를 점검한다. **예** 크랭크각 센서
2. 측정값 : 센서 출력에서 멀티 테스터로 확인한다(측정값으로 5 V 측정 시 측정 rpm은 0 rpm으로 한다).
3. 크랭크각 규정 rpm과 센서 출력 규정 전압은 감독위원이 제시할 수 있다.

## 3 엔진 센서 점검

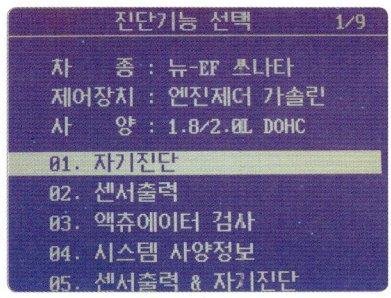

1. 자기진단을 선택한다.

2. 고장 센서가 출력된다(크랭크각 센서 CKP).

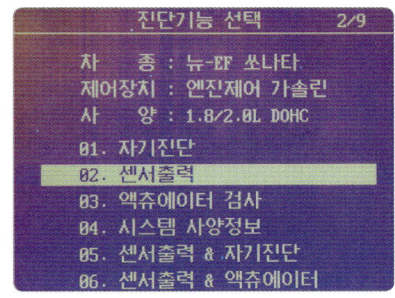

3. 센서출력을 선택한다.

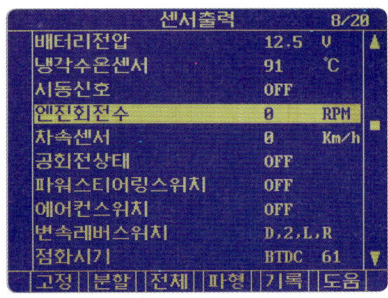

4. 센서 출력값을 확인한다(0 rpm).

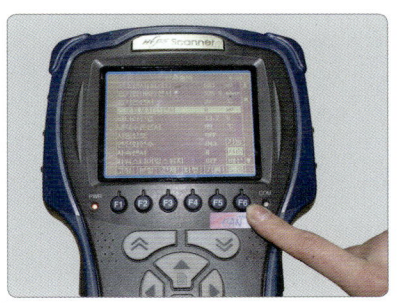

5. 기준값을 확인한다. 감독위원이 제시할 경우 제시한 값으로 한다.

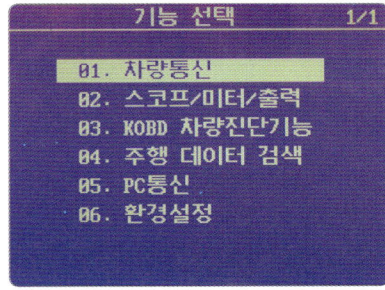

6. 측정이 끝나면 스캐너 시작단계의 위치로 놓는다.

### 고장 부위가 있을 경우 정비 및 조치할 사항

❶ 과거 기억 소거 불량 → ECU 기억 소거 후 재점검
❷ 센서 불량 → 센서 교체, ECU 기억 소거 후 재점검
❸ 커넥터 탈거 → 커넥터 체결, ECU 기억 소거 후 재점검

### 엔진 센서 점검 시 유의사항

❶ 고장 부위를 확인하고 스캐너 센서 출력에서 측정값을 확인하여 기록표에 작성한다.
❷ 고장 부위가 2개 이상 출력될 경우 감독위원에게 확인한 후 고장 부위 중 1개를 기록표에 작성한다.

## 5안 디젤 자동차 매연 측정

**엔진 4** 주어진 자동차에서 기록표에 제시된 내용을 측정하고 기록·판정하시오.

### 1 매연 측정값이 기준값 범위 내에 있을 경우 (터보차량, 5% 가산)

| ① 자동차 번호 : | | | | ② 비번호 | | ③ 감독위원 확인 | |
|---|---|---|---|---|---|---|---|
| 측정(또는 점검) | | | | 산출 근거 및 판정 | | | ⑪ 득점 |
| ④ 차종 | ⑤ 연식 | ⑥ 기준값 | ⑦ 측정값 | ⑧ 측정 | ⑨ 산출 근거(계산) 기록 | ⑩ 판정 (□에 'V'표) | |
| 화물차 | 2008 | 25% 이하 (터보차량) | 21% | 1회 : 19% 2회 : 23.5% 3회 : 21% | $\frac{19 + 23.5 + 21}{3} = 21.16\%$ | ☑ 양호 □ 불량 | |

- ① **자동차 번호** : 측정하는 자동차 번호를 기록한다(측정 차량이 1대인 경우 생략할 수 있다).
- ② **비번호** : 책임관리위원(공단 본부)이 배부한 등번호(비번호)를 기록한다.
- ③ **감독위원 확인** : 시험 전 또는 시험 후 감독위원이 채점 후 확인한다(날인).
- ④ **차종** : KM**F**YAS7JP8U087414(차대번호 3번째 자리 : F) ➡ 화물차
- ⑤ **연식** : KMFYAS7JP**8**U087414(차대번호 10번째 자리 : 8) ➡ 2008
- ⑥ **기준값** : 등록증 차대번호의 연식을 보고, 터보차량이므로 20%에 5%를 가산하여 기준값 25% 이하를 기록한다.
- ⑦ **측정값** : 3회 산출한 값의 평균값 21%를 기록한다(소수점 이하는 버림).
- ⑧ **측정** : 1회부터 3회까지 측정한 값을 기록한다.  • 1회 : 19%  • 2회 : 23.5%  • 3회 : 21%
- ⑨ **산출 근거(계산) 기록** : $\frac{19 + 23.5 + 21}{3} = 21.16\%$
- ⑩ **판정** : 매연 측정값이 기준값 범위 내에 있으므로 ☑ 양호에 표시한다.
- ⑪ **득점** : 감독위원이 해당 문항을 채점하고 점수를 기록한다.

※ 감독위원이 제시한 자동차등록증(또는 차대번호)을 활용하여 차종 및 연식을 적용한다.  ※ 측정 및 판정은 무부하 조건으로 한다.
※ 매연 농도를 산술평균하여 소수점 이하는 버린 값으로 기입한다.  ※ 자동차 검사 기준 및 방법에 의하여 기록·판정한다.

### 2 매연 측정값이 기준값보다 클 경우 (터보차량, 5% 가산)

| 자동차 번호 : | | | | 비번호 | | 감독위원 확인 | |
|---|---|---|---|---|---|---|---|
| 측정(또는 점검) | | | | 산출 근거 및 판정 | | | 득점 |
| 차종 | 연식 | 기준값 | 측정값 | 측정 | 산출 근거(계산) 기록 | 판정 (□에 'V'표) | |
| 화물차 | 2008 | 25% 이하 (터보차량) | 30% | 1회 : 32.3% 2회 : 28.9% 3회 : 31.5% | $\frac{32.3 + 28.9 + 31.5}{3} = 30.9\%$ | □ 양호 ☑ 불량 | |

## 3 매연 기준값 (자동차등록증 차대번호 확인)

| 차 종 | | 제 작 일 자 | | 매 연 |
|---|---|---|---|---|
| 경자동차 및 승용자동차 | | 1995년 12월 31일 이전 | | 60% 이하 |
| | | 1996년 1월 1일부터 2000년 12월 31일까지 | | 55% 이하 |
| | | 2001년 1월 1일부터 2003년 12월 31일까지 | | 45% 이하 |
| | | 2004년 1월 1일부터 2007년 12월 31일까지 | | 40% 이하 |
| | | 2008년 1월 1일 이후 | | 20% 이하 |
| 승합 · 화물 · 특수자동차 | 소형 | 1995년 12월 31일까지 | | 60% 이하 |
| | | 1996년 1월 1일부터 2000년 12월 31일까지 | | 55% 이하 |
| | | 2001년 1월 1일부터 2003년 12월 31일까지 | | 45% 이하 |
| | | 2004년 1월 1일부터 2007년 12월 31일까지 | | 40% 이하 |
| | | 2008년 1월 1일 이후 | | 20% 이하 |
| | 중형 · 대형 | 1992년 12월 31일 이전 | | 60% 이하 |
| | | 1993년 1월 1일부터 1995년 12월 31일까지 | | 55% 이하 |
| | | 1996년 1월 1일부터 1997년 12월 31일까지 | | 45% 이하 |
| | | 1998년 1월 1일부터 2000년 12월 31일까지 | 시내버스 | 40% 이하 |
| | | | 시내버스 외 | 45% 이하 |
| | | 2001년 1월 1일부터 2004년 9월 30일까지 | | 45% 이하 |
| | | 2004년 10월 1일부터 2007년 12월 31일까지 | | 40% 이하 |
| | | 2008년 1월 1일 이후 | | 20% 이하 |

## 4 매연 측정

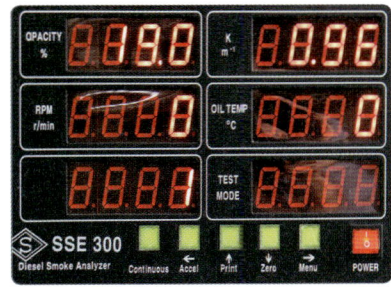

1회 측정값 (19%)

2회 측정값 (23.5%)

3회 측정값 (21%)

# 자 동 차 등 록 증

제2008 - 8255호 　　　　　　　　　　　　　　　　　　　　최초등록일 : 2008년 10월 05일

| ① 자동차 등록번호 | 09다 8255 | ② 차종 | 화물차(소형) | ③ 용도 | 자가용 |
|---|---|---|---|---|---|
| ④ 차명 | 리베로 | ⑤ 형식 및 연식 | 2008 | | |
| ⑥ 차대번호 | KMFYAS7JP8U087414 | | ⑦ 원동기형식 | | |
| ⑧ 사용자 본거지 | 서울특별시 영등포구 번영로 | | | | |
| 소유자 ⑨ 성명(상호) | 기동찬 | ⑩ 주민(사업자)등록번호 | ******-****** | | |
| ⑪ 주소 | 서울특별시 영등포구 번영로 | | | | |

자동차관리법 제8조 규정에 의하여 위와 같이 등록하였음을 증명합니다.

2008년 10월 5일

서울특별시장

● **차대번호 식별방법**

### KMFYAS7JP8U087414

① 첫 번째 자리는 제작국가(K=대한민국)
② 두 번째 자리는 제작회사(M=현대, N=기아, P=쌍용, L=GM 대우)
③ 세 번째 자리는 자동차 종별(H=승용차, J=승합차, F=화물차)
④ 네 번째 자리는 차종 구분(Y=리베로, Z=포터)
⑤ 다섯 번째 자리는 세부 차종(A=장축 저상, B=장축 고상, C=초장축 저상, D=초장축 고상)
⑥ 여섯 번째 자리는 차체 형상(D=더블 캡, N=일반 캡, S=슈퍼 캡)
⑦ 일곱 번째 자리는 안전벨트 안정장치(7=유압식 제동장치, 8=공기식 제동장치, 9=혼합식 제동장치)
⑧ 여덟 번째 자리는 엔진 형식(J=A-Engine 2.5 TCI)
⑨ 아홉 번째 자리는 기타 사항 용도 구분(P=왼쪽 운전석, R=오른쪽 운전석)
⑩ 열 번째 자리는 제작연도(영문 I, O, Q, U, Z 제외)
　　~Y(2000)~4(2004)~8(2008)~
⑪ 열한 번째 자리는 제작공장(A=아산, C=전주, U=울산)
⑫ 열두 번째~열일곱 번째 자리는 차량 생산(제작) 일련번호

# 5안 타이어 휠 밸런스 점검

**섀시 2** 주어진 자동차에서 감독위원의 지시에 따라 1개의 휠을 탈거하여 휠 밸런스 상태를 점검하고 기록·판정하시오.

## 1 밸런스값 IN과 OUT이 모두 규정값보다 클 경우

| | ① 자동차 번호 : | | ② 비번호 | | ③ 감독위원 확 인 | |
|---|---|---|---|---|---|---|
| 항목 | 측정(또는 점검) | | 판정 및 정비(또는 조치) 사항 | | | ⑧ 득점 |
| | ④ 측정값 | ⑤ 규정(정비한계)값 | ⑥ 판정(□에 'V'표) | ⑦ 정비 및 조치할 사항 | | |
| 타이어 휠 밸런스 | IN : 53 g | IN : 0 g | □ 양호<br>☑ 불량 | 안쪽에 53 g, 바깥쪽에 16 g의 수정값의 납을 장착하고 재점검 | | |
| | OUT : 16 g | OUT : 0 g | | | | |

① **자동차 번호** : 측정하는 자동차 번호를 기록한다(측정 차량이 1대인 경우 생략할 수 있다).
② **비번호** : 책임관리위원(공단 본부)이 배부한 등번호(비번호)를 기록한다.
③ **감독위원 확인** : 시험 전 또는 시험 후 감독위원이 채점 후 확인한다(날인).
④ **측정값** : 측정한 타이어 휠 밸런스값 IN : 53 g, OUT : 16 g을 기록한다.
⑤ **규정값** : 감독위원이 제시한 규정값 IN : 0 g, OUT : 0 g을 기록한다.
 (감독위원이 규정값을 제시하지 않을 때에도 동일한 규정값을 기록한다.)
⑥ **판정** : 측정값이 IN과 OUT 모두 0 g 이상이므로 ☑ 불량에 표시한다.
⑦ **정비 및 조치할 사항** : 판정이 불량이므로 안쪽에 53 g, 바깥쪽에 16 g의 수정값의 납을 장착하고 재점검을 기록한다.
⑧ **득점** : 감독위원이 해당 문항을 채점하고 점수를 기록한다.

※ 단위가 누락되거나 틀린 경우는 오답으로 채점한다.

## 2 밸런스값 OUT이 규정값보다 클 경우

| | 자동차 번호 : | | 비번호 | | 감독위원 확 인 | |
|---|---|---|---|---|---|---|
| 항목 | 측정(또는 점검) | | 판정 및 정비(또는 조치) 사항 | | | 득점 |
| | 측정값 | 규정(정비한계)값 | 판정(□에 'V'표) | 정비 및 조치할 사항 | | |
| 타이어 휠 밸런스 | IN : 0 g | IN : 0 g | □ 양호<br>☑ 불량 | 바깥쪽에 32 g의 수정값의 납을 장착하고 재점검 | | |
| | OUT : 32 g | OUT : 0 g | | | | |

## 3 타이어 휠 밸런스 점검

1. 휠 사이드에 표기되어 있는 림의 규격을 확인한다(205/60R 15).

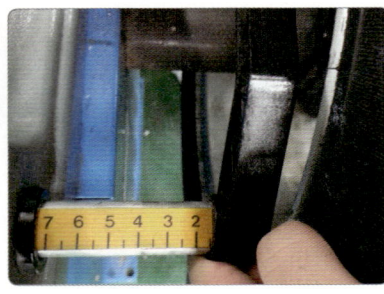
2. 측정기와 타이어의 거리($a$)를 측정한다($a = 7.0$).

3. 확인된 타이어 수치를 휠 밸런스 입력 버튼을 이용하여 입력한다.

4. 외측 퍼스를 사용하여 림의 폭($b$)을 측정한다($b = 6.5$).

5. 림의 폭($b = 6.5$)를 입력한다.

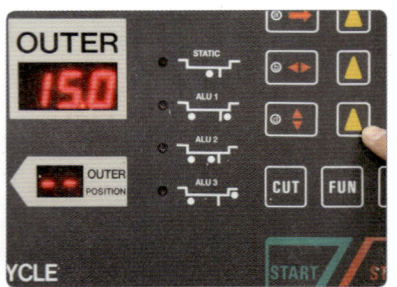
6. 휠 사이드 림의 규격에서 확인한 림의 지름($d = 15$)를 입력한다.

7. INNER 및 OUTER에 측정값이 나타난다(IN : 53 g, OUT : 16 g).

8. INNER값(납 무게)을 확인하고 수정 위치에 적색불이 모두 켜질 때로 맞춘 후, IN에 나타난 값의 납을 휠 상단의 안쪽에 부착한다.

9. OUTER값(납 무게)을 확인하고 수정 위치에 적색불이 모두 켜질 때로 맞춘 후, OUT에 나타난 값의 납을 휠 상단의 바깥쪽에 부착한다.

### 타이어 휠 밸런스 점검
타이어 휠 밸런스를 측정하여 IN과 OUT값을 확인하고 측정값에 맞는 추(납)를 휠에 맞게 체결한 후 밸런스 테스터의 출력값이 0이 될 때까지 조정한다.

# 5안 자동변속기 자기진단

**섀시 4** 주어진 자동차에서 감독위원의 지시에 따라 진단기(스캐너)로 자동변속기를 점검하고 기록·판정하시오.

## 1 A/T 릴레이 내부 코일이 단선일 경우

| | ① 자동차 번호 : | | ② 비번호 | | ③ 감독위원 확 인 | |
|---|---|---|---|---|---|---|
| 항목 | 측정(또는 점검) | | 판정 및 정비(또는 조치) 사항 | | | ⑧ 득점 |
| | ④ 이상 부위 | ⑤ 내용 및 상태 | ⑥ 판정(□에 'V'표) | ⑦ 정비 및 조치할 사항 | | |
| 변속기 자기진단 | A/T 릴레이 | 내부 코일 단선 | □ 양호<br>☑ 불량 | A/T 릴레이 교체, ECU 과거 기억 소거 후 재점검 | | |

① **자동차 번호** : 측정하는 자동차 번호를 기록한다(측정 차량이 1대인 경우 생략할 수 있다).
② **비번호** : 책임관리위원(공단 본부)이 배부한 등번호(비번호)를 기록한다.
③ **감독위원 확인** : 시험 전 또는 시험 후 감독위원이 채점 후 확인한다(날인).
④ **이상 부위** : 스캐너 자기진단에서 확인된 이상 부위를 기록한다.
  • 이상 부위 : A/T 릴레이
⑤ **내용 및 상태** : 이상 부위의 내용 및 상태를 기록한다.
  • 내용 및 상태 : 내부 코일 단선
⑥ **판정** : A/T 릴레이 내부 코일이 단선되었으므로 ☑ 불량에 표시한다.
⑦ **정비 및 조치할 사항** : 판정이 불량이므로 A/T 릴레이 교체, ECU 과거 기억 소거 후 재점검을 기록한다.
⑧ **득점** : 감독위원이 해당 문항을 채점하고 점수를 기록한다.

## 2 A/T 릴레이 퓨즈가 단선일 경우

| | 자동차 번호 : | | 비번호 | | 감독위원 확 인 | |
|---|---|---|---|---|---|---|
| 항목 | 측정(또는 점검) | | 판정 및 정비(또는 조치) 사항 | | | ⑧ 득점 |
| | 이상 부위 | 내용 및 상태 | 판정(□에 'V'표) | ⑦ 정비 및 조치할 사항 | | |
| 변속기 자기진단 | A/T 릴레이 | 퓨즈 단선 | □ 양호<br>☑ 불량 | A/T 릴레이 퓨즈 교체, ECU 과거 기억 소거 후 재점검 | | |

※ **판정** : A/T 릴레이 퓨즈가 단선되었으므로 ☑ 불량에 표시하고 A/T 릴레이 퓨즈 교체, ECU 과거 기억 소거 후 재점검한다.

## 5안 제동력 측정

**섀시 5** 주어진 자동차에서 감독위원의 지시에 따라 제동력을 측정하여 기록·판정하시오.

### 1 제동력 편차와 합이 기준값 범위 내에 있을 경우 (뒷바퀴)

| ① 자동차 번호 : | | | | ② 비번호 | | ③ 감독위원 확인 | |
|---|---|---|---|---|---|---|---|
| 측정(또는 점검) | | | | 산출 근거 및 판정 | | | ⑨ 득점 |
| ④ 항목 | 구분 | ⑤ 측정값 (kgf) | ⑥ 기준값 (□에 'V'표) | | ⑦ 산출 근거 | ⑧ 판정 (□에 'V'표) | |
| 제동력 위치 (□에 'V'표) □ 앞 ☑ 뒤 | 좌 | 180 kgf | □ 앞 ☑ 뒤 | 축중의 | 편차 | $\frac{200-180}{500} \times 100 = 4\%$ | ☑ 양호 □ 불량 | |
| | | | 편차 | 8.0% 이하 | | | | |
| | 우 | 200 kgf | 합 | 20% 이상 | 합 | $\frac{200+180}{500} \times 100 = 76\%$ | | |

① **자동차 번호** : 측정하는 자동차 번호를 기록한다(측정 차량이 1대인 경우 생략할 수 있다).
② **비번호** : 책임관리위원(공단 본부)이 배부한 등번호(비번호)를 기록한다.
③ **감독위원 확인** : 시험 전 또는 시험 후 감독위원이 채점 후 확인한다(날인).
④ **항목** : 감독위원이 지정하는 축에 ☑ 표시를 한다. • 위치 : ☑ 뒤
⑤ **측정값** : 제동력을 측정한 값을 기록한다.
  • 좌 : 180 kgf • 우 : 200 kgf
⑥ **기준값** : 검사 기준에 의거하여 제동력 편차와 합의 기준값을 기록한다.
  • 편차 : 뒤 축중의 8.0% 이하 • 합 : 뒤 축중의 20% 이상
⑦ **산출 근거** : 공식에 대입하여 산출한 계산식을 기록한다.
  • 편차 : $\frac{200-180}{500} \times 100 = 4\%$  • 합 : $\frac{200+180}{500} \times 100 = 76\%$
⑧ **판정** : 뒷바퀴 제동력의 편차와 합이 기준값 범위 내에 있으므로 ☑ 양호에 표시한다.
⑨ **득점** : 감독위원이 해당 문항을 채점하고 점수를 기록한다.

■ **제동력 계산**

• 뒷바퀴 제동력의 편차 = $\frac{\text{큰 쪽 제동력} - \text{작은 쪽 제동력}}{\text{해당 축중}} \times 100$ ➡ 뒤 축중의 8.0% 이하이면 양호

• 뒷바퀴 제동력의 총합 = $\frac{\text{좌우 제동력의 합}}{\text{해당 축중}} \times 100$ ➡ 뒤 축중의 20% 이상이면 양호

※ 측정 차량은 크루즈 1.5DOHC A/T의 공차중량(1130 kgf)의 뒤(후) 축중(500 kgf)으로 산출하였다.

※ 측정 위치는 감독위원이 지정하는 위치의 □에 'V' 표시한다. ※ 자동차 검사 기준 및 방법에 의하여 기록·판정한다.
※ 측정값의 단위는 시험 장비 기준으로 기록한다. ※ 산출 근거에는 단위를 기록하지 않아도 된다.

## 2 제동력 편차가 기준값보다 클 경우 (뒷바퀴)

| 항목 | 구분 | 측정값 (kgf) | 기준값 (□에 'v'표) | | 산출 근거 및 판정 | | 판정 (□에 'v'표) | 득점 |
|---|---|---|---|---|---|---|---|---|
| 자동차 번호 : | | | 비번호 | | | | 감독위원 확 인 | |
| 측정(또는 점검) | | | | | 산출 근거 및 판정 | | | |
| 제동력 위치 (□에 'v'표) □ 앞 ☑ 뒤 | 좌 | 200 kgf | □ 앞 ☑ 뒤 | 축중의 | 편차 | $\dfrac{250-200}{500} \times 100 = 10\%$ | □ 양호 ☑ 불량 | |
| | | | 편차 | 8.0% 이하 | | | | |
| | 우 | 250 kgf | 합 | 20% 이상 | 합 | $\dfrac{250+200}{500} \times 100 = 90\%$ | | |

■ 제동력 계산

- 뒷바퀴 제동력의 편차 = $\dfrac{250-200}{500} \times 100 = 10\% > 8.0\%$ ➡ 불량
- 뒷바퀴 제동력의 총합 = $\dfrac{250+200}{500} \times 100 = 90\% \geq 20\%$ ➡ 양호

## 3 제동력 측정

제동력 측정

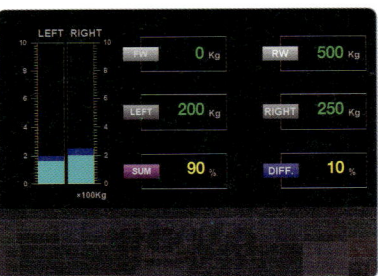

측정값(좌 : 180 kgf, 우 : 200 kgf)

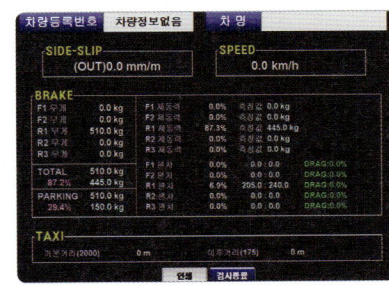

결과 출력

### 제동력 측정 시 유의사항

❶ 시험장 여건에 따라 감독위원이 임의의 측정값을 제시한 후 제동력 편차와 합을 계산하기도 한다.
❷ 제동력 측정 시 브레이크 페달 압력을 최대한 유지한 상태에서 측정값을 확인한다.
❸ 측정이 끝나면 편차와 합을 계산하고 기록표를 작성한 후 감독위원에게 제출한다.

## 5안 ISC 밸브 듀티값 점검

**전기 2**   주어진 자동차에서 ISC 밸브 듀티값을 측정하여 ISC 밸브의 이상 유무를 확인하고 기록표에 기록·판정하시오.

### 1 밸브 듀티(열림 코일)값이 규정값 범위 내에 있을 경우

| 항목 | ① 자동차 번호 : | | ② 비번호 | | ③ 감독위원 확인 | ⑧ 득점 |
|---|---|---|---|---|---|---|
| | 측정(또는 점검) | | 판정 및 정비(또는 조치) 사항 | | | |
| | ④ 측정값 | ⑤ 규정(정비한계)값 | ⑥ 판정(□에 'V'표) | ⑦ 정비 및 조치할 사항 | | |
| 밸브 듀티 (열림 코일) | 32% | 30~35% (공회전) | ☑ 양호<br>□ 불량 | 정비 및 조치할 사항 없음 | | |

① **자동차 번호** : 측정하는 자동차 번호를 기록한다(측정 차량이 1대인 경우 생략할 수 있다).
② **비번호** : 책임관리위원(공단 본부)이 배부한 등번호(비번호)를 기록한다.
③ **감독위원 확인** : 시험 전 또는 시험 후 감독위원이 채점 후 확인한다(날인).
④ **측정값** : 측정한 공회전 속도 조절 서보 듀티값을 기록한다.
    • 측정값 : 32 %
⑤ **규정(정비한계)값** : 스캐너의 기준값이나 감독위원이 제시한 규정값을 기록한다.
    • 규정값 : 30~35 % (공회전)
⑥ **판정** : 측정값이 규정값 범위 내에 있으므로 ☑ 양호에 표시한다.
⑦ **정비 및 조치할 사항** : 판정이 양호이므로 정비 및 조치할 사항 없음을 기록한다.
⑧ **득점** : 감독위원이 해당 문항을 채점하고 점수를 기록한다.

※ 단위가 누락되거나 틀린 경우는 오답으로 채점한다.

### 2 밸브 듀티(열림코일)값이 규정값보다 클 경우

| 항목 | 자동차 번호 : | | 비번호 | | 감독위원 확인 | ⑧ 득점 |
|---|---|---|---|---|---|---|
| | 측정(또는 점검) | | 판정 및 정비(또는 조치) 사항 | | | |
| | 측정값 | 규정(정비한계)값 | 판정(□에 'V'표) | 정비 및 조치할 사항 | | |
| 밸브 듀티 (열림 코일) | 42.81% | 30~35% (공회전) | □ 양호<br>☑ 불량 | 스탭 모터 교체 후 재점검 | | |

※ **판정** : 측정값이 규정값 범위를 벗어났으므로 ☑ 불량에 표시하고, 스탭 모터 교체 후 재점검한다.

## 3 ISC 밸브 듀티 규정값

| 차 종 | 듀티 규정값 | 회전수 |
|---|---|---|
| 뉴그랜저 2.0S | 30~35% | 2000 rpm |
| | 32~35% | 3000 rpm |
| 쏘나타 II 2.0 S/D | 30~35% | 2000 rpm |
| | 32~35% | 1000 rpm |
| 엑센트, 뉴EF 쏘나타 | 30~35% | 공회전 |
| | 32~35% | 3000 rpm |

※ 스캐너에 규정값(기준값)이 제시되지 않을 경우 감독위원이 제시한 값을 적용한다.

## 4 ISC 밸브 듀티값 점검

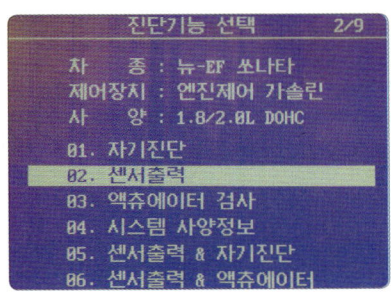 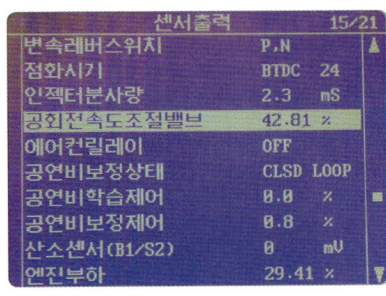

1. 차종을 선택한다.   2. 센서출력을 선택한다.   3. 센서 출력값을 확인한다(42.81%).

### ISC 밸브 듀티값이 규정값 범위를 벗어난 경우 정비 및 조치할 사항
① ISC 밸브 고장 → ISC 밸브 교체
② 엔진 ECU 불량 → 엔진 ECU 교체
③ ISC 회로 단선 → ISC 회로 교체
④ ISC 회로 단락 → ISC 회로 단락된 부분 수리

### ISC 밸브 듀티값 점검 시 유의사항
① 듀티 측정은 엔진 시동이 걸린 상태(엔진 정상온도 80~95℃)에서 점검한다.
② 측정된 값(듀티값)을 기준으로 판정하므로 엔진 부조 또는 엔진 rpm은 높거나 낮아도 수리하거나 정비할 의미가 없으며 측정값을 확인한 후 결과에 대한 판정을 한다.
③ 스텝 모터는 펄스 발생기(controller)에서 만들어진 주파수(펄스 수)의 가감에 의해 스테핑 모터의 속도가 가감되고 1펄스당 회전각이 결정되므로, 펄스 수에 의해 회전수가 결정되며 회전수에 의해 위치가 결정된다.

## 5안 경음기 회로 점검

**전기 3** 주어진 자동차에서 경음기(horn) 회로의 고장 부분을 점검한 후 기록표에 기록·판정하시오.

### 1 경음기 커넥터가 탈거된 경우

| 항목 | 측정(또는 점검) | | 판정 및 정비(또는 조치) 사항 | | ⑧ 득점 |
|---|---|---|---|---|---|
| | ① 자동차 번호 : | | ② 비번호 | ③ 감독위원 확인 | |
| | ④ 이상 부위 | ⑤ 내용 및 상태 | ⑥ 판정(□에 'V'표) | ⑦ 정비 및 조치할 사항 | |
| 경음기(혼) 회로 | 혼 | 커넥터 탈거 | □ 양호<br>☑ 불량 | 혼 커넥터 체결 후 재점검 | |

① **자동차 번호** : 측정하는 자동차 번호를 기록한다(측정 차량이 1대인 경우 생략할 수 있다).
② **비번호** : 책임관리위원(공단 본부)이 배부한 등번호(비번호)를 기록한다.
③ **감독위원 확인** : 시험 전 또는 시험 후 감독위원이 채점 후 확인한다(날인).
④ **이상 부위** : 경음기 회로 고장 진단에서 확인된 이상 부위를 기록한다.
  • 이상 부위 : 혼
⑤ **내용 및 상태** : 이상 부위의 내용 및 상태를 기록한다.
  • 내용 및 상태 : 커넥터 탈거
⑥ **판정** : 혼 커넥터가 탈거되었으므로 ☑ 불량에 표시한다.
⑦ **정비 및 조치할 사항** : 판정이 불량이므로 혼 커넥터 체결 후 재점검을 기록한다.
⑧ **득점** : 감독위원이 해당 문항을 채점하고 점수를 기록한다.

### 2 경음기 릴레이 코일이 단선된 경우

| 항목 | 측정(또는 점검) | | 판정 및 정비(또는 조치) 사항 | | 득점 |
|---|---|---|---|---|---|
| | 자동차 번호 : | | 비번호 | 감독위원 확인 | |
| | 이상 부위 | 내용 및 상태 | 판정(□에 'V'표) | 정비 및 조치할 사항 | |
| 경음기(혼) 회로 | 경음기 릴레이 | 코일 단선 | □ 양호<br>☑ 불량 | 경음기 릴레이 교체 후 재점검 | |

※ **판정** : 경음기 릴레이 코일이 단선되었으므로 ☑ 불량에 표시하고, 경음기 릴레이 교체 후 재점검한다.

## 3 경음기 회로 점검

1. 축전지를 점검한다.

2. 경음기 퓨즈를 점검한다.

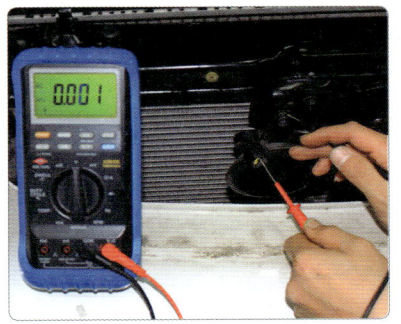
3. 경음기 전원 공급을 확인한다.

4. 경음기 스위치를 점검한다.

5. 경음기 자체를 점검한다.
 (축전지 +, −)

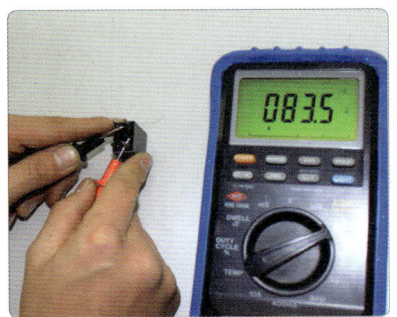
6. 경음기 릴레이를 점검한다.

### 경음기(혼)가 작동되지 않는 경우 정비 및 조치할 사항

① 경음기 퓨즈의 단선 → 경음기 퓨즈 교체
② 경음기 릴레이 탈거 → 경음기 릴레이 체결
③ 경음기 커넥터 탈거 → 경음기 커넥터 체결
④ 경음기 스위치 불량 → 경음기 스위치 교체
⑤ 축전지 자체 불량 → 축전지 교체
⑥ 축전지 터미널 연결 불량 → 축전지 터미널 재장착
⑦ 콤비네이션 스위치 커넥터 탈거 → 콤비네이션 스위치 커넥터 체결
⑧ 콤비네이션 스위치 커넥터 불량 → 콤비네이션 스위치 커넥터 교체

### 경음기 회로 점검 시 유의사항

경음기 회로는 먼저 축전지, 퓨즈, 경음기 스위치, 경음기 릴레이 등을 육안으로 점검한 다음, 테스터 램프 또는 회로 시험기(멀티 테스터)를 사용하여 경음기 회로를 점검한다.

# 5안 전조등 광도 측정

**전기 4** 주어진 자동차에서 좌 또는 우측의 전조등을 측정하고 기록표에 기록 · 판정하시오.

## 1 전조등 광도가 기준값 범위 내에 있을 경우

| ① 자동차 번호 : | | | ② 비번호 | ③ 감독위원 확인 | |
|---|---|---|---|---|---|
| 측정(또는 점검) | | | | ⑦ 판정 (□에 'V'표) | ⑧ 득점 |
| ④ 구분 | 측정 항목 | ⑤ 측정값 | ⑥ 기준값 | | |
| (□에 'V'표)<br>위치 :<br>□ 좌  ☑ 우<br>등식 :<br>□ 2등식  ☑ 4등식 | 광도 | 28000 cd | 12000 cd 이상 | ☑ 양호<br>□ 불량 | |

① **자동차 번호** : 측정하는 자동차 번호를 기록한다(측정 차량이 1대인 경우 생략할 수 있다).
② **비번호** : 책임관리위원(공단 본부)이 배부한 등번호(비번호)를 기록한다.
③ **감독위원 확인** : 시험 전 또는 시험 후 감독위원이 채점 후 확인한다(날인).
④ **구분** : 감독위원이 지정한 위치와 등식에 ☑ 표시를 한다. • 위치 : ☑ 우  • 등식 : ☑ 4등식
⑤ **측정값** : 전조등 광도 측정값 28000 cd를 기록한다.
⑥ **기준값** : 전조등 광도 기준값 12000 cd 이상을 기록한다.
⑦ **판정** : 측정값이 기준값 범위 내에 있으므로 ☑ 양호에 표시한다.
⑧ **득점** : 감독위원이 해당 문항을 채점하고 점수를 기록한다.

※ 측정 위치는 감독위원이 지정하는 위치의 □에 'V'표시한다.  ※ 자동차 검사 기준 및 방법에 의하여 기록 · 판정한다.

## 2 전조등 광도, 광축 기준값

[자동차관리법 시행규칙 별표15 적용]

| 구 분 | | 기준값 |
|---|---|---|
| 광 도 | 2등식 | 15000 cd 이상 |
| | 4등식 | 12000 cd 이상 |
| 좌 · 우측등 상향 진폭 | | 10 cm 이하 |
| 좌 · 우측등 하향 진폭 | | 30 cm 이하 |
| 좌우 진폭 | 좌측등 | 좌 : 15 cm 이하<br>우 : 30 cm 이하 |
| | 우측등 | 좌 : 30 cm 이하<br>우 : 30 cm 이하 |

# 자동차정비 기능사 실기 6안

## 답안지 작성법

| 파트별 | 안별 문제 | 6안 |
|---|---|---|
| 엔진 | 엔진(부품) 분해 조립 | 가솔린 엔진/크랭크축 |
| 엔진 | 측정/답안작성 | 크랭크축 마모 |
| 엔진 | 시스템 점검/엔진 시동 | 시동회로 |
| 엔진 | 부품 탈거/조립 | 스로틀 보디 |
| 엔진 | 자기진단(답안작성) | 스캐너를 이용한 엔진 전자제어 센서(액추에이터) 점검 |
| 엔진 | 차량 검사 측정 | 가솔린 배기가스 |
| 섀시 | 부품 탈거/조립 | 범퍼(앞 또는 뒤) |
| 섀시 | 점검/답안작성 | 주차 레버 클릭수 |
| 섀시 | 부품 탈거 작동 상태 | 오일펌프(PS) 작동 상태 |
| 섀시 | 점검/답안작성 | A/T 자기진단 |
| 섀시 | 안전기준 검사 | 최소 회전 반지름 |
| 전기 | 부품 탈거/조립 작동 확인 | 다기능 스위치/작동 확인 |
| 전기 | 측정/답안작성 | 급속 충전 후 축전지 비중 및 전압 |
| 전기 | 전기회로 점검/고장부위 작성 | 기동 및 점화회로 |
| 전기 | 차량 검사 측정 | 경음기 |

# 6안 크랭크축 마모량 점검

**엔진 1** 주어진 가솔린 엔진에서 크랭크축을 탈거(감독위원에게 확인)하고 감독위원의 지시에 따라 기록표의 내용대로 기록·판정한 후 다시 조립하시오.

## 1 크랭크축 마모량이 규정값 범위 내에 있을 경우

| 항목 | ① 엔진 번호 : | | ② 비번호 | ③ 감독위원 확인 | ⑧ 득점 |
|---|---|---|---|---|---|
| | 측정(또는 점검) | | 판정 및 정비(또는 조치) 사항 | | |
| | ④ 측정값 | ⑤ 규정(정비한계)값 | ⑥ 판정(□에 'V'표) | ⑦ 정비 및 조치할 사항 | |
| (1)번 저널 크랭크축 외경 | 57.00 mm | 57.00 mm (0.01 mm 이하) | ☑ 양호<br>□ 불량 | 정비 및 조치할 사항 없음 | |

① **엔진 번호** : 측정하는 엔진 번호를 기록한다(측정 엔진이 1대인 경우 생략할 수 있다).
② **비번호** : 책임관리위원(공단 본부)이 배부한 등번호(비번호)를 기록한다.
③ **감독위원 확인** : 시험 전 또는 시험 후 감독위원이 채점 후 확인한다(날인).
④ **측정값** : 크랭크축 외경을 측정한 값을 기록한다.
　　• 측정값 : 57.00 mm
⑤ **규정(정비한계)값** : 정비지침서를 보고 크랭크축 마모량의 규정(정비한계)값을 기록한다.
　　　　(정비지침서에 등록되지 않은 차량은 감독위원이 제시한 값으로 적용한다.)
　　• 규정값 : 57.00 mm(0.01 mm 이하)
⑥ **판정** : 측정값이 규정(정비한계)값 범위 내에 있으므로 ☑ 양호에 표시한다.
⑦ **정비 및 조치할 사항** : 판정이 양호이므로 정비 및 조치할 사항 없음을 기록한다.
⑧ **득점** : 감독위원이 해당 문항을 채점하고 점수를 기록한다.

※ 단위가 누락되거나 틀린 경우는 오답으로 채점한다.

## 2 크랭크축 마모량이 규정값보다 많을 경우

| 항목 | 엔진 번호 : | | 비번호 | 감독위원 확인 | 득점 |
|---|---|---|---|---|---|
| | 측정(또는 점검) | | 판정 및 정비(또는 조치) 사항 | | |
| | 측정값 | 규정(정비한계)값 | 판정(□에 'V'표) | 정비 및 조치할 사항 | |
| (1)번 저널 크랭크축 외경 | 56.77 mm | 57.00 mm (0.01 mm 이하) | □ 양호<br>☑ 불량 | 크랭크축 교체 | |

※ **판정** : 크랭크축 마모량이 규정값 범위를 벗어났으므로 ☑ 불량에 표시하고, 크랭크축을 교체한다.

## 3 크랭크축 마모량 규정값(메인 저널 마모량)

| 차 종 | | 메인 저널 규정값 | 마모량 규정값 |
|---|---|---|---|
| 아반떼 | 1.5 DOHC | 50.00 mm | 0.01 mm 이하 |
| | 1.8 DOHC | 57.00 mm | 0.01 mm 이하 |
| 엑셀 | | 48.00 mm | 0.015 mm 이하 |
| 쏘나타Ⅲ | | 56.980~57.000 mm | 0.015 mm 이하 |
| 엑센트 | | 50 mm | 0.01 mm 이하 |
| 그랜저(2.4) | | 56.980~56.995 mm | 0.015 mm 이하 |
| 그레이스 | 디젤(D4BB) mm | 66.0 mm | 0.01 mm 이하 |
| | LPG(L4CS) mm | 56.980~56.995 mm | 0.015 mm 이하 |

## 4 크랭크축 마모량 측정

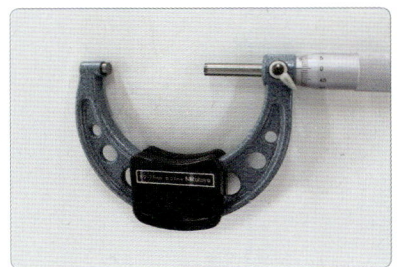

1. 마이크로미터 게이지 0점이 맞는지 확인한다.

2. 감독위원이 지정한 크랭크축 메인 저널 외경을 측정한다.
(4군데 중 최솟값)

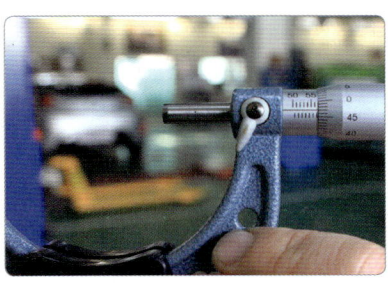

3. 마이크로미터 클램프를 앞으로 고정하고 측정값을 확인한다.
(57.00 mm).

### 크랭크축 메인 저널 측정

크랭크축 메인 저널은 핀 저널 방향 2군데, 핀 저널의 직각 방향 2군데의 총 4군데를 측정하여 최솟값을 측정값으로 한다.

### 크랭크축 마모량 측정 시 유의사항

❶ 감독위원이 지정한 크랭크축 저널을 확인한다. 크랭크축 앞(풀리) 방향과 저널 위치를 정확하게 확인한 후 측정한다.
❷ 측정하고자 하는 저널을 면 걸레(헝겊)로 깨끗하게 닦은 후 메인 저널 외경을 측정한다.
❸ 마이크로미터 측정 시 0점을 확인한 후, 측정 눈금을 확인할 때 마이크로미터를 측정부에서 탈거하고 눈높이(수평) 위치에서 소수점 눈금까지 정확하게 확인한다.

## 6안 엔진 센서(액추에이터) 점검

**엔진 3** 주어진 자동차에서 엔진의 스로틀 보디를 탈거(감독위원에게 확인)한 후 다시 조립하고 감독위원의 지시에 따라 진단기(스캐너)를 사용하여 엔진의 각종 센서(액추에이터)를 점검 후 고장 부분을 기록하시오.

### 1 냉각수온 센서 커넥터가 탈거된 경우(센서 출력 : 온도)

| 항목 | ① 자동차 번호 : | | | ② 비번호 | | ③ 감독위원 확 인 | ⑨ 득점 |
|---|---|---|---|---|---|---|---|
| | 측정(또는 점검) | | | 판정 및 정비(또는 조치) 사항 | | | |
| | ④ 고장 부위 | ⑤ 측정값 | ⑥ 규정값 | ⑦ 고장 내용 | ⑧ 정비 및 조치할 사항 | | |
| 센서 (액추에이터) 점검 | 냉각수온 센서 (WTS) | −40℃ | 80℃ | 커넥터 탈거 | WTS 커넥터 체결, ECU 기억 소거 후 재점검 | | |

① **자동차 번호** : 측정하는 자동차 번호를 기록한다(측정 차량이 1대인 경우 생략할 수 있다).
② **비번호** : 책임관리위원(공단 본부)이 배부한 등번호(비번호)를 기록한다.
③ **감독위원 확인** : 시험 전 또는 시험 후 감독위원이 채점 후 확인한다(날인).
④ **고장 부위** : 스캐너 자기진단에서 확인된 고장 부위로 냉각수온 센서(WTS)를 기록한다.
⑤ **측정값** : 스캐너 센서 출력에서 확인된 측정값 −40℃를 기록한다.
⑥ **규정값** : 스캐너 내 규정값을 기록하거나 감독위원이 제시한 규정값 80℃를 기록한다.
⑦ **고장 내용** : 고장 부위 점검으로 확인된 커넥터 탈거를 기록한다.
⑧ **정비 및 조치할 사항** : 커넥터가 탈거되었으므로 WTS 커넥터 체결, ECU 기억 소거 후 재점검을 기록한다.
⑨ **득점** : 감독위원이 해당 문항을 채점하고 점수를 기록한다.

### 2 냉각수온 센서 커넥터가 탈거된 경우(센서 출력 : 전압)

| 항목 | 자동차 번호 : | | | 비번호 | | 감독위원 확 인 | 득점 |
|---|---|---|---|---|---|---|---|
| | 측정(또는 점검) | | | 판정 및 정비(또는 조치) 사항 | | | |
| | 고장 부위 | 측정값 | 규정값 | 고장 내용 | 정비 및 조치할 사항 | | |
| 센서 (액추에이터) 점검 | 냉각수온 센서 (WTS) | 0 V (20℃) | 3.6 V (20℃) | 커넥터 탈거 | WTS 커넥터 체결, ECU 기억 소거 후 재점검 | | |

※ **판정** : 냉각수온 센서 커넥터가 탈거되었으므로 WTS 커넥터 체결, ECU 기억 소거 후 재점검을 한다.

## 3 뉴EF 쏘나타의 냉각수온 센서 기준 전압

| 온 도 | 저 항 | 기준 전압 | 온 도 | 저 항 | 기준 전압 |
|---|---|---|---|---|---|
| −20℃ | 약 16~17 kΩ | 4.8 V | 60℃ | 약 0.5~0.6 kΩ | 1.9 V |
| 0℃ | 약 5~6 kΩ | 4.4 V | 80℃ | 약 0.3 kΩ | 1.2 V |
| 20℃ | 약 2~3 kΩ | 3.6 V | 100℃ | 약 0.1~0.2 kΩ | 0.8 V |

※ 규정값은 발전기 뒤에 크기된 값 또는 감독위원이 제시한 값을 적용한다.

## 4 엔진 센서(액추에이터) 점검

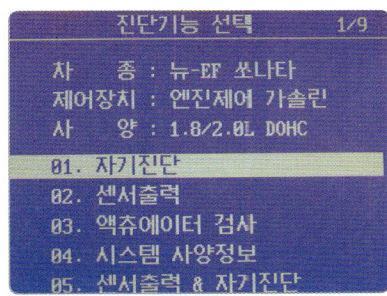

1. 자기진단을 선택한다.

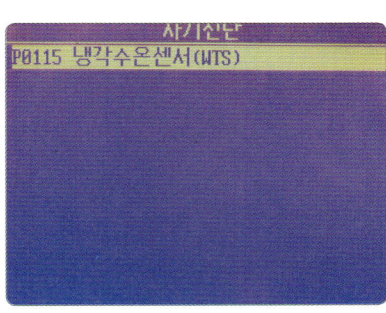

2. 고장 센서가 출력된다(냉각수온 센서 WTS).

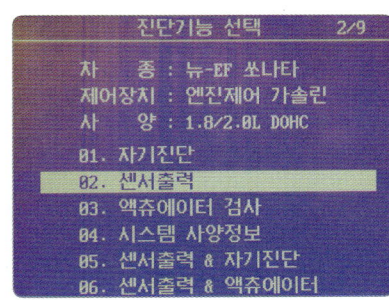

3. 센서출력을 선택한다.

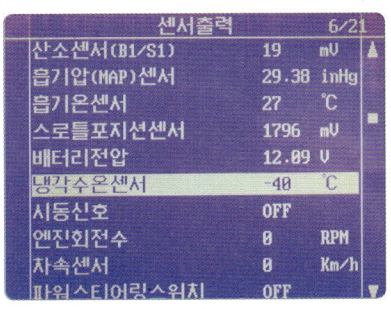

4. 센서 출력값을 확인한다(−40℃).

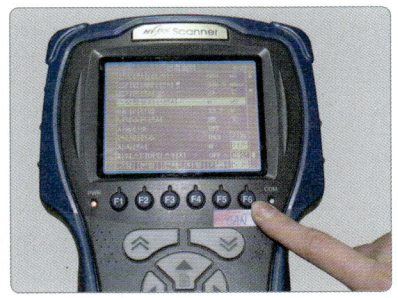

5. 기준값을 확인한다. 감독위원이 제시할 경우 제시한 값으로 한다.

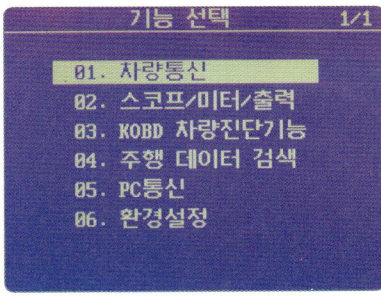

6. 측정이 끝나면 스캐너 시작단계의 위치로 놓는다.

### 고장 부위가 있을 경우 정비 및 조치할 사항

1. 과거 기억 소거 불량 → ECU 기억 소거 후 재점검
2. 센서 불량 → 센서 교체, ECU 기억 소거 후 재점검
3. 커넥터 탈거 → 커넥터 체결, ECU 기억 소거 후 재점검

### 냉각수온 센서 측정 시 유의사항

냉각수온 센서는 저항의 변화에 따라 출력 전압이 달라지므로 측정 시 측정 온도의 범위가 제시되어야 한다.

## 6안 가솔린 자동차 배기가스 측정

**엔젠 4** 주어진 자동차에서 기록표에 제시된 내용을 측정하고 기록·판정하시오.

### 1 CO 배출량이 기준값보다 높게 측정될 경우

| 측정 항목 | ① 자동차 번호 : | | ② 비번호 | ③ 감독위원 확인 | |
|---|---|---|---|---|---|
| | 측정(또는 점검) | | ⑥ 판정(□에 'V'표) | | ⑦ 득점 |
| | ④ 측정값 | ⑤ 기준값 | | | |
| CO | 2.9% | 1.0% 이하 | □ 양호 | | |
| HC | 70 ppm | 120 ppm 이하 | ☑ 불량 | | |

① **자동차 번호** : 측정하는 자동차 번호를 기록한다(측정 차량이 1대인 경우 생략할 수 있다).
② **비번호** : 책임관리위원(공단 본부)이 배부한 등번호(비번호)를 기록한다.
③ **감독위원 확인** : 시험 전 또는 시험 후 감독위원이 채점 후 확인한다(날인).
④ **측정값** : 배기가스를 측정한 값을 기록한다.
  • CO : 2.9%   • HC : 70 ppm
⑤ **기준값** : 운행 차량의 배출 허용 기준값을 기록한다.
       KLATA69BDAB753159(차대번호 10번째 자리 : A) ➡ 2010년식
  • CO : 1.0% 이하   • HC : 120 ppm 이하
⑥ **판정** : 측정값이 기준값 범위를 벗어났으므로 ☑ 불량에 표시한다.
⑦ **득점** : 감독위원이 해당 문항을 채점하고 점수를 기록한다.

※ 감독위원이 제시한 자동차등록증(또는 차대번호)을 활용하여 차종 및 연식을 적용한다.
※ 자동차 검사기준 및 방법에 의하여 기록·판정한다.   ※ CO 측정값은 소수 둘째 자리 이하를 버림하여 기입한다.
※ HC 측정값은 소수 첫째 자리 이하를 버림하여 기입한다.

### 2 CO와 HC 배출량 모두 기준값보다 높게 측정될 경우

| 측정 항목 | 자동차 번호 : | | 비번호 | 감독위원 확인 | |
|---|---|---|---|---|---|
| | 측정(또는 점검) | | 판정 (□에 'V'표) | | 득점 |
| | 측정값 | 기준값 | | | |
| CO | 2.4% | 1.0% 이하 | □ 양호 | | |
| HC | 125 ppm | 120 ppm 이하 | ☑ 불량 | | |

## 3 배기가스 배출 허용 기준값 (CO, HC)

[개정 2015.7.21.]

| 차 종 | | 제작일자 | 일산화탄소 | 탄화수소 | 공기 과잉률 |
|---|---|---|---|---|---|
| 경자동차 | | 1997년 12월 31일 이전 | 4.5% 이하 | 1200 ppm 이하 | 1±0.1 이내<br>기화기식 연료<br>공급장치 부착<br>자동차는<br>1±0.15 이내<br>촉매 미부착<br>자동차는<br>1±0.20 이내 |
| | | 1998년 1월 1일부터<br>2000년 12월 31일까지 | 2.5% 이하 | 400 ppm 이하 | |
| | | 2001년 1월 1일부터<br>2003년 12월 31일까지 | 1.2% 이하 | 220 ppm 이하 | |
| | | 2004년 1월 1일 이후 | 1.0% 이하 | 150 ppm 이하 | |
| 승용자동차 | | 1987년 12월 31일 이전 | 4.5% 이하 | 1200 ppm 이하 | |
| | | 1988년 1월 1일부터<br>2000년 12월 31일까지 | 1.2% 이하 | 220 ppm 이하<br>(휘발유·알코올 자동차)<br>400 ppm 이하<br>(가스자동차) | |
| | | 2001년 1월 1일부터<br>2005년 12월 31일까지 | 1.2% 이하 | 220 ppm 이하 | |
| | | 2006년 1월 1일 이후 | 1.0% 이하 | 120 ppm 이하 | |
| 승합·<br>화물·<br>특수<br>자동차 | 소형 | 1989년 12월 31일 이전 | 4.5% 이하 | 1200 ppm 이하 | |
| | | 1990년 1월 1일부터<br>2003년 12월 31일까지 | 2.5% 이하 | 400 ppm 이하 | |
| | | 2004년 1월 1일 이후 | 1.2% 이하 | 220 ppm 이하 | |
| | 중형·<br>대형 | 2003년 12월 31일 이전 | 4.5% 이하 | 1200 ppm 이하 | |
| | | 2004년 1월 1일 이후 | 2.5% 이하 | 400 ppm 이하 | |

## 4 배기가스 측정

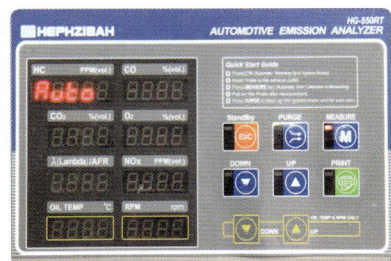

1. MEASURE(측정) : M(측정) 버튼을 누른다.

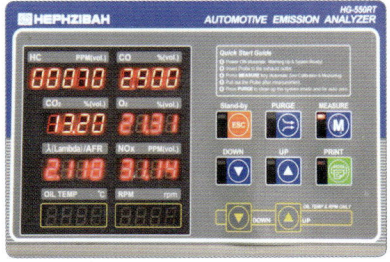

2. 측정한 배기가스를 확인한다.
   HC : 70 ppm, CO : 2.9%

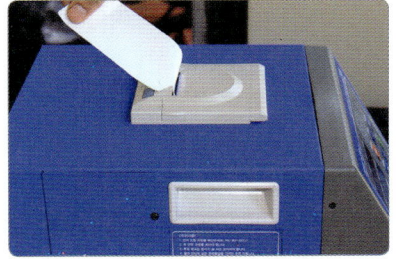

3. 배기가스 측정 결과를 출력한다.

## 자동차등록증

제2010 - 03260호　　　　　　　　　　　　　　　　　　　최초등록일 : 2010년 08월 05일

| ① 자동차 등록번호 | 08다 1402 | ② 차종 | 승용(대형) | ③ 용도 | 자가용 |
|---|---|---|---|---|---|
| ④ 차명 | 라노스 | ⑤ 형식 및 연식 | 2010 | | |
| ⑥ 차대번호 | KLATA69BDAB753159 | ⑦ 원동기형식 | | | |
| ⑧ 사용자 본거지 | 서울특별시 영등포구 번영로 | | | | |
| 소유자 ⑨ 성명(상호) | 기동찬 | ⑩ 주민(사업자)등록번호 | ******-****** | | |
| 소유자 ⑪ 주소 | 서울특별시 영등포구 번영로 | | | | |

자동차관리법 제8조 규정에 의하여 위와 같이 등록하였음을 증명합니다.

2010년 08월 05일

서울특별시장

● 차대번호 식별방법

차대번호는 총 17자리로 구성되어 있다.

### KLATA69BDAB753159

① 첫 번째 자리는 제작국가(K=대한민국)
② 두 번째 자리는 제작회사(L=GM 대우, N=기아, P=쌍용, M=현대)
③ 세 번째 자리는 자동차 종별(A=승용차(내수용), J=승합차, F=화물차)
④ 네 번째 자리는 차종 구분(J=누비라, T=라노스, V=레간자)
⑤ 다섯 번째 자리는 세부 차종(A=전륜 자동변속기, F=전륜 수동변속기)
⑥⑦ 여섯 번째, 일곱 번째 자리는 차체 형상(69=4도어 노치백, 48=4도어 해치백)
⑧ 여덟 번째 자리는 엔진 형식(배기량) (W=2200 cc, A=1800 cc, B=2000 cc, G=2500 cc)
⑨ 아홉 번째 자리는 기타사항 용도 구분(D=내수용)
⑩ 열 번째 자리는 제작연도(영문 I, O, Q, U, Z 제외)
　～Y(2000)～4(2004)～7(2007)～A(2010)～
⑪ 열한 번째 자리는 제작 공장(B=부평, K=군산)
⑫ 열두 번째～열일곱 번째 자리는 차량 제작 일련번호

# 6안 주차 레버 클릭 수 점검

**섀시 2** 주어진 자동차에서 감독위원의 지시에 따라 주차 브레이크 레버의 클릭 수(노치)를 점검하여 기록·판정하시오.

## 1 주차 레버 클릭 수가 규정값 범위 내에 있을 경우

| 항목 | ① 자동차 번호 : | | ② 비번호 | | ③ 감독위원 확인 | |
|---|---|---|---|---|---|---|
| | 측정(또는 점검) | | 판정 및 정비(또는 조치) 사항 | | | ⑧ 득점 |
| | ④ 측정값 (클릭) | ⑤ 규정(정비한계)값 (클릭) | ⑥ 판정(□에 'V'표) | ⑦ 정비 및 조치할 사항 | | |
| 주차 레버 클릭 수(노치) | 7클릭 (20 kgf) | 6~8클릭 (20 kgf) | ☑ 양호<br>□ 불량 | 정비 및 조치할 사항 없음 | | |

① **자동차 번호** : 측정하는 자동차 번호를 기록한다(측정 차량이 1대인 경우 생략할 수 있다).
② **비번호** : 책임관리위원(공단 본부)이 배부한 등번호(비번호)를 기록한다.
③ **감독위원 확인** : 시험 전 또는 시험 후 감독위원이 채점 후 확인한다(날인).
④ **측정값** : 측정한 주차 레버 클릭 수 7클릭(20 kgf)을 기록한다.
⑤ **규정(정비한계)값** : 정비지침서 또는 감독위원이 제시한 규정값 6~8클릭(20 kgf)을 기록한다.
⑥ **판정** : 측정값이 규정값 범위 내에 있으므로 ☑ 양호에 표시한다.
⑦ **정비 및 조치할 사항** : 판정이 양호이므로 정비 및 조치할 사항 없음을 기록한다.
⑧ **득점** : 감독위원이 해당 문항을 채점하고 점수를 기록한다.

※ 단위가 누락되거나 틀린 경우는 오답으로 채점한다.

## 2 주차 레버 클릭 수가 규정값보다 많을 경우

| 항목 | 자동차 번호 : | | 비번호 | | 감독위원 확인 | |
|---|---|---|---|---|---|---|
| | 측정(또는 점검) | | 판정 및 정비(또는 조치)사항 | | | 득점 |
| | 측정값 (클릭) | 규정(정비한계)값 (클릭) | 판정(□에 'V'표) | 정비 및 조치할 사항 | | |
| 주차 레버 클릭 수(노치) | 11클릭 (20 kgf) | 6~8클릭 (20 kgf) | □ 양호<br>☑ 불량 | 라이닝 교체 | | |

※ 판정 : 주차 레버 클릭 수가 규정값 범위를 벗어났으므로 ☑ 불량에 표시하고, 라이닝을 교체한다.

## 3 주차 레버 클릭 수가 규정값보다 적을 경우

| 항목 | 자동차 번호 : | | 비번호 | | 감독위원 확 인 | |
|---|---|---|---|---|---|---|
| | 측정(또는 점검) | | 판정 및 정비(또는 조치) 사항 | | | 득점 |
| | 측정값 (클릭) | 규정(정비한계)값 (클릭) | 판정(□에 'V'표) | 정비 및 조치할 사항 | | |
| 주차 레버 클릭 수(노치) | 4클릭 (20 kgf) | 6~8클릭 (20 kgf) | □ 양호<br>☑ 불량 | 주차 브레이크 케이블 장력 조정 나사로 조정한다. | | |

## 4 주차 레버 클릭 수 점검

1. 주차 레버를 최대한 풀어준다.

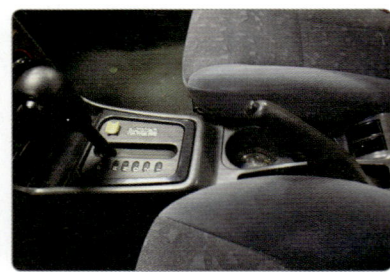
2. 주차 레버를 잡아당기며 클릭 수를 측정한다(7클릭/20 kgf).

3. 케이블 장력 조정 나사로 주차 레버의 클릭 수를 조정한다.

### 클릭 수가 규정값 범위를 벗어난 경우 정비 및 조치할 사항
① 뒷 라이닝 마모 → 라이닝 교체
② 뒷 브레이크 드럼 마모 → 브레이크 드럼 교체
③ 뒷 라이닝과 드럼 간극 자동 조정 나사의 불량 → 자동 조정 나사의 교체
④ 주차 브레이크 케이블 조정 불량 → 주차 브레이크 케이블 장력 조정 나사로 조정

### 주차 레버 클릭 수 점검 시 유의사항
① 전·후방에 차량이 없는 상태에서 주차 브레이크 레버를 당겨 가파른 언덕길에서 제동이 되는지 점검한다.
② 평탄하고 안전한 장소에 주차시킨 후, 주차 브레이크가 완전히 해제된 상태에서 주차 브레이크 레버를 20 kgf의 힘으로 당겼을 때 6~8회 정도 "딸깍" 소리가 나는지 확인한다(스프링 저울 사용).
③ 조정이 필요한 경우 주차 브레이크 장력 조정 나사를 돌려서 규정 클릭 수로 조정한다.

## 6안 자동변속기 자기진단

**섀시 4** 주어진 자동차에서 감독위원의 지시에 따라 진단기(스캐너)로 자동변속기를 점검하고 기록·판정하시오.

### 1 UD 솔레노이드 밸브 커넥터가 탈거된 경우

| | ① 자동차 번호 : | | ② 비번호 | | ③ 감독위원 확 인 | |
|---|---|---|---|---|---|---|
| 항목 | 측정(또는 점검) | | 판정 및 정비(또는 조치) 사항 | | | ⑧ 득점 |
| | ④ 이상 부위 | ⑤ 내용 및 상태 | ⑥ 판정(□에 'V'표) | ⑦ 정비 및 조치할 사항 | | |
| 변속기 자기진단 | UD 솔레노이드 밸브 | 커넥터 탈거 | □ 양호<br>☑ 불량 | UD 솔레노이드 밸브 커넥터 체결, A/T ECU 과거 기억 소거 후 재점검 | | |

① **자동차 번호** : 측정하는 자동차 번호를 기록한다(측정 차량이 1대인 경우 생략할 수 있다).
② **비번호** : 책임관리위원(공단 본부)이 배부한 등번호(비번호)를 기록한다.
③ **감독위원 확인** : 시험 전 또는 시험 후 감독위원이 채점 후 확인한다(날인).
④ **이상 부위** : 스캐너 자기진단에서 확인된 이상 부위를 기록한다.
        • 이상 부위 : UD 솔레노이드 밸브
⑤ **내용 및 상태** : 이상 부위의 내용 및 상태를 기록한다.
        • 내용 및 상태 : 커넥터 탈거
⑥ **판정** : UD 솔레노이드 밸브 커넥터가 탈거되었으므로 ☑ 불량에 표시한다.
⑦ **정비 및 조치할 사항** : 판정이 불량이므로 UD 솔레노이드 밸브 커넥터 체결, A/T ECU 과거 기억 소거 후 재점검을 기록한다.
⑧ **득점** : 감독위원이 해당 문항을 채점하고 점수를 기록한다.

### 2 OD 솔레노이드 밸브 커넥터가 탈거된 경우

| | 자동차 번호 : | | 비번호 | | 감독위원 확 인 | |
|---|---|---|---|---|---|---|
| 항목 | 측정(또는 점검) | | 판정 및 정비(또는 조치) 사항 | | | 득점 |
| | 이상 부위 | 내용 및 상태 | 판정(□에 'V'표) | 정비 및 조치할 사항 | | |
| 변속기 자기진단 | OD 솔레노이드 밸브 | 커넥터 탈거 | □ 양호<br>☑ 불량 | OD 솔레노이드 밸브 커넥터 체결, A/T ECU 과거 기억 소거 후 재점검 | | |

※ 판정 : OD 솔레노이드 밸브 커넥터가 탈거되었으므로 ☑ 불량에 표시하고 OD 솔레노이드 밸브 커넥터 체결, A/T ECU 과거 기억 소거 후 재점검한다.

# 6안 최소 회전 반지름 측정

**섀시 5** 주어진 자동차에서 감독위원의 지시에 따라 좌 또는 우회전 시 최소 회전 반지름을 측정하여 기록·판정하시오.

## 1 우회전 시 최소 회전 반지름이 기준값 범위 내에 있을 경우 (r값을 무시할 때)

| ① 자동차 번호 : | | | | ② 비번호 | | ③ 감독위원 확인 | |
|---|---|---|---|---|---|---|---|
| ④ 항목 | 측정(또는 점검) | | | | 산출 근거 및 판정 | | ⑩ 득점 |
| | ⑤ 최대조향각도 | | ⑥ 기준값 (최소 회전 반지름) | ⑦ 측정값 (최소 회전 반지름) | ⑧ 산출 근거 | ⑨ 판정 (□에 'V'표) | |
| | 좌측 바퀴 | 우측 바퀴 | | | | | |
| 회전 방향 (□에 'V'표) □ 좌 ☑ 우 | 30° | 35° | 12 m 이하 | 6.4 m | $R = \dfrac{3.2\ m}{\sin 30°} = 6.4\ m$ | ☑ 양호 □ 불량 | |

① **자동차 번호**: 측정하는 자동차 번호를 기록한다(측정 차량이 1대인 경우 생략할 수 있다).
② **비번호**: 책임관리위원(공단 본부)이 배부한 등번호(비번호)를 기록한다.
③ **감독위원 확인**: 시험 전 또는 시험 후 감독위원이 채점 후 확인한다(날인).
④ **항목**: 감독위원이 제시하는 회전 방향에 ☑ 표시를 한다(운전석 착석 시 좌우 기준).    ☑ 우
⑤ **최대조향각도**: 좌측 바퀴 : 30°, 우측 바퀴 : 35°를 기록한다.
⑥ **기준값**: 최소 회전 반지름의 기준값 12 m 이하를 기록한다.
⑦ **측정값**: 최소 회전 반지름의 측정값 6.4 m를 기록하며, 반드시 단위를 기록한다.
⑧ **산출 근거**: 최소 회전 반지름 공식에서 산출한 계산식을 기록한다(r값은 무시하고 계산한다).

$$R = \dfrac{L}{\sin \alpha} + r \quad \therefore R = \dfrac{3.2\ m}{\sin 30°} = 6.4\ m$$

- $R$ : 최소 회전 반지름(m)
- $\sin \alpha$ : 좌측 바퀴의 조향각도($\sin 30° = 0.5$)
- $L$ : 축거(3.2 m)
- $r$ : 바퀴 접지면 중심과 킹핀 중심과의 거리($r = 0$)

⑨ **판정**: 측정값이 기준값 범위 내에 있으므로 ☑ 양호에 표시한다.
⑩ **득점**: 감독위원이 해당 문항을 채점하고 점수를 기록한다.

※ 축거 및 바퀴의 접지면 중심과 킹핀과의 거리(r)는 감독위원이 제시한다.    ※ 자동차 검사 기준 및 방법에 의하여 기록·판정한다.
※ 회전 방향은 감독위원이 지정하는 위치의 □에 'V'표시한다.    ※ 산출 근거에는 단위를 기록하지 않아도 된다.

### 최소 회전 반지름 측정 시 유의사항

❶ 조향각과 축거는 직접 측정하며, 바퀴 접지면 중심과 킹핀 중심과의 거리는 감독위원이 제시하거나 무시하고 계산한다.
❷ 시험 차량은 대부분 승용차로, 최소 회전 반지름 기준값 12 m 이내에 측정되므로 일반적으로 판정은 양호이다.

## 2 축간거리 및 조향각 기준값

| 차 종 | 축 거 | 조향각 | | 회전 반지름 |
| --- | --- | --- | --- | --- |
| | | 내측 | 외측 | |
| 그랜저 | 2745 mm | 37° | 30°30′ | 5700 mm |
| 쏘나타 | 2700 mm | 39°67′ | 32°21′ | — |
| EF 쏘나타 | 2700 mm | 39.70°±2° | 32.40°±2° | 5000 mm |
| 아반떼 | 2550 mm | 39°17′ | 32°27′ | 5100 mm |
| 아반떼 XD | 2610 mm | 40.1°±2° | 32°45′ | 4550 mm |
| 베르나 | 2440 mm | 33.37°±1°30′ | 35.51° | 4900 mm |
| 오피러스 | 2800 mm | 37° | 30° | 5600 mm |

## 3 최소 회전 반지름 측정 (우회전 시)

1. 앞바퀴 중심(허브 중심)에 줄자를 맞추고, 뒷바퀴 중심(허브 중심)까지의 거리를 측정한다 (3.2 m).

2. 우회전 시 안쪽(오른쪽) 바퀴의 조향각도를 측정한다 (35°).

3. 우회전 시 바깥쪽(왼쪽) 바퀴의 조향각도를 측정한다 (30°).

### 최소 회전 반지름 측정
① 보조원이 앞바퀴 중심에 줄자를 대도록 한 후 수검자가 뒷바퀴 중심에 줄자를 대고 축거를 측정한다.
② 보조원이 핸들을 좌우로 끝까지 돌리도록 한 후 바깥쪽 바퀴의 최대조향각을 측정한다.
③ 측정한 축거와 최대조향각을 계산식에 넣어 산출한 후 답안을 작성한다.

### 최소 회전 반지름 판정
최소 회전 반지름을 측정하는 시험 차량은 대부분 승용차로, 최소 회전 반지름 기준값 12 m 이내에 측정되므로 일반적으로 판정은 양호이고 정비 및 조치할 사항은 없다.

## 6안 축전지 비중 및 전압 점검

**전기 2**  주어진 자동차에서 감독위원의 지시에 따라 축전지의 비중 및 전압을 축전지 용량시험기를 작동하면서 측정하고 기록표에 기록·판정하시오.

### 1 축전지 비중과 전압이 규정값 범위 내에 있을 경우

| ① 자동차 번호 : | | | ② 비번호 | | ③ 감독위원 확 인 | |
|---|---|---|---|---|---|---|
| 항목 | 측정(또는 점검) | | 판정 및 정비(또는 조치) 사항 | | | ⑧ 득점 |
| | ④ 측정값 | ⑤ 규정(정비한계)값 | ⑥ 판정(□에 'ˇ'표) | ⑦ 정비 및 조치할 사항 | | |
| 축전지 전해액 비중 | 1.260 | 1.260~1.280 (1.210~1.230) | ☑ 양호<br>□ 불량 | 정비 및 조치할 사항 없음 | | |
| 축전지 전압 | 12.8 V | 12.6 V(12.0 V) 이상 | | | | |

① **자동차 번호** : 측정하는 자동차 번호를 기록한다(측정 차량이 1대인 경우 생략할 수 있다).
② **비번호** : 책임관리위원(공단 본부)이 배부한 등번호(비번호)를 기록한다.
③ **감독위원 확인** : 시험 전 또는 시험 후 감독위원이 채점 후 확인한다(날인).
④ **측정값** : 비중계를 사용하여 측정한 값을 기록한다.
  • 축전지 전해액 비중 : 1.260  • 축전지 전압 : 12.8 V
⑤ **규정(정비한계)값** : 정비지침서를 확인하거나 감독위원이 제시한 규정값을 기록한다.
  • 축전지 비중 : 1.260~1.280(1.210~1.230)  • 축전지 전압 : 12.6 V(12.0 V) 이상
⑥ **판정** : 측정값이 규정(정비한계)값 범위 내에 있으므로 ☑ 양호에 표시한다.
⑦ **정비 및 조치할 사항** : 판정이 양호이므로 정비 및 조치할 사항 없음을 기록한다.
⑧ **득점** : 감독위원이 해당 문항을 채점하고 점수를 기록한다.

※ 단위가 누락되거나 틀린 경우는 오답으로 채점한다.

### 2 축전지 비중과 전압이 규정값보다 낮을 경우

| 자동차 번호 : | | | 비번호 | | 감독위원 확 인 | |
|---|---|---|---|---|---|---|
| 항목 | 측정(또는 점검) | | 판정 및 정비(또는 조치) 사항 | | | 득점 |
| | 측정값 | 규정(정비한계)값 | 판정(□에 'ˇ'표) | 정비 및 조치할 사항 | | |
| 축전지 전해액 비중 | 1.180 | 1.260~1.280 (1.210~1.230) | □ 양호<br>☑ 불량 | 축전지 충전 후 재점검 | | |
| 축전지 전압 | 11.8 V | 12.6 V(12.0 V) 이상 | | | | |

## 3 축전지 비중 및 전압의 규정값

| 충전상태 | | 20°C | | 전체(V) 단자전압 | 셀당(V) 단자전압 | 판 정 | 비 고 |
|---|---|---|---|---|---|---|---|
| | | A | B | | | | |
| 완전충전 | 100% | 1.260 | 1.280 | 12.6 V 이상 | 2.1 V 이상 | 정상 | 사용 가능 |
| 3/4 충전 | 75% | 1.210 | 1.230 | 12.0 V | 2.0 V | 양호 | |
| 1/2 충전 | 50% | 1.160 | 1.180 | 11.7 V | 1.95 V | 불량 | 충전 요망 |
| 1/4 충전 | 25% | 1.110 | 1.130 | 11.1 V | 1.85 V | 불량 | |
| 완전방전 | 0 | 1.060 | 1.080 | 10.5 V | 1.75 V | 불량 | 축전지 교체 |

## 4 축전지 전해액 비중 및 전압 측정

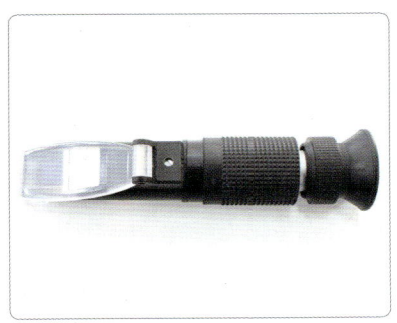

1. 비중계를 준비하여 점검창과 청결 상태를 확인한다.

2. 비중계에 전해액을 1~2방울 적신다.

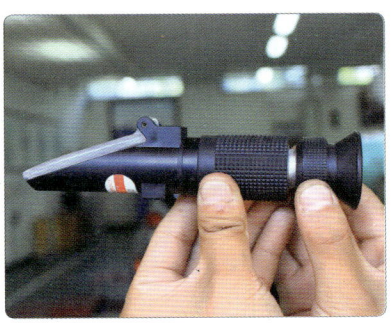

3. 광학식 비중계를 불빛이나 밝은 곳을 향하도록 하고 비중을 확인한다.

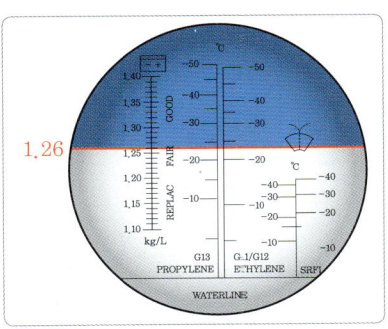

4. 광학식 비중계의 눈금을 읽는다. (1.26)

5. 축전지 단자 접촉 상태를 확인한다.

6. 축전지 단자 전압을 확인한다. (12.8 V)

### 축전지 비중 측정 시 유의사항

① 축전지 비중은 벤트 홀 또는 점검창 플러그를 탈거한 후 전해액을 튜브로 채취하여 점검한다.
② 전해액이 바닥에 덜어지지 않도록 하며 측정 시 측정기 눈금과 눈높이를 같게 한다.

## 6안 점화회로 점검

**전기 3** 주어진 자동차에서 기동 및 점화회로의 고장 부분을 점검한 후 기록표에 기록·판정하시오.

### 1 점화코일 커넥터가 탈거된 경우(1, 4번)

| | ① 자동차 번호 : | | ② 비번호 | ③ 감독위원 확인 | |
|---|---|---|---|---|---|
| 항목 | 측정(또는 점검) | | 판정 및 정비(또는 조치) 사항 | | ⑧ 득점 |
| | ④ 이상 부위 | ⑤ 내용 및 상태 | ⑥ 판정(□에 'v'표) | ⑦ 정비 및 조치할 사항 | |
| 점화회로 | 점화코일(1, 4번) | 커넥터 탈거 | □ 양호<br>☑ 불량 | 점화코일(1, 4번) 커넥터 체결 후 재점검 | |

① **자동차 번호** : 측정하는 자동차 번호를 기록한다(측정 차량이 1대인 경우 생략할 수 있다).
② **비번호** : 책임관리위원(공단 본부)이 배부한 등번호(비번호)를 기록한다.
③ **감독위원 확인** : 시험 전 또는 시험 후 감독위원이 채점 후 확인한다(날인).
④ **이상 부위** : 점화회로를 점검하여 작동되지 않는 이상 부위를 기록한다.
  • 이상 부위 : 점화코일(1, 4번)
⑤ **내용 및 상태** : 이상 부위의 내용 및 상태를 기록한다.
  • 내용 및 상태 : 커넥터 탈거
⑥ **판정** : 점화코일(1, 4번) 커넥터가 탈거되었으므로 ☑ 불량에 표시한다.
⑦ **정비 및 조치할 사항** : 판정이 불량이므로 점화코일(1, 4번) 커넥터 체결 후 재점검을 기록한다.
⑧ **득점** : 감독위원이 해당 문항을 채점하고 점수를 기록한다.

### 2 점화코일 커넥터가 탈거된 경우(2, 3번)

| | 자동차 번호 : | | 비번호 | 감독위원 확인 | |
|---|---|---|---|---|---|
| 항목 | 측정(또는 점검) | | 판정 및 정비(또는 조치) 사항 | | 득점 |
| | 이상 부위 | 내용 및 상태 | 판정(□에 'v'표) | 정비 및 조치할 사항 | |
| 점화회로 | 점화코일(2, 3번) | 커넥터 탈거 | □ 양호<br>☑ 불량 | 점화코일(2, 3번) 커넥터 체결 후 재점검 | |

※ **판정** : 점화코일(2, 3번) 커넥터가 탈거되었으므로 ☑ 불량에 표시하고, 점화코일(2, 3번) 커넥터 체결 후 재점검한다.

### 3 점화 회로 점검

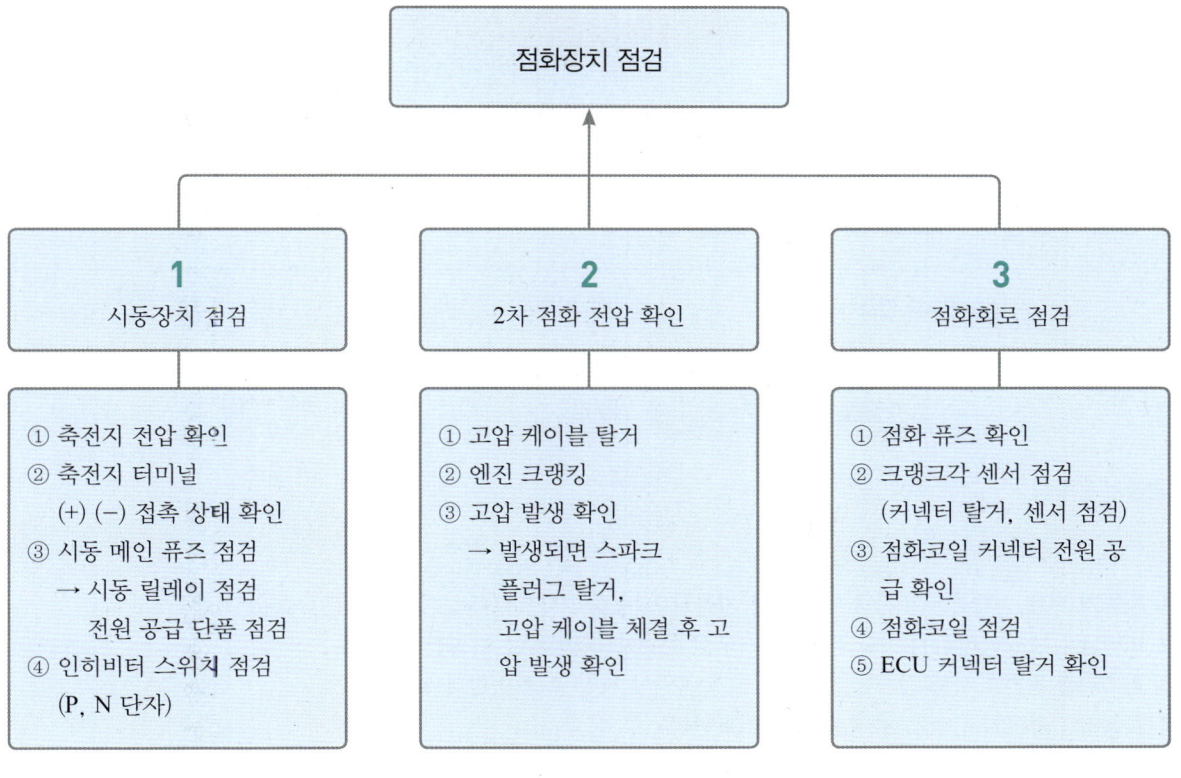

점화회로 점검(시동회로 포함)

**점화장치 회로가 작동되지 않는 경우 정비 및 조치할 사항**
1. 점화스위치 불량 → 점화스위치 교체
2. 점화코일 퓨즈 단선 → 점화코일 퓨즈 교체
3. 점화코일 커넥터 탈거 → 점화코일 커넥터 체결
4. 캠각 센서 커넥터 탈거 → 캠각 센서 커넥터 체결
5. 엔진 ECU 커넥터 탈거 → 엔진 ECU 커넥터 체결
6. 크랭크각 센서 커넥터 탈거 → 크랭크각 센서 커넥터 체결
7. 점화스위치 커넥터 탈거 → 점화스위치 커넥터 체결
8. 이그니션 공급 메인퓨즈 단선 → 이그니션 공급 메인퓨즈 교체

**점화장치 회로 점검시 유의사항**
1. 먼저 유관점검을 실시한다(축전지 체결 상태, 점화코일 커넥터 탈거, 크랭크각 센서 커넥터 탈거, 캠각 센서 커넥터 탈거, 점화스위치 커넥터, 정션박스 내 메인퓨즈, 점화코일 퓨즈).
2. 크랭크각 센서를 점검한다(공급전원, 센서전원, 접지, 시그널 전원).
3. 스파크플러그 고압 케이블을 탈거한 후 고압 발생을 확인한다.
4. 이상 부위가 발견되면 기록표에 해당 사항을 기록한다.

# 6안 경음기 음량 측정

**전기 4**  주어진 자동차에서 경음기음을 측정하여 기록표에 기록·판정하시오.

## 1 경음기 음량이 기준값 범위 내에 있을 경우

| 항목 | 측정(또는 점검) | | ⑥ 판정 (□에 'V'표) | ⑦ 득점 |
|---|---|---|---|---|
| | ④ 측정값 | ⑤ 기준값 | | |
| 경음기 음량 | 107 dB | 90 dB 이상<br>110 dB 이하 | ☑ 양호<br>□ 불량 | |

표 상단: ① 자동차 번호 : / ② 비번호 / ③ 감독위원 확 인

① **자동차 번호** : 측정하는 자동차 번호를 기록한다(측정 차량이 1대인 경우 생략할 수 있다).
② **비번호** : 책임관리위원(공단 본부)이 배부한 등번호(비번호)를 기록한다.
③ **감독위원 확인** : 시험 전 또는 시험 후 감독위원이 채점 후 확인한다(날인).
④ **측정값** : 경음기 음량을 측정한 값을 기록한다.
  • 측정값 : 107 dB
⑤ **기준값** : 경음기 음량 기준값을 수검자가 암기하여 기록한다.
  • 기준값 : 90 dB 이상 110 dB 이하
⑥ **판정** : 측정값이 기준값 범위 내에 있으므로 ☑ 양호에 표시한다.
⑦ **득점** : 감독위원이 해당 문항을 채점하고 점수를 기록한다.

※ 감독위원이 제시한 자동차등록증(차대번호)을 활용하여 차종 및 연식을 적용한다.
※ 자동차 검사기준 및 방법에 의하여 기록·판정한다.   ※ 암소음은 무시한다.

## 2 경음기 음량이 기준값보다 낮게 측정될 경우

| 항목 | 측정(또는 점검) | | 판정 (□에 'V'표) | 득점 |
|---|---|---|---|---|
| | 측정값 | 기준값 | | |
| 경음기 음량 | 76 dB | 90 dB 이상<br>110 dB 이하 | □ 양호<br>☑ 불량 | |

표 상단: 자동차 번호 : / 비번호 / 감독위원 확 인

※ **판정** : 경음기 음량이 기준값 범위를 벗어났으므로 ☑ 불량에 표시한다.

## 3 경음기 음량 기준값

[2006년 1월 1일 이후 제작된 자동차]

| 자동차 종류 | | 소음 항목 | 경적 소음(dB(C)) |
|---|---|---|---|
| 경자동차 | | | 110 이하 |
| 승용자동차 | | 소형, 중형 | 110 이하 |
| | | 중대형, 대형 | 112 이하 |
| 화물자동차 | | 소형, 중형 | 110 이하 |
| | | 대형 | 112 이하 |

※ 경음기 음량의 크기는 최소 90 dB 이상일 것 [자동차 및 자동차 성능과 기준에 관한 규칙 제53조]

## 4 경음기 음량 측정

1. 음량계 높이를 1.2±0.05 m로, 자동차 전방 2 m가 되도록 설치한다.

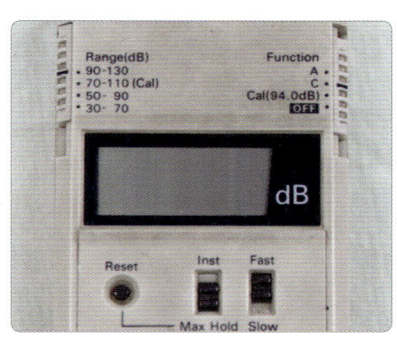

2. 리셋 버튼을 눌러 초기화시킨 후 C 특성, Fast 90~130 dB을 선택한다.

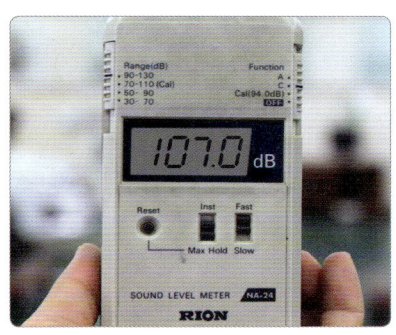

3. 경음기를 3~5초 동안 작동시켜 배출되는 소음 크기의 최댓값을 측정한다(측정값 : 107 dB).

---

### 경음기 음량이 기준값 범위를 벗어난 경우

① 축전지 방전
② 경음기 불량
③ 경음기 릴레이 불량
④ 경음기 접지 불량
⑤ 경음기 음량 조정 불량
⑥ 경음기 커넥터 접촉 불량
⑦ 경음기 스위치 접촉 불량
⑧ 규격품이 아닌 경음기 사용

# 자동차정비 기능사 실기 7안

## 답안지 작성법

| 파트별 | 안별 문제 | 7안 |
|---|---|---|
| 엔진 | 엔진(부품) 분해 조립 | 가솔린 엔진(DOHC)/실린더 헤드 |
| | 측정/답안작성 | 실린더 헤드 변형 |
| | 시스템 점검/엔진 시동 | 점화회로 |
| | 부품 탈거/조립 | 점화플러그(LPG) 배선 |
| | 자기진단(답안작성) | 스캐너를 이용한 엔진 전자제어 센서(액추에이터) 점검 |
| | 차량 검사 측정 | 디젤 매연 |
| 섀시 | 부품 탈거/조립 | 후진 아이들 기어(M/T) |
| | 점검/답안작성 | 디스크(두께, 런 아웃) |
| | 부품 탈거 작동 상태 | 타이로드 엔드 작동 상태 |
| | 점검/답안작성 | A/T 오일 압력 점검 |
| | 안전기준 검사 | 브레이크 제동력 |
| 전기 | 부품 탈거/조립 작동 확인 | 경음기 릴레이/작동 확인 |
| | 측정/답안작성 | 에어컨 압력 점검(저압, 고압) |
| | 전기회로 점검/고장부위 작성 | 전동 팬 회로 |
| | 차량 검사 측정 | 전조등 |

# 7안 실린더 헤드 변형도 점검

**엔진 1** 주어진 DOHC 가솔린 엔진에서 실린더 헤드를 탈거(감독위원에게 확인)하고 감독위원의 지시에 따라 기록표의 내용대로 기록·판정한 후 다시 조립하시오.

## 1 실린더 헤드 변형도가 규정값 범위 내에 있을 경우

| 항목 | 측정(또는 점검) | | 판정 및 정비(또는 조치) 사항 | | ⑧ 득점 |
| --- | --- | --- | --- | --- | --- |
| | ① 엔진 번호 : | | ② 비번호 | ③ 감독위원 확인 | |
| | ④ 측정값 | ⑤ 규정(정비한계)값 | ⑥ 판정(□에 'V'표) | ⑦ 정비 및 조치할 사항 | |
| 헤드 변형도 | 0.03 mm | 0.05 mm 이하 | ☑ 양호<br>□ 불량 | 정비 및 조치할 사항 없음 | |

① **엔진 번호** : 측정하는 엔진 번호를 기록한다(측정 엔진이 1대인 경우 생략할 수 있다).
② **비번호** : 책임관리위원(공단 본부)이 배부한 등번호(비번호)를 기록한다.
③ **감독위원 확인** : 시험 전 또는 시험 후 감독위원이 채점 후 확인한다(날인).
④ **측정값** : 실린더 헤드 변형도를 측정한 값을 기록한다.
　　• 측정값 : 0.03 mm
⑤ **규정(정비한계)값** : 정비지침서 또는 감독위원이 제시한 규정값을 기록한다.
　　• 규정값 : 0.05 mm 이하
⑥ **판정** : 측정값이 규정(정비한계)값 범위 내에 있으므로 ☑ 양호에 표시한다.
⑦ **정비 및 조치할 사항** : 판정이 양호이므로 정비 및 조치할 사항 없음을 기록한다.
⑧ **득점** : 감독위원이 해당 문항을 채점하고 점수를 기록한다.

※ 단위가 누락되거나 틀린 경우는 오답으로 채점한다.

## 2 실린더 헤드 변형도가 규정값보다 클 경우

| 항목 | 측정(또는 점검) | | 판정 및 정비(또는 조치) 사항 | | 득점 |
| --- | --- | --- | --- | --- | --- |
| | 엔진 번호 : | | 비번호 | 감독위원 확인 | |
| | 측정값 | 규정(정비한계)값 | 판정(□에 'V'표) | 정비 및 조치할 사항 | |
| 헤드 변형도 | 0.1 mm | 0.05 mm 이하 | □ 양호<br>☑ 불량 | 실린더 헤드 교체 | |

※ **판정** : 측정값이 규정값 범위를 벗어났으므로 ☑ 불량에 표시하고, 실린더 헤드를 교체한다.

## 3 실린더 헤드 변형도 규정값

| 차 종 | | 규정값 | 한계값 |
|---|---|---|---|
| 아반떼 | 1.5 DOHC | 0.05 mm 이하 | 0.1 mm |
| | 1.8 DOHC | 0.05 mm 이하 | 0.1 mm |
| 쏘나타Ⅱ,Ⅲ | 1.8 SOHC | 0.05 mm 이하 | 0.2 mm |
| | 2.0 DOHC | 0.05 mm 이하 | 0.2 mm |
| 카렌스 | 2.0 LPG | 0.03 mm 이하 | — |
| | 2.0 CRDI | 0.03 mm 이하 | — |

## 4 실린더 헤드 점검

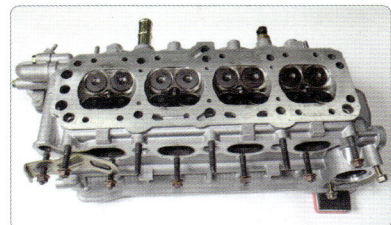

1. 실린더 헤드를 깨끗이 닦은 후 평면자와 디그니스 게이지를 준비한다.

2. 실린더 헤드면에 평면자를 설치하고 오일 구멍과 냉각수 구멍을 피하여 측정 부위를 점검한다.

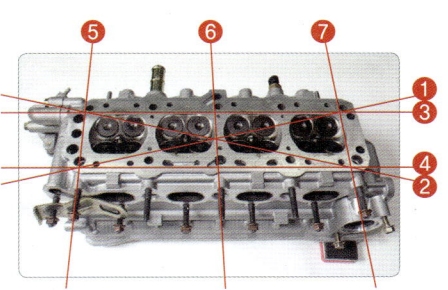

3. 측정 부위는 6~7군데로 하며 측정값은 최댓값으로 판정한다.

### 실린더 헤드의 고장 원인
❶ 실린더 헤드 개스킷의 소손
❷ 엔진 온도 상승에 의한 과열 손상
❸ 냉각수의 동결로 인한 균열
❹ 실린더 헤드 볼트의 조임 불균형

### 실린더 헤드 점검 시 유의사항
❶ 측정 전 실린더 헤드를 면 걸레로 깨끗이 닦은 후 실린더 헤드면에 곧은 평면자를 밀착시키고, 디그니스 게이지로 곧은 자와 헤드 사이를 측정하여 간극이 최고가 되는 곳을 측정값으로 한다(6~7군데).
❷ 디그니스 게이지를 실린더 헤드면에 곧은 평면자를 삽입하고 수평 상태에서 앞뒤로 움직였을 때 약간 저항을 느끼는 정도로 선택된 디그니스 게이지값을 측정값으로 한다.
❸ 측정 수치(마모량)가 큰 경우는 디그니스 게이지 2개를 합한 상태에서 측정한다.

# 7안 엔진 센서(액추에이터) 점검

**엔진 3**  주어진 자동차에서 LPG 엔진의 점화 플러그와 배선을 탈거(감독위원에게 확인)한 후 다시 조립하고 감독위원의 지시에 따라 진단기(스캐너)를 사용하여 엔진의 각종 센서(액추에이터)를 점검 후 고장 부분을 기록하시오.

## 1 스로틀 포지션 센서 커넥터가 탈거된 경우 1

| 항목 | ① 자동차 번호 : | | | ② 비번호 | ③ 감독위원 확인 | |
|---|---|---|---|---|---|---|
| | 측정(또는 점검) | | | 판정 및 정비(또는 조치) 사항 | | ⑨ 득점 |
| | ④ 고장 부위 | ⑤ 측정값 | ⑥ 규정값 | ⑦ 고장 내용 | ⑧ 정비 및 조치할 사항 | |
| 센서 (액추에이터) 점검 | 스로틀 포지션 센서(TPS) | 0 mV | 0.4~0.8 V (공회전 rpm, 스로틀 밸브 닫힘) | 커넥터 탈거 | TPS 커넥터 체결, ECU 기억 소거 후 재점검 | |

① **자동차 번호** : 측정하는 자동차 번호를 기록한다(측정 차량이 1대인 경우 생략할 수 있다).
② **비번호** : 책임관리위원(공단 본부)이 배부한 등번호(비번호)를 기록한다.
③ **감독위원 확인** : 시험 전 또는 시험 후 감독위원이 채점 후 확인한다(날인).
④ **고장 부위** : 스캐너 자기진단에서 확인된 고장 부위로 스로틀 포지션 센서(TPS)를 기록한다.
⑤ **측정값** : 스캐너 센서 출력에서 확인된 측정값 0 mV를 기록한다.
⑥ **규정값** : 스캐너 내 규정값을 기록하거나 감독위원이 제시한 규정값을 기록한다.
  • 규정값 : 0.4~0.8 V(공회전 rpm, 스로틀 밸브 닫힘)
⑦ **고장 내용** : 고장 부위 점검으로 확인된 커넥터 탈거를 기록한다.
⑧ **정비 및 조치할 사항** : 커넥터가 탈거되었으므로 TPS 커넥터 체결, ECU 기억 소거 후 재점검을 기록한다.
⑨ **득점** : 감독위원이 해당 문항을 채점하고 점수를 기록한다.

※ 단위가 누락되거나 틀린 경우는 오답으로 채점한다.

## 2 스로틀 포지션 센서 커넥터가 탈거된 경우 2

| 항목 | 자동차 번호 : | | | 비번호 | 감독위원 확인 | |
|---|---|---|---|---|---|---|
| | 측정(또는 점검) | | | 판정 및 정비(또는 조치) 사항 | | 득점 |
| | 고장 부위 | 측정값 | 규정값 | 고장 내용 | 정비 및 조치할 사항 | |
| 센서 (액추에이터) 점검 | 스로틀 포지션 센서(TPS) | 0 mV | 0.6±0.3 V (공회전 rpm) | 커넥터 탈거 | 커넥터 체결, ECU 기억 소거 후 재점검 | |

## 3 스로틀 포지션 센서 규정값

| 차 종 | 스로틀 포지션 센서 | 비 고 |
|---|---|---|
| 뉴EF 쏘나타 | 0.6 ± 0.3 V(공회전 rpm) | |
| 엑센트, 베르나 | 0.25~0.5V(공회전 rpm) | |

※ 규정값은 엔진 공회전 상태에서 0.4~0.8 V의 일반적인 값을 적용하거나 스캐너 기준값 또는 감독위원이 제시한 값을 적용한다.

## 4 엔진 센서 점검

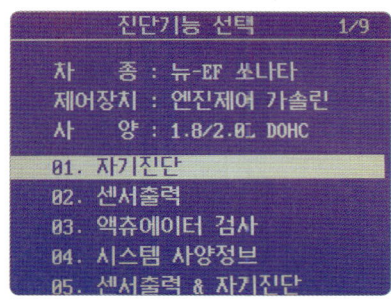

1. 자기진단을 실시한다.

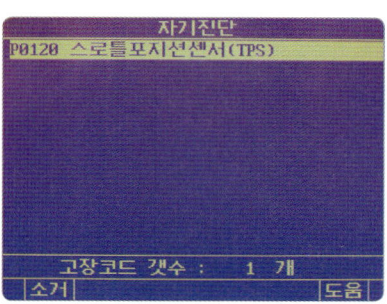

2. 고장 센서가 출력된다(스로틀 포지션 센서 TPS).

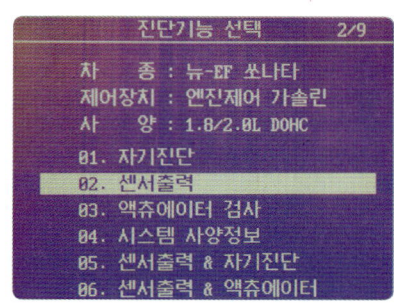

3. 센서출력을 선택한다.

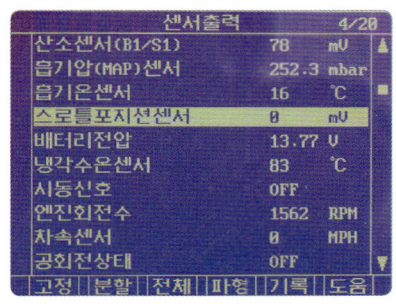

4. 센서 출력값을 확인한다(0 mV).

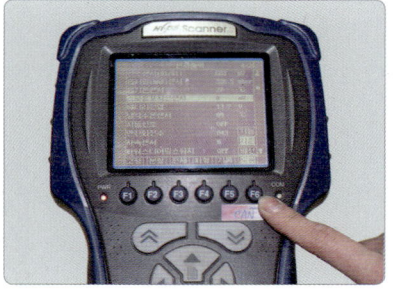

5. 기준값을 확인한다. 감독위원이 제시할 경우 제시한 값으로 한다.

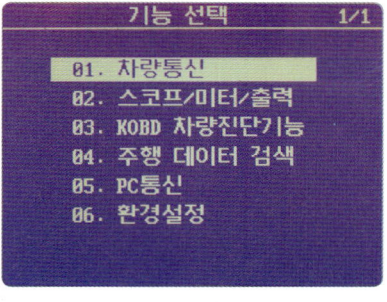

6. 측정이 끝나면 스캐너 시작단계 위치로 놓는다.

### 고장 부위가 있을 경우 정비 및 조치할 사항

❶ 과거 기억 소거 불량 → ECU 기억 소거 후 재점검
❷ 센서 불량 → 센서 교체, ECU 기억 소거 후 재점검
❸ 커넥터 탈거 → 커넥터 체결, ECU 기억 소거 후 재점검

### 엔진 센서 점검 시 유의사항

❶ 고장 부위를 확인하고 스캐너 센서 출력에서 측정값을 확인하여 기록표에 작성한다.
❷ 고장 부위가 2개 이상 출력될 경우 감독위원에게 확인한 후 고장 부위 중 1개를 기록표에 작성한다.

## 7안 디젤 자동차 매연 측정

> **엔진 4** 주어진 자동차에서 기록표에 제시된 내용을 측정하고 기록 · 판정하시오.

### 1 매연 측정값이 기준값 범위 내에 있을 경우 (터보차량, 5% 가산)

| ① 자동차 번호 : | | | | | ② 비번호 | | ③ 감독위원 확인 | |
|---|---|---|---|---|---|---|---|---|
| 측정(또는 점검) | | | | | 산출 근거 및 판정 | | | ⑪ 득점 |
| ④ 차종 | ⑤ 연식 | ⑥ 기준값 | ⑦ 측정값 | ⑧ 측정 | ⑨ 산출 근거(계산) 기록 | ⑩ 판정 (□에 'V'표) | | |
| 화물차 | 2006 | 45% 이하 (터보차량) | 16% | 1회 : 18.2%<br>2회 : 15%<br>3회 : 16.2% | $\dfrac{18.2 + 15 + 16.2}{3} = 16.46\%$ | ☑ 양호<br>□ 불량 | | |

① **자동차 번호** : 측정하는 자동차 번호를 기록한다(측정 차량이 1대인 경우 생략할 수 있다).
② **비번호** : 책임관리위원(공단 본부)이 배부한 등번호(비번호)를 기록한다.
③ **감독위원 확인** : 시험 전 또는 시험 후 감독위원이 채점 후 확인한다(날인).
④ **차종** : KM**F**ZAN7HP6U123653(차대번호 3번째 자리 : F) ➡ 화물차
⑤ **연식** : KMFZAN7HP**6**U123653(차대번호 10번째 자리 : 6) ➡ 2006
⑥ **기준값** : 자동차등록증 차대번호의 연식을 확인하고, 터보차량이므로 기준값 40%에 5%를 가산하여 기준값을 기록한다.
 · 기준값 : 45% 이하
⑦ **측정값** : 3회 산출한 값의 평균값을 기록한다(소수점 이하는 버림).
 · 측정값 : 16%
⑧ **측정** : 1회부터 3회까지 측정한 값을 기록한다.
 · 1회 : 18.2%  · 2회 : 15%  · 3회 : 16.2%
⑨ **산출 근거(계산) 기록** : $\dfrac{18.2 + 15 + 16.2}{3} = 16.46\%$
⑩ **판정** : 측정값이 기준값 범위 내에 있으므로 ☑ 양호에 표시한다.
⑪ **득점** : 감독위원이 해당 문항을 채점하고 점수를 기록한다.

※ 감독위원이 제시한 자동차등록증(또는 차대번호)을 활용하여 차종 및 연식을 적용한다. ※ 측정 및 판정은 무부하 조건으로 한다.
※ 매연 농도를 산술평균하여 소수점 이하는 버린 값으로 기입한다. ※ 자동차 검사 기준 및 방법에 의하여 기록 · 판정한다.

> **매연 측정 시 유의사항**
> 엔진을 충분히 워밍업시킨 후 매연 측정을 한다(정상온도 70~80℃).

## 2 매연 측정값이 기준값보다 클 경우

| ① 자동차 번호 : | | | | | ② 비번호 | | ③ 감독위원 확 인 | |
|---|---|---|---|---|---|---|---|---|
| 측정(또는 점검) | | | | | 산출 근거 및 판정 | | | |
| ④ 차종 | ⑤ 연식 | ⑥ 기준값 | ⑦ 측정값 | ⑧ 측정 | ⑨ 산출 근거(계산) 기록 | ⑩ 판정 (□에 'V'표) | | ⑪ 득점 |
| 화물차 | 2006 | 40% 이하 | 41% | 1회 : 35.5%<br>2회 : 37.8%<br>3회 : 42.3% | $\dfrac{42.3 + 43 + 39.2}{3} = 41.5\%$ | □ 양호<br>☑ 불량 | | |

① **자동차 번호** : 측정하는 자동차 번호를 기록한다(측정 차량이 1대인 경우 생략할 수 있다).
② **비번호** : 책임관리위원(공단 본부)이 배부한 등번호(비번호)를 기록한다.
③ **감독위원 확인** : 시험 전 또는 시험 후 감독위원이 채점 후 확인한다(날인).
④ **차종** : KM**F**ZAN7HP6U123653(차대번호 3번째 자리 : F)
- 차종 : 화물차
⑤ **연식** : KMFZAN7HP**6**U123653(차대번호 10번째 자리) : 6
- 연식 : 2006
⑥ **기준값** : 자동차등록증 차대번호의 연식을 보고 기준값을 기록한다.
- 기준값 : 40% 이하
⑦ **측정값** : 3회 산출한 값의 평균값을 기록한다(소수점 이하는 버림).
- 측정값 : 41%
⑧ **측정** : 1회부터 3회까지 측정한 값을 기록한다.
- 1회 : 35.5%   • 2회 : 37.8%   • 3회 : 42.3%
  최댓값 42.3%와 최솟값 35.5%의 차는 6.8%로 5%를 초과하므로 2회 더 추가 측정한다.
- 4회 : 43%   • 5회 : 39.2%
⑨ **산출 근거(계산) 기록** : 마지막 3회 측정값으로 평균값을 구한다.

$$\dfrac{42.3 + 43 + 39.2}{3} = 41.5\%$$

⑩ **판정** : 측정값이 기준값 범위를 벗어났으므로 ☑ 불량에 표시한다.
⑪ **득점** : 감독위원이 해당 문항을 채점하고 점수를 기록한다.

■ **5회 측정하는 경우**

3회 측정한 매연 농도의 최댓값과 최솟값의 차가 5%를 초과하거나 최종 측정값이 배출 허용 기준에 맞지 않는 경우는 순차적으로 1회씩 더 자동 측정한다. 최대 5회까지 측정하고 마지막 3회의 측정값을 산출하여, 마지막 3회의 최댓값과 최솟값의 차가 5% 이내이고 측정값의 산술평균값이 배출 허용 기준 이내이면 매연 측정을 마무리한다. 5회까지 측정하여도 최댓값과 최솟값의 차가 5%를 초과하거나 배출 허용 기준에 맞지 않는 경우는 마지막 3회(3회, 4회, 5회)의 측정값을 산술평균한 값을 최종 측정값으로 한다.

※ 실기시험은 대체로 3회 측정이며 5회 측정일 경우 위와 같이 계산한다.

# 자 동 차 등 록 증

제2006 – 1496호  최초등록일 : 2006년 10월 05일

| ① 자동차 등록번호 | 52가 0985 | ② 차종 | 화물차(소형) | ③ 용도 | 자가용 |
|---|---|---|---|---|---|
| ④ 차명 | 포터Ⅱ | ⑤ 형식 및 연식 | 2006 | | |
| ⑥ 차대번호 | KMFZAN7HP6U123653 | ⑦ 원동기형식 | | | |
| ⑧ 사용자 본거지 | 서울특별시 영등포구 번영로 | | | | |
| 소유자 | ⑨ 성명(상호) | 기동찬 | ⑩ 주민(사업자)등록번호 | ******-****** | |
| | ⑪ 주소 | 서울특별시 영등포구 번영로 | | | |

자동차관리법 제8조 규정에 의하여 위와 같이 등록하였음을 증명합니다.

2006년 10월 05일

서울특별시장

● **차대번호 식별방법**

KMFZAN7HP6U123653

① 첫 번째 자리는 제작국가(K=대한민국)
② 두 번째 자리는 제작회사(M=현대, N=기아, P=쌍용, L=GM 대우)
③ 세 번째 자리는 자동차 종별(H=승용차, J=승합차, F=화물차, T=승용관람차)
④ 네 번째 자리는 차종 구분(E=포터Ⅰ, Z=포터Ⅱ)
⑤ 다섯 번째 세부 차종(A=장축 저상, B=장축 고상, C=초장축 저상, D=초장축 고상)
⑥ 여섯 번째 자리는 차체 형상(D=더블캡, S=슈퍼캡, N=일반캡)
⑦ 일곱 번째 자리는 안전장치(7=유압식 제동장치, 8=공기식 제동장치)
⑧ 여덟 번째 자리는 엔진 형식(H=4D56 2.5 TCI)
⑨ 아홉 번째 자리는 운전석(P=왼쪽 운전석, R=오른쪽 운전석)
⑩ 열 번째 자리는 제작연도(영문 I, O, Q, U, Z 제외)
  J(1988)~Y(2000), 1(2001) ~ 6(2006) ~ 9(2009)~
⑪ 열한 번째 자리는 제작공장(C=전주, P=평택, U=울산)
⑫ 열두 번째~열일곱 번째 자리는 차량 생산 일련번호

## 3 매연 기준값 (자동차등록증 차대번호 확인)

| 차 종 | | 제 작 일 자 | | 매 연 |
|---|---|---|---|---|
| 경자동차 및 승용자동차 | | 1995년 12월 31일 이전 | | 60% 이하 |
| | | 1996년 1월 1일부터 2000년 12월 31일까지 | | 55% 이하 |
| | | 2001년 1월 1일부터 2003년 12월 31일까지 | | 45% 이하 |
| | | 2004년 1월 1일부터 2007년 12월 31일까지 | | 40% 이하 |
| | | 2008년 1월 1일 이후 | | 20% 이하 |
| 승합·화물·특수자동차 | 소형 | 1995년 12월 31일까지 | | 60% 이하 |
| | | 1996년 1월 1일부터 2000년 12월 31일까지 | | 55% 이하 |
| | | 2001년 1월 1일부터 2003년 12월 31일까지 | | 45% 이하 |
| | | 2004년 1월 1일부터 2007년 12월 31일까지 | | 40% 이하 |
| | | 2008년 1월 1일 이후 | | 20% 이하 |
| | 중형·대형 | 1992년 12월 31일 이전 | | 60% 이하 |
| | | 1993년 1월 1일부터 1995년 12월 31일까지 | | 55% 이하 |
| | | 1996년 1월 1일부터 1997년 12월 31일까지 | | 45% 이하 |
| | | 1998년 1월 1일부터 2000년 12월 31일까지 | 시내버스 | 40% 이하 |
| | | | 시내버스 외 | 45% 이하 |
| | | 2001년 1월 1일부터 2004년 9월 30일까지 | | 45% 이하 |
| | | 2004년 10월 1일부터 2007년 12월 31일까지 | | 40% 이하 |
| | | 2008년 1월 1일 이후 | | 20% 이하 |

## 4 매연 측정

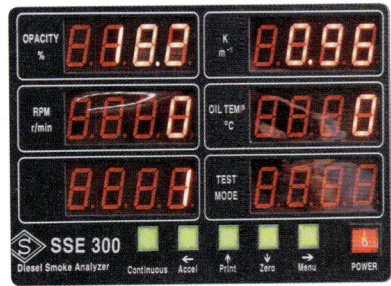

1회 측정값 (13.2%)

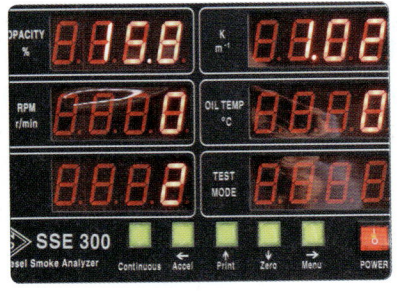

2회 측정값 (15%)

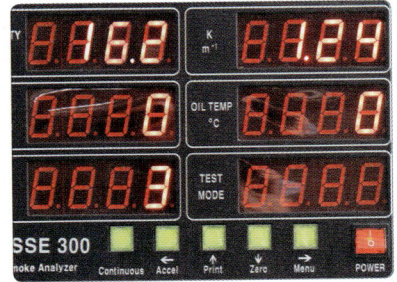

3회 측정값 (16.2%)

# 7안 브레이크 디스크 두께 및 흔들림 점검

**섀시 2** 주어진 자동차(ABS 장착 차량)에서 감독위원의 지시에 따라 한쪽 브레이크 디스크의 두께 및 흔들림(런아웃)을 점검하여 기록·판정하시오.

## 1 브레이크 디스크 두께와 흔들림이 규정값 범위 내에 있을 경우

| 항목 | ① 자동차 번호 : | | ② 비번호 | ③ 감독위원 확인 | ⑧ 득점 |
|---|---|---|---|---|---|
| | 측정(또는 점검) | | 판정 및 정비(또는 조치) 사항 | | |
| | ④ 측정값 | ⑤ 규정(정비한계)값 | ⑥ 판정(□에 'ˇ'표) | ⑦ 정비 및 조치할 사항 | |
| 디스크 두께 | 23.6 mm | 24 mm(22.4 mm) | ☑ 양호<br>□ 불량 | 정비 및 조치할 사항 없음 | |
| 흔들림 (런아웃) | 0.04 mm | 0.08 mm 이하 | | | |

① **자동차 번호** : 측정하는 자동차 번호를 기록한다(측정 차량이 1대인 경우 생략할 수 있다).
② **비번호** : 책임관리위원(공단 본부)이 배부한 등번호(비번호)를 기록한다.
③ **감독위원 확인** : 시험 전 또는 시험 후 감독위원이 채점 후 확인한다(날인).
④ **측정값** : 디스크 두께 및 흔들림을 측정한 값을 기록한다.
　　• 디스크 두께 : 23.6 mm　　• 흔들림 : 0.04 mm
⑤ **규정(정비한계)값** : 정비지침서 또는 감독위원이 제시한 규정값을 기록한다.
　　• 디스크 두께 : 24 mm(22.4 mm)　　• 흔들림 : 0.08 mm 이하
⑥ **판정** : 디스크 두께를 측정한 값이 규정(정비한계)값 범위 내에 있으므로 ☑ 양호에 표시한다.
⑦ **정비 및 조치할 사항** : 판정이 양호이므로 정비 및 조치할 사항 없음으로 기록한다.
⑧ **득점** : 감독위원이 해당 문항을 채점하고 점수를 기록한다.

## 2 브레이크 디스크 두께가 규정값 범위를 벗어난 경우

| 항목 | 자동차 번호 : | | 비번호 | 감독위원 확인 | 득점 |
|---|---|---|---|---|---|
| | 측정(또는 점검) | | 판정 및 정비(또는 조치) 사항 | | |
| | 측정값 | 규정(정비한계)값 | 판정(□에 'ˇ'표) | 정비 및 조치할 사항 | |
| 디스크 두께 | 20.3 mm | 24 mm(22.4 mm) | □ 양호<br>☑ 불량 | 브레이크 디스크 교체 | |
| 흔들림 (런아웃) | 0.01 mm | 0.08 mm 이하 | | | |

※ **판정** : 디스크 두께가 규정값보다 얇으므로(과다 마모) ☑ 불량에 표시하고, 브레이크 디스크 교체 후 재점검한다.

## 3 브레이크 디스크 마모량 및 런아웃 규정(한계)값

| 차 종 | 런아웃 한계값 | 디스크 마모량 | |
|---|---|---|---|
| | | 규정값 | 한계값 |
| 싼타페 | 0.04 mm 이하 | 26 mm | 24.4 mm |
| 베르나 | 0.05 mm 이하 | 19 mm | 17 mm |
| 아반떼 XD | 0.18 mm 이하 | 19 mm | 17 mm |
| 쏘나타 III | 0.10 mm 이하 | 22 mm | 20 mm |
| EF 쏘나타 | 0.08 mm 이하 | 24 mm | 22.4 mm |
| 그랜저 XG | 0.08 mm 이하 | 24 mm | 22.4 mm |

## 4 디스크 두께 및 런아웃 측정

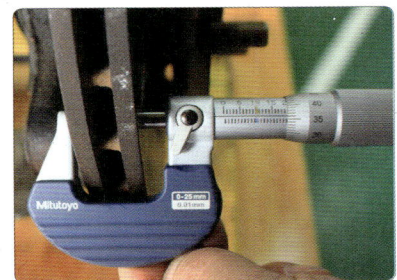

1. 디스크 두께를 측정한다. (20.3 mm)

2. 다이얼 게이지를 디스크에 직각으로 설치하고 0점 조정한다.

3. 디스크를 1회전시켜 측정값을 확인한다(0.01 mm).

### 디스크 두께와 흔들림이 규정값 범위를 벗어난 경우 정비 및 조치할 사항
① 브레이크 디스크 휨 → 브레이크 디스크 교체
② 브레이크 디스크 과다 마모 → 브레이크 디스크 교체
③ 브레이크 디스크 흔들림(런아웃) 과다 → 브레이크 디스크 교체

### 디스크 두께 및 런아웃 측정 시 유의사항
① 실차에서 측정 시 캘리퍼 서포트 볼트를 푼 후 캘리퍼 어셈블리를 윗쪽으로 들어올려 끈 또는 철사로 고정시키고 디스크 표면의 흠집, 균열, 녹 등을 검사한다.
② 녹 발생 시 녹을 제거한 후 디스크 다이얼 게이지 스핀들을 직각인 방향으로 설치하고 측정한다.
③ 디스크의 런아웃 측정 시 다이얼 게이지는 디스크의 외부로부터 내측으로 5 mm 되는 지점에 설치하고, 디스크를 1회전시킨 후 게이지 눈금이 움직이는 양을 측정한다.

## 7안 자동변속기 오일 압력 점검

**섀시 4**  주어진 자동차에서 감독위원의 지시에 따라 자동변속기의 오일 압력을 점검하고 기록·판정하시오.

### 1 자동변속기 오일 압력이 규정값 범위 내에 있을 경우

| 항목 | ① 자동차 번호 : | | ② 비번호 | | ③ 감독위원 확 인 | ⑧ 득점 |
|---|---|---|---|---|---|---|
| | 측정(또는 점검) | | 판정 및 정비(또는 조치) 사항 | | | |
| | ④ 측정값 | ⑤ 규정값 | ⑥ 판정(□에 'V'표) | ⑦ 정비 및 조치할 사항 | | |
| (OD)의 오일 압력 | 8.2 kgf/cm² | 8.0~9.0 kgf/cm² | ☑ 양호<br>□ 불량 | 정비 및 조치할 사항 없음 | | |

① **자동차 번호** : 측정하는 자동차 번호를 기록한다(측정 차량이 1대인 경우 생략할 수 있다).
② **비번호** : 책임관리위원(공단 본부)이 배부한 등번호(비번호)를 기록한다.
③ **감독위원 확인** : 시험 전 또는 시험 후 감독위원이 채점 후 확인한다(날인).
④ **측정값** : (OD)의 오일 압력을 측정한 값을 기록한다.
  • 측정값 : 8.2 kgf/cm²
⑤ **규정값** : 정비지침서 규정값 또는 감독위원이 제시한 규정값을 기록한다.
  • 규정값 : 8.0~9.0 kgf/cm²
⑥ **판정** : 오일 압력 측정값이 규정값 범위 내에 있으므로 ☑ **양호**에 표시한다.
⑦ **정비 및 조치할 사항** : 판정이 양호이므로 정비 및 조치할 사항 없음을 기록한다.
⑧ **득점** : 감독위원이 해당 문항을 채점하고 점수를 기록한다.

### 2 자동변속기 오일 압력이 규정값보다 낮을 경우

| 항목 | 자동차 번호 : | | 비번호 | | 감독위원 확 인 | 득점 |
|---|---|---|---|---|---|---|
| | 측정(또는 점검) | | 판정 및 정비(또는 조치) 사항 | | | |
| | 측정값 | 규정값 | 판정(□에 'V'표) | 정비 및 조치할 사항 | | |
| (OD)의 오일 압력 | 7.8 kgf/cm² | 8.0~9.0 kgf/cm² | □ 양호<br>☑ 불량 | 오일 양 점검 | | |

※ **판정** : 오일 압력 측정값이 규정값 범위를 벗어났으므로 ☑ 불량에 표시하고, 오일 양을 점검한다.

### 3 자동변속기 오일 압력 규정값

| 조건 | | | 오일 압력 규정값(kgf/cm$^2$) | | | | | | |
|---|---|---|---|---|---|---|---|---|---|
| 변속 선택 | 변속단 위치 | 엔진 회전수 (r/min) | 언더드라이브 클러치압 (UD) | 리버스 클러치압 (REV) | 오버드라이브 클러치압 (OD) | 로&리버스 브레이크압 (LR) | 세컨드 브레이크압 (2ND) | 댐퍼 클러치 공급압 (DA) | 댐퍼 클러치 해방압 (DR) |
| P | – | 2500 | – | – | – | 2.7~3.5 | – | – | – |
| R | 후진 | 2500 | – | 13.0~18.0 | – | 13.0~18.0 | – | – | – |
| N | – | 2500 | – | – | – | 2.7~3.5 | – | – | – |
| D | 1속 | 2500 | 10.3~10.7 | – | – | 10.3~10.7 | – | – | – |
| D | 2속 | 2500 | 10.3~10.7 | – | – | – | 10.3~10.7 | – | – |
| D | 3속 | 2500 | 8.0~9.0 | – | 8.0~9.0 | – | – | 7.5 이상 | 0~0.1 |
| D | 4속 | 2500 | – | – | 8.0~9.0 | – | 8.0~9.0 | 7.5 이상 | 0~0.1 |

### 4 오버드라이브(OD) 클러치 압력 측정

1. 엔진을 시동하고 변속 선택 레버를 D 위치로 한다.

2. 엔진을 2500 rpm으로 유지한다.

3. OD 클러치 압력을 측정한다. (7.8 kgf/cm$^2$)

**자동변속기 오일 압력 점검 시 유의사항**
❶ 엔진 시동 후 반드시 정상온도(70~90℃)에서 점검한다.
❷ 오일 압력 규정값을 확인한 후 변속 선택(P, R, N, D)에 맞는 엔진 회전수(rpm)에서 측정값을 확인한다.

# 7안 제동력 측정

**섀시 5**  주어진 자동차에서 감독위원의 지시에 따라 제동력을 측정하여 기록 · 판정하시오.

## 1 제동력 편차와 합이 기준값 범위 내에 있을 경우(뒷바퀴)

| ① 자동차 번호 : | | | | ② 비번호 | | ③ 감독위원 확인 | |
|---|---|---|---|---|---|---|---|
| 측정(또는 점검) | | | | 산출 근거 및 판정 | | | ⑨ 득점 |
| ④ 항목 | 구분 | ⑤ 측정값 (kgf) | ⑥ 기준값 (□에 'V'표) | ⑦ 산출 근거 | | ⑧ 판정 (□에 'V'표) | |
| 제동력 위치 (□에 'V'표) □ 앞 ☑ 뒤 | 좌 | 220 kgf | □ 앞 ☑ 뒤 축중의 | 편차 | $\dfrac{260-220}{500} \times 100 = 8\%$ | ☑ 양호 □ 불량 | |
| | | | 편차 8.0% 이하 | | | | |
| | 우 | 260 kgf | 합 20% 이상 | 합 | $\dfrac{260+220}{500} \times 100 = 96\%$ | | |

① **자동차 번호** : 측정하는 자동차 번호를 기록한다(측정 차량이 1대인 경우 생략할 수 있다).
② **비번호** : 책임관리위원(공단 본부)이 배부한 등번호(비번호)를 기록한다.
③ **감독위원 확인** : 시험 전 또는 시험 후 감독위원이 채점 후 확인한다(날인).
④ **항목** : 감독위원이 지정하는 축에 ☑ 표시를 한다.  • 위치 : ☑ 뒤
⑤ **측정값** : 제동력을 측정한 값을 기록한다.
  • 좌 : 220 kgf   • 우 : 260 kgf
⑥ **기준값** : 검사 기준에 의거하여 제동력 편차와 합의 기준값을 기록한다.
  • 편차 : 뒤 축중의 8.0% 이하   • 합 : 뒤 축중의 20% 이상
⑦ **산출 근거** : 공식에 대입하여 산출한 계산식을 기록한다.
  • 편차 : $\dfrac{260-220}{500} \times 100 = 8\%$   • 합 : $\dfrac{260+220}{500} \times 100 = 96\%$
⑧ **판정** : 뒷바퀴 제동력의 합과 편차가 기준값 범위 내에 있으므로 ☑ 양호에 표시한다.
⑨ **득점** : 감독위원이 해당 문항을 채점하고 점수를 기록한다.

■ **제동력 계산**
  • 뒷바퀴 제동력의 편차 = $\dfrac{\text{큰 쪽 제동력} - \text{작은 쪽 제동력}}{\text{해당 축중}} \times 100$ ➡ 뒤 축중의 8.0% 이하이면 양호
  • 뒷바퀴 제동력의 총합 = $\dfrac{\text{좌우 제동력의 합}}{\text{해당 축중}} \times 100$ ➡ 뒤 축중의 20% 이상이면 양호
※ 측정 차량 크루즈 1.5 DOHC A/T의 공차 중량(1130 kgf)의 뒤(후) 축중(500 kgf)으로 산출하였다.

※ 측정 위치는 감독위원이 지정하는 위치의 □에 'V' 표시한다.   ※ 자동차 검사 기준 및 방법에 의하여 기록 · 판정한다.
※ 측정값의 단위는 시험 장비 기준으로 기록한다.   ※ 산출 근거에는 단위를 기록하지 않아도 된다.

## 2 제동력 편차와 합이 기준값 범위 내에 있을 경우 (뒷바퀴)

| 자동차 번호 : | | | | 비번호 | | 감독위원 확 인 | |
|---|---|---|---|---|---|---|---|
| 측정(또는 점검) | | | | 산출 근거 및 판정 | | | |
| 항목 | 구분 | 측정값 (kgf) | 기준값 (□에 'V'표) | | 산출 근거 | 판정 (□에 'V'표) | 득점 |
| 제동력 위치 (□에 'V'표) □ 앞 ☑ 뒤 | 좌 | 240 kgf | □ 앞 ☑ 뒤 | 축중의 | 편차 $\dfrac{240-230}{500} \times 100 = 2\%$ | ☑ 양호 □ 불량 | |
| | 우 | 230 kgf | 편차 | 8.0% 이하 | | | |
| | | | 합 | 20% 이상 | 합 $\dfrac{240+230}{500} \times 100 = 94\%$ | | |

- **제동력 계산**
  - 뒷바퀴 제동력의 편차 = $\dfrac{240-230}{500} \times 100 = 2\% \leq 8.0\%$ ➡ 양호
  - 뒷바퀴 제동력의 총합 = $\dfrac{240+230}{500} \times 100 = 94\% \geq 20\%$ ➡ 양호

## 3 제동력 측정

제동력 측정

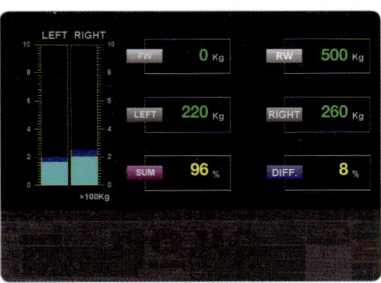

측정값(좌 : 220 kgf, 우 : 260 kgf)

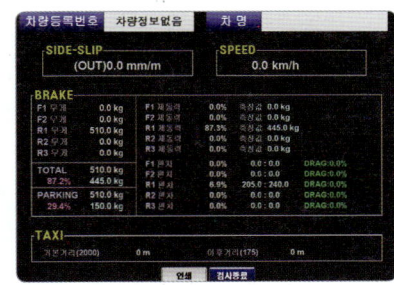

결과 출력

### 제동력 측정 시 유의사항

1. 시험장 여건에 따라 감독위원이 임의의 측정값을 제시한 후 제동력 편차와 합을 계산하기도 한다.
2. 제동력 측정 시 브레이크 페달 압력을 최대한 유지한 상태에서 측정값을 확인한다.
3. 앞 축중 또는 뒤 축중 측정 상태를 정확하게 확인한 후 제동력 테스터의 모니터 출력값을 확인한다.
4. 측정이 끝나면 편차와 합을 계산하고 기록표를 작성한 후 감독위원에게 제출한다.

## 7안 에어컨 라인 압력 점검

**전기 2** 주어진 자동차의 에어컨 시스템에서 감독위원의 지시에 따라 에어컨 라인의 압력을 점검하고 에어컨 작동상태의 이상 유무를 확인하여 기록표에 기록·판정하시오.

### 1 고압과 저압이 규정값 범위 내에 있을 경우

| 항목 | ① 자동차 번호 : | | ② 비번호 | ③ 감독위원 확인 | |
|---|---|---|---|---|---|
| | 측정(또는 점검) | | 판정 및 정비(또는 조치) 사항 | | ⑧ 득점 |
| | ④ 측정값 | ⑤ 규정(정비한계)값 | ⑥ 판정(□에 'ᐯ'표) | ⑦ 정비 및 조치할 사항 | |
| 저압 | 2.1 kgf/cm² | 2.0~2.25 kgf/cm² | ☑ 양호<br>□ 불량 | 정비 및 조치할 사항 없음 | |
| 고압 | 27 kgf/cm² | 26~32 kgf/cm² | | | |

① **자동차 번호** : 측정하는 자동차 번호를 기록한다(측정 차량이 1대인 경우 생략할 수 있다).
② **비번호** : 책임관리위원(공단 본부)이 배부한 등번호(비번호)를 기록한다.
③ **감독위원 확인** : 시험 전 또는 시험 후 감독위원이 채점 후 확인한다(날인).
④ **측정값** : 에어컨 충전기(또는 매니폴드 게이지)를 사용하여 측정한 값을 기록한다.
　　　• 저압 : 2.1 kgf/cm²　　• 고압 : 27 kgf/cm²
⑤ **규정(정비한계)값** : 감독위원이 제시한 값이나 일반적인 규정값을 기록한다.
　　　• 저압 : 2.0~2.25 kgf/cm²　　• 고압 : 26~32 kgf/cm²
⑥ **판정** : 측정값이 규정값 범위 내에 있으므로 ☑ 양호에 표시한다.
⑦ **정비 및 조치할 사항** : 판정이 양호이므로 정비 및 조치할 사항 없음을 기록한다.
⑧ **득점** : 감독위원이 해당 문항을 채점하고 점수를 기록한다.

※ 단위가 누락되거나 틀린 경우는 오답으로 채점한다.

### 2 고압과 저압이 규정값보다 낮을 경우

| 항목 | 자동차 번호 : | | 비번호 | 감독위원 확인 | |
|---|---|---|---|---|---|
| | 측정(또는 점검) | | 판정 및 정비(또는 조치) 사항 | | 득점 |
| | 측정값 | 규정(정비한계)값 | 판정(□에 'ᐯ'표) | 정비 및 조치할 사항 | |
| 저압 | 1.4 kgf/cm² | 2.0~2.25 kgf/cm² | □ 양호<br>☑ 불량 | 냉매 회수 후 재충전 | |
| 고압 | 7 kgf/cm² | 26~32 kgf/cm² | | | |

※ 판정 : 측정값이 규정값 범위를 벗어났으므로 ☑ 불량에 표시하고, 냉매 회수 후 재충전한다.

### 3 에어컨 라인(냉매가스) 압력 규정값

[ON : 컴프레서 작동상태, OFF : 컴프레서 정지상태]

| 압력 스위치<br>차 종 | 고압(kgf/cm²) | | 중압(kgf/cm²) | | 저압(kgf/cm²) | |
|---|---|---|---|---|---|---|
| | ON | OFF | ON | OFF | ON | OFF |
| EF 쏘나타 | 32.0±2.0 | – | 15.5±0.8 | – | 2.0±0.2 | – |
| 그랜저 XG | 32.0±2.0 | 26.0±2.0 | 15.5±0.8 | 11.5±1.2 | 2.0±0.2 | 2.3±0.25 |
| 아반떼 XD | 32.0 | 26.0 | 14.0 | 18.0 | 2.0 | 2.25 |
| 베르나 | 32.0 | 26.0 | 14.0 | 18.0 | 2.0 | 2.25 |

※ 냉매가스 압력은 주변 온도에 따라 변화될 수 있다.

### 4 에어컨 라인 압력 점검

1. 고압 라인(적색) 호스를 연결한다.

2. 저압 라인(청색) 호스를 연결한다.

3. 시동 후 공회전 상태를 유지한다.

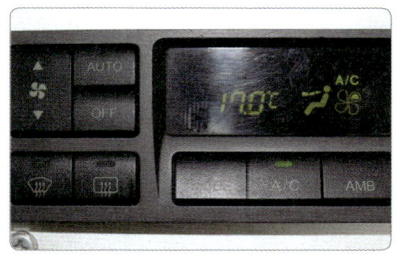
4. 엔진을 시동한 후 에어컨 온도는 17℃로 설정하여 가동한다.

5. 2500~3000 rpm으로 서서히 가속하면서 압력 변화를 확인한다.

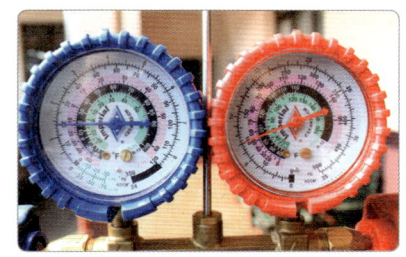
6. 저압과 고압을 확인하고 측정한다.
(저압: 1.4 kgf/cm², 고압: 7 kgf/cm²)

**고압과 저압이 규정값 범위를 벗어난 경우 정비 및 조치할 사항**

① 콘덴서 막힘 → 콘덴서 교체
② 콘덴서 냉각 불량 → 콘덴서 청소
③ 냉매 과충전 → 냉매 회수 후 재충전
④ 팽창밸브의 과다 열림 → 팽창밸브 교체
⑤ 에어컨 라인 과다 냉매 → 냉매 배출
⑥ 리시버 드라이버의 막힘 → 리시버 드라이버 교체
⑦ 에어컨 라인 압력 스위치 불량 → 에어컨 라인 압력 스위치 교체

## 7안 전동 팬 회로 점검

**전기 3**  주어진 자동차에서 라디에이터 전동 팬 회로의 고장 부분을 점검한 후 기록표에 기록·판정하시오.

### 1 라디에이터 퓨저블 링크(30 A)가 단선된 경우

| 항목 | ① 자동차 번호 : | | ② 비번호 | | ③ 감독위원 확 인 | ⑧ 득점 |
|---|---|---|---|---|---|---|
| | 측정(또는 점검) | | 판정 및 정비(또는 조치) 사항 | | | |
| | ④ 이상 부위 | ⑤ 내용 및 상태 | ⑥ 판정(□에 'V'표) | ⑦ 정비 및 조치할 사항 | | |
| 전동 팬 회로 | 라디에이터 퓨저블 링크(30 A) | 단선 | □ 양호<br>☑ 불량 | 라디에이터 퓨저블 링크(30 A) 교체 후 재점검 | | |

① **자동차 번호** : 측정하는 자동차 번호를 기록한다(측정 차량이 1대인 경우 생략할 수 있다).
② **비번호** : 책임관리위원(공단 본부)이 배부한 등번호(비번호)를 기록한다.
③ **감독위원 확인** : 시험 전 또는 시험 후 감독위원이 채점 후 확인한다(날인).
④ **이상 부위** : 전동 팬이 작동되지 않는 이상 부위를 기록한다.
  • 이상 부위 : 라디에이터 퓨저블 링크(30 A)
⑤ **내용 및 상태** : 이상 부위로 확인된 내용 및 상태를 기록한다.
  • 내용 및 상태 : 단선
⑥ **판정** : 라디에이터 퓨저블 링크(30 A)가 단선되었으므로 ☑ 불량에 표시한다.
⑦ **정비 및 조치할 사항** : 판정이 불량이므로 라디에이터 퓨저블 링크(30 A) 교체 후 재점검을 기록한다.
⑧ **득점** : 감독위원이 해당 문항을 채점하고 점수를 기록한다.

※ 단위가 누락되거나 틀린 경우는 오답으로 채점한다.

### 2 전동 팬 모터 커넥터가 탈거된 경우

| 항목 | 자동차 번호 : | | 비번호 | | 감독위원 확 인 | 득점 |
|---|---|---|---|---|---|---|
| | 측정(또는 점검) | | 판정 및 정비(또는 조치) 사항 | | | |
| | 이상 부위 | 내용 및 상태 | 판정(□에 'V'표) | 정비 및 조치할 사항 | | |
| 전동 팬 회로 | 전동 팬 모터 | 커넥터 탈거 | □ 양호<br>☑ 불량 | 전동 팬 모터 커넥터 체결 후 재점검 | | |

※ **판정** : 전동 팬 모터 커넥터가 탈거되었으므로 ☑ 불량에 표시하고, 전동 팬 모터 커넥터 체결 후 재점검한다.

### 3 전동 팬 회로 점검

1. 엔진 룸 정션 박스 내 전동 팬 회로 릴레이 및 퓨즈를 확인한다.

2. 라디에이터 팬 모터 커넥터 체결 상태를 확인한다.

3. 전원단자를 연결하여 라디에이터 팬 모터의 작동을 확인한다.

4. 라디에이터 팬 릴레이(HI)를 탈거한다.

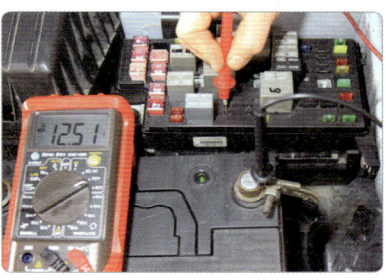

5. 라디에이터 팬 릴레이(HI) 공급 전원을 확인한다(12.51 V).

6. 라디에이터 팬 릴레이(HI) 접지를 확인한다(1.8 Ω).

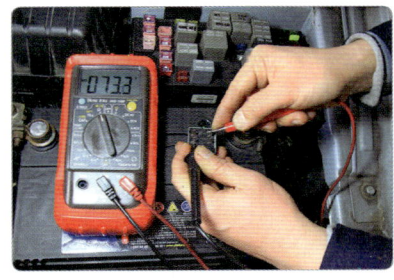

7. 라디에이터 팬 릴레이 여자 코일 저항(단선)을 점검한다(7.3 Ω).

8. 라디에이터 팬 릴레이 여자 코일을 자화시켜 릴레이 접점 상태를 확인한다.

9. 배터리 전원(+)를 릴레이 전원 공급단자에, (−)를 접지단자에 연결하여 작동 상태를 확인한다.

#### 전동 팬이 작동하지 않는 경우 정비 및 조치할 사항

① 전동 팬 퓨즈 단선 → 전동 팬 퓨즈 교체
② 전동 팬 퓨즈의 탈거 → 전동 팬 퓨즈 체결
③ 전동 팬 모터 불량 → 전동 팬 모터 교체
④ 전동 팬 릴레이 탈거 → 전동 팬 릴레이 체결
⑤ 서모 스위치 불량 → 서모 스위치 교체
⑥ 전동 팬 모터 커넥터 탈거 → 전동 팬 모터 커넥터 체결
⑦ 전동 팬 모터 라인 단선 → 전동 팬 모터 라인 연결
⑧ 전동 팬 모터 커넥터 불량 → 전동 팬 모터 커넥터 체결
⑨ 전동 팬 릴레이 핀 부러짐 → 전동 팬 릴레이 교체
⑩ 서모 스위치 커넥터 불량 → 서모 스위치 커넥터 교체

# 7안 전조등 광도 측정

**전기 4**    주어진 자동차에서 좌 또는 우측의 전조등을 측정하고 기록표에 기록 · 판정하시오.

## 1 전조등 광도가 기준값보다 낮을 경우 (좌측 전조등, 2등식)

| ① 자동차 번호 : | | | ② 비번호 | ③ 감독위원 확인 | |
|---|---|---|---|---|---|
| 측정(또는 점검) | | | | ⑦ 판정 (□에 'V'표) | ⑧ 득점 |
| ④ 구분 | 측정 항목 | ⑤ 측정값 | ⑥ 기준값 | | |
| (□에 'V'표)<br>위치 :<br>☑ 좌   □ 우<br>등식 :<br>☑ 2등식   □ 4등식 | 광도 | 8000 cd | 15000 cd 이상 | □ 양호<br>☑ 불량 | |

① **자동차 번호** : 측정하는 자동차 번호를 기록한다(측정 차량이 1대인 경우 생략할 수 있다).
② **비번호** : 책임관리위원(공단 본부)이 배부한 등번호(비번호)를 기록한다.
③ **감독위원 확인** : 시험 전 또는 시험 후 감독위원이 채점 후 확인한다(날인).
④ **구분** : 감독위원이 지정한 위치와 등식에 ☑ 표시를 한다. • 위치 : ☑ 좌 • 등식 : ☑ 2등식
⑤ **측정값** : 전조등 광도 측정값 8000 cd를 기록한다.
⑥ **기준값** : 전조등 광도 기준값 15000 cd 이상을 기록한다.
⑦ **판정** : 측정값이 기준값 범위를 벗어났으므로 ☑ 불량에 표시한다.
⑧ **득점** : 감독위원이 해당 문항을 채점하고 점수를 기록한다.

※ 측정 위치는 감독위원이 지정하는 위치의 □에 'V' 표시한다.    ※ 자동차 검사 기준 및 방법에 의하여 기록 · 판정한다.

## 2 전조등 광도가 기준값보다 낮을 경우 (우측 전조등, 4등식)

| 자동차 번호 : | | | 비번호 | 감독위원 확인 | |
|---|---|---|---|---|---|
| 측정(또는 점검) | | | | 판정 (□에 'V'표) | 득점 |
| 구분 | 측정 항목 | 측정값 | 기준값 | | |
| (□에 'V'표)<br>위치 :<br>□ 좌   ☑ 우<br>등식 :<br>□ 2등식   ☑ 4등식 | 광도 | 7000 cd | 12000 cd 이상 | □ 양호<br>☑ 불량 | |

### 3 전조등 광도, 광축 기준값

[자동차관리법 시행규칙 별표15 적용]

| 구 분 | | 기준값 |
|---|---|---|
| 광 도 | 2등식 | 15000 cd 이상 |
| | 4등식 | 12000 cd 이상 |
| 좌 · 우측등 상향 진폭 | | 10 cm 이하 |
| 좌 · 우측등 하향 진폭 | | 30 cm 이하 |
| 좌우 진폭 | 좌측등 | 좌 : 15 cm 이하<br>우 : 30 cm 이하 |
| | 우측등 | 좌 : 30 cm 이하<br>우 : 30 cm 이하 |

※ 전조등에서 좌 · 우측등이 상향과 하향으로 분리되어 작동되는 것은 4등식이며, 상향과 하향이 하나의 등에서 회로 구성이 되어 작동되는 것은 2등식이다.

### 4 전조등 광도 측정

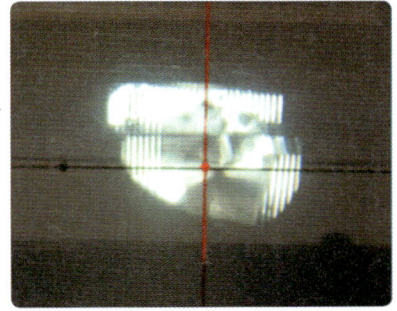

1. 전조등의 중심을 스크린 십자의 중심에 오도록 좌우, 상하 조정 다이얼을 조정한다.

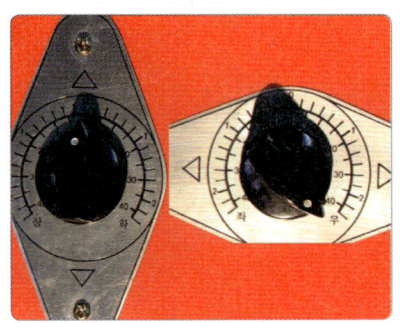

2. 조정 다이얼 눈금을 확인한다.
   (상 : 0 cm, 우 : 40 cm)

3. 엔진 rpm을 2000~2500 rpm으로 올리고 광도를 측정한다.
   (상향 : 하이빔)

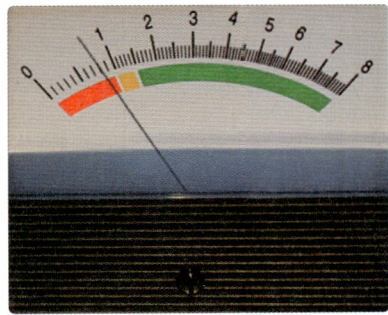

4. 테스터에 지시된 광도를 측정한다.
   (8000 cd)

5. 전조등 테스터를 정렬시킨다.

6. 전조등 스위치를 OFF시킨다.

## 자동차정비 기능사 실기 8안

# 답안지 작성법

| 파트별 | 안별 문제 | 8안 |
|---|---|---|
| 엔진 | 엔진(부품) 분해 조립 | 공기청정기(가솔린/점화플러그) |
| 엔진 | 측정/답안작성 | 압축압력시험 |
| 엔진 | 시스템 점검/엔진 시동 | 연료계통회로 |
| 엔진 | 부품 탈거/조립 | 엔진 점화코일(LPG) |
| 엔진 | 자기진단(답안작성) | 스캐너를 이용한 엔진 전자제어 센서(액추에이터) 점검 |
| 엔진 | 차량 검사 측정 | 가솔린 배기가스 |
| 섀시 | 부품 탈거/조립 | 액슬축(후륜) |
| 섀시 | 점검/답안작성 | A/T 오일 점검 |
| 섀시 | 부품 탈거 작동 상태 | 브레이크 캘리퍼 |
| 섀시 | 점검/답안작성 | A/T 인히비터 스위치 |
| 섀시 | 안전기준 검사 | 최소 회전 반지름 |
| 전기 | 부품 탈거/조립 작동 확인 | 윈도 레귤레이터 |
| 전기 | 측정/답안작성 | 축전지 점검 급속 충전, 비중 전압 |
| 전기 | 전기회로 점검/고장부위 작성 | 충전회로 |
| 전기 | 차량 검사 측정 | 경음기 |

## 8안 가솔린 엔진 압축압력 점검

**엔진 1** 주어진 가솔린 엔진에서 에어 클리너(어셈블리)와 점화플러그를 모두 탈거(감독위원에게 확인)하고 감독위원의 지시에 따라 기록표의 내용대로 기록·판정한 후 다시 조립하시오.

### 1 압축압력이 규정값 범위 내에 있을 경우

| | ① 엔진 번호 : | | ② 비번호 | | ③ 감독위원 확 인 | |
|---|---|---|---|---|---|---|
| 항목 | 측정(또는 점검) | | 판정 및 정비(또는 조치)사항 | | | ⑧ 득점 |
| | ④ 측정값 | ⑤ 규정(정비한계)값 | ⑥ 판정(□에 'V'표) | ⑦ 정비 및 조치할 사항 | | |
| (3)번 실린더 압축압력 | 15.7 kgf/cm² | 16.5 kgf/cm² | ☑ 양호<br>□ 불량 | 정비 및 조치할 사항 없음 | | |

① **엔진 번호** : 측정하는 엔진 번호를 기록한다(측정 엔진이 1대인 경우 생략할 수 있다).
② **비번호** : 책임관리위원(공단 본부)이 배부한 등번호(비번호)를 기록한다.
③ **감독위원 확인** : 시험 전 또는 시험 후 감독위원이 채점 후 확인한다(날인).
④ **측정값** : 가솔린 엔진 압축압력을 측정한 값을 기록한다.
  • 측정값 : 15.7 kgf/cm²
⑤ **규정(정비한계)값** : 정비지침서 또는 감독위원이 제시한 규정값을 기록한다.
  • 규정값 : 16.5 kgf/cm²
⑥ **판정** : 압축압력 측정값이 규정값의 90% 이상 110% 미만에 있으므로 ☑ 양호에 표시한다.
⑦ **정비 및 조치할 사항** : 판정이 양호이므로 정비 및 조치할 사항 없음을 기록한다.
⑧ **득점** : 감독위원이 해당 문항을 채점하고 점수를 기록한다.

※ 단위가 누락되거나 틀린 경우는 오답으로 채점한다.

### 2 압축압력이 규정값보다 낮을 경우

| | 엔진 번호 : | | 비번호 | | 감독위원 확 인 | |
|---|---|---|---|---|---|---|
| 항목 | 측정(또는 점검) | | 판정 및 정비(또는 조치)사항 | | | 득점 |
| | 측정값 | 규정(정비한계)값 | 판정(□에 'V'표) | 정비 및 조치할 사항 | | |
| (3)번 실린더 압축압력 | 9 kgf/cm² | 16.5 kgf/cm² | □ 양호<br>☑ 불량 | 피스톤 간극 및 밸브 접촉상태 점검 | | |

※ 판정 : 측정값이 규정값의 90% 이상 110% 미만에 없으므로 ☑ 불량에 표시하고, 피스톤 간극 및 밸브 접촉상태를 점검한다.

## 3 압축압력 규정값

| 차 종 | | 규정값 | 한계값 |
|---|---|---|---|
| 아반떼 | 1.5 DOHC | 16.5 kgf/cm² | – |
| | 1.8 DOHC | 15.0 kgf/cm² | – |
| EF 쏘나타 | 1.8 DOHC | 12.5 kgf/cm² | 11.5 kgf/cm² |
| | 2.0 DOHC | 12.5 kgf/cm² | 11.5 kgf/cm² |

## 4 압축압력 측정

1. 연결대를 사용하여 점화플러그를 탈거한다.

2. 지정된 실린더에 압축 압력계를 설치한다.

3. 크랭크각 센서 커넥터를 분리한다.

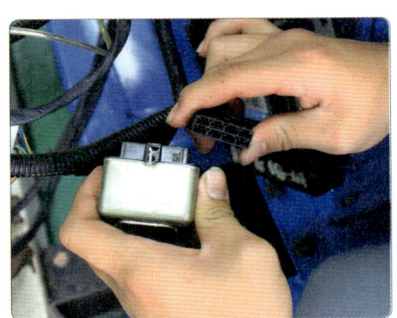

4. 메인 컨트롤 릴레이 커넥터를 분리한다.

5. 스로틀 밸브를 최대한 오픈한 후 크랭킹(300~350 rpm)하면서 압축압력을 측정한다.

6. 측정한 압축압력을 기록한다. (15.7 kgf/cm²)

### 압축압력의 판정

① 압축압력을 측정한 값이 규정값의 90% 이상 110% 미만이면 양호이다.
② 판정이 불량인 원인으로 압축압력이 규정값보다 낮을 때는 실린더 마모, 밸브 시트의 접촉 불량, 실린더 헤드 개스킷 불량으로 볼 수 있으며, 규정값보다 높을 때는 연소실 카본 퇴적으로 볼 수 있다.

## 8안 엔진 센서(액추에이터) 점검

**엔진 3** 주어진 자동차에서 LPG 엔진의 점화코일을 탈거(감독위원에게 확인)한 후 다시 조립하고 감독위원의 지시에 따라 진단기(스캐너)를 사용하여 엔진의 각종 센서(액추에이터)를 점검 후 고장 부분을 기록하시오.

### 1 맵 센서 커넥터가 탈거된 경우(센서 출력 : 전압)

| 항 목 | ① 자동차 번호 : | | | ② 비번호 | | ③ 감독위원 확 인 | ⑨ 득점 |
|---|---|---|---|---|---|---|---|
| | 측정(또는 점검) | | | 판정 및 정비(또는 조치) 사항 | | | |
| | ④ 고장 부위 | ⑤ 측정값 | ⑥ 규정값 | ⑦ 고장 내용 | ⑧ 정비 및 조치할 사항 | | |
| 센서(액추에이터) 점검 | 맵 센서 | 0 V | 0.8~1.6 V (공회전 상태) | 커넥터 탈거 | 맵 센서 커넥터 체결, ECU 기억 소거 후 재점검 | | |

① 자동차 번호 : 측정하는 자동차 번호를 기록한다(측정 차량이 1대인 경우 생략할 수 있다).
② 비번호 : 책임관리위원(공단 본부)이 배부한 등번호(비번호)를 기록한다.
③ 감독위원 확인 : 시험 전 또는 시험 후 감독위원이 채점 후 확인한다(날인).
④ 고장 부위 : 스캐너 자기진단에서 확인된 고장 부위로 맵 센서를 기록한다.
⑤ 측정값 : 스캐너 센서 출력에서 확인된 측정값 0 V를 기록한다.
⑥ 규정값 : 스캐너 내 규정값을 기록하거나 감독위원이 제시한 규정값 0.8~1.6 V(공회전 상태)를 기록한다.
⑦ 고장 내용 : 고장 부위 점검으로 확인된 커넥터 탈거를 기록한다.
⑧ 정비 및 조치할 사항 : 커넥터가 탈거되었으므로 맵 센서 커넥터 체결, ECU 기억 소거 후 재점검을 기록한다.
⑨ 득점 : 감독위원이 해당 문항을 채점하고 점수를 기록한다.

※ 단위가 누락되거나 틀린 경우는 오답으로 채점한다.

### 2 뉴EF 쏘나타의 맵 센서 규정값

| 압력 기준 | 엔진 정지, 스로틀 밸브 완전 열림 | 난기 후 공회전 무부하 |
|---|---|---|
| 절대압력 | 약 800~1080 mbar (600~810 mmHg, 80~108 kPa) / 약 3.2~4.4 V | • 수동변속기 : 약 160~360 mbar (120~270 mmHg, 16~36 kPa) / 약 0.7~1.5 V<br>• 자동변속기 N위치 : 190~390 mbar (143~293 mmHg, 19~39 kPa) / 0.8~1.6 V |

※ 스캐너에 규정값(기준값)이 제시되지 않을 경우 감독위원이 제시한 값을 적용한다.

## 3 엔진 센서 점검

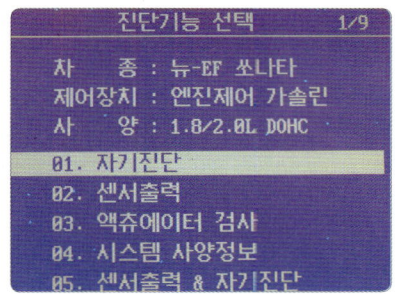
**1.** 자기진단을 실시한다.

**2.** 고장 센서가 출력된다.
(맵(map) 센서)

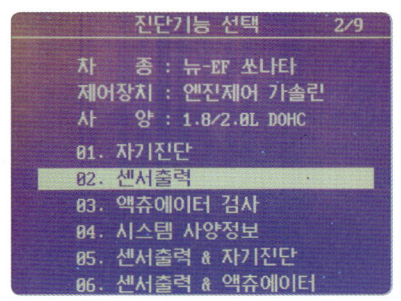
**3.** 센서출력을 선택한다.

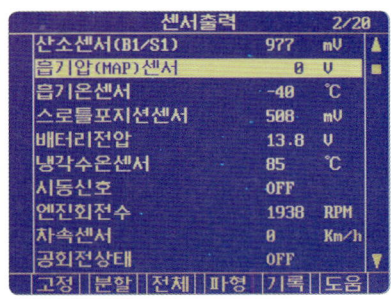
**4.** 센서 출력값을 확인한다(0 V).

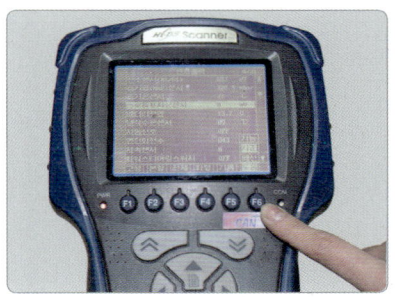
**5.** 기준값을 확인한다. 감독위원이 제시할 경우 제시한 값으로 한다.

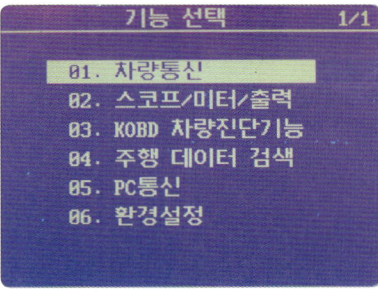
**6.** 측정이 끝나면 스캐너 시작단계 위치로 놓는다.

### 고장 부위가 있을 경우 정비 및 조치할 사항
① 과거 기억 소거 불량 → ECU 기억 소거 후 재점검
② 센서 불량 → 센서 교체, ECU 기억 소거 후 재점검
③ 커넥터 탈거 → 커넥터 체결, ECU 기억 소거 후 재점검

### 엔진 센서 점검 시 유의사항
① 측정 전 점화스위치 ON 상태 및 축전지 체결 상태를 확인한다(OFF 시 센서 출력이 안 됨).
② 고장 부위가 2개 이상 출력될 경우 감독위원에게 확인한 후 고장 부위 중 1개를 기록표에 작성한다.

## 8안 가솔린 자동차 배기가스 측정

**엔진 4** 주어진 자동차에서 기록표에 제시된 내용을 측정하고 기록 · 판정하시오.

### 1 CO와 HC 배출량이 기준값 범위 내에 있을 경우

| 측정 항목 | ① 자동차 번호 : | | ② 비번호 | ③ 감독위원 확 인 | |
|---|---|---|---|---|---|
| | 측정(또는 점검) | | | ⑥ 판정 (□에 'V'표) | ⑦ 득점 |
| | ④ 측정값 | ⑤ 기준값 | | | |
| CO | 0.7% | 1.2% 이하 | | ☑ 양호 □ 불량 | |
| HC | 83 ppm | 220 ppm 이하 | | | |

① **자동차 번호** : 측정하는 자동차 번호를 기록한다(측정 차량이 1대인 경우 생략할 수 있다).
② **비번호** : 책임관리위원(공단 본부)이 배부한 등번호(비번호)를 기록한다.
③ **감독위원 확인** : 시험 전 또는 시험 후 감독위원이 채점 후 확인한다(날인).
④ **측정값** : 배기가스 측정값을 기록한다.
   · CO : 0.7%   · HC : 83 ppm
⑤ **기준값** : 운행 차량의 배출 허용 기준값을 기록한다.
   KMHEF41BP**4**U478923(차대번호 10번째 자리 : 4) ➡ 2004년식
   · CO : 1.2% 이하   · HC : 220 ppm 이하
⑥ **판정** : 측정값이 기준값 범위 내에 있으므로 ☑ 양호에 표시한다.
⑦ **득점** : 감독위원이 해당 문항을 채점하고 점수를 기록한다.

※ 감독위원이 제시한 자동차등록증(또는 차대번호)을 활용하여 차종 및 연식을 적용한다.
※ 자동차 검사기준 및 방법에 의하여 기록 · 판정한다.   ※ CO 측정값은 소수 둘째 자리 이하를 버림하여 기입한다.
※ HC 측정값은 소수 첫째 자리 이하를 버림하여 기입한다.

### 2 CO와 HC 배출량이 기준값보다 높게 측정될 경우

| 측정 항목 | 자동차 번호 : | | 비번호 | 감독위원 확 인 | |
|---|---|---|---|---|---|
| | 측정(또는 점검) | | | 판정 (□에 'V'표) | 득점 |
| | 측정값 | 기준값 | | | |
| CO | 1.9% | 1.2 % 이하 | | □ 양호 ☑ 불량 | |
| HC | 280 ppm | 220 ppm 이하 | | | |

## 3 배기가스 배출 허용 기준값(CO, HC)

[개정 2015.7.21.]

| 차 종 | | 제작일자 | 일산화탄소 | 탄화수소 | 공기 과잉률 |
|---|---|---|---|---|---|
| 경자동차 | | 1997년 12월 31일 이전 | 4.5% 이하 | 1200 ppm 이하 | 1±0.1 이내<br>기화기식 연료<br>공급장치 부착<br>자동차는<br>1±0.15 이내<br>촉매 미부착<br>자동차는<br>1±0.20 이내 |
| | | 1998년 1월 1일부터<br>2000년 12월 31일까지 | 2.5% 이하 | 400 ppm 이하 | |
| | | 2001년 1월 1일부터<br>2003년 12월 31일까지 | 1.2% 이하 | 220 ppm 이하 | |
| | | 2004년 1월 1일 이후 | 1.0% 이하 | 150 ppm 이하 | |
| 승용자동차 | | 1987년 12월 31일 이전 | 4.5% 이하 | 1200 ppm 이하 | |
| | | 1988년 1월 1일부터<br>2000년 12월 31일까지 | 1.2% 이하 | 220 ppm 이하<br>(휘발유·알코올 자동차)<br>400 ppm 이하<br>(가스자동차) | |
| | | 2001년 1월 1일부터<br>2005년 12월 31일까지 | 1.2% 이하 | 220 ppm 이하 | |
| | | 2006년 1월 1일 이후 | 1.0% 이하 | 120 ppm 이하 | |
| 승합·<br>화물·<br>특수<br>자동차 | 소형 | 1989년 12월 31일 이전 | 4.5% 이하 | 1200 ppm 이하 | |
| | | 1990년 1월 1일부터<br>2003년 12월 31일까지 | 2.5% 이하 | 400 ppm 이하 | |
| | | 2004년 1월 1일 이후 | 1.2% 이하 | 220 ppm 이하 | |
| | 중형·<br>대형 | 2003년 12월 31일 이전 | 4.5% 이하 | 1200 ppm 이하 | |
| | | 2004년 1월 1일 이후 | 2.5% 이하 | 400 ppm 이하 | |

## 4 배기가스 점검

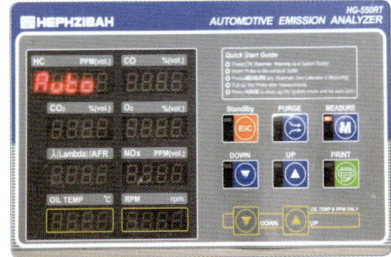

1. MEASURE(측정) : M(측정) 버튼을 누른다.

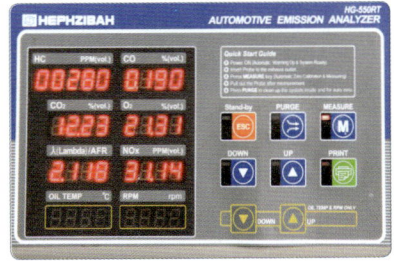

2. 측정한 배기가스를 확인한다.
   HC : 280 ppm, CO : 1.9%

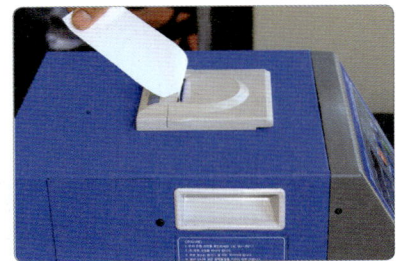

3. 배기가스 측정 결과를 출력한다.

# 자 동 차 등 록 증

제2004 - 3260호　　　　　　　　　　　　　　　　　　최초등록일 : 2004년 08월 05일

| ① 자동차 등록번호 | 08다 1402 | ② 차종 | 승용(중형) | ③ 용도 | 자가용 |
|---|---|---|---|---|---|
| ④ 차명 | 뉴EF쏘나타 | ⑤ 형식 및 연식 | 2004 | | |
| ⑥ 차대번호 | KMHEF41BP4U478923 | ⑦ 원동기형식 | | | |
| ⑧ 사용자 본거지 | 서울특별시 영등포구 번영로 | | | | |
| 소유자 ⑨ 성명(상호) | 기동찬 | ⑩ 주민(사업자)등록번호 | ******-****** | | |
| 소유자 ⑪ 주소 | 서울특별시 영등포구 번영로 | | | | |

자동차관리법 제8조 규정에 의하여 위와 같이 등록하였음을 증명합니다.

2004년 08월 05일

서울특별시장

● 차대번호 식별방법

## KMHEF41BP4U478923

① 첫 번째 자리는 제작국가(K=대한민국)
② 두 번째 자리는 제작회사(M=현대, N=기아, P=쌍용, L=GM 대우)
③ 세 번째 자리는 자동차 종별(H=승용차, J=승합차, F=화물차)
④ 네 번째 자리는 차종 구분(E=뉴EF 쏘나타, S=싼타페, D=아반떼, V=엑센트)
⑤ 다섯 번째 자리는 세부 차종(H=슈퍼 디럭스, G=디럭스, F=스탠다드, J=그랜드살롱)
⑥ 여섯 번째 자리는 차체 형상(1=리무진, 2~5=도어 수, 6=쿠페, 8=왜건)
⑦ 일곱 번째 자리는 안전벨트 안전장치(1=액티브 벨트, 2=패시브 벨트)
⑧ 여덟 번째 자리는 엔진 형식(배기량)(W=2200 cc, A=1800 cc, B=2000 cc, G=2500 cc)
⑨ 아홉 번째 자리는 기타 사항 용도 구분(P=왼쪽 운전석, R=오른쪽 운전석)
⑩ 열 번째 자리는 제작연도(영문 I, O, Q, U, Z 제외)
　~Y(2000)~4(2004)~7(2007)~A(2010)~
⑪ 열한 번째 자리는 제작 공장(A=아산, C=전주, U=울산)
⑫ 열두 번째~열일곱 번째 자리는 차량 생산(제작) 일련번호

# 8안 자동변속기 오일 양 점검

**섀시 2**    주어진 후륜구동(FR형식) 자동차에서 감독위원의 지시에 따라 액슬축을 탈거(감독위원에서 확인)한 후 다시 조립하시오.

## 1 자동변속기 오일 양이 HOT 범위 내에 있을 경우

| 항목 | ④ 측정(또는 점검) | 판정 및 정비(또는 조치) 사항 | | ⑦ 득점 |
|---|---|---|---|---|
| | | ⑤ 판정(□에 'V'표) | ⑥ 정비 및 조치할 사항 | |
| 오일 양 | [COLD     HOT▮] <br> 오일 레벨을 게이지에 그리시오. | ☑ 양호 <br> ☐ 불량 | 정비 및 조치할 사항 없음 | |

※ 상단: ① 자동차 번호 :    ② 비번호    ③ 감독위원 확 인

① **자동차 번호** : 측정하는 자동차 번호를 기록한다(측정 차량이 1대인 경우 생략할 수 있다).
② **비번호** : 책임관리위원(공단 본부)이 배부한 등번호(비번호)를 기록한다.
③ **감독위원 확인** : 시험 전 또는 시험 후 감독위원이 채점 후 확인한다(날인).
④ **측정(또는 점검)** : 자동변속기 오일 레벨을 게이지에 표시한다.
⑤ **판정** : 자동변속기 오일 양이 HOT 범위 내에 있으므로 ☑ 양호에 표시한다.
⑥ **정비 및 조치할 사항** : 판정이 양호이므로 정비 및 조치할 사항 없음을 기록한다.
⑦ **득점** : 감독위원이 해당 문항을 채점하고 점수를 기록한다.

## 2 자동변속기 오일 양이 많을 경우

| 항목 | 측정(또는 점검) | 판정 및 정비(또는 조치) 사항 | | 득점 |
|---|---|---|---|---|
| | | 판정(□에 'V'표) | 정비 및 조치할 사항 | |
| 오일 양 | [COLD     HOT ▮] <br> 오일 레벨을 게이지에 그리시오. | ☐ 양호 <br> ☑ 불량 | 자동변속기 오일 드레인 플러그를 풀고 오일을 배출하여 조정한다. | |

※ 상단: 자동차 번호 :    비번호    감독위원 확 인

※ **판정** : 자동변속기 오일 양이 HOT 범위보다 높게 측정되었으므로 ☑ 불량에 표시하며, 자동변속기 오일 드레인 플러그를 풀고 오일을 배출하여 조정한다.

## 3 자동변속기 오일 양이 적을 경우

| 자동차 번호 : | | 비번호 | | 감독위원 확 인 | |
|---|---|---|---|---|---|
| 항목 | 측정(또는 점검) | 판정 및 정비(또는 조치) 사항 | | | 득점 |
| | | 판정(□에 'v'표) | 정비 및 조치할 사항 | | |
| 오일 양 | COLD ∥ HOT<br>오일 레벨을 게이지에 그리시오. | □ 양호<br>☑ 불량 | 오일 레벨 게이지 주입구에 오일을 보충하여 조정한다. | | |

## 4 자동변속기 오일 양 점검

1. 엔진을 충분히 워밍업한다. (A/T 70~80℃)

2. 변속 선택 레버를 P, R, N, D로 움직여 오일회로에 오일을 공급한다.

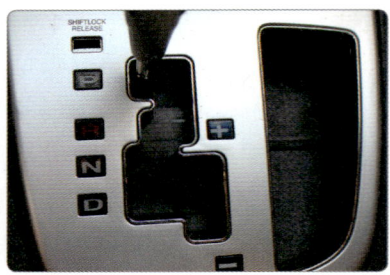

3. 변속 선택 레버를 P의 위치로 선택한다.

4. 엔진을 공회전 rpm으로 유지한다.

5. 레벨 게이지를 뽑아 닦아내고 다시 원위치한다.

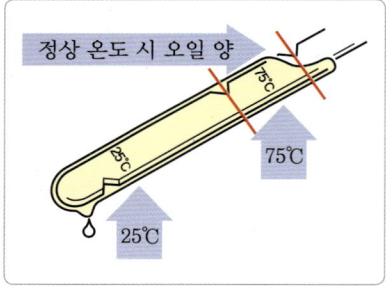

6. 레벨 게이지에 찍힌 오일 양을 확인한다.

### 자동변속기 오일 양에 따른 정비 및 조치할 사항

❶ 오일 양이 많을 경우 → 오일 드레인 플러그를 풀고 오일을 배출하여 오일 양을 조정한다.
❷ 오일 양이 적을 경우 → 오일 레벨 게이지 주입구에 오일을 보충하여 오일 양을 조정한다.

# 8안 자동변속기 인히비터 스위치 점검

**섀시 4**  주어진 자동차에서 감독위원의 지시에 따라 인히비터 스위치와 변속 선택 레버의 위치를 점검하고 기록·판정하시오.

## 1 변속 선택 레버와 인히비터 스위치의 위치가 일치하지 않을 경우 1

| | ① 자동차 번호 : | | ② 비번호 | | ③ 감독위원<br>확　인 | |
|---|---|---|---|---|---|---|
| 항목 | 측정(또는 점검) | | 판정 및 정비(또는 조치) 사항 | | | ⑧ 득점 |
| | ④ 점검 위치 | ⑤ 내용 및 상태 | ⑥ 판정(□에 'V'표) | ⑦ 정비 및 조치할 사항 | | |
| 변속 선택 레버 | N 위치 | 인히비터 스위치<br>위치 불량 | □ 양호<br>☑ 불량 | 변속 선택 레버를 N에 놓고<br>인히비터 몸체 홀과<br>링크 홈을 세팅한 후<br>인히비터 스위치를 조정한다. | | |
| 인히비터 스위치 | D 위치 | | | | | |

① **자동차 번호** : 측정하는 자동차 번호를 기록한다(측정 차량이 1대인 경우 생략할 수 있다).
② **비번호** : 책임관리위원(공단 본부)이 배부한 등번호(비번호)를 기록한다.
③ **감독위원 확인** : 시험 전 또는 시험 후 감독위원이 채점 후 확인한다(날인).
④ **점검 위치** : 점검한 변속 선택 레버와 인히비터 스위치의 위치를 기록한다.
　　　　　　• 변속 선택 레버 : N 위치　　• 인히비터 스위치 : D 위치
⑤ **내용 및 상태** : 점검한 내용 및 상태로 인히비터 스위치 위치 불량을 기록한다.
⑥ **판정** : 변속 선택 레버와 인히비터 스위치의 위치가 일치하지 않으므로 ☑ 불량에 표시한다.
⑦ **정비 및 조치할 사항** : 판정이 불량이므로 변속 선택 레버를 N에 놓고 인히비터 몸체 홀과 링크 홈을 세팅한 후 인히비터 스위치를 조정한다.를 기록한다.
⑧ **득점** : 감독위원이 해당 문항을 채점하고 점수를 기록한다.

## 2 변속 선택 레버와 인히비터 스위치의 위치가 일치하지 않을 경우 2

| | 자동차 번호 : | | 비번호 | | 감독위원<br>확　인 | |
|---|---|---|---|---|---|---|
| 항목 | 측정(또는 점검) | | 판정 및 정비(또는 조치) 사항 | | | 득점 |
| | 점검 위치 | 내용 및 상태 | 판정(□에 'V'표) | 정비 및 조치할 사항 | | |
| 변속 선택 레버 | N 위치 | 인히비터 스위치<br>위치 불량 | □ 양호<br>☑ 불량 | 변속 선택 레버를 N에 놓고<br>인히비터 몸체 홀과<br>링크 홈을 세팅한 후<br>인히비터 스위치를 조정한다. | | |
| 인히비터 스위치 | R 위치 | | | | | |

## 3 인히비터 스위치 전원공급 및 스위치 점검

| 항목 | 단자번호 | | | | | | | | | |
|---|---|---|---|---|---|---|---|---|---|---|
| | 1 | 2 | 3 | 4 | 5 | 6 | 7 | 8 | 9 | 10 |
| P | | | ●—|—● | | | | ● | ●—|—● |
| R | | | | | | | ●—|—● | | |
| N | | | | ●—|—|—|—|—● | ●—|—● |
| D | ●—|—|—|—|—|—|—● | | | |

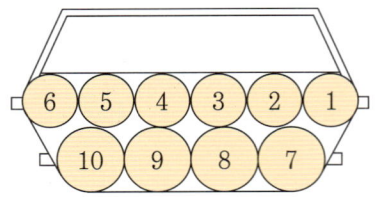

## 4 인히비터 스위치 점검

**1.** 자동변속기 차량을 확인하고 인히비터 스위치 커넥터를 탈거한다.

**2.** 선택 레버를 N에 놓는다. 인히비터 스위치와 링크 중립 홈이 일치하는지 확인한다.

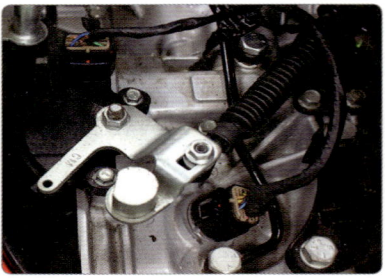

**3.** 중립 홈이 일치하지 않으면 인히비터 스위치 몸체를 돌려 중립 홈 위치에 조정한다.

**4.** 인히비터 스위치 커넥터 단자를 통해 인히비터 본선을 확인한다.

**5.** 선택 레버를 P, R, N, D, L 순서로 선택하고 인히비터 스위치 단자별 통전 상태를 확인한다.

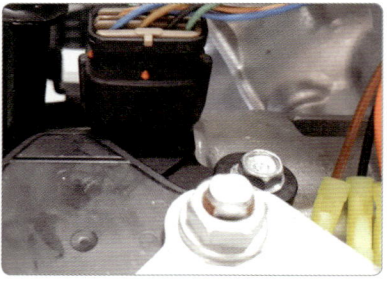

**6.** 점검이 끝나면 인히비터 스위치 커넥터를 체결한다.

### 자동변속기 인히비터 스위치 검검 시 유의사항

❶ 자동변속기 점검은 반드시 N(중립) 위치를 확인한 후 변속 선택 레버의 위치를 선택하며 점검한다.
❷ 판정 불량 시 인히비터 스위치 조정을 한 후 자동변속기 N 위치에서 엔진 시동이 되어야 한다.

# 8안 최소 회전 반지름 측정

**섀시 5** 주어진 자동차에서 감독위원의 지시에 따라 좌 또는 우회전 시 최소 회전 반지름을 측정하여 기록·판정하시오.

## 1 좌회전 시 최소 회전 반지름이 기준값 범위 내에 있을 경우 ($r$값이 주어졌을 때 : 30 cm)

| ① 자동차 번호 : | | | | | ② 비번호 | | ③ 감독위원 확인 | |
|---|---|---|---|---|---|---|---|---|
| ④ 항목 | ⑤ 최대조향각도 | | ⑥ 기준값 (최소 회전 반지름) | ⑦ 측정값 (최소 회전 반지름) | ⑧ 산출 근거 | | ⑨ 판정 (□에 'V'표) | ⑩ 득점 |
| | 좌측 바퀴 | 우측 바퀴 | | | | | | |
| 회전 방향 (□에 'V'표) ☑ 좌 □ 우 | 35° | 30° | 12 m 이하 | 6.7 m | $R = \dfrac{3.2\,\text{m}}{\sin 30°} + 0.3$ $= 6.7\,\text{m}$ | | ☑ 양호 □ 불량 | |

① **자동차 번호** : 측정하는 자동차 번호를 기록한다(측정 차량이 1대인 경우 생략할 수 있다).
② **비번호** : 책임관리위원(공단 본부)이 배부한 등번호(비번호)를 기록한다.
③ **감독위원 확인** : 시험 전 또는 시험 후 감독위원이 채점 후 확인한다(날인).
④ **항목** : 감독위원이 제시하는 회전 방향에 ☑ 표시를 한다(운전석 착석 시 좌우 기준).   ☑ 좌
⑤ **최대조향각도** : 좌측 바퀴 : 35°, 우측 바퀴 : 30°를 기록한다.
⑥ **기준값** : 최소 회전 반지름의 기준값 12 m 이하를 기록한다.
⑦ **측정값** : 최소 회전 반지름의 측정값 6.7 m를 기록하며, 반드시 단위를 기록한다.
⑧ **산출 근거** : 최소 회전 반지름 공식에서 산출한 계산식을 기록한다(감독위원이 제시하는 $r$값은 30 cm이다).

$$R = \dfrac{L}{\sin \alpha} + r \quad \therefore R = \dfrac{3.2\,\text{m}}{\sin 30°} + 0.3 = 6.7\,\text{m}$$

- $R$ : 최소 회전 반지름(m)
- $\sin \alpha$ : 우측 바퀴의 조향각도($\sin 30° = 0.5$)
- $L$ : 축거(3.2 m)
- $r$ : 바퀴 접지면 중심과 킹핀 중심과의 거리($r = 30$ cm)

⑨ **판정** : 측정값이 기준값 범위 내에 있으므로 ☑ 양호에 표시한다.
⑩ **득점** : 감독위원이 해당 문항을 채점하고 점수를 기록한다.

※ 축거 및 바퀴의 접지면 중심과 킹핀과의 거리($r$)는 감독위원이 제시한다.
※ 회전 방향은 감독위원이 지정하는 위치의 □에 'V'표시한다.
※ 자동차 검사 기준 및 방법에 의하여 기록·판정한다.
※ 산출 근거에는 단위를 기록하지 않아도 된다.

### 최소 회전 반지름 측정 시 유의사항
❶ 조향각과 축거는 직접 측정하며, 바퀴 접지면 중심과 킹핀 중심과의 거리는 감독위원이 제시하거나 무시하고 계산한다.
❷ 시험 차량은 대부분 승용차로, 최소 회전 반지름 기준값 12 m 이내에 측정되므로 일반적으로 판정은 양호이다.

## 2 축간거리 및 조향각 기준값

| 차 종 | 축 거 | 조향각 | | 회전 반지름 |
|---|---|---|---|---|
| | | 내측 | 외측 | |
| 그랜저 | 2745 mm | 37° | 30°30′ | 5700 mm |
| 쏘나타 | 2700 mm | 39°67′ | 32°21′ | – |
| EF 쏘나타 | 2700 mm | 39.70°±2° | 32.40°±2° | 5000 mm |
| 아반떼 | 2550 mm | 39°17′ | 32°27′ | 5100 mm |
| 아반떼 XD | 2610 mm | 40.1°±2° | 32°45′ | 4550 mm |
| 베르나 | 2440 mm | 33.37°±1°30′ | 35.51° | 4900 mm |
| 오피러스 | 2800 mm | 37° | 30° | 5600 mm |

## 3 최소 회전 반지름 측정 (좌회전 시)

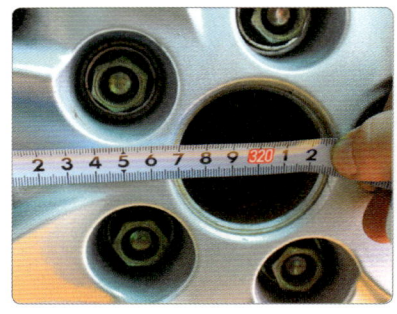

1. 앞바퀴 중심(허브 중심)에 줄자를 맞추고, 뒷바퀴 중심(허브 중심)까지의 거리를 측정한다 (3.2 m).

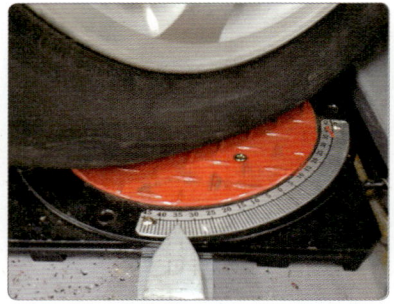

2. 좌회전 시 안쪽(왼쪽) 바퀴의 조향 각도를 측정한다 (35°).

3. 좌회전 시 바깥쪽(오른쪽) 바퀴의 조향각도를 측정한다 (30°).

### 최소 회전 반지름 측정
❶ 보조원이 앞바퀴 중심에 줄자를 대도록 한 후 수검자가 뒷바퀴 중심에 줄자를 대고 축거를 측정한다.
❷ 보조원이 핸들을 좌우로 끝까지 돌리도록 한 후 바깥쪽 바퀴의 최대조향각을 측정한다.
❸ 측정한 축거와 최대조향각을 계산식에 넣어 산출한 후 답안을 작성한다.

### 최소 회전 반지름 판정
최소 회전 반지름을 측정하는 시험 차량은 대부분 승용차로, 최소 회전 반지름 기준값 12 m 이내에 측정되므로 일반적으로 판정은 양호이고 정비 및 조치할 사항은 없다.

# 8안 축전지 비중 및 전압 점검

**전기 2** 주어진 자동차에서 축전지를 감독위원의 지시에 따라 급속 충전한 후 충전된 축전지의 비중과 전압을 측정하여 기록표에 기록·판정하시오.

## 1 축전지 비중과 전압이 규정값 범위 내에 있을 경우

| 항목 | ① 자동차 번호 : | | ② 비번호 | ③ 감독위원 확인 | |
|---|---|---|---|---|---|
| | 측정(또는 점검) | | 판정 및 정비(또는 조치) 사항 | | ⑧ 득점 |
| | ④ 측정값 | ⑤ 규정(정비한계)값 | ⑥ 판정(□에 'V'표) | ⑦ 정비 및 조치할 사항 | |
| 축전지 비중 | 1.210 | 1.260~1.280(1.210~1.230) | ☑ 양호<br>□ 불량 | 정비 및 조치할 사항 없음 | |
| 축전지 전압 | 12.46 V | 12.6 V(12.0 V) 이상 | | | |

① **자동차 번호** : 측정하는 자동차 번호를 기록한다(측정 차량이 1대인 경우 생략할 수 있다).
② **비번호** : 책임관리위원(공단 본부)이 배부한 등번호(비번호)를 기록한다.
③ **감독위원 확인** : 시험 전 또는 시험 후 감독위원이 채점 후 확인한다(날인).
④ **측정값** : 비중계 및 용량 시험기를 사용하여 비중과 전압을 측정한 값을 기록한다.
   • 축전지 비중 : 1.210 • 축전지 전압 : 12.46 V
⑤ **규정(정비한계)값** : 정비지침서를 확인하거나 감독위원이 제시한 규정값을 기록한다.
   • 축전지 비중 : 1.260~1.280(1.210~1.230) • 축전지 전압 : 12.6 V(12.0 V) 이상
⑥ **판정** : 측정값이 규정(정비한계)값 범위 내에 있으므로 ☑ 양호에 표시한다.
⑦ **정비 및 조치할 사항** : 판정이 양호이므로 정비 및 조치할 사항 없음을 기록한다.
⑧ **득점** : 감독위원이 해당 문항을 채점하고 점수를 기록한다.

※ 단위가 누락되거나 틀린 경우는 오답으로 채점한다.

## 2 축전지 비중과 전압이 규정값보다 낮을 경우

| 항목 | 자동차 번호 : | | 비번호 | 감독위원 확인 | |
|---|---|---|---|---|---|
| | 측정(또는 점검) | | 판정 및 정비(또는 조치) 사항 | | 득점 |
| | 측정값 | 규정(정비한계)값 | 판정(□에 'V'표) | 정비 및 조치할 사항 | |
| 축전지 비중 | 1.150 | 1.260~1.280(1.210~1.230) | □ 양호<br>☑ 불량 | 축전지 충전 후 재점검 | |
| 축전지 전압 | 11.85 V | 12.6 V(12.0 V) 이상 | | | |

## 3 축전지 비중 및 전압의 규정값

| 충전 상태 | | 20°C | | 전체(V) 단자전압 | 셀당(V) 단자전압 | 판 정 | 비 고 |
| --- | --- | --- | --- | --- | --- | --- | --- |
| | | A | B | | | | |
| 완전충전 | 100% | 1.260 | 1.280 | 12.6 V 이상 | 2.1 V 이상 | 정상 | 사용 가능 |
| 3/4 충전 | 75% | 1.210 | 1.230 | 12.0 V | 2.0 V | 양호 | |
| 1/3 충전 | 50% | 1.160 | 1.180 | 11.7 V | 1.95 V | 불량 | 충전 요망 |
| 1/4 충전 | 25% | 1.110 | 1.130 | 11.1 V | 1.85 V | 불량 | |
| 완전방전 | 0 | 1.060 | 1.080 | 10.5 V | 1.75 V | 불량 | |

## 4 축전지 비중 및 전압 측정

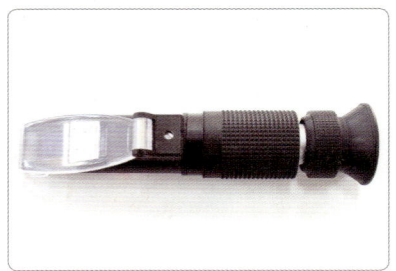

1. 비중계를 준비하여 점검창과 청결 상태를 확인한다.

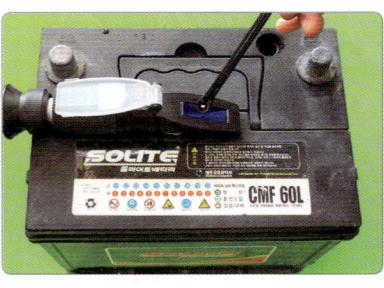

2. 비중계에 전해액을 1~2방울 적신다.

3. 광학식 비중계를 불빛이나 밝은 곳을 향하도록 하고 비중을 확인한다.

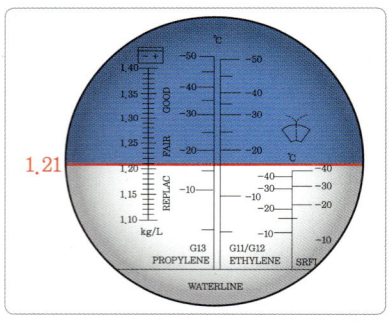

4. 광학식 비중계 눈금을 읽는다. (1.21)

5. 축전지 단자 접촉 상태를 확인한다.

6. 축전지 단자 전압을 확인한다. (12.46 V)

### 축전지 2개 이상 충전 시 결정사항

❶ 충전전압 : 12 V 또는 24 V    ❷ 충전전류 : 급속충전 또는 보통충전    ❸ 직렬연결 또는 병렬연결

# 8안 충전회로 점검

**전기 3**  주어진 자동차에서 충전회로의 고장 부분을 점검한 후 기록표에 기록·판정하시오.

## 1 메인 퓨저블 링크가 단선된 경우

| 항목 | 측정(또는 점검) | | 판정 및 정비(또는 조치) 사항 | | ⑧ 득점 |
|---|---|---|---|---|---|
| | ① 자동차 번호 : | ② 비번호 | ③ 감독위원 확 인 | | |
| | ④ 이상 부위 | ⑤ 내용 및 상태 | ⑥ 판정(□에 'V'표) | ⑦ 정비 및 조치할 사항 | |
| 충전회로 | 메인 퓨저블 링크 | 단선 | ☐ 양호 ☑ 불량 | 메인 퓨저블 링크 교체 후 재점검 | |

① **자동차 번호** : 측정하는 자동차 번호를 기록한다(측정 차량이 1대인 경우 생략할 수 있다).
② **비번호** : 책임관리위원(공단 본부)이 배부한 등번호(비번호)를 기록한다.
③ **감독위원 확인** : 시험 전 또는 시험 후 감독위원이 채점 후 확인한다(날인).
④ **이상 부위** : 충전회로 점검에서 확인된 이상 부위를 기록한다.
  - 이상 부위 : 메인 퓨저블 링크
⑤ **내용 및 상태** : 이상 부위의 내용 및 상태를 기록한다.
  - 내용 및 상태 : 단선
⑥ **판정** : 메인 퓨저블 링크가 단선되었으므로 ☑ 불량에 표시한다.
⑦ **정비 및 조치할 사항** : 판정이 불량이므로 메인 퓨저블 링크 교체 후 재점검을 기록한다.
⑧ **득점** : 감독위원이 해당 문항을 채점하고 점수를 기록한다.

## 2 발전기 커넥터가 탈거된 경우

| 항목 | 측정(또는 점검) | | 판정 및 정비(또는 조치) 사항 | | 득점 |
|---|---|---|---|---|---|
| | 자동차 번호 : | 비번호 | 감독위원 확 인 | | |
| | 이상 부위 | 내용 및 상태 | 판정(□에 'V'표) | 정비 및 조치할 사항 | |
| 충전회로 | 발전기 | 커넥터 탈거 | ☐ 양호 ☑ 불량 | 발전기 커넥터 체결 후 재점검 | |

※ **판정** : 발전기 커넥터가 탈거되었으므로 ☑ 불량에 표시하고, 발전기 커넥터 체결 후 재점검한다.

## 3 충전회로 점검

1. 발전기 팬 벨트 장력을 확인한다.

2. 발전기 B단자 및 배선 커넥터 탈거를 확인한다.

3. 배터리 단자 연결 상태 및 전압을 확인한다.

4. 엔진 룸 정션 박스 메인 퓨저블 링크를 점검한다.

5. 발전기 B단자 출력 전압을 확인한다.

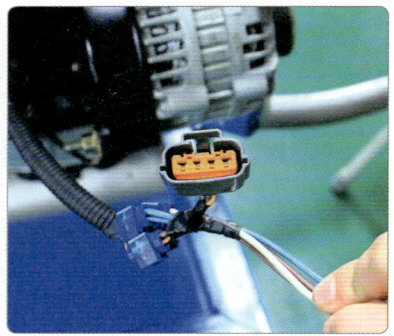
6. 발전기 커넥터 접촉 상태를 확인한다.

### 충전회로가 작동하지 않는 경우 정비 및 조치할 사항
1. 발전기 커넥터 탈거 → 발전기 커넥터 체결
2. 발전기 퓨저블 링크 단선 → 발전기 퓨저블 링크 교체
3. 발전기 퓨즈의 단선 → 발전기 퓨즈의 교체
4. 발전기 구동 벨트의 마모 → 발전기 구동 벨트 교체
5. 발전기 B단자 연결 불량 → 발전기 B단자 체결
6. 발전기 퓨즈의 탈거 → 발전기 퓨즈의 체결
7. 발전기 팬 벨트 장력의 느슨함 → 발전기 팬 벨트 장력 조정

### 충전회로 점검 시 유의사항
1. 점검에 들어가기 전 축전지 배선 체결 상태, 팬 벨트 장력을 확인하고 축전지 전압을 점검한다.
2. 충전회로 점검은 일반적으로 퓨즈, 메인 퓨즈, 점화스위치 배선 B단자가 주요 고장 부위로 출제된다.

## 8안 경음기 음량 측정

**전기 4** 주어진 자동차에서 경음기음을 측정하여 기록표에 기록·판정하시오.

### 1 경음기 음량이 기준값 범위 내에 있을 경우

| 항목 | 측정(또는 점검) | | 판정 (□에 'V'표) | 득점 |
|---|---|---|---|---|
| | ④ 측정값 | ⑤ 기준값 | ⑥ | ⑦ |
| 경음기 음량 | 100 dB | 90 dB 이상<br>110 dB 이하 | ☑ 양호<br>□ 불량 | |

① 자동차 번호: ② 비번호 ③ 감독위원 확인

① **자동차 번호**: 측정하는 자동차 번호를 기록한다(측정 차량이 1대인 경우 생략할 수 있다).
② **비번호**: 책임관리 위원(공단 본부)이 배부한 등번호(비번호)를 기록한다.
③ **감독위원 확인**: 시험 전 또는 시험 후 감독위원이 채점 후 확인한다(날인).
④ **측정값**: 경음기 음량을 측정한 값을 기록한다.
  • 측정값: 100 dB
⑤ **기준값**: 경음기 음량 기준값을 수검자가 암기하여 기록한다.
  • 기준값: 90 dB 이상 110 dB 이하
⑥ **판정**: 측정값이 기준값 범위 내에 있으므로 ☑ 양호에 표시한다.
⑦ **득점**: 감독위원이 해당 문항을 채점하고 점수를 기록한다.

※ 감독위원이 제시한 자동차등록증(차대번호)을 활용하여 차종 및 연식을 적용한다.
※ 자동차 검사기준 및 방법에 의하여 기록·판정한다.  ※ 암소음은 무시한다.

### 2 경음기 음량이 기준값보다 높을 경우

| 항목 | 측정(또는 점검) | | 판정 (□에 'V'표) | 득점 |
|---|---|---|---|---|
| | 측정값 | 기준값 | | |
| 경음기 음량 | 135 dB | 90 dB 이상<br>110 dB 이하 | □ 양호<br>☑ 불량 | |

자동차 번호: 비번호 감독위원 확인

※ 판정: 경음기 음량이 기준값 범위를 벗어났으므로 ☑ 불량에 표시한다.

## 3 경음기 음량 기준값

[2006년 1월 1일 이후 제작된 자동차]

| 자동차 종류 | 소음 항목 | | 경적 소음(dB(C)) |
|---|---|---|---|
| | 경자동차 | | 110 이하 |
| 승용자동차 | 소형, 중형 | | 110 이하 |
| | 중대형, 대형 | | 112 이하 |
| 화물자동차 | 소형, 중형 | | 110 이하 |
| | 대형 | | 112 이하 |

※ 경음기 음량의 크기는 최소 90 dB 이상일 것 [자동차 및 자동차 성능과 기준에 관한 규칙 제53조]

## 4 경음기 음량 측정

1. 음량계 높이를 1.2±0.05 m로, 자동차 전방 2 m가 되도록 설치한다.

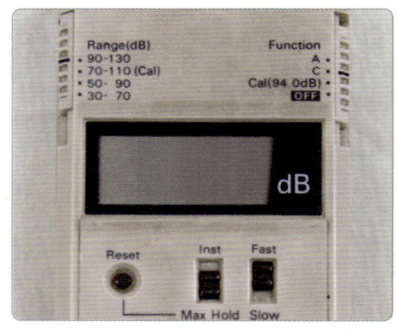

2. 리셋 버튼을 눌러 초기화시킨 후 C 특성, Fast 90~130 dB을 선택한다.

3. 경음기를 3~5초 동안 작동시켜 배출되는 소음 크기의 최댓값을 측정한다(측정값 : 100 dB).

**경음기 음량이 기준값 범위를 벗어난 경우**

❶ 축전지 방전
❷ 경음기 불량
❸ 경음기 릴레이 불량
❹ 경음기 접지 불량
❺ 경음기 음량 조정 불량
❻ 경음기 커넥터 접촉 불량
❼ 경음기 스위치 접촉 불량
❽ 규격품이 아닌 경음기 사용

## 자동차정비 기능사 실기 9안

# 답안지 작성법

| 파트별 | 안별 문제 | 9안 |
|---|---|---|
| 엔진 | 엔진(부품) 분해 조립 | 크랭크축(가솔린 엔진) |
| 엔진 | 측정/답안작성 | 크랭크축 축 방향 엔드 플레이 |
| 엔진 | 시스템 점검/엔진 시동 | 시동회로 |
| 엔진 | 부품 탈거/조립 | 맵 센서(LPG) |
| 엔진 | 자기진단(답안작성) | 스캐너를 이용한 엔진 전자제어 센서(액추에이터) 점검 |
| 엔진 | 차량 검사 측정 | 디젤 매연 |
| 섀시 | 부품 탈거/조립 | 뒤 쇽업소버 |
| 섀시 | 점검/답안작성 | 종감속 기어/백래시 |
| 섀시 | 부품 탈거 작동상태 | 휠 실린더/공기빼기 |
| 섀시 | 점검/답안작성 | ABS 자기진단 |
| 섀시 | 안전기준 검사 | 브레이크 제동력 |
| 전기 | 부품 탈거/조립 작동 확인 | 전조등/조사 방향 |
| 전기 | 측정/답안작성 | 발전기 충전 전류, 전압 |
| 전기 | 전기회로 점검/고장부위 작성 | 에어컨 회로 |
| 전기 | 차량 검사 측정 | 전조등 |

## 9안 크랭크축 방향 유격 점검

**엔진 1** 주어진 가솔린 엔진에서 크랭크축을 탈거(감독위원에게 확인)하고 감독위원의 지시에 따라 기록표의 내용대로 기록·판정한 후 다시 조립하시오.

### 1 크랭크축 방향 유격이 규정값 범위 내에 있을 경우

| 항목 | 측정(또는 점검) | | 판정 및 정비(또는 조치) 사항 | | ⑧ 득점 |
|---|---|---|---|---|---|
| | ① 엔진 번호 : | ② 비번호 | ③ 감독위원 확인 | | |
| | ④ 측정값 | ⑤ 규정(정비한계)값 | ⑥ 판정(□에 'V'표) | ⑦ 정비 및 조치할 사항 | |
| 크랭크축 방향 유격 | 0.08 mm | 0.05~0.18 mm (한계값 0.25 mm) | ☑ 양호<br>□ 불량 | 정비 및 조치할 사항 없음 | |

① **엔진 번호** : 측정하는 엔진 번호를 기록한다(측정 엔진이 1대인 경우 생략할 수 있다).
② **비번호** : 책임관리위원(공단 본부)이 배부한 등번호(비번호)를 기록한다.
③ **감독위원 확인** : 시험 전 또는 시험 후 감독위원이 채점 후 확인한다(날인).
④ **측정값** : 크랭크축 방향 유격을 측정한 값을 기록한다.
　　　• 측정값 : 0.08 mm
⑤ **규정(정비한계)값** : 정비지침서 또는 감독위원이 제시한 규정값을 기록한다.
　　　• 규정값 : 0.05~0.18 mm(한계값 0.25 mm)
⑥ **판정** : 측정값이 규정값 범위 내에 있으므로 ☑ 양호에 표시한다.
⑦ **정비 및 조치할 사항** : 판정이 양호이므로 정비 및 조치할 사항 없음을 기록한다.
⑧ **득점** : 감독위원이 해당 문항을 채점하고 점수를 기록한다.

※ 단위가 누락되거나 틀린 경우는 오답으로 채점한다.

### 2 크랭크축 방향 유격이 규정값보다 클 경우

| 항목 | 측정(또는 점검) | | 판정 및 정비(또는 조치) 사항 | | 득점 |
|---|---|---|---|---|---|
| | 엔진 번호 : | 비번호 | 감독위원 확인 | | |
| | 측정값 | 규정(정비한계)값 | 판정(□에 'V'표) | 정비 및 조치할 사항 | |
| 크랭크축 방향 유격 | 0.30 mm | 0.05~0.18 mm (한계값 0.25 mm) | □ 양호<br>☑ 불량 | 스러스트 베어링 교체 후 재점검 | |

※ **판정** : 측정값이 규정값 범위를 벗어났으므로 ☑ 불량에 표시하고, 스러스트 베어링 교체 후 재점검한다.

## 3 축 방향 유격 규정값

| 차 종 | | 규정값 | 한계값 |
|---|---|---|---|
| EF 쏘나타 | | 0.05~0.25 mm | - |
| 포텐샤 | | 0.08~0.18 mm | 0.30 mm |
| 쏘나타, 엑셀 | | 0.05~0.18 mm | 0.25 mm |
| 세피아 | | 0.08~0.28 mm | 0.3 mm |
| 아반떼 | 1.5 DOHC | 0.05~0.175 mm | - |
| | 1.8 DOHC | 0.06~0.260 mm | - |
| 그레이스 | 디젤(D4BB) | 0.05~0.18 mm | 0.25 mm |
| | LPG(L4CS) | 0.05~0.18 mm | 0.4 mm |

## 4 크랭크축 방향 유격 점검

1. 측정할 크랭크축에 다이얼 게이지를 설치하고, 크랭크축을 엔진 앞쪽으로 최대한 민다.

2. 다이얼 게이지를 0점 조정하고 앞쪽으로 최대한 밀어 눈금을 확인한다(0.04 mm).

3. 다시 반대 방향으로 크랭크축을 밀어 측정값을 확인한다(0.04 mm).
측정값 : 0.04 + 0.04 = 0.08 mm

크랭크축 방향 유격이 규정값 범위를 벗어난 경우 정비 및 조치할 사항
❶ 유격이 클 경우 → 스러스트 베어링 교체
❷ 유격이 작을 경우 → 스러스트 베어링 연마

# 9안 엔진 센서(액추에이터) 점검

**엔진 3**  주어진 자동차에서 LPG 엔진의 맵 센서(공기유량 센서)를 탈거(감독위원에게 확인)한 후 다시 조립하고 감독위원의 지시에 따라 진단기(스캐너)를 사용하여 엔진의 각종 센서(액추에이터)를 점검 후 고장 부분을 기록하시오.

## 1 냉각수온 센서 접지선이 단선된 경우(센서 출력 : 온도)

| | ① 자동차 번호 : | | | ② 비번호 | | ③ 감독위원 확 인 | |
|---|---|---|---|---|---|---|---|
| 항목 | 측정(또는 점검) | | | 판정 및 정비(또는 조치) 사항 | | | ⑨ 득점 |
| | ④ 고장 부위 | ⑤ 측정값 | ⑥ 규정값 | ⑦ 고장 내용 | ⑧ 정비 및 조치할 사항 | | |
| 센서 (액추에이터) 점검 | 냉각수온 센서 (WTS) | -30℃ | 80℃ | 접지선 단선 | 접지선 연결, ECU 기억 소거 후 재점검 | | |

① **자동차 번호** : 측정하는 자동차 번호를 기록한다(측정 차량이 1대인 경우 생략할 수 있다).
② **비번호** : 책임관리위원(공단 본부)이 배부한 등번호(비번호)를 기록한다.
③ **감독위원 확인** : 시험 전 또는 시험 후 감독위원이 채점 후 확인한다(날인).
④ **고장 부위** : 스캐너 자기진단에서 확인된 고장 부위로 냉각수온 센서(WTS)를 기록한다.
⑤ **측정값** : 센서 출력에서 확인된 측정값 -30℃를 기록한다.
⑥ **규정값** : 스캐너 내 규정값을 기록하거나 감독위원이 제시한 규정값 80℃를 기록한다.
⑦ **고장 내용** : 고장 부위 점검으로 확인된 접지선 단선을 기록한다.
⑧ **정비 및 조치할 사항** : 접지선이 단선되었으므로 접지선 연결, ECU 기억 소거 후 재점검을 기록한다.
⑨ **득점** : 감독위원이 해당 문항을 채점하고 점수를 기록한다.

## 2 냉각수온 센서 접지선이 단선된 경우(센서 출력 : 전압)

| | 자동차 번호 : | | | 비번호 | | 감독위원 확 인 | |
|---|---|---|---|---|---|---|---|
| 항목 | 측정(또는 점검) | | | 판정 및 정비(또는 조치) 사항 | | | 득점 |
| | 고장 부위 | 측정값 | 규정값 | 고장 내용 | 정비 및 조치 사항 | | |
| 센서 (액추에이터) 점검 | 냉각수온 센서 (WTS) | 0 V (80℃) | 1.2 V (80℃) | 접지선 단선 | 접지선 연결, ECU 기억 소거 후 재점검 | | |

※ **판정** : 냉각수온 센서 접지선이 단선되었으므로 접지선 연결, ECU 기억 소거 후 재점검한다.

## 3 뉴EF 쏘나타의 냉각수온 센서 기준 전압

| 온 도 | 저 항 | 기준 전압 | 온 도 | 저 항 | 기준 전압 |
|---|---|---|---|---|---|
| -20℃ | 약 16~17 kΩ | 4.8 V | 60℃ | 약 0.5~0.6 kΩ | 1.9 V |
| 0℃ | 약 5~6 kΩ | 4.4 V | 80℃ | 약 0.3 kΩ | 1.2 V |
| 20℃ | 약 2~3 kΩ | 3.6 V | 100℃ | 약 0.1~0.2 kΩ | 0.8 V |

※ 스캐너에 규정값(기준값)이 제시되지 않을 경우 감독위원이 제시한 값을 적용한다.

## 4 엔진 센서 점검

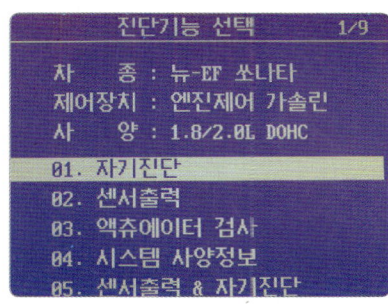

1. 자기진단을 선택한다.

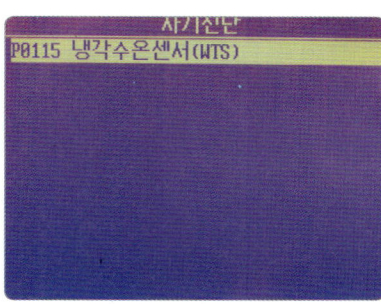

2. 고장 센서가 출력된다(냉각수온 센서 WTS).

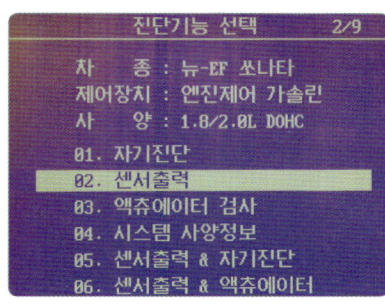

3. 센서출력을 선택한다.

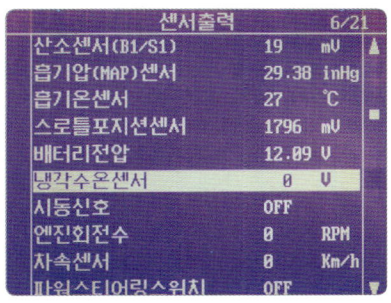

4. 센서 출력값을 확인한다(0 V).

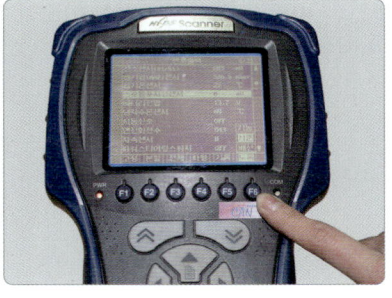

5. 기준값을 확인한다. 감독위원이 제시할 경우 제시한 값으로 한다.

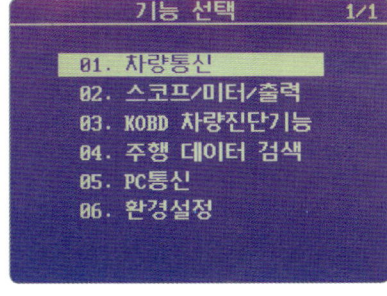

6. 측정이 끝나면 스캐너 시작단계의 위치로 놓는다.

### 고장 부위가 있을 경우 정비 및 조치할 사항

① 과거 기억 소거 불량 → ECU 기억 소거 후 재점검
② 접지선 단선 → 접지선 연결, ECU 기억 소거 후 재점검
③ 커넥터 탈거 → 커넥터 체결, ECU 기억 소거 후 재점검

### 엔진 센서 점검 시 유의사항

① 고장 부위를 확인하고 스캐너 센서 출력에서 측정값을 확인하여 기록표에 작성한다.
② 고장 부위가 2개 이상 출력될 경우 감독위원에게 확인한 후 고장 부위 중 1개를 기록표에 작성한다.

## 9안 디젤 자동차 매연 측정

**엔진 4** 주어진 자동차에서 기록표에 제시된 내용을 측정하고 기록·판정하시오.

### 1 매연 측정값이 기준값 범위 내에 있을 경우 (터보차량, 5% 가산)

| ① 자동차 번호 : | | | | | ② 비번호 | | ③ 감독위원 확인 | |
|---|---|---|---|---|---|---|---|---|
| 측정(또는 점검) | | | | | 산출 근거 및 판정 | | | ⑪ 득점 |
| ④ 차종 | ⑤ 연식 | ⑥ 기준값 | ⑦ 측정값 | ⑧ 측정 | ⑨ 산출 근거(계산) 기록 | | ⑩ 판정 (□에 'ˇ'표) | |
| 화물차 | 2012 | 25% 이하 (터보차량) | 18% | 1회 : 18.3%<br>2회 : 19.7%<br>3회 : 17.4% | $\dfrac{18.3 + 19.7 + 17.4}{3} = 18.46\%$ | | ☑ 양호<br>☐ 불량 | |

① **자동차 번호** : 측정하는 자동차 번호를 기록한다(측정 차량이 1대인 경우 생략할 수 있다).
② **비번호** : 책임관리위원(공단 본부)이 배부한 등번호(비번호)를 기록한다.
③ **감독위원 확인** : 시험 전 또는 시험 후 감독위원이 채점 후 확인한다(날인).
④ **차종** : KN**C**SE0142CS153624(차대번호 3번째 자리 : C) ➡ 화물차
⑤ **연식** : KNCSE0142**C**S153624(차대번호 10번째 자리 : C) ➡ 2012
⑥ **기준값** : 자동차등록증 차대번호의 연식을 확인하고, 터보차량이므로 기준값 20%에 5%를 가산하여 기준값을 기록한다.
　　　　• 기준값 : 25% 이하
⑦ **측정값** : 3회 산출된 값의 평균값을 기록한다(소수점 이하는 버림).
　　　　• 측정값 : 18%
⑧ **측정** : 1회부터 3회까지 측정한 값을 기록한다.
　　　　• 1회 : 18.3%　　• 2회 : 19.7%　　• 3회 : 17.4%
⑨ **산출 근거(계산) 기록** : $\dfrac{18.3 + 19.7 + 17.4}{3} = 18.46\%$
⑩ **판정** : 측정값이 기준값 범위 내에 있으므로 ☑ 양호에 표시한다.
⑪ **득점** : 감독위원이 해당 문항을 채점하고 점수를 기록한다.

※ 감독위원이 제시한 자동차등록증(또는 차대번호)을 활용하여 차종 및 연식을 적용한다.　　※ 측정 및 판정은 무부하 조건으로 한다.
※ 매연 농도를 산술평균하여 소수점 이하는 버린 값으로 기입한다.　　※ 자동차 검사 기준 및 방법에 의하여 기록·판정한다.

### 매연 측정 시 유의사항
엔진을 충분히 워밍업시킨 후 매연을 측정한다(정상온도 70~80 ℃).

## 2 매연 측정값이 기준값보다 클 경우 (터보차량, 5% 가산)

| 자동차 번호 : | | | | | 비번호 | | 감독위원 확 인 | |
|---|---|---|---|---|---|---|---|---|
| 측정(또는 점검) | | | | | 산출 근거 및 판정 | | | 득점 |
| 차종 | 연식 | 기준값 | 측정값 | 측정 | 산출 근거(계산) 기록 | 판정 (□에 'V'표) | | |
| 화물차 | 2012 | 25% 이하 (터보차량) | 51% | 1회 : 50.1% 2회 : 52.3% 3회 : 50.9% | $\frac{50.1 + 52.3 + 50.9}{3} = 51.1\%$ | □ 양호 ☑ 불량 | | |

※ 판정 : 매연 측정값이 기준값 범위를 벗어났으므로 ☑ 불량에 표시한다.

## 3 매연 기준값 (자동차등록증 차대번호 확인)

| 차 종 | | 제 작 일 자 | | 매 연 |
|---|---|---|---|---|
| 경자동차 및 승용자동차 | | 1995년 12월 31일 이전 | | 60% 이하 |
| | | 1996년 1월 1일부터 2000년 12월 31일까지 | | 55% 이하 |
| | | 2001년 1월 1일부터 2003년 12월 31일까지 | | 45% 이하 |
| | | 2004년 1월 1일부터 2007년 12월 31일까지 | | 40% 이하 |
| | | 2008년 1월 1일 이후 | | 20% 이하 |
| 승합·화물·특수자동차 | 소형 | 1995년 12월 31일까지 | | 60% 이하 |
| | | 1996년 1월 1일부터 2000년 12월 31일까지 | | 55% 이하 |
| | | 2001년 1월 1일부터 2003년 12월 31일까지 | | 45% 이하 |
| | | 2004년 1월 1일부터 2007년 12월 31일까지 | | 40% 이하 |
| | | 2008년 1월 1일 이후 | | 20% 이하 |
| | 중형·대형 | 1992년 12월 31일 이전 | | 60% 이하 |
| | | 1993년 1월 1일부터 1995년 12월 31일까지 | | 55% 이하 |
| | | 1996년 1월 1일부터 1997년 12월 31일까지 | | 45% 이하 |
| | | 1998년 1월 1일부터 2000년 12월 31일까지 | 시내버스 | 40% 이하 |
| | | | 시내버스 외 | 45% 이하 |
| | | 2001년 1월 1일부터 2004년 9월 30일까지 | | 45% 이하 |
| | | 2004년 10월 1일부터 2007년 12월 31일까지 | | 40% 이하 |
| | | 2008년 1월 1일 이후 | | 20% 이하 |

# 자 동 차 등 록 증

제2012 - 3854호　　　　　　　　　　　　　　　　　　　최초등록일 : 2012년 03월 07일

| ① 자동차 등록번호 | 08다 1402 | ② 차종 | 화물차(소형) | ③ 용도 | 자가용 |
|---|---|---|---|---|---|
| ④ 차명 | 봉고Ⅲ | ⑤ 형식 및 연식 | 2012 | | |
| ⑥ 차대번호 | KNCSE0142CS153624 | ⑦ 원동기형식 | | | |
| ⑧ 사용자 본거지 | 서울특별시 금천구 번영로 | | | | |

| 소유자 | ⑨ 성명(상호) | 기동찬 | ⑩ 주민(사업자)등록번호 | ******-****** |
|---|---|---|---|---|
| | ⑪ 주소 | 서울특별시 금천구 번영로 | | |

자동차관리법 제8조 규정에 의하여 위와 같이 등록하였음을 증명합니다.

2012년  03월  07일

서울특별시장

● 차대번호 식별방법

차대번호는 총 17자리로 구성되어 있다.

### KNCSE0142CS153624

① 첫 번째 자리는 제작국가(K=대한민국)
② 두 번째 자리는 제작회사(M=현대, N=기아, P=쌍용, L=GM 대우)
③ 세 번째 자리는 자동차 종별(A=승용차, J=승합차, C=화물차, E=전차종)
④⑤ 네, 다섯 번째 자리는 차종 구분(JC=쏘렌토, MA=카니발, SE=봉고Ⅲ)
⑥⑦ 여섯, 일곱 번째 자리는 차체 형상
    (01=초장축·저상·복륜·싱글캡, 03=초장축·저상·복륜·킹캡)
⑧ 여덟 번째 자리는 엔진 형식(1=커먼레일, 3=LPG, 4=디젤, 5=가솔린)
⑨ 아홉 번째 자리는 변속기(2=수동변속기, 3=자동변속기, 5=수동(4륜구동))
⑩ 열 번째 자리는 제작연도(영문 I, O, Q, U, Z 제외)
    J(1988)~Y(2000), 1(2001)~9(2009), A(2010), B(2011), C(2012)~
⑪ 열한 번째 자리는 제작 공장(S=소하리(내수), K=광주(내수), 6=소하리(수출), 7=광주(수출))
⑫ 열두 번째~열일곱 번째 자리는 차량 생산 일련번호

# 9안 종감속 기어 백래시 점검

**섀시 2** 주어진 자동차에서 감독위원의 지시에 따라 종감속 기어의 백래시를 점검하여 기록 · 판정하시오.

## 1 종감속 기어 백래시가 규정값보다 클 경우

| | ① 자동차 번호 : | | ② 비번호 | ③ 감독위원 확 인 | |
|---|---|---|---|---|---|
| 항목 | 측정(또는 점검) | | 판정 및 정비(또는 조치) 사항 | | ⑧ 득점 |
| | ④ 측정값 | ⑤ 규정(정비한계)값 | ⑥ 판정(□에 'V'표) | ⑦ 정비 및 조치할 사항 | |
| 백래시 | 0.28 mm | 0.11~0.16 mm | □ 양호<br>☑ 불량 | 조정 어저스트 스크루로 조정 후 재점검<br>(밖은 조이고 안은 푼다.) | |

① **자동차 번호** : 측정하는 자동차 번호를 기록한다(측정 차량이 1대인 경우 생략할 수 있다).
② **비번호** : 책임관리 위원(공단 본부)이 배부한 등번호(비번호)를 기록한다.
③ **감독위원 확인** : 시험 전 또는 시험 후 감독위원이 채점 후 확인한다(날인).
④ **측정값** : 종감속 기어 백래시를 측정한 값 0.28 mm를 기록한다.
⑤ **규정(정비한계)값** : 정비지침서 또는 감독위원이 제시한 값 0.11~0.16 mm를 기록한다.
⑥ **판정** : 종감속 기어 백래시 측정값이 규정값 범위를 벗어났으므로 ☑ 불량에 표시한다.
⑦ **정비 및 조치할 사항** : 판정이 불량이므로 조정 어저스트 스크루로 조정 후 재점검(밖은 조이고 안은 푼다.)을 기록한다.
⑧ **득점** : 감독위원이 해당 문항을 채점하고 점수를 기록한다.

※ 단위가 누락되거나 틀린 경우는 오답으로 채점한다.

## 2 종감속 기어 백래시가 규정값보다 작을 경우

| | 자동차 번호 : | | 비번호 | 감독위원 확 인 | |
|---|---|---|---|---|---|
| 항목 | 측정(또는 점검) | | 판정 및 정비(또는 조치) 사항 | | 득점 |
| | 측정값 | 규정(정비한계)값 | 판정(□에 'V'표) | 정비 및 조치할 사항 | |
| 백래시 | 0.05 mm | 0.11~0.16 mm | □ 양호<br>☑ 불량 | 조정 어저스트 스크루로 조정 후 재점검<br>(밖은 풀고 안은 조인다.) | |

※ **판정** : 종감속 기어 백래시 측정값이 규정값 범위를 벗어났으므로 ☑ 불량에 표시하고, 조정 어저스트 스크루로 조정 후 재점검한다(밖은 풀고 안은 조인다).

## 3 백래시 규정값

| 차 종 | 링 기어 | |
|---|---|---|
| | 백래시 | 런아웃 |
| 스타렉스 | 0.11~0.16 mm | 0.05 mm 이하 |
| 싼타페 | 0.08~0.13 mm | – |
| 마이티 | 0.20~0.28 mm | 0.05 mm 이하 |
| 그레이스 | 0.11~0.16 mm | 0.05 mm 이하 |

## 4 종감속 기어 백래시 측정

종감속 기어 백래시 측정

1. 링 기어에 다이얼 게이지 스핀들을 설치한 후 0점 조정한다.

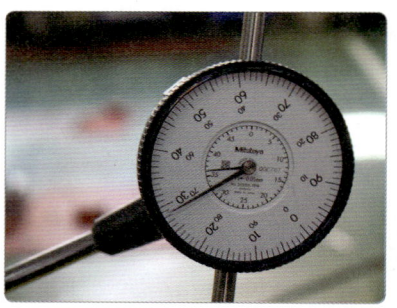

2. 구동 피니언 기어를 고정하고 링 기어를 움직여 백래시를 측정한다. (0.28 mm)

3. 링 기어 후면에 다이얼 게이지를 설치하고 0점 조정한다.

4. 링 기어를 1회전시켜 런아웃을 측정한다(0.02 mm).

> **종감속 기어 백래시 조정 방법**
> ① 백래시 조정은 심으로 조정하는 심 조정식과 조정 나사로 조정하는 조정 나사식이 있다.
> ② 심으로 조정할 경우 바깥쪽 심을 빼고 안쪽 심을 넣어 백래시를 조정한다.
> ③ 링 기어를 안쪽으로 밀고 피니언 기어를 바깥쪽으로 밀면 백래시가 작아지고, 반대로 하면 백래시가 커진다.

# 9안 전자제어 제동장치(ABS) 점검

**섀시 4** 주어진 자동차에서 감독위원의 지시에 따라 진단기(스캐너)로 ABS 장치를 점검하고 기록·판정하시오.

## 1 앞 우측 휠 스피드 센서 커넥터가 탈거된 경우

| 항목 | 측정(또는 점검) | | 판정 및 정비(또는 조치) 사항 | | ⑨ 득점 |
|---|---|---|---|---|---|
| | ① 자동차 번호 : | | ② 비번호 | ③ 감독위원 확인 | |
| | ④ 이상 부위 | ⑤ 내용 및 상태 | ⑥ 판정(□에 'V'표) | ⑦ 정비 및 조치할 사항 | |
| ABS 자기진단 | 앞 우측 휠 스피드 센서 | 커넥터 탈거 | □ 양호<br>☑ 불량 | 앞 우측 휠 스피드 센서 커넥터 체결, ABS ECU 과거 기억 소거 후 재점검 | |

① **자동차 번호** : 측정하는 자동차 번호를 기록한다(측정 차량이 1대인 경우 생략할 수 있다).
② **비번호** : 책임관리위원(공단 본부)이 배부한 등번호(비번호)를 기록한다.
③ **감독위원 확인** : 시험 전 또는 시험 후 감독위원이 채점 후 확인한다(날인).
④ **이상 부위** : 스캐너 자기진단 화면에서 확인된 앞 우측 휠 스피드 센서를 기록한다.
⑤ **내용 및 상태** : 이상 부위의 내용 및 상태로 커넥터 탈거를 기록한다.
⑥ **판정** : 앞 우측 휠 스피드 센서 커넥터가 탈거되었으므로 ☑ **불량**에 표시한다.
⑦ **정비 및 조치할 사항** : 판정이 불량이므로 앞 우측 휠 스피드 센서 커넥터 체결, ABS ECU 과거 기억 소거 후 재점검을 기록한다.
⑧ **득점** : 감독위원이 해당 문항을 채점하고 점수를 기록한다.

## 2 전자제어 제동장치 점검

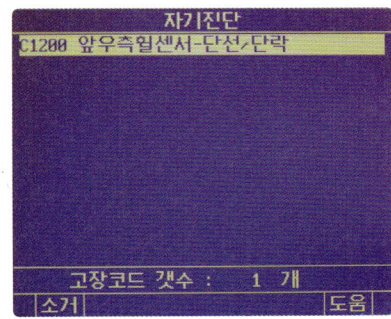
고장 센서 확인(앞 우측 휠 센서)

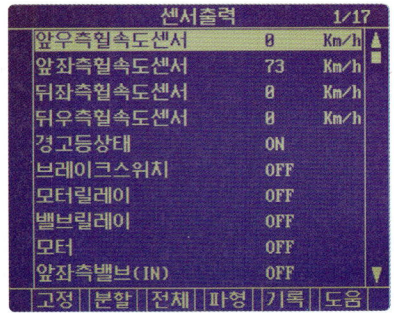
센서 출력값 확인

휠 스피드 센서 커넥터 탈거 확인

# 9안 제동력 측정

**섀시 5**  주어진 자동차에서 감독위원의 지시에 따라 제동력을 측정하여 기록 · 판정하시오.

## 1 제동력 편차와 합이 기준값 범위 내에 있을 경우 (앞바퀴)

| ① 자동차 번호 : | | | | | ② 비번호 | | ③ 감독위원 확 인 | |
|---|---|---|---|---|---|---|---|---|
| 측정(또는 점검) | | | | | 산출 근거 및 판정 | | | ⑨ 득점 |
| ④ 항목 | 구분 | ⑤ 측정값 (kgf) | ⑥ 기준값 (□에 'V'표) | | ⑦ 산출 근거 | | ⑧ 판정 (□에 'V'표) | |
| 제동력 위치 (□에 'V'표) ☑ 앞 □ 뒤 | 좌 | 230 kgf | ☑ 앞 □ 뒤 | 축중의 | 편차 | $\dfrac{260-230}{630} \times 100 = 4.76\%$ | ☑ 양호 □ 불량 | |
| | 우 | 260 kgf | 편차 | 8.0% 이하 | | | | |
| | | | 합 | 50% 이상 | 합 | $\dfrac{230+260}{630} \times 100 = 77.77\%$ | | |

① **자동차 번호** : 측정하는 자동차 번호를 기록한다(측정 차량이 1대인 경우 생략할 수 있다).
② **비번호** : 책임관리위원(공단 본부)이 배부한 등번호(비번호)를 기록한다.
③ **감독위원 확인** : 시험 전 또는 시험 후 감독위원이 채점 후 확인한다(날인).
④ **항목** : 감독위원이 지정하는 축에 ☑ 표시를 한다.   • 위치 : ☑ 앞
⑤ **측정값** : 제동력을 측정한 값을 기록한다.   • 좌 : 230 kgf   • 우 : 260 kgf
⑥ **기준값** : 검사 기준에 의거하여 제동력 편차와 합의 기준값을 기록한다.
   • 편차 : 앞 축중의 8.0% 이하   • 합 : 앞 축중의 50% 이상
⑦ **산출 근거** : 공식에 대입하여 산출한 계산식을 기록한다.
   • 편차 : $\dfrac{260-230}{630} \times 100 = 4.76\%$   • 합 : $\dfrac{230+260}{630} \times 100 = 77.77\%$
⑧ **판정** : 앞바퀴 제동력의 편차와 합이 기준값 범위 내에 있으므로 ☑ 양호에 표시한다.
⑨ **득점** : 감독위원이 해당 문항을 채점하고 점수를 기록한다.

■ **제동력 계산**
• 앞바퀴 제동력의 편차 = $\dfrac{\text{큰 쪽 제동력} - \text{작은 쪽 제동력}}{\text{해당 축중}} \times 100$ ➡ 앞 축중의 8.0% 이하이면 양호
• 앞바퀴 제동력의 총합 = $\dfrac{\text{좌우 제동력의 합}}{\text{해당 축중}} \times 100$ ➡ 앞 축중의 50% 이상이면 양호
※ 측정 차량은 크루즈 1.5 DOHC A/T의 공차 중량(1130 kgf)의 앞(전) 축중(630 kgf)으로 산출하였다.

※ 측정 위치는 감독위원이 지정하는 위치의 □에 'V' 표시한다.   ※ 자동차 검사 기준 및 방법에 의하여 기록 · 판정한다.
※ 측정값의 단위는 시험장비 기준으로 기록한다.   ※ 산출 근거에는 단위를 기록하지 않아도 된다.

## 2 제동력 편차가 기준값보다 클 경우 (앞바퀴)

| 항목 | 구분 | 측정값 (kgf) | 기준값 (□에 'V'표) | | 산출 근거 | 판정 (□에 'V'표) | 득점 |
|---|---|---|---|---|---|---|---|
| 자동차 번호: | | | 비번호 | | | 감독위원 확인 | |
| 측정(또는 점검) | | | | | 산출 근거 및 판정 | | |
| 제동력 위치 (□에 'V'표) ☑ 앞 □ 뒤 | 좌 | 280 kgf | ☑ 앞 □ 뒤 | 축중의 | 편차 $\dfrac{280-130}{630} \times 100 = 23.8\%$ | □ 양호 ☑ 불량 | |
| | 우 | 130 kgf | 편차 | 8.0% 이하 | | | |
| | | | 합 | 50% 이상 | 합 $\dfrac{280+130}{630} \times 100 = 65.0\%$ | | |

■ 제동력 계산

- 앞바퀴 제동력의 편차 = $\dfrac{280-130}{630} \times 100 = 23.8\% > 8\%$ ➡ 불량
- 앞바퀴 제동력의 총합 = $\dfrac{280+130}{630} \times 100 = 65.0\% \geq 50\%$ ➡ 양호

## 3 제동력 측정

제동력 측정

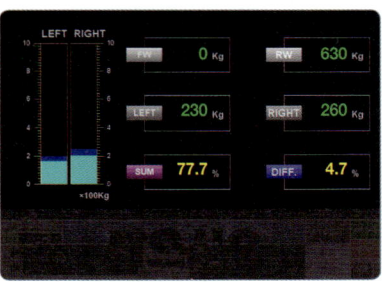

측정값(좌 : 230 kgf, 우 : 260 kgf)

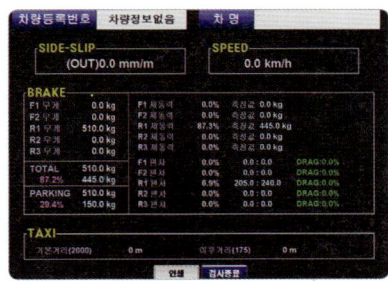

결과 출력

### 제동력 측정 시 유의사항

1. 시험장 여건에 따라 감독위원이 임의의 측정값을 제시한 후 제동력 편차와 합을 계산하기도 한다.
2. 제동력 측정 시 브레이크 페달 압력을 최대한 유지한 상태에서 측정값을 확인한다.
3. 앞 축중 또는 뒤 축중 측정 시 측정 상태를 정확하게 확인한 후 제동력 테스터의 모니터 출력값을 확인한다.
4. 측정이 끝나면 편차와 합을 계산하고 기록표를 작성한 후 감독위원에게 제출한다.

## 9안 발전기 충전 전류, 전압 점검

**전기 2** 주어진 자동차의 발전기에서 충전되는 전류와 전압을 점검한 후 기록표에 기록·판정하시오.

### 1 충전 전류와 충전 전압이 규정값 범위 내에 있을 경우 (전기부하 상태)

| | ① 자동차 번호 : | | ② 비번호 | ③ 감독위원 확인 | |
|---|---|---|---|---|---|
| 항목 | 측정(또는 점검) | | 판정 및 정비(또는 조치) 사항 | | ⑧ 득점 |
| | ④ 측정값 | ⑤ 규정(정비한계)값 | ⑥ 판정(□에 'V'표) | ⑦ 정비 및 조치할 사항 | |
| 충전 전류 | 60.7 A(2500 rpm) | | ☑ 양호<br>□ 불량 | 정비 및 조치할 사항 없음 | |
| 충전 전압 | 14.32 V(2500 rpm) | 13.5~14.8 V(2500 rpm) | | | |

① **자동차 번호** : 측정하는 자동차 번호를 기록한다(측정 차량이 1대인 경우 생략할 수 있다).
② **비번호** : 책임관리위원(공단 본부)이 배부한 등번호(비번호)를 기록한다.
③ **감독위원 확인** : 시험 전 또는 시험 후 감독위원이 채점 후 확인한다(날인).
④ **측정값** : 충전 전류와 충전 전압을 측정한 값을 기록한다.
  • 충전 전류 : 60.7 A(2500 rpm)  • 충전 전압 : 14.32 V(2500 rpm)
⑤ **규정(정비한계)값** : 감독위원이 제시한 값 또는 발전기 뒤(리어 케이스)에 표기된 규정 출력값을 기록한다.
  • 규정값 : 13.5~14.8 V(2500 rpm)
⑥ **판정** : 측정값이 규정값 범위 내에 있으므로 ☑ 양호에 표시한다.
⑦ **정비 및 조치할 사항** : 판정이 양호이므로 정비 및 조치할 사항 없음을 기록한다.
⑧ **득점** : 감독위원이 해당 문항을 채점하고 점수를 기록한다.
※ 규정(한계)값 : 80 A × 0.7 = 56 A ➡ 정격 전류의 70%(56 A) 이상이면 정상이다.

※ 단위가 누락되거나 틀린 경우는 오답으로 채점한다.  ※ 측정(조건)은 감독위원의 지시에 따라 측정한다.

### 2 충전 전류가 규정값보다 낮을 경우 (전기부하를 걸지 않고 엔진 시뮬레이터에서 측정)

| | 자동차 번호 : | | 비번호 | 감독위원 확인 | |
|---|---|---|---|---|---|
| 항목 | 측정(또는 점검) | | 판정 및 정비(또는 조치) 사항 | | 득점 |
| | 측정값 | 규정(정비한계)값 | 판정(□에 'V'표) | 정비 및 조치할 사항 | |
| 충전 전류 | 15 A(2500 rpm) | | □ 양호<br>☑ 불량 | 발전기 교체 후 재점검<br>(스테이터 및 로터<br>브러시 점검) | |
| 충전 전압 | 12 V(2500 rpm) | 13.5~14.8 V(2500 rpm) | | | |

※ 판정 : 충전 전압이 규정값 범위를 벗어났으므로 ☑ 불량에 표시하고, 발전기 교체 후 재점검한다.

### 3 정격 전류 및 출력 전압의 규정값

| 차 종 | 출력 전압 | 정격 전류 | 회전수 |
|---|---|---|---|
| 쏘나타 | 13.5 V | 90 A | 1000~18000 rpm |
| 아반떼 | 13.5 V | 90 A | 1000~18000 rpm |
| 엑센트 | 13.5 V | 75 A | 1000~18000 rpm |
| 엘란트라 | 13.5 V | 85 A | 2500 rpm |
| 엑셀 | 13.5 V | 65 A | 2500 rpm |
| EF 쏘나타 | 13.5 V | 80 A | 2500 rpm |

※ 규정값은 발전기 뒤에 표기된 값 또는 감독위원이 제시한 값을 적용한다.

### 4 충전 전류 및 전압 점검

1. 발전기 뒤에 표기된 전류와 전압을 확인하고(12 V, 80 A), 엔진 회전수를 2500 rpm으로 가속시킨다.
2. 발전기 출력 단자를 측정하여 출력 전압을 확인한다(14.32 V).
3. 발전기 출력 단자(B)에 전류계를 설치하고 전류를 측정한다(60.7 A).

#### 와이퍼가 작동하지 않는 경우 정비 및 조치할 사항
1. 축전지 터미널 연결 불량 → 축전지 터미널 재장착
2. 와이퍼 퓨즈 단선 → 와이퍼 퓨즈 교체
3. 와이퍼 퓨즈 탈거 → 와이퍼 퓨즈 체결
4. 와이퍼 릴레이 불량 → 와이퍼 릴레이 교체
5. 와이퍼 모터 커넥터 탈거 → 와이퍼 모터 커넥터 체결
6. 와이퍼 모터 불량 → 와이퍼 모터 교체

## 9안 에어컨 회로 점검

**전기 3**  주어진 자동차에서 에어컨 회로의 고장 부분을 점검한 후 기록표에 기록·판정하시오.

### 1 트리플 스위치 커넥터가 탈거된 경우

| | ① 자동차 번호 : | | ② 비번호 | | ③ 감독위원 확  인 | |
|---|---|---|---|---|---|---|
| 항목 | 측정(또는 점검) | | 판정 및 정비(또는 조치) 사항 | | | ⑧ 득점 |
| | ④ 이상 부위 | ⑤ 내용 및 상태 | ⑥ 판정(□에 'V'표) | ⑦ 정비 및 조치할 사항 | | |
| 에어컨 회로 | 트리플 스위치 | 커넥터 탈거 | □ 양호<br>☑ 불량 | 트리플 스위치<br>커넥터 체결 후 재점검 | | |

① **자동차 번호** : 측정하는 자동차 번호를 기록한다(측정 차량이 1대인 경우 생략할 수 있다).
② **비번호** : 책임관리위원(공단 본부)이 배부한 등번호(비번호)를 기록한다.
③ **감독위원 확인** : 시험 전 또는 시험 후 감독위원이 채점 후 확인한다(날인).
④ **이상 부위** : 에어컨 회로 점검에서 확인된 이상 부위를 기록한다.
  • 이상 부위 : 트리플 스위치
⑤ **내용 및 상태** : 이상 부위의 내용 및 상태를 기록한다.
  • 내용 및 상태 : 커넥터 탈거
⑥ **판정** : 에어컨 회로 시스템에 이상 부위가 확인되었으므로 ☑ 불량에 표시한다.
⑦ **정비 및 조치할 사항** : 판정이 불량이므로 트리플 스위치 커넥터 체결 후 재점검을 기록한다.
⑧ **득점** : 감독위원이 해당 문항을 채점하고 점수를 기록한다.

### 2 에어컨 컴프레서 커넥터가 탈거된 경우

| | 자동차 번호 : | | 비번호 | | 감독위원 확  인 | |
|---|---|---|---|---|---|---|
| 항목 | 측정(또는 점검) | | 판정 및 정비(또는 조치) 사항 | | | 득점 |
| | 이상 부위 | 내용 및 상태 | 판정(□에 'V'표) | 정비 및 조치할 사항 | | |
| 에어컨 회로 | 에어컨 컴프레서 | 커넥터 탈거 | □ 양호<br>☑ 불량 | 에어컨 컴프레서<br>커넥터 체결 후 재점검 | | |

※ **판정** : 에어컨 컴프레서 커넥터가 탈거되었으므로 ☑ 불량에 표시하고, 에어컨 컴프레서 커넥터 체결 후 재점검한다.

## 3 에어컨 회로 점검

1. 컴프레서 공급 전원을 점검한다.

2. 에어컨 릴레이 및 공급 전원(30 A)을 점검한다.

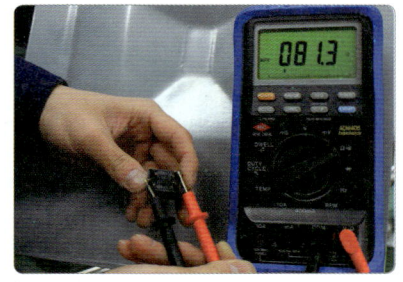

3. 에어컨 릴레이(코일 저항 및 접점 상태)를 점검한다.

4. 트리플 스위치(공급 전압 및 냉매 압력)를 점검한다.

5. 블로어 모터 커넥터 탈거 상태를 점검한다.

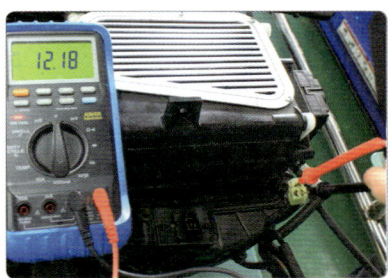

6. 블로어 모터 공급 전압을 점검한다.

7. 블로어 모터 릴레이를 점검한다.

8. 콘덴서 팬 커넥터 탈거 상태를 점검한다.

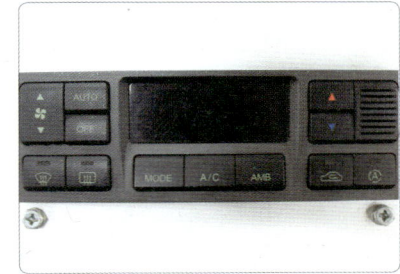

9. 에어컨 스위치를 점검한다.

### 에어컨 컴프레서가 작동되지 않을 경우 정비 및 조치할 사항

① 에어컨 벨트 탈거 → 에어컨 벨트 체결
② 에어컨 릴레이 불량 → 에어컨 릴레이 교체
③ 컴프레서 커넥터 탈거 → 컴프레서 커넥터 체결
④ 에어컨 스위치 불량 → 에어컨 스위치 교체
⑤ 블로어 스위치 불량 → 블로어 스위치 교체
⑥ 콘덴서 팬 커넥터 탈거 → 콘덴서 팬 커넥터 체결
⑦ 블로어 모터 릴레이 탈거 → 블로어 모터 릴레이 체결
⑧ 블로어 모터 불량 → 블로어 모터 교체

# 9안 전조등 광도 측정

**전기 4** 주어진 자동차에서 좌 또는 우측의 전조등을 측정하고 기록표에 기록·판정하시오.

## 1 전조등 광도가 기준값 범위 내에 있을 경우

| ① 자동차 번호 : | | ② 비번호 | | ③ 감독위원 확 인 | |
|---|---|---|---|---|---|
| 측정(또는 점검) | | | | ⑦ 판정 (□에 'V'표) | ⑧ 득점 |
| ④ 구분 | 측정 항목 | ⑤ 측정값 | ⑥ 기준값 | | |
| (□에 'V'표) 위치 : ☑ 좌  □ 우 등식 : □ 2등식  ☑ 4등식 | 광도 | 65000 cd | 12000 cd 이상 | ☑ 양호 □ 불량 | |

① **자동차 번호** : 측정하는 자동차 번호를 기록한다(측정 차량이 1대인 경우 생략할 수 있다).
② **비번호** : 책임관리위원(공단 본부)이 배부한 등번호(비번호)를 기록한다.
③ **감독위원 확인** : 시험 전 또는 시험 후 감독위원이 채점 후 확인한다(날인).
④ **구분** : 감독위원이 지정한 위치와 등식에 ☑ 표시를 한다.    • 위치 : ☑ 좌    • 등식 : ☑ 4등식
⑤ **측정값** : 전조등 광도 측정값 65000 cd를 기록한다.
⑥ **기준값** : 전조등 광도 기준값 12000 cd 이상을 기록한다.
⑦ **판정** : 측정값이 기준값 범위 내에 있으므로 ☑ 양호에 표시한다.
⑧ **득점** : 감독위원이 해당 문항을 채점하고 점수를 기록한다.

※ 측정 위치는 감독위원이 지정하는 위치의 □에 'V' 표시한다.    ※ 자동차 검사 기준 및 방법에 의하여 기록 판정한다.

## 2 전조등 광도가 기준값보다 낮을 경우

| 자동차 번호 : | | 비번호 | | 감독위원 확 인 | |
|---|---|---|---|---|---|
| 측정(또는 점검) | | | | 판정 (□에 'V'표) | 득점 |
| 구분 | 측정 항목 | 측정값 | 기준값 | | |
| (□에 'V'표) 위치 : ☑ 좌  □ 우 등식 : □ 2등식  ☑ 4등식 | 광도 | 9000 cd | 12000 cd 이상 | □ 양호 ☑ 불량 | |

## 3 전조등 광도, 광축 기준값

[자동차관리법 시행규칙 별표15 적용]

| 구 분 | | 기준값 |
|---|---|---|
| 광도 | 2등식 | 15000 cd 이상 |
| | 4등식 | 12000 cd 이상 |
| 좌·우측등 상향 진폭 | | 10 cm 이하 |
| 좌·우측등 하향 진폭 | | 30 cm 이하 |
| 좌우 진폭 | 좌측등 | 좌 : 15 cm 이하<br>우 : 30 cm 이하 |
| | 우측등 | 좌 : 30 cm 이하<br>우 : 30 cm 이하 |

※ 전조등에 좌·우측등이 상향과 하향으로 분리되어 작동되는 것은 4등식이며, 상향과 하향이 하나의 등에서 회로 구성이 되어 작동되는 것은 2등식이다.

## 4 전조등 광도 측정

전조등 테스터 준비

엔진 rpm(2000~2500 rpm)

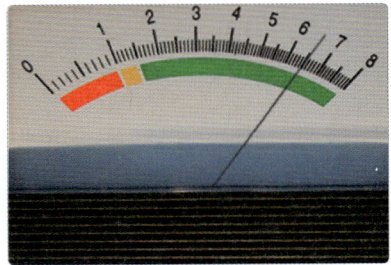

전조등 광도 측정(65000 cd)

### 전조등 광도 측정 시 유의사항

❶ 시험용 차량은 공회전(광도 측정 시 2000 rpm) 상태, 공차 상태, 운전자(관리원) 1인이 승차하여 전조등 상향등(주행)을 점등시킨다.

❷ 시험장 여건에 따라 엔진 시동 OFF 후, DC 컨버터를 축전지에 연결한 다음 측정하기도 한다(엔진 rpm 무시).

### 전조등 테스터 준비사항

❶ 시험 차량의 타이어 공기압, 축전지 충전 상태, 헤드램프의 고정 상태 등이 유지되었는지 확인한다.
❷ 수준기를 보고 전조등 테스터가 수평으로 있는지 확인한다.
❸ 전조등이 테스터 렌즈면에 집중되는 위치까지 이동시키고, 측정하지 않는 램프는 빛 가리개로 가린다.
❹ 시험 차량은 테스터와 3 m 거리를 유지하며 레일에 대하여 직각으로 진입한 후 정지한다.
❺ 테스터의 상하 높이는 조정핸들, 좌우 축선이 전조등의 중앙에 오도록 조정한 후 광도를 측정한다.

## 자동차정비 기능사 실기 10안 답안지 작성법

| 파트별 | 안별 문제 | 10안 |
|---|---|---|
| 엔진 | 엔진(부품) 분해 조립 | 크랭크축(가솔린 엔진) 메인 베어링 |
| 엔진 | 측정/답안작성 | 크랭크축 메인 베어링 오일 간극 |
| 엔진 | 시스템 점검/엔진 시동 | 점화회로 |
| 엔진 | 부품 탈거/조립 | 연료 펌프 |
| 엔진 | 자기진단(답안작성) | 스캐너를 이용한 엔진 전자제어 센서(액추에이터) 점검 |
| 엔진 | 차량 검사 측정 | 가솔린 배기가스 |
| 섀시 | 부품 탈거/조립 | A/T 오일 필터/유온 센서 |
| 섀시 | 점검/답안작성 | 브레이크 페달 유격/작동거리 |
| 섀시 | 부품 탈거 작동 상태 | 파워스티어링 오일 펌프 |
| 섀시 | 점검/답안작성 | ECS 자기진단 |
| 섀시 | 안전기준 검사 | 최소 회전 반지름 |
| 전기 | 부품 탈거/조립 작동 확인 | 에어컨 필터/블로어 모터 |
| 전기 | 측정/답안작성 | 인젝터 코일저항 |
| 전기 | 전기회로 점검/고장부위 작성 | 점화회로 |
| 전기 | 차량 검사 측정 | 경음기 |

## 10안 크랭크축 오일 간극 점검

**엔진 1** 주어진 가솔린 엔진에서 크랭크축과 메인 베어링을 탈거(감독위원에게 확인)하고 감독위원의 지시에 따라 기록표의 내용대로 기록·판정한 후 다시 조립하시오.

### 1 크랭크축 오일 간극이 규정값 범위 내에 있을 경우

| 항목 | ① 엔진 번호 : | | ② 비번호 | | ③ 감독위원 확인 | |
|---|---|---|---|---|---|---|
| | 측정(또는 점검) | | 판정 및 정비(또는 조치) 사항 | | | ⑧ 득점 |
| | ④ 측정값 | ⑤ 규정(정비한계)값 | ⑥ 판정(□에 'V'표) | ⑦ 정비 및 조치할 사항 | | |
| 크랭크축 오일 간극 | 0.038 mm | 0.028~0.046 mm | ☑ 양호<br>□ 불량 | 정비 및 조치할 사항 없음 | | |

① **엔진 번호** : 측정하는 엔진 번호를 기록한다(측정 엔진이 1대인 경우 생략할 수 있다).
② **비번호** : 책임관리위원(공단 본부)이 배부한 등번호(비번호)를 기록한다.
③ **감독위원 확인** : 시험 전 또는 시험 후 감독위원이 채점 후 확인한다(날인).
④ **측정값** : 크랭크축 오일 간극을 측정한 값을 기록한다.
  • 측정값 : 0.038 mm
⑤ **규정(정비한계)값** : 정비지침서 또는 감독위원이 제시한 규정값을 기록한다.
  • 규정값 : 0.028~0.046 mm
⑥ **판정** : 측정값이 규정값 범위 내에 있으므로 ☑ 양호에 표시한다.
⑦ **정비 및 조치할 사항** : 판정이 양호이므로 정비 및 조치할 사항 없음을 기록한다.
⑧ **득점** : 감독위원이 해당 문항을 채점하고 점수를 기록한다.

※ 단위가 누락되거나 틀린 경우는 오답으로 채점한다.

### 2 크랭크축 오일 간극이 규정값보다 클 경우

| 항목 | 엔진 번호 : | | 비번호 | | 감독위원 확인 | |
|---|---|---|---|---|---|---|
| | 측정(또는 점검) | | 판정 및 정비(또는 조치) 사항 | | | 득점 |
| | 측정값 | 규정(정비한계)값 | 판정(□에 'V'표) | 정비 및 조치할 사항 | | |
| 크랭크축 오일 간극 | 0.076 mm | 0.028~0.046 mm | □ 양호<br>☑ 불량 | 메인 저널 메인 베어링 교체 후 재점검 | | |

※ **판정** : 크랭크축 오일 간극이 규정값 범위를 벗어났으므로 ☑ 불량에 표시하고, 메인 저널 메인 베어링 교체 후 재점검한다.

## 3 오일 간극 규정값

| 차 종 | 규정값 | |
|---|---|---|
| 아반떼 XD(1.5 D) | 3번 | 0.028~0.046 mm |
| | 그 외 | 0.022~0.040 mm |
| 베르나(1.5) | 3번 | 0.34~0.52 mm |
| | 그 외 | 0.28~0.46 mm |
| EF 쏘나타(2.0) | 3번 | 0.024~0.042 mm |
| 쏘나타 Ⅱ·Ⅲ | 0.020~0.050 mm | |
| 레간자 | 0.015~0.040 mm | |
| 아반떼 1.5 D | 0.028~0.046 mm | |

## 4 크랭크축 오일 간극 측정

**1.** 메인 저널 위에 플라스틱 게이지를 놓고 규정 토크로 조인다.

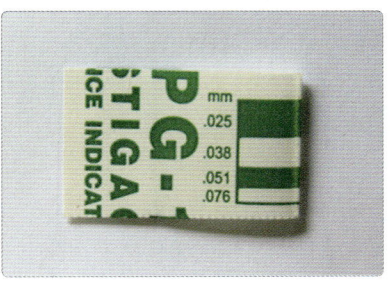

**2.** 플라스틱 게이지(1회 측정)를 준비한다.

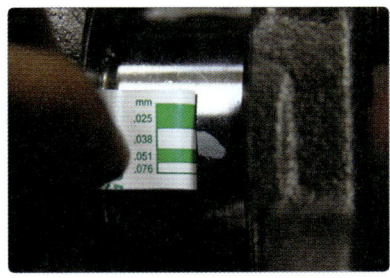

**3.** 크랭크축에 압착된 플라스틱 게이지를 측정한다(0.038 mm).

**크랭크축 오일 간극 측정 시 유의사항**
① 일회용 소모성 측정 게이지인 플라스틱 게이지로 측정하며, 수검자 한 사람씩 측정하도록 게이지가 주어진다.
② 플라스틱 게이지는 크랭크축 위에 놓고 저널 베어링 캡을 규정 토크로 조립한 후, 다시 분해하여 압착된 게이지 폭이 외관 게이지 수치에 가장 근접한 것을 측정값으로 한다.
③ 시험장에 따라 실납으로 측정하는 경우도 있으며, 실납으로 측정 시 압착된 실납 두께를 마이크로미터로 측정한다.

## 10안 엔진 센서(액추에이터) 점검

**엔진 3** 주어진 자동차에서 가솔린 엔진의 연료펌프를 탈거(감독위원에게 확인)한 후 다시 조립하고 감독위원의 지시에 따라 진단기(스캐너)를 사용하여 엔진의 각종 센서(액추에이터)를 점검 후 고장 부분을 기록하시오.

### 1 인젝터 커넥터가 1개 탈거된 경우(4번 인젝터)

| 항목 | ① 자동차 번호 : | | | ② 비번호 | ③ 감독위원 확인 | ⑨ 득점 |
|---|---|---|---|---|---|---|
| | 측정(또는 점검) | | | 판정 및 정비(또는 조치) 사항 | | |
| | ④ 고장 부위 | ⑤ 측정값 | ⑥ 규정값 | ⑦ 고장 내용 | ⑧ 정비 및 조치 사항 | |
| 센서 (액추에이터) 점검 | 인젝터(4번) | 2.2 mS (공회전 rpm) | 1.5~3.5 mS (공회전 rpm) | 커넥터 탈거 (4번 인젝터) | 4번 인젝터 커넥터 체결, ECU 기억 소거 후 재점검 | |

① **자동차 번호** : 측정하는 자동차 번호를 기록한다(측정 차량이 1대인 경우 생략할 수 있다).
② **비번호** : 책임관리위원(공단 본부)이 배부한 등번호(비번호)를 기록한다.
③ **감독위원 확인** : 시험 전 또는 시험 후 감독위원이 채점 후 확인한다(날인).
④ **고장 부위** : 스캐너 자기진단에서 확인된 고장 부위로 인젝터(4번)을 기록한다.
⑤ **측정값** : 스캐너 센서 출력에서 확인된 측정값을 기록한다.
   • 측정값 : 2.2 mS(공회전 rpm)
⑥ **규정값** : 스캐너 내 규정값을 기록하거나 감독위원이 제시한 규정값을 기록한다.
   • 규정값 : 1.5~3.5 mS(공회전 rpm)
⑦ **고장 내용** : 고장 부위 점검으로 확인된 커넥터 탈거(4번 인젝터)를 기록한다.
⑧ **정비 및 조치 사항** : 커넥터가 탈거되었으므로 4번 인젝터 커넥터 체결, ECU 기억 소거 후 재점검을 기록한다.
⑨ **득점** : 감독위원이 해당 문항을 채점하고 점수를 기록한다.

### 2 인젝터 커넥터 2개가 탈거된 경우(2, 3번 인젝터)

| 항목 | 자동차 번호 : | | | 비번호 | 감독위원 확인 | 득점 |
|---|---|---|---|---|---|---|
| | 측정(또는 점검) | | | 판정 및 정비(또는 조치) 사항 | | |
| | 고장 부위 | 측정값 | 규정값 | 고장 내용 | 정비 및 조치할 사항 | |
| 센서 (액추에이터) 점검 | 인젝터(2, 3번) | 3.8 mS (공회전 rpm) | 1.5~3.5 mS (공회전 rpm) | 커넥터 탈거 (2, 3번 인젝터) | 2, 3번 인젝터 커넥터 체결, ECU 기억 소거 후 재점검 | |

## 3 뉴EF 쏘나타의 인젝터 분사량 규정값

| 구 분 | 인젝터 분사량 | 비 고 |
|---|---|---|
| 공회전 시 | 1.5~3.5 mS | 엔진 정상온도 (80℃ 이상) |
| 2500 rpm | 2.0~3.0 mS | |

※ 스캐너에 규정값(기준값)이 제시되지 않을 경우 감독위원이 제시한 값을 적용한다.

## 4 엔진 센서 점검

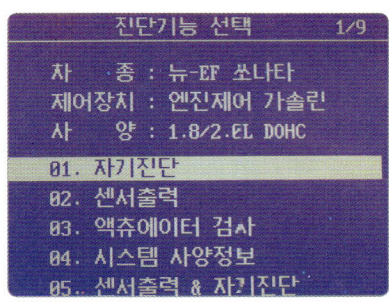

1. 자기진단을 실시한다.

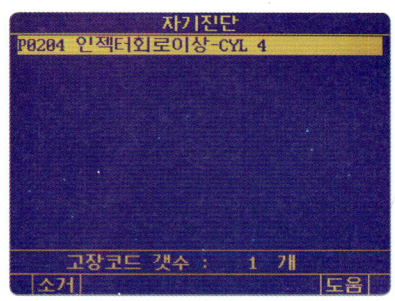

2. 고장 센서가 출력된다(인젝터 회로 이상-4번 실린더).

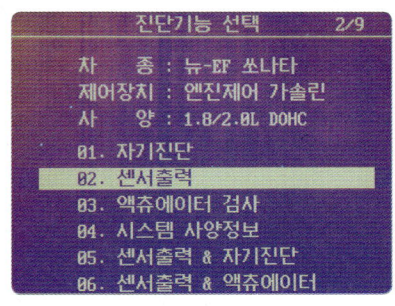

3. 센서출력을 선택한다.

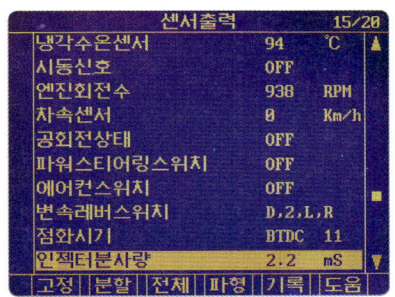

4. 센서 출력값을 확인한다(2.2 mS).

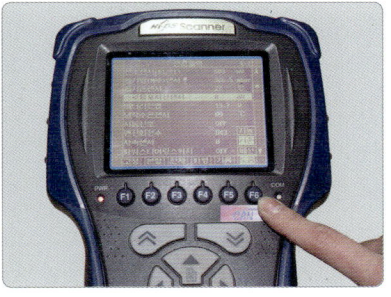

5. 기준값을 확인한다. 감독위원이 제시할 경우 제시한 값으로 한다.

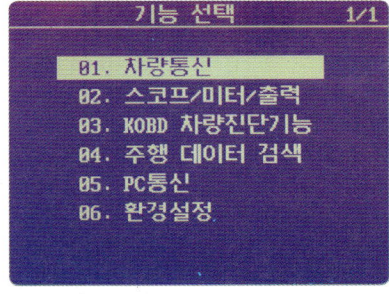

6. 측정이 끝나면 스캐너 시작단계 위치로 놓는다.

### 고장 부위가 있을 경우 정비 및 조치할 사항

❶ 과거 기억 소거 불량 → ECU 기억 소거 후 재점검
❷ 센서 불량 → 센서 교체, ECU 기억 소거 후 재점검
❸ 커넥터 탈거 → 커넥터 체결, ECU 기억 소거 후 재점검

### 엔진 센서 점검 시 유의사항

❶ 고장 부위를 확인하고 스캐너 센서 출력에서 측정값을 확인하여 기록표에 작성한다.
❷ 고장 부위가 2개 이상 출력될 경우 감독위원에게 확인한 후 고장 부위 중 1개를 기록표에 작성한다.

## 10안 가솔린 자동차 배기가스 측정

**엔진 4** 주어진 자동차에서 기록표에 제시된 내용을 측정하고 기록·판정하시오.

### 1 HC 배출량이 기준값보다 높게 측정될 경우

| 측정 항목 | 측정(또는 점검) | | ⑥ 판정<br>(□에 'V'표) | ⑦ 득점 |
| --- | --- | --- | --- | --- |
| | ① 자동차 번호 : | ② 비번호 | ③ 감독위원<br>확 인 | |
| | ④ 측정값 | ⑤ 기준값 | | |
| CO | 0.6% | 1.0% 이하 | □ 양호<br>☑ 불량 | |
| HC | 560 ppm | 120 ppm 이하 | | |

① **자동차 번호** : 측정하는 자동차 번호를 기록한다(측정 차량이 1대인 경우 생략할 수 있다).
② **비번호** : 책임관리위원(공단 본부)이 배부한 등번호(비번호)를 기록한다.
③ **감독위원 확인** : 시험 전 또는 시험 후 감독위원이 채점 후 확인한다(날인).
④ **측정값** : 배기가스를 측정한 값을 기록한다.
　　　　• CO : 0.6%　　• HC : 560 ppm
⑤ **기준값** : 운행 차량의 배출 허용 기준값을 기록한다.
　　　　KMHSJ41BP**A**U753159(차대번호 10번째 자리 : A) ➡ 2010년식
　　　　• CO : 1.0% 이하　　• HC : 120 ppm 이하
⑥ **판정** : 측정값이 기준값 범위를 벗어났으므로 ☑ 불량에 표시한다.
⑦ **득점** : 감독위원이 해당 문항을 채점하고 점수를 기록한다.

※ 감독위원이 제시한 자동차등록증(또는 차대번호)을 활용하여 차종 및 연식을 적용한다.
※ 자동차 검사기준 및 방법에 의하여 기록·판정한다.　※ CO 측정값은 소수 둘째 자리 이하를 버림하여 기입한다.
※ HC 측정값은 소수 첫째 자리 이하를 버림하여 기입한다.

### 2 CO와 HC 배출량이 기준값보다 높게 측정될 경우

| 측정 항목 | 측정(또는 점검) | | 판정<br>(□에 'V'표) | 득점 |
| --- | --- | --- | --- | --- |
| | 자동차 번호 : | 비번호 | 감독위원<br>확　인 | |
| | 측정값 | 기준값 | | |
| CO | 3.4% | 1.0% 이하 | □ 양호<br>☑ 불량 | |
| HC | 880 ppm | 120 ppm 이하 | | |

## 3 배기가스 배출 허용 기준값(CO, HC)  [개정 2015.7.21.]

| 차 종 | | 제작일자 | 일산화탄소 | 탄화수소 | 공기 과잉률 |
|---|---|---|---|---|---|
| 경자동차 | | 1997년 12월 31일 이전 | 4.5% 이하 | 1200 ppm 이하 | 1±0.1 이내<br>기화기식 연료<br>공급장치 부착<br>자동차는<br>1±0.15 이내<br>촉매 미부착<br>자동차는<br>1±0.20 이내 |
| | | 1998년 1월 1일부터<br>2000년 12월 31일까지 | 2.5% 이하 | 400 ppm 이하 | |
| | | 2001년 1월 1일부터<br>2003년 12월 31일까지 | 1.2% 이하 | 220 ppm 이하 | |
| | | 2004년 1월 1일 이후 | 1.0% 이하 | 150 ppm 이하 | |
| 승용자동차 | | 1987년 12월 31일 이전 | 4.5% 이하 | 1200 ppm 이하 | |
| | | 1988년 1월 1일부터<br>2000년 12월 31일까지 | 1.2% 이하 | 220 ppm 이하<br>(휘발유·알코올 자동차)<br>400 ppm 이하<br>(가스자동차) | |
| | | 2001년 1월 1일부터<br>2005년 12월 31일까지 | 1.2% 이하 | 220 ppm 이하 | |
| | | 2006년 1월 1일 이후 | 1.0% 이하 | 120 ppm 이하 | |
| 승합·<br>화물·<br>특수<br>자동차 | 소형 | 1989년 12월 31일 이전 | 4.5% 이하 | 1200 ppm 이하 | |
| | | 1990년 1월 1일부터<br>2003년 12월 31일까지 | 2.5% 이하 | 400 ppm 이하 | |
| | | 2004년 1월 1일 이후 | 1.2% 이하 | 220 ppm 이하 | |
| | 중형·<br>대형 | 2003년 12월 31일 이전 | 4.5% 이하 | 1200 ppm 이하 | |
| | | 2004년 1월 1일 이후 | 2.5% 이하 | 400 ppm 이하 | |

## 4 배기가스 측정

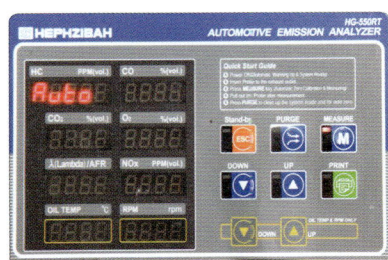

1. MEASURE(측정) : M(측정) 버튼을 누른다.

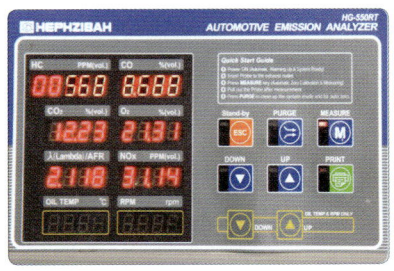

2. 측정한 배기가스를 확인한다.
   HC : 560 ppm, CO : 0.6%

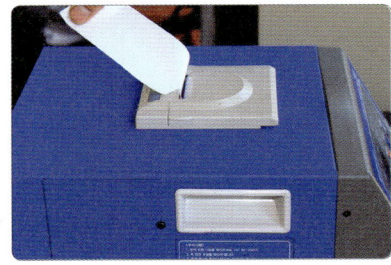

3. 배기가스 측정 결과를 출력한다.

# 자 동 차 등 록 증

제2010 - 03260호 　　　　　　　　　　　　　　　　　최초등록일 : 2010년 08월 05일

| ① 자동차 등록번호 | 08다 1402 | ② 차종 | 승용(중형) | ③ 용도 | 자가용 |
|---|---|---|---|---|---|
| ④ 차명 | 싼타페 | ⑤ 형식 및 연식 | 2010 | | |
| ⑥ 차대번호 | KMHSJ41BPAU753159 | ⑦ 원동기형식 | | | |
| ⑧ 사용자 본거지 | 서울특별시 영등포구 번영로 | | | | |
| 소유자 ⑨ 성명(상호) | 기동찬 | ⑩ 주민(사업자)등록번호 | ******-****** | | |
| ⑪ 주소 | 서울특별시 영등포구 번영로 | | | | |

자동차관리법 제8조 규정에 의하여 위와 같이 등록하였음을 증명합니다.

2010년 08월 05일

서울특별시장

● 차대번호 식별방법

KMHSJ41BPAU753159

① 첫 번째 자리는 제작국가(K=대한민국)
② 두 번째 자리는 제작회사(M=현대, N=기아, P=쌍용, L=GM 대우)
③ 세 번째 자리는 자동차 종별(H=승용차, J=승합차, F=화물차)
④ 네 번째 자리는 차종 구분(S=싼타페, D=아반떼, V=엑센트)
⑤ 다섯 번째 자리는 세부 차종(H=슈퍼디럭스, G=디럭스, F=스탠다드, J=그랜드살롱)
⑥ 여섯 번째 자리는 차체 형상(I=리무진, 2~5=도어 수, 6=쿠페, 8=왜건)
⑦ 일곱 번째 자리는 안전벨트 안전장치(1=액티브 벨트, 2=패시브 벨트)
⑧ 여덟 번째 자리는 엔진형식(배기량) (W=2200 cc, A=1800 cc, B=2000 cc, G=2500 cc)
⑨ 아홉 번째 자리는 기타사항 용도 구분(P=왼쪽 운전석, R=오른쪽 운전석)
⑩ 열 번째 자리는 제작연도(영문 I, O, Q, U, Z 제외)
　　~Y(2000)~4(2004)~7(2007)~A(2010), B(2011)~
⑪ 열한 번째 자리는 제작 공장(A=아산, C=전주, M=인도, U=울산, Z=터키)
⑫ 열두 번째~열일곱 번째 자리는 차량제작 일련번호

## 10안 브레이크 페달 점검

**섀시 2** 주어진 자동차에서 감독위원의 지시에 따라 브레이크 페달의 작동 상태를 점검하여 기록·판정하시오.

### 1 브레이크 페달 높이와 유격이 규정값 범위 내에 있을 경우

| 항목 | ① 자동차 번호 : | | ② 비번호 | | ③ 감독위원 확인 | |
|---|---|---|---|---|---|---|
| | 측정(또는 점검) | | 판정 및 정비(또는 조치) 사항 | | | ⑧ 득점 |
| | ④ 측정값 | ⑤ 규정(정비한계)값 | ⑥ 판정 (□에 'V'표) | ⑦ 정비 및 조치할 사항 | | |
| 브레이크 페달 높이 | 175 mm | 173~179 mm | ☑ 양호<br>□ 불량 | 정비 및 조치할 사항 없음 | | |
| 브레이크 페달 유격 | 5 mm | 3~8 mm | | | | |

① **자동차 번호** : 측정하는 자동차 번호를 기록한다(측정 차량이 1대인 경우 생략할 수 있다).
② **비번호** : 책임관리위원(공단 본부)이 배부한 등번호(비번호)를 기록한다.
③ **감독위원 확인** : 시험 전 또는 시험 후 감독위원이 채점 후 확인한다(날인).
④ **측정값** : 측정값을 기록한다. • 페달 높이 : 175 mm • 페달 유격 : 5 mm
⑤ **규정(정비한계)값** : 측정 차량의 정비지침서 또는 감독위원이 제시한 규정값을 기록한다.
   • 페달 높이 : 173~179 mm • 페달 유격 : 3~8 mm
⑥ **판정** : 브레이크 페달 높이 및 페달 유격을 측정한 값이 규정값 범위 내에 있으므로 ☑ 양호에 표시한다.
⑦ **정비 및 조치할 사항** : 판정이 양호이므로 정비 및 조치할 사항 없음을 기록한다.
⑧ **득점** : 감독위원이 해당 문항을 채점하고 점수를 기록한다.

### 2 브레이크 페달 높이는 규정값 범위 내에 있고, 유격은 클 경우

| 항목 | 자동차 번호 : | | 비번호 | | 감독위원 확인 | |
|---|---|---|---|---|---|---|
| | 측정(또는 점검) | | 판정 및 정비(또는 조치) 사항 | | | 득점 |
| | 측정값 | 규정(정비한계)값 | 판정 (□에 'V'표) | 정비 및 조치할 사항 | | |
| 브레이크 페달 높이 | 176 mm | 173~179 mm | □ 양호<br>☑ 불량 | 마스터 실린더 푸시로드의 길이로 페달 유격 조정 | | |
| 브레이크 페달 유격 | 12 mm | 3~8 mm | | | | |

※ 브레이크 페달 높이가 불량일 경우 브레이크 페달 위 조정 볼트를 시계 방향, 반시계 방향으로 돌려서 높이를 조정한다.

## 3. 페달 높이와 페달 유격 규정값

| 차 종 | 페달 높이 | 페달 유격 | 여유 간극 | 작동 거리 |
|---|---|---|---|---|
| 그랜저 XG | 176±3 mm | 3~8 mm | 44 mm 이상 | 132±3 mm |
| EF 쏘나타 | 176 mm | 3~8 mm | 44 mm 이상 | 132 mm |
| 쏘나타 Ⅲ | 177 mm | 4~10 mm | 44 mm 이상 | 133 mm |
| 아반떼 XD | 170 mm | 3~8 mm | 61 mm 이상 | 128 mm |
| 베르나 | 163.5 mm | 3~8 mm | 50 mm 이상 | 135 mm |

## 4. 브레이크 페달 높이 점검

1. 점검 차량의 브레이크 페달 위치를 확인한 후 운전석 매트를 제거한다.

2. 브레이크 페달 측면에 철자를 대고 브레이크 페달 높이를 측정한다. (176 mm)

3. 브레이크 페달을 저항이 느껴지지 않는 위치까지 지그시 눌러 페달 유격을 측정한다 (12 mm).

### 브레이크 페달 점검 시 유의사항

❶ 브레이크 페달 유격을 점검할 때는 자를 바닥에 밀착시키고 페달과 직각이 되도록 설치하여 측정한다.
❷ 정확한 눈금을 확인하기 위해 사인펜을 사용하여 자의 눈금에 위치를 표시한다.
❸ 작동 거리를 측정할 때는 브레이크 페달을 밟은 상태에서 자의 눈금을 측정한 후 측정 부위를 계산한다.

## 10안 전자제어 현가장치(ECS) 점검

**섀시 4** 주어진 자동차에서 감독위원의 지시에 따라 진단기(스캐너)로 전자제어 현가장치(ECS)를 점검하고 기록·판정하시오.

### 1 앞 우측 액추에이터 커넥터가 탈거된 경우

| | ① 자동차 번호 : | | ② 비번호 | | ③ 감독위원 확 인 | |
|---|---|---|---|---|---|---|
| 항목 | 측정(또는 점검) | | 판정 및 정비(또는 조치) 사항 | | | ⑧ 득점 |
| | ④ 이상 부위 | ⑤ 내용 및 상태 | ⑥ 판정(□에 'V'표) | ⑦ 정비 및 조치할 사항 | | |
| 전자제어 현가장치 자기진단 | 앞 우측 액추에이터 | 커넥터 탈거 | □ 양호<br>☑ 불량 | 앞 우측 액추에이터 커넥터 체결, ECS ECU 과거 기억 소거 후 재점검 | | |

① **자동차 번호** : 측정하는 자동차 번호를 기록한다(측정 차량이 1대인 경우 생략할 수 있다).
② **비번호** : 책임관리위원(공단 본부)이 배부한 등번호(비번호)를 기록한다.
③ **감독위원 확인** : 시험 전 또는 시험 후 감독위원이 채점 후 확인한다(날인).
④ **이상 부위** : 스캐너 자기진단에서 확인된 이상 부위를 기록한다.
　　• 이상 부위 : 앞 우측 액추에이터
⑤ **내용 및 상태** : 이상 부위로 확인된 내용 및 상태를 기록한다.
　　• 내용 및 상태 : 커넥터 탈거
⑥ **판정** : 앞 우측 액추에이터 커넥터가 탈거되었으므로 ☑ 불량에 표시한다.
⑦ **정비 및 조치할 사항** : 판정이 불량이므로 앞 우측 액추에이터 커넥터 체결, ECS ECU 과거 기억 소거 후 재점검 을 기록한다.
⑧ **득점** : 감독위원이 해당 문항을 채점하고 점수를 기록한다.

### 2 앞 좌측 액추에이터 커넥터가 탈거된 경우

| | 자동차 번호 : | | 비번호 | | 감독위원 확 인 | |
|---|---|---|---|---|---|---|
| 항목 | 측정(또는 점검) | | 판정 및 정비(또는 조치) 사항 | | | 득점 |
| | 이상 부위 | 내용 및 상태 | 판정(□에 'V'표) | 정비 및 조치할 사항 | | |
| 전자제어 현가장치 자기진단 | 앞 좌측 액추에이터 | 커넥터 탈거 | □ 양호<br>☑ 불량 | 앞 좌측 액추에이터 커넥터 체결, ECS ECU 과거 기억 소거 후 재점검 | | |

# 10안 제동력 측정

**섀시 5**    주어진 자동차에서 감독위원의 지시에 따라 제동력을 측정하여 기록·판정하시오.

## 1 제동력 편차가 기준값보다 클 경우(뒷바퀴)

| ① 자동차 번호 : | | | | ② 비번호 | | ③ 감독위원 확인 | |
|---|---|---|---|---|---|---|---|
| 측정(또는 점검) | | | | 산출 근거 및 판정 | | | ⑨ 득점 |
| ④ 항목 | 구분 | ⑤ 측정값 (kgf) | ⑥ 기준값 (□에 'V'표) | ⑦ 산출 근거 | | ⑧ 판정 (□에 'V'표) | |
| 제동력 위치 (□에 'V'표) □ 앞 ☑ 뒤 | 좌 | 280 kgf | □ 앞 축중의 ☑ 뒤 | 편차 | $\dfrac{280-220}{500} \times 100 = 12\%$ | □ 양호 ☑ 불량 | |
| | | | 편차 8.0% 이하 | | | | |
| | 우 | 220 kgf | 합 20% 이상 | 합 | $\dfrac{280+220}{500} \times 100 = 100\%$ | | |

① **자동차 번호** : 측정하는 자동차 번호를 기록한다(측정 차량이 1대인 경우 생략할 수 있다).
② **비번호** : 책임관리위원(공단 본부)이 배부한 등번호(비번호)를 기록한다.
③ **감독위원 확인** : 시험 전 또는 시험 후 감독위원이 채점 후 확인한다(날인).
④ **항목** : 감독위원이 지정하는 축에 ☑ 표시를 한다. • 위치 : ☑ 뒤
⑤ **측정값** : 제동력을 측정한 값을 기록한다. • 좌 : 280 kgf • 우 : 220 kgf
⑥ **기준값** : 검사 기준에 의거하여 제동력 편차와 합의 기준값을 기록한다.
       • 편차 : 뒤 축중의 **8.0% 이하**    • 합 : 뒤 축중의 **20% 이상**
⑦ **산출 근거** : 공식에 대입하여 산출한 계산식을 기록한다.
       • 편차 : $\dfrac{280-220}{500} \times 100 = 12\%$    • 합 : $\dfrac{280+220}{500} \times 100 = 100\%$
⑧ **판정** : 뒷바퀴 제동력의 편차가 기준값 범위를 벗어났으므로 ☑ **불량**에 표시한다.
⑨ **득점** : 감독위원이 해당 문항을 채점하고 점수를 기록한다.
※ 측정 차량은 크루즈 1.5 DOHC A/T의 공차중량(1130 kgf)의 뒤(후) 축중(500 kgf)으로 산출하였다.

---

■ **제동력 계산**

• 뒷바퀴 제동력의 편차 = $\dfrac{\text{큰 쪽 제동력} - \text{작은 쪽 제동력}}{\text{해당 축중}} \times 100$ ➡ 뒤 축중의 8.0% 이하이면 양호

• 뒷바퀴 제동력의 총합 = $\dfrac{\text{좌우 제동력의 합}}{\text{해당 축중}} \times 100$ ➡ 뒤 축중의 20% 이상이면 양호

※ 측정 위치는 감독위원이 지정하는 위치의 □에 'V' 표시한다.    ※ 자동차 검사 기준 및 방법에 의하여 기록·판정한다.
※ 측정값의 단위는 시험장비 기준으로 기록한다.    ※ 산출 근거에는 단위를 기록하지 않아도 된다.

## 2 제동력 편차와 합이 기준값 범위 내에 있을 경우 (뒷바퀴)

| 자동차 번호 : | | | | 비번호 | | 감독위원 확인 | | |
|---|---|---|---|---|---|---|---|---|
| 측정(또는 점검) | | | | 산출 근거 및 판정 | | | | 득점 |
| 항목 | 구분 | 측정값(kgf) | 기준값 (□에 'V'표) | | 산출 근거 | | 판정 (□에 'V'표) | |
| 제동력 위치 (□에 'V'표) □ 앞 ✔ 뒤 | 좌 | 200 kgf | □ 앞 ✔ 뒤 | 축중의 | 편차 | $\dfrac{220-200}{500} \times 100 = 4\%$ | ✔ 양호 □ 불량 | |
| | | | 편차 | 8.0% 이하 | | | | |
| | 우 | 220 kgf | 합 | 20% 이상 | 합 | $\dfrac{220+200}{500} \times 100 = 84\%$ | | |

■ 제동력 계산

- 뒷바퀴 제동력의 편차 = $\dfrac{220-200}{500} \times 100 = 4\% \leq 8.0\%$ ➡ 양호
- 뒷바퀴 제동력의 총합 = $\dfrac{220+200}{500} \times 100 = 84\% \geq 20\%$ ➡ 양호

## 3 제동력 측정

제동력 측정

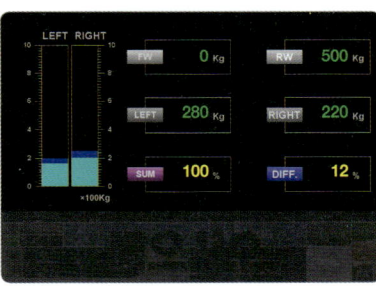

측정값(좌 : 280 kgf, 우 : 220 kgf)

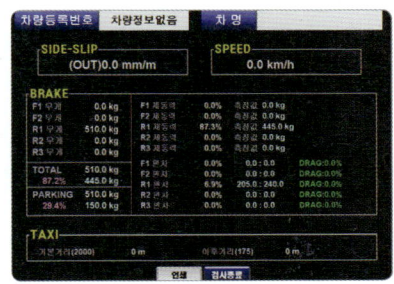

결과 출력

### 제동력 측정 시 유의사항

❶ 시험장 여건에 따라 감독위원이 임의의 측정값을 제시한 후 제동력 편차와 합을 계산하기도 한다.
❷ 제동력 측정 시 브레이크 페달을 최대 압력으로 유지한 상태에서 확인한다.
❸ 앞 축중 또는 뒤 축중 측정 시 측정 상태를 정확하게 확인한 후 제동력 테스터의 모니터 출력값을 확인한다.
❹ 측정이 끝나면 편차와 합을 계산하고 기록표를 작성한 후 감독위원에게 제출한다.

# 10안 인젝터 코일 저항 점검

**전기 2** 주어진 자동차에서 엔진의 인젝터 코일 저항(1개)을 점검하여 솔레노이드 밸브의 이상 유무를 확인한 후 기록표에 기록·판정하시오.

## 1 인젝터 코일 저항이 규정값 범위 내에 있을 경우

| | ① 자동차 번호 : | | ② 비번호 | ③ 감독위원 확 인 | |
|---|---|---|---|---|---|
| 항목 | 측정(또는 점검) | | 판정 및 정비(또는 조치) 사항 | | ⑧ 득점 |
| | ④ 측정값 | ⑤ 규정(정비한계)값 | ⑥ 판정(□에 'V'표) | ⑦ 정비 및 조치할 사항 | |
| 인젝터 저항 | 13 Ω (20℃) | 13~16 Ω (20℃) | ☑ 양호<br>□ 불량 | 정비 및 조치할 사항 없음 | |

① **자동차 번호** : 측정하는 자동차 번호를 기록한다(측정 차량이 1대인 경우 생략할 수 있다).
② **비번호** : 책임관리위원(공단 본부)이 배부한 등번호(비번호)를 기록한다.
③ **감독위원 확인** : 시험 전 또는 시험 후 감독위원이 채점 후 확인한다(날인).
④ **측정값** : 측정한 인젝터 코일 저항값을 기록한다.
  • 측정값 : 13 Ω (20℃)
⑤ **규정(정비한계) 값** : 정비지침서 또는 감독위원이 제시한 규정값을 기록한다.
  • 규정값 : 13~16 Ω (20℃)
⑥ **판정** : 인젝터 코일 저항 측정값이 규정값 범위 내에 있으므로 ☑ 양호에 표시한다.
⑦ **정비 및 조치할 사항** : 판정이 양호이므로 정비 및 조치할 사항 없음을 기록한다.
⑧ **득점** : 감독위원이 해당 문항을 채점하고 점수를 기록한다.

※ 단위가 누락되거나 틀린 경우는 오답으로 채점한다.

## 2 인젝터 코일 저항이 규정값보다 낮을 경우

| | 자동차 번호 : | | 비번호 | 감독위원 확 인 | |
|---|---|---|---|---|---|
| 항목 | 측정(또는 점검) | | 판정 및 정비(또는 조치) 사항 | | 득점 |
| | 측정값 | 규정(정비한계)값 | 판정(□에 'V'표) | 정비 및 조치할 사항 | |
| 인젝터 저항 | 5 Ω (20℃) | 13~16 Ω (20℃) | □ 양호<br>☑ 불량 | 인젝터 교체 후 재점검 | |

※ **판정** : 인젝터 코일 저항 측정값이 규정값 범위를 벗어났으므로 ☑ 불량에 표시하고, 인젝터 교체 후 재점검한다.

## 3 인젝터 저항 및 분사시간 규정값

| 차 종 | 저 항(20℃) | 분사시간 |
|---|---|---|
| 쏘나타 | 13~16 Ω | 2.5~4.0 (공회전) |
| EF 쏘나타 | 13~16 Ω | 3.0~3.5 (800±100 rpm) |
| 그랜저 | 13~16 Ω | 2.0~2.2 (800±100 rpm) |
| 아반떼 | 14.5±0.35 Ω | 3.0~5.0 (700±100 rpm) |

## 4 인젝터 코일 저항 측정

1. 점검할 인젝터를 확인한다.

2. 인젝터 커넥터를 탈거한다.

3. 멀티 테스터로 인젝터 단자에서 저항값을 측정한다(13 Ω).

### 인젝터 코일 저항이 규정값 범위를 벗어난 경우 정비 및 조치할 사항
- ❶ 코일 내부 저항 증가 → 인젝터 교체
- ❷ 코일 내부 단락 → 인젝터 교체
- ❸ 코일과 단자 간 단락 → 인젝터 교체
- ❹ 코일과 단자 간 접촉 불량 → 인젝터 교체

### 인젝터 코일 저항 측정 시 유의사항
- ❶ 1~4번 인젝터 중 감독위원이 지정한 인젝터 코일 저항을 측정한다.
- ❷ 온도에 따라 인젝터 저항 규정값이 변하므로 반드시 제시된 온도를 확인하고 기록한다.
- ❸ 인젝터 저항 측정 시 멀티 테스터 팁을 인젝터 단자에 정확하게 접속시켜 저항값이 정확하게 측정되도록 한다.

## 10안 점화회로 점검

**전기 3** 주어진 자동차에서 점화회로의 고장 부분을 점검한 후 기록표에 기록·판정하시오.

### 1 크랭크각 센서 커넥터가 탈거된 경우

| 항목 | ① 자동차 번호 : | | ② 비번호 | | ③ 감독위원 확 인 | ⑧ 득점 |
|---|---|---|---|---|---|---|
| | 측정(또는 점검) | | 판정 및 정비(또는 조치) 사항 | | | |
| | ④ 이상 부위 | ⑤ 내용 및 상태 | ⑥ 판정(□에 'V'표) | ⑦ 정비 및 조치할 사항 | | |
| 점화회로 | 크랭크각 센서 | 커넥터 탈거 | □ 양호<br>☑ 불량 | 크랭크각 센서 커넥터 체결 후 재점검 | | |

① **자동차 번호** : 측정하는 자동차 번호를 기록한다(측정 차량이 1대인 경우 생략할 수 있다).
② **비번호** : 책임관리위원(공단 본부)이 배부한 등번호(비번호)를 기록한다.
③ **감독위원 확인** : 시험 전 또는 시험 후 감독위원이 채점 후 확인한다(날인).
④ **이상 부위** : 점화회로를 점검하고 확인된 이상 부위로 크랭크각 센서를 기록한다.
⑤ **내용 및 상태** : 이상 부위의 내용 및 상태로 커넥터 탈거를 기록한다.
⑥ **판정** : 점화회로 내 크랭크각 센서 커넥터가 탈거되었으므로 ☑ 불량에 표시한다.
⑦ **정비 및 조치할 사항** : 판정이 불량이므로 크랭크각 센서 커넥터 체결 후 재점검을 기록한다.
⑧ **득점** : 감독위원이 해당 문항을 채점하고 점수를 기록한다.

### 2 점화코일 커넥터가 탈거된 경우 (2, 3번)

| 항목 | 자동차 번호 : | | 비번호 | | 감독위원 확 인 | 득점 |
|---|---|---|---|---|---|---|
| | 측정(또는 점검) | | 판정 및 정비(또는 조치) 사항 | | | |
| | 이상 부위 | 내용 및 상태 | 판정(□에 'V'표) | 정비 및 조치할 사항 | | |
| 점화회로 | 점화코일(2, 3번) | 커넥터 탈거 | □ 양호<br>☑ 불량 | 점화코일(2, 3번) 커넥터 체결 후 재점검 | | |

**점화회로가 작동되지 않는 경우 정비 및 조치할 사항**
❶ 점화코일 퓨즈 단선 → 점화코일 퓨즈 교체
❷ 점화코일 커넥터 탈거 → 점화코일 커넥터 체결
❸ 점화플러그 불량 → 점화플러그 교체
❹ 크랭크각 센서 커넥터 탈거 → 크랭크각 센서 커넥터 체결

# 10안 경음기 음량 측정

**전기 4**  주어진 자동차에서 경음기음을 측정하여 기록표에 기록·판정하시오.

## 1 경음기 음량이 기준값 범위 내에 있을 경우

| 항목 | ① 자동차 번호 : | | ② 비번호 | ③ 감독위원<br>확　인 | |
|---|---|---|---|---|---|
| | 측정(또는 점검) | | ⑥ 판정<br>(□에 'V'표) | | ⑦ 득점 |
| | ④ 측정값 | ⑤ 기준값 | | | |
| 경음기 음량 | 108 dB | 90 dB 이상<br>110 dB 이하 | ☑ 양호<br>□ 불량 | | |

① **자동차 번호** : 측정하는 자동차 번호를 기록한다(측정 차량이 1대인 경우 생략할 수 있다).
② **비번호** : 책임관리위원(공단 본부)이 배부한 등번호(비번호)를 기록한다.
③ **감독위원 확인** : 시험 전 또는 시험 후 감독위원이 채점 후 확인한다(날인).
④ **측정값** : 경음기 음량을 측정한 값을 기록한다.
　　• 측정값 : 108 dB
⑤ **기준값** : 경음기 음량 기준값을 수검자가 암기하여 기록한다.
　　• 기준값 : 90 dB 이상 110 dB 이하
⑥ **판정** : 측정값이 기준값 범위 내에 있으므로 ☑ 양호에 표시한다.
⑦ **득점** : 감독위원이 해당 문항을 채점하고 점수를 기록한다.

※ 감독위원이 제시한 자동차등록증(차대번호)을 활용하여 차종 및 연식을 적용한다.
※ 자동차 검사기준 및 방법에 의하여 기록·판정한다.　　※ 암소음은 무시한다.

## 2 경음기 음량이 기준값보다 높을 경우

| 항목 | 자동차 번호 : | | 비번호 | 감독위원<br>확　인 | |
|---|---|---|---|---|---|
| | 측정(또는 점검) | | 판정<br>(□에 'V'표) | | 득점 |
| | 측정값 | 기준값 | | | |
| 경음기 음량 | 142 dB | 90 dB 이상<br>110 dB 이하 | □ 양호<br>☑ 불량 | | |

※ 판정 : 경음기 음량이 기준값 범위를 벗어났으므로 ☑ 불량에 표시한다.

## 3 경음기 음량 기준값

[2006년 1월 1일 이후 제작된 자동차]

| 자동차 종류 | 소음 항목 | 경적 소음(dB(C)) |
|---|---|---|
| 경자동차 | | 110 이하 |
| 승용자동차 | 소형, 중형 | 110 이하 |
| 승용자동차 | 중대형, 대형 | 112 이하 |
| 화물자동차 | 소형, 중형 | 110 이하 |
| 화물자동차 | 대형 | 112 이하 |

※ 경음기 음량의 크기는 최소 90 dB 이상일 것 [자동차 및 자동차 성능과 기준에 관한 규칙 제53조]

## 4 경음기 음량 측정

 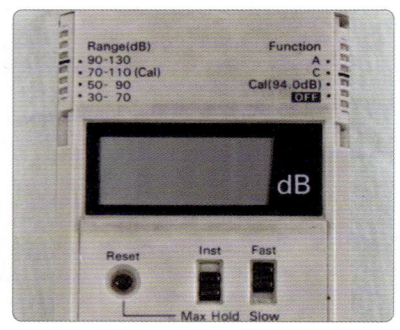 

1. 음량계 높이를 1.2±0.05 m로, 자동차 전방 2 m가 되도록 설치한다.
2. 리셋 버튼을 눌러 초기화시킨 후 C 특성, Fast 90~130 dB을 선택한다.
3. 경음기를 5초 동안 작동시켜 배출되는 소음 크기의 최댓값을 측정한다(측정값 : 108 dB).

**경음기 음량이 기준값 범위를 벗어난 경우**
1. 축전지 방전
2. 경음기 불량
3. 경음기 릴레이 불량
4. 경음기 접지 불량
5. 경음기 음량 조정 불량
6. 경음기 커넥터 접촉 불량
7. 경음기 스위치 접촉 불량
8. 규격품이 아닌 경음기 사용

# 자동차정비 기능사 실기 11안

## 답안지 작성법

| 파트별 | 안별 문제 | 11안 |
|---|---|---|
| 엔진 | 엔진(부품) 분해 조립 | 실린더 헤드 캠축 |
| | 측정/답안작성 | 캠축 휨 |
| | 시스템 점검/엔진 시동 | 연료계통 회로 |
| | 부품 탈거/조립 | 연료 펌프 |
| | 자기진단(답안작성) | 스캐너를 이용한 엔진 전자제어 센서(액추에이터) 점검 |
| | 차량 검사 측정 | 디젤 매연 |
| 섀시 | 부품 탈거/조립 | 추진축 |
| | 점검/답안작성 | 토(toe) |
| | 부품 탈거 작동 상태 | ABS 브레이크 패드 |
| | 점검/답안작성 | ABS 자기진단 |
| | 안전기준 검사 | 브레이크 제동력 |
| 전기 | 부품 탈거/조립 작동 확인 | 전동 팬 |
| | 측정/답안작성 | 크랭킹 전압 |
| | 전기회로 점검/고장부위 작성 | 제동등 및 미등 회로 |
| | 차량 검사 측정 | 전조등 |

## 11안 캠축의 휨 점검

**엔진 1** 주어진 DOHC 가솔린 엔진에서 실린더 헤드와 캠축을 탈거(감독위원에게 확인)하고 감독위원의 지시에 따라 기록표의 내용대로 기록·판정한 후 다시 조립하시오.

### 1 캠축 휨 측정값이 규정값 범위 내에 있을 경우

| 항목 | 측정(또는 점검) | | 판정 및 정비(또는 조치) 사항 | | ⑧ 득점 |
|---|---|---|---|---|---|
| | ① 엔진 번호 : | | ② 비번호 | ③ 감독위원 확 인 | |
| | ④ 측정값 | ⑤ 규정(정비한계)값 | ⑥ 판정(□에 'V'표) | ⑦ 정비 및 조치할 사항 | |
| 캠축 휨 | 0.01 mm | 0.02 mm 이하 | ☑ 양호<br>□ 불량 | 정비 및 조치할 사항 없음 | |

① **엔진 번호** : 측정하는 엔진 번호를 기록한다(측정 엔진이 1대인 경우 생략할 수 있다).
② **비번호** : 책임관리위원(공단 본부)이 배부한 등번호(비번호)를 기록한다.
③ **감독위원 확인** : 시험 전 또는 시험 후 감독위원이 채점 후 확인한다(날인).
④ **측정값** : 캠축 휨을 측정한 값을 기록한다.
　　• 측정값 : 0.01 mm
⑤ **규정(정비한계)값** : 정비지침서 또는 감독위원이 제시한 규정값을 기록한다.
　　• 규정값 : 0.02 mm 이하
⑥ **판정** : 캠축 휨 측정값이 규정값 범위 내에 있으므로 ☑ 양호에 표시한다.
⑦ **정비 및 조치할 사항** : 판정이 양호이므로 정비 및 조치할 사항 없음을 기록한다.
⑧ **득점** : 감독위원이 해당 문항을 채점하고 점수를 기록한다.

※ 단위가 누락되거나 틀린 경우는 오답으로 채점한다.

### 2 캠축 휨 측정값이 규정값보다 클 경우

| 항목 | 측정(또는 점검) | | 판정 및 정비(또는 조치) 사항 | | 득점 |
|---|---|---|---|---|---|
| | 엔진 번호 : | | 비번호 | 감독위원 확 인 | |
| | 측정값 | 규정(정비한계)값 | 판정(□에 'V'표) | 정비 및 조치할 사항 | |
| 캠축 휨 | 0.03 mm | 0.02 mm 이하 | □ 양호<br>☑ 불량 | 캠축 교체 | |

※ **판정** : 캠축 휨 측정값이 규정값 범위를 벗어났으므로 ☑ 불량에 표시하고, 캠축을 교체한다.

### 3 캠축 휨 측정값이 없을 경우

| 항목 | 엔진 번호 : | | 비번호 | | 감독위원 확 인 | |
|---|---|---|---|---|---|---|
| | 측정(또는 점검) | | 판정 및 정비(또는 조치) 사항 | | | 득점 |
| | 측정값 | 규정(정비한계)값 | 판정(□에 'V'표) | 정비 및 조치할 사항 | | |
| 캠축 휨 | 0.0 mm | 0.02 mm 이하 | ☑ 양호<br>□ 불량 | 정비 및 조치할 사항 없음 | | |

### 4 캠축 휨 규정값

| 차 종 | 규정값 | 차 종 | 규정값 |
|---|---|---|---|
| 그랜저 | 0.02 mm 이하 | 세피아 | 0.03 mm 이하 |
| 쏘나타 | 0.02 mm 이하 | 프라이드 | 0.03 mm 이하 |
| 엑센트 | 0.02 mm 이하 | 크레도스 | 0.03 mm 이하 |

### 5 캠축 휨 측정

캠축 휨 측정

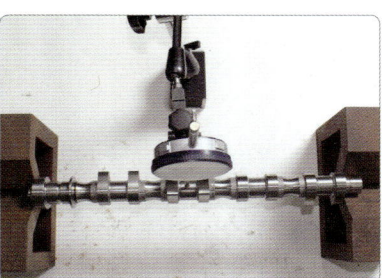

1. 다이얼 게이지를 직각으로 설치하고 0점 조정 후 캠축을 1회전시킨다.

2. 측정 게이지값 0.06 mm의 1/2이 측정값이다 (0.03 mm).

#### 캠축 휨 측정
캠축 휨을 측정할 때 측정 게이지 눈금의 1/2이 측정값이 된다.

#### 캠축 휨 점검 시 유의사항
❶ 캠축을 회전시킬 때 축이 측정부에서 이탈하지 않도록 천천히 회전시키며 측정한다.
❷ 센터 저널에 다이얼 게이지 스핀들을 직각으로 설치한다.

# 11안 엔진 센서(액추에이터) 점검

**엔진 3** 주어진 자동차에서 엔진의 연료 펌프를 탈거(감독위원에게 확인)한 후 다시 조립하고 감독위원의 지시에 따라 진단기(스캐너)를 사용하여 엔진의 각종 센서(액추에이터)를 점검 후 고장 부분을 기록하시오.

## 1 스로틀 포지션 센서 커넥터가 탈거된 경우 1

| 항목 | ① 자동차 번호 : | | | ② 비번호 | ③ 감독위원 확 인 | ⑨ 득점 |
|---|---|---|---|---|---|---|
| | 측정(또는 점검) | | | 판정 및 정비(또는 조치) 사항 | | |
| | ④ 고장 부위 | ⑤ 측정값 | ⑥ 규정값 | ⑦ 고장 내용 | ⑧ 정비 및 조치할 사항 | |
| 센서 (액추에이터) 점검 | 스로틀 포지션 센서(TPS) | 0 mV | 0.4~0.8 V (공회전 rpm, 스로틀 밸브 닫힘) | 커넥터 탈거 | TPS 커넥터 체결, ECU 기억 소거 후 재점검 | |

① **자동차 번호** : 측정하는 자동차 번호를 기록한다(측정 차량이 1대인 경우 생략할 수 있다).
② **비번호** : 책임관리위원(공단 본부)이 배부한 등번호(비번호)를 기록한다.
③ **감독위원 확인** : 시험 전 또는 시험 후 감독위원이 채점 후 확인한다(날인).
④ **고장 부위** : 스캐너 자기진단에서 확인된 고장 부위로 스로틀 포지션 센서(TPS)를 기록한다.
⑤ **측정값** : 스캐너 센서 출력에서 확인된 측정값을 기록한다.
  • 측정값 : 0 mV
⑥ **규정값** : 스캐너 내 규정값을 기록하거나 감독위원이 제시한 규정값을 기록한다.
  • 규정값 : 0.4~0.8 V(공회전 rpm, 스로틀 밸브 닫힘)
⑦ **고장 내용** : 고장 부위 점검으로 확인된 커넥터 탈거를 기록한다.
⑧ **정비 및 조치 사항** : 커넥터가 탈거되었으므로 TPS 커넥터 체결, ECU 기억 소거 후 재점검을 기록한다.
⑨ **득점** : 감독위원이 해당 문항을 채점하고 점수를 기록한다.

※ 단위가 누락되거나 틀린 경우는 오답으로 채점한다.

## 2 스로틀 포지션 센서 커넥터가 탈거된 경우 2

| 항목 | 자동차 번호 : | | | 비번호 | 감독위원 확 인 | 득점 |
|---|---|---|---|---|---|---|
| | 측정(또는 점검) | | | 판정 및 정비(또는 조치) 사항 | | |
| | 고장 부위 | 측정값 | 규정값 | 고장 내용 | 정비 및 조치할 사항 | |
| 센서 (액추에이터) 점검 | 스로틀 포지션 센서(TPS) | 0 mV | 0.6 ± 0.3 V (공회전 rpm) | 커넥터 탈거 | TPS 커넥터 체결, ECU 기억 소거 후 재점검 | |

## 3 스로틀 포지션 센서 규정값

| 차 종 | 스로틀 포지션 센서 | 비 고 |
|---|---|---|
| 뉴EF 쏘나타 | 0.6 ± 0.3 V(공회전 rpm) | |
| 엑센트, 베르나 | 0.25~0.5V(공회전 rpm) | |

※ 규정값은 엔진 공회전 상태에서 0.4~0.8 V의 일반적인 값을 적용하거나 스캐너 기준값 또는 감독위원이 제시한 값을 적용한다.

## 4 엔진 센서 점검

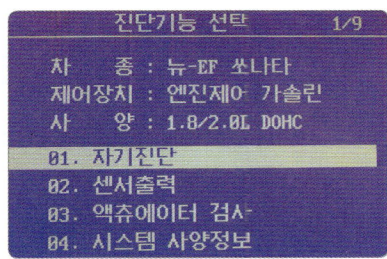

1. 자기진단을 선택한다.

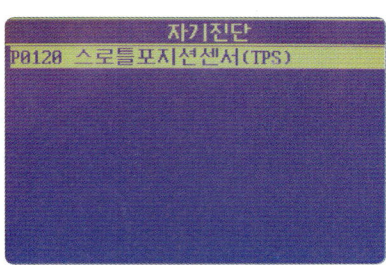

2. 고장 센서가 출력된다(스로틀 포지션 센서 TPS).

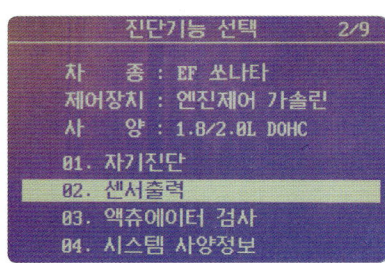

3. 센서출력을 선택한다.

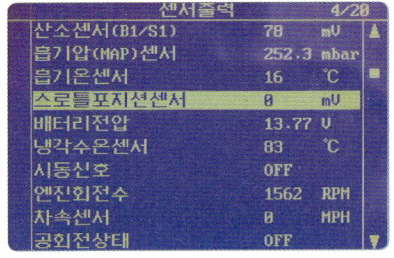

4. 센서 출력값을 확인한다(0 mV).

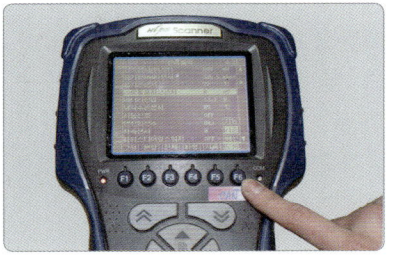

5. 기준값을 확인한다. 감독위원이 제시할 경우 제시한 값으로 한다.

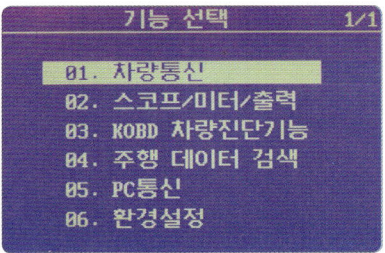

6. 측정이 끝나면 스캐너 시작단계의 위치로 놓는다.

### 고장 부위가 있을 경우 정비 및 조치할 사항

1. 과거 기억 소거 불량 → ECU 기억 소거 후 재점검
2. 센서 불량 → 센서 교체, ECU 기억 소거 후 재점검
3. 커넥터 탈거 → 커넥터 체결, ECU 기억 소거 후 재점검

### 엔진 센서 점검 시 유의사항

1. 고장 부위를 확인하고 스캐너 센서 출력에서 측정값을 확인하여 기록표에 작성한다.
2. 고장 부위가 2개 이상 출력될 경우 감독위원에게 확인한 후 고장 부위 중 1개를 기록표에 작성한다.

## 11안 디젤 자동차 매연 측정

**엔진 4** 주어진 자동차에서 기록표에 제시된 내용을 측정하고 기록·판정하시오.

### 1 매연 측정값이 기준값 범위 내에 있을 경우 (터보차량, 5% 가산)

| ① 자동차 번호 : | | | | ② 비번호 | | ③ 감독위원 확인 | |
|---|---|---|---|---|---|---|---|
| 측정(또는 점검) | | | | 산출 근거 및 판정 | | | ⑪ 득점 |
| ④ 차종 | ⑤ 연식 | ⑥ 기준값 | ⑦ 측정값 | ⑧ 측정 | ⑨ 산출 근거(계산) 기록 | ⑩ 판정 (□에 'V'표) | |
| 화물차 | 2010 | 25% 이하 (터보차량) | 14% | 1회 : 13.2%<br>2회 : 13.5%<br>3회 : 15.6% | $\frac{13.2 + 13.5 + 15.6}{3} = 14.1\%$ | ☑ 양호<br>□ 불량 | |

① **자동차 번호** : 측정하는 자동차 번호를 기록한다(측정 차량이 1대인 경우 생략할 수 있다).
② **비번호** : 책임관리위원(공단 본부)이 배부한 등번호(비번호)를 기록한다.
③ **감독위원 확인** : 시험 전 또는 시험 후 감독위원이 채점 후 확인한다(날인).
④ **차종** : KM**F**YAS7JPAU087414(차대번호 3번째 자리 : F) ➡ 화물차
⑤ **연식** : KMFYAS7JP**A**U087414(차대번호 10번째 자리 : A) ➡ 2010
⑥ **기준값** : 차대번호의 연식을 확인하고, 터보차량이므로 기준값 20%에 5%를 가산하여 25% 이하를 기록한다.
⑦ **측정값** : 3회 산출한 값의 평균값 14%를 기록한다(소수점 이하는 버림).
⑧ **측정** : 1회부터 3회까지 측정한 값을 기록한다.   • 1회 : 13.2%   • 2회 : 13.5%   • 3회 : 15.6%
⑨ **산출 근거(계산) 기록** : $\frac{13.2 + 13.5 + 15.6}{3} = 14.1\%$
⑩ **판정** : 측정값이 기준값 범위 내에 있으므로 ☑ 양호에 표시한다.
⑪ **득점** : 감독위원이 해당 문항을 채점하고 점수를 기록한다.

※ 감독위원이 제시한 자동차등록증(또는 차대번호)을 활용하여 차종 및 연식을 적용한다.   ※ 측정 및 판정은 무부하 조건으로 한다.
※ 매연 농도를 산술평균하여 소수점 이하는 버린 값으로 기입한다.   ※ 자동차 검사 기준 및 방법에 의하여 기록·판정한다.

### 2 매연 측정값이 기준값보다 클 경우 (터보차량, 5% 가산)

| 자동차 번호 : | | | | 비번호 | | 감독위원 확인 | |
|---|---|---|---|---|---|---|---|
| 측정(또는 점검) | | | | 산출 근거 및 판정 | | | 득점 |
| 차종 | 연식 | 기준값 | 측정값 | 측정 | 산출 근거(계산) 기록 | 판정 (□에 'V'표) | |
| 화물차 | 2010 | 25% 이하 (터보차량) | 26% | 1회 : 28.3%<br>2회 : 25.3%<br>3회 : 24.7% | $\frac{28.3 + 25.3 + 24.7}{3} = 26.1\%$ | □ 양호<br>☑ 불량 | |

### 3 매연 기준값 (자동차등록증 차대번호 확인)

| 차 종 | | 제 작 일 자 | | 매 연 |
|---|---|---|---|---|
| 경자동차 및 승용자동차 | | 1995년 12월 31일 이전 | | 60% 이하 |
| | | 1996년 1월 1일부터 2000년 12월 31일까지 | | 55% 이하 |
| | | 2001년 1월 1일부터 2003년 12월 31일까지 | | 45% 이하 |
| | | 2004년 1월 1일부터 2007년 12월 31일까지 | | 40% 이하 |
| | | 2008년 1월 1일 이후 | | 20% 이하 |
| 승합·화물·특수자동차 | 소형 | 1995년 12월 31일까지 | | 60% 이하 |
| | | 1996년 1월 1일부터 2000년 12월 31일까지 | | 55% 이하 |
| | | 2001년 1월 1일부터 2003년 12월 31일까지 | | 45% 이하 |
| | | 2004년 1월 1일부터 2007년 12월 31일까지 | | 40% 이하 |
| | | 2008년 1월 1일 이후 | | 20% 이하 |
| | 중형·대형 | 1992년 12월 31일 이전 | | 60% 이하 |
| | | 1993년 1월 1일부터 1995년 12월 31일까지 | | 55% 이하 |
| | | 1996년 1월 1일부터 1997년 12월 31일까지 | | 45% 이하 |
| | | 1998년 1월 1일부터 2000년 12월 31일까지 | 시내버스 | 40% 이하 |
| | | | 시내버스 외 | 45% 이하 |
| | | 2001년 1월 1일부터 2004년 9월 30일까지 | | 45% 이하 |
| | | 2004년 10월 1일부터 2007년 12월 31일까지 | | 40% 이하 |
| | | 2008년 1월 1일 이후 | | 20% 이하 |

### 4 매연 측정

1회 측정값 (13.2%)

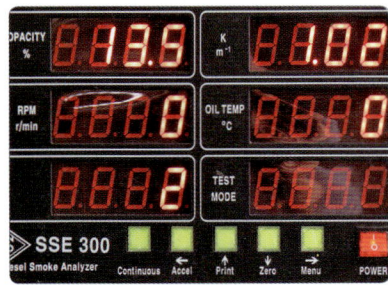

2회 측정값 (13.5%)

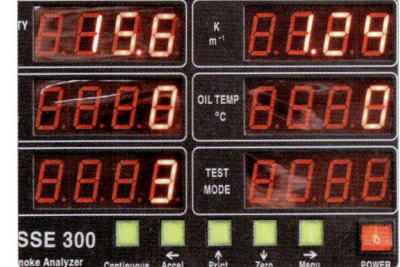

3회 측정값 (15.6%)

# 자 동 차 등 록 증

제2010 – 8255호　　　　　　　　　　　　　　　　최초등록일 : 2010년 08월 22일

| ① 자동차 등록번호 | 09다 8255 | ② 차종 | 화물차(소형) | ③ 용도 | 자가용 |
|---|---|---|---|---|---|
| ④ 차명 | 리베로 | ⑤ 형식 및 연식 | 2010 | | |
| ⑥ 차대번호 | KMFYAS7JPAU087414 | ⑦ 원동기형식 | | | |
| ⑧ 사용자 본거지 | 서울특별시 금천구 번영로 | | | | |

| 소유자 | ⑨ 성명(상호) | 기동찬 | ⑩ 주민(사업자)등록번호 | ******-****** |
|---|---|---|---|---|
| | ⑪ 주소 | 서울특별시 금천구 번영로 | | |

자동차관리법 제8조 규정에 의하여 위와 같이 등록하였음을 증명합니다.

2010년 08월 22일

서울특별시장

● 차대번호 식별방법

### KMFYAS7JPAU087414

① 첫 번째 자리는 제작국가(K=대한민국)
② 두 번째 자리는 제작회사(M=현대, N=기아, P=쌍용, L=GM 대우)
③ 세 번째 자리는 자동차 종별(H=승용차, J=승합차, F=화물차)
④ 네 번째 자리는 차종 구분(Y=리베로, Z=포터)
⑤ 다섯 번째 자리는 세부 차종(A=장축 저상, B=장축 고상, C=초장축 저상, D=초장축 고상)
⑥ 여섯 번째 자리는 차체 형상(D=더블캡, S=슈퍼캡, N=일반캡)
⑦ 일곱 번째 자리는 안전벨트 안전장치(7=유압식 제동장치, 8=공기식 제동장치)
⑧ 여덟 번째 자리는 엔진 형식(배기량)(H=4D56 2.5 TCI, J=A-Engine 2.5 TCI)
⑨ 아홉 번째 자리는 기타 사항 용도 구분(P=왼쪽 운전석, R=오른쪽 운전석)
⑩ 열 번째 자리는 제작연도(영문 I, O, Q, U, Z 제외)
　　~Y(2000) ~4(2004) ~7(2007)~A(2010), B(2011), C(2012)~
⑪ 열한 번째 자리는 제작공장(A=아산, C=전주, U=울산)
⑫ 열두 번째~열일곱 번째 자리는 차량제작 일련번호

# 11안 토(Toe) 점검

**섀시 2** 주어진 자동차에서 감독위원의 지시에 따라 토(toe)를 점검하여 기록·판정하시오.

## 1 토 측정값이 규정값보다 작을 경우 (토 아웃)

| 항목 | 측정(또는 점검) | | 판정 및 정비(또는 조치) 사항 | | ⑧ 득점 |
|---|---|---|---|---|---|
| | ④ 측정값 | ⑤ 규정(정비한계)값 | ⑥ 판정(□에 'V'표) | ⑦ 정비 및 조치할 사항 | |
| 토(toe) | 토 아웃 12 mm | 토 아웃 3 mm ~토 인 3 mm | □ 양호<br>☑ 불량 | 타이로드 고정 너트를 풀고 타이로드를 바퀴 진행 방향(전진)으로 돌려 조정한다. | |

① **자동차 번호**: 측정하는 자동차 번호를 기록한다(측정 차량이 1대인 경우 생략할 수 있다).
② **비번호**: 책임관리 위원(공단 본부)이 배부한 등번호(비번호)를 기록한다.
③ **감독위원 확인**: 시험 전 또는 시험 후 감독위원이 채점 후 확인한다(날인).
④ **측정값**: 토(toe)를 측정한 값으로 토 아웃 12 mm를 기록한다.
⑤ **규정(정비한계)값**: 정비지침서 또는 감독위원이 제시한 값으로 토 아웃 3 mm~토 인 3 mm를 기록한다.
⑥ **판정**: 측정값이 규정값 범위를 벗어났으므로 ☑ 불량에 표시한다.
⑦ **정비 및 조치할 사항**: 판정이 불량이므로 타이로드 고정 너트를 풀고 타이로드를 바퀴 진행 방향(전진)으로 돌려 조정한다.를 기록한다.
⑧ **득점**: 감독위원이 해당 문항을 채점하고 점수를 기록한다.

※ 단위가 누락되거나 틀린 경우는 오답으로 채점한다.

## 2 토 측정값이 규정값보다 클 경우 (토 인)

| 항목 | 측정(또는 점검) | | 판정 및 정비(또는 조치) 사항 | | 득점 |
|---|---|---|---|---|---|
| | 측정값 | 규정(정비한계)값 | 판정(□에 'V'표) | 정비 및 조치할 사항 | |
| 토(toe) | 토 인 9 mm | 토 아웃 3 mm ~토 인 3 mm | □ 양호<br>☑ 불량 | 타이로드 고정 너트를 풀고 타이로드를 바퀴 진행 반대 방향(후진)으로 돌려 조정한다. | |

※ 판정: 토 측정값이 규정값 범위를 벗어났으므로 ☑ 불량에 표시하고, 타이로드 고정 너트를 풀고 타이로드 바퀴 진행 반대 방향(후진)으로 돌려 조정한다.

## 3 토(Toe) 규정값

| 차 종 | 토(mm) | 차 종 | 토(mm) |
|---|---|---|---|
| 그랜저, NEW 그랜저, 리베로, 베르나, 쏘나타, 쏘나타Ⅱ, 아반떼, 에쿠스 | 0±3 | 그레이스, NEW 그레이스, NEW 포터, 스타렉스, 트라제XG | 0±3 |
| 그랜저(TG, XG), EF쏘나타, NF쏘나타, 아반떼XD | 0±2 | NEW 싼타페, 포터Ⅱ, 투싼 | 0±2 |
| | | 아토즈 | 2±3 |
| 엑셀 | 1±3 | 싼타페 | (−2)±2 |
| 그랜드 카니발, NEW 스포티지, 모닝, 옵티마리갈, 카렌스Ⅱ | 0±2 | 카니발 | (−)0.9±2.5 |
| | | NEW 프라이드 | (−1)±3 |
| 레토나 | (−)1±1 | 토픽 | 5±2 |
| 크레도스, 리오, 복서, 세레스, 캐피탈 | (−)0.2±3 | 포텐샤 | 4±3 |
| 세피아 | 1±1 | 프론티어 | 0.6±0.6 |
| 엔터프라이즈, 프레지오 | (−)3±3 | 쏘렌토 | 2.6±2.5 |
| 베스타, 파워봉고, 봉고Ⅲ, 스펙트라, 옵티마리갈(ECS), 프론티어(4WD), 카스타 | 2.5±2 | 매그너스 | 3.2±0.5 |
| | | 티코, 아카디아 | 1±2 |
| | | 마티즈 | 1.5±1.5 |
| NEW 프린스, 브로엄 | 2±1 | 스포티지, 프레지오 | 2.5±2.5 |
| 레조 | 0±2 | 아벨라, 프라이드 | 3.5±3 |

> **토 인 또는 토 아웃 조정 방법**
> 
> ❶ 타이로드 고정 너트를 풀고 타이로드를 시계 방향으로 회전시키면(타이로드가 엔드에 조립된 상태에서 본다) 볼트가 들어가는 방향이므로 타이로드의 길이가 작아져 바퀴의 앞쪽이 벌어지므로 토 아웃이 된다.
> ❷ 차종마다 토 규정값이 다르지만 타이로드 1회전은 약 12 mm 정도 조정되므로 양쪽으로 나누어 조정한다. 예를 들어 12 mm 토 아웃으로 조정해야 한다면 왼쪽 바퀴 6 mm, 오른쪽 바퀴 6 mm로 나누어 타이로드를 시계 방향으로 반 바퀴씩 조여준다.
> ❸ 승용차는 독립 현가방식으로 좌, 우 1개씩 2개의 타이로드가 있으므로 토 인, 토 아웃을 조정할 때 조정값을 1/2로 나누어 균형 있게 조정한다.
> ❹ 타이로드 길이가 길어지면 토 인으로 조정하고, 타이로드 길이가 짧아지면 토 아웃으로 조정한다.

# 11안 자동변속기 자기진단

**섀시 4** 주어진 자동차에서 감독위원의 지시에 따라 진단기(스캐너)로 자동변속기를 점검하고 기록·판정하시오.

## 1 인히비터 스위치 커넥터가 탈거된 경우

| 항목 | 측정(또는 점검) | | 판정 및 정비(또는 조치) 사항 | | ⑧ 득점 |
|---|---|---|---|---|---|
| | ① 자동차 번호 : | | ② 비번호 | ③ 감독위원 확 인 | |
| | ④ 이상 부위 | ⑤ 내용 및 상태 | ⑥ 판정(□에 'V'표) | ⑦ 정비 및 조치할 사항 | |
| 변속기 자기진단 | 인히비터 스위치 | 커넥터 탈거 | □ 양호<br>☑ 불량 | 인히비터 스위치 커넥터 체결, A/T ECU 과거 기억 소거 후 재점검 | |

① **자동차 번호** : 측정하는 자동차 번호를 기록한다(측정 차량이 1대인 경우 생략할 수 있다).
② **비번호** : 책임관리위원(공단 본부)이 배부한 등번호(비번호)를 기록한다.
③ **감독위원 확인** : 시험 전 또는 시험 후 감독위원이 채점 후 확인한다(날인).
④ **이상 부위** : 스캐너 자기진단 화면에서 확인된 이상 부위를 기록한다.
　　　　• 이상 부위 : 인히비터 스위치
⑤ **내용 및 상태** : 이상 부위로 확인된 내용 및 상태를 기록한다.
　　　　• 내용 및 상태 : 커넥터 탈거
⑥ **판정** : 인히비터 스위치 커넥터가 탈거되었으므로 ☑ 불량에 표시한다.
⑦ **정비 및 조치할 사항** : 판정이 불량이므로 인히비터 스위치 커넥터 체결, A/T ECU 과거 기억 소거 후 재점검을 기록한다.
⑧ **득점** : 감독위원이 해당 문항을 채점하고 점수를 기록한다.

## 2 A/T 릴레이가 탈거된 경우

| 항목 | 측정(또는 점검) | | 판정 및 정비(또는 조치) 사항 | | 득점 |
|---|---|---|---|---|---|
| | 자동차 번호 : | | 비번호 | 감독위원 확 인 | |
| | 이상 부위 | 내용 및 상태 | 판정(□에 'V'표) | 정비 및 조치할 사항 | |
| 변속기 자기진단 | A/T 릴레이 | 탈거 | □ 양호<br>☑ 불량 | A/T 릴레이 체결, ECU 과거 기억 소거 후 재점검 | |

※ **판정** : A/T 릴레이가 탈거되었으므로 ☑ 불량에 표시하고 A/T 릴레이 체결, ECU 과거 기억 소거 후 재점검한다.

# 11안 제동력 측정

**섀시 5**  주어진 자동차에서 감독위원의 지시에 따라 제동력을 측정하여 기록 · 판정하시오.

## 1 제동력 합이 기준값보다 작을 경우(앞바퀴)

| ④ 항목 | 구분 | ⑤ 측정값 (kgf) | ⑥ 기준값 (□에 'V'표) | | ⑦ 산출 근거 | ⑧ 판정 (□에 'V'표) | ⑨ 득점 |
|---|---|---|---|---|---|---|---|
| 제동력 위치 (□에 'V'표) ☑ 앞 □ 뒤 | 좌 | 50 kgf | ☑ 앞 □ 뒤 | 축중의 | 편차 $\dfrac{50-40}{500} \times 100 = 2\%$ | □ 양호 ☑ 불량 | |
| | 우 | 40 kgf | 편차 | 8.0% 이하 | | | |
| | | | 합 | 50% 이상 | 합 $\dfrac{50+40}{500} \times 100 = 18\%$ | | |

※ 표 상단: ① 자동차 번호 :  ② 비번호  ③ 감독위원 확인 / 측정(또는 점검) / 산출 근거 및 판정

① **자동차 번호** : 측정하는 자동차 번호를 기록한다(측정 차량이 1대인 경우 생략할 수 있다).
② **비번호** : 책임관리위원(공단 본부)이 배부한 등번호(비번호)를 기록한다.
③ **감독위원 확인** : 시험 전 또는 시험 후 감독위원이 채점 후 확인한다(날인).
④ **항목** : 감독위원이 지정하는 축에 ☑ 표시를 한다.  • 위치 : ☑ 앞
⑤ **측정값** : 제동력을 측정한 값을 기록한다.
   • 좌 : 50 kgf   • 우 : 40 kgf
⑥ **기준값** : 검사 기준에 의거하여 제동력 편차와 합의 기준값을 기록한다.
   • 편차 : 앞 축중의 8.0% 이하   • 합 : 앞 축중의 50% 이상
⑦ **산출 근거** : 공식에 대입하여 산출한 계산식을 기록한다.
   • 편차 : $\dfrac{50-40}{500} \times 100 = 2\%$   • 합 : $\dfrac{50+40}{500} \times 100 = 18\%$
⑧ **판정** : 앞바퀴 제동력의 합이 기준값 범위를 벗어났으므로 ☑ 불량에 표시한다.
⑨ **득점** : 감독위원이 해당 문항을 채점하고 점수를 기록한다.
※ 측정 차량은 크루즈 1.5 DOHC A/T의 공차 중량(1130 kgf)의 앞(전) 축중(500 kgf)으로 산출하였다.

■ **제동력 계산**

• 앞바퀴 제동력의 편차 = $\dfrac{\text{큰 쪽 제동력} - \text{작은 쪽 제동력}}{\text{해당 축중}} \times 100$  ➡ 앞 축중의 8.0% 이하이면 양호

• 앞바퀴 제동력의 총합 = $\dfrac{\text{좌우 제동력의 합}}{\text{해당 축중}} \times 100$  ➡ 앞 축중의 50% 이상이면 양호

※ 측정 위치는 감독위원이 지정하는 위치의 □에 'V' 표시한다.
※ 측정값의 단위는 시험 장비 기준으로 기록한다.
※ 자동차 검사 기준 및 방법에 의하여 기록 · 판정한다.
※ 산출 근거에는 단위를 기록하지 않아도 된다.

## 2 제동력 편차는 기준값보다 크고 합은 작을 경우(앞바퀴)

| ① 자동차 번호 : | | | | | ② 비번호 | | ③ 감독위원 확인 | |
|---|---|---|---|---|---|---|---|---|
| 측정(또는 점검) | | | | | 산출 근거 및 판정 | | | |
| ④ 항목 | 구분 | ⑤ 측정값 (kgf) | ⑥ 기준값 (□에 'V'표) | | ⑦ 산출 근거 | | ⑧ 판정 (□에 'V'표) | ⑨ 득점 |
| 제동력 위치 (□에 'V'표) ☑ 앞 □ 뒤 | 좌 | 60 kgf | ☑ 앞 □ 뒤 | 축중의 | 편차 | $\frac{60-10}{500} \times 100 = 10\%$ | □ 양호 ☑ 불량 | |
| | 우 | 10 kgf | 편차 | 8.0% 이하 | 합 | $\frac{60+10}{500} \times 100 = 14\%$ | | |
| | | | 합 | 50% 이상 | | | | |

■ 제동력 계산

- 앞바퀴 제동력의 편차 = $\frac{60-10}{500} \times 100 = 10\% > 8.0\%$ ➡ 불량
- 앞바퀴 제동력의 총합 = $\frac{60+10}{500} \times 100 = 14\% < 50\%$ ➡ 불량

## 3 제동력 측정

제동력 측정

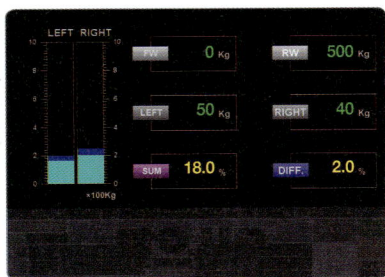

측정값(좌 : 50 kgf, 우 : 40 kgf)

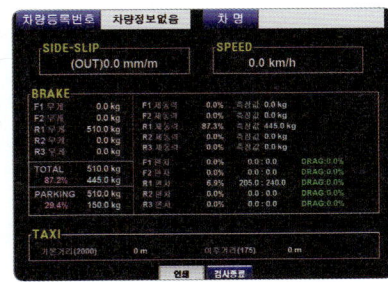

결과 출력

### 제동력 측정 시 유의사항

❶ 시험장 여건에 따라 감독위원이 임의의 측정값을 제시한 후 제동력 편차와 합을 계산하기도 한다.
❷ 제동력 측정 시 브레이크 페달을 최대 압력으로 유지한 상태에서 확인한다.
❸ 앞 축중 또는 뒤 축중 측정 시 측정 상태를 정확하게 확인한 후 제동력 테스터의 모니터 출력값을 확인한다.
❹ 측정이 끝나면 편차와 합을 계산하고 기록표를 작성한 후 감독위원에게 제출한다.

# 11안 크랭킹 시 전압 강하 점검

**전기 2** 주어진 자동차에서 시동 모터의 크랭킹 전압 강하 시험을 하여 기록표에 기록·판정하시오.

## 1 전압 강하가 규정값 범위 내에 있을 경우

| | ① 자동차 번호 : | | ② 비번호 | ③ 감독위원 확 인 | |
|---|---|---|---|---|---|
| 항목 | 측정(또는 점검) | | 판정 및 정비(또는 조치) 사항 | | ⑧ 득점 |
| | ④ 측정값 | ⑤ 규정(정비한계)값 | ⑥ 판정(□에 'ˇ'표) | ⑦ 정비 및 조치할 사항 | |
| 전압 강하 | 12.6 V | 9.6 V 이상 | ☑ 양호<br>□ 불량 | 정비 및 조치할 사항 없음 | |

① **자동차 번호** : 측정하는 자동차 번호를 기록한다(측정 차량이 1대인 경우 생략할 수 있다).
② **비번호** : 책임관리위원(공단 본부)이 배부한 등번호(비번호)를 기록한다.
③ **감독위원 확인** : 시험 전 또는 시험 후 감독위원이 채점 후 확인한다(날인).
④ **측정값** : 엔진 크랭킹 시 전압 강하를 측정한 값을 기록한다.
　· 측정값 : 12.6 V
⑤ **규정(정비한계)값** : 정비지침서 또는 감독위원이 제시한 규정값을 기록한다.
　· 규정값 : 9.6 V 이상
⑥ **판정** : 측정값이 규정값 범위 내에 있으므로 ☑ 양호에 표시한다.
⑦ **정비 및 조치할 사항** : 판정이 양호이므로 정비 및 조치할 사항 없음을 기록한다.
⑧ **득점** : 감독위원이 해당 문항을 채점하고 점수를 기록한다.

※ 단위가 누락되거나 틀린 경우는 오답으로 채점한다.

## 2 전압 강하가 규정값 범위를 벗어난 경우

| | 자동차 번호 : | | 비번호 | 감독위원 확 인 | |
|---|---|---|---|---|---|
| 항목 | 측정(또는 점검) | | 판정 및 정비(또는 조치) 사항 | | 득점 |
| | 측정값 | 규정(정비한계)값 | 판정(□에 'ˇ'표) | 정비 및 조치할 사항 | |
| 전압 강하 | 8.5 V | 9.6 V 이상 | □ 양호<br>☑ 불량 | 기동 전동기 교체 | |

※ **판정** : 전압 강하 측정값이 규정값 범위를 벗어났으므로 ☑ 불량에 표시하고, 기동 전동기를 교체한다.

## 3 전압 강하가 규정값 범위를 벗어난 경우

| 항목 | 자동차 번호 : | | 비번호 | | 감독위원 확인 | 득점 |
|---|---|---|---|---|---|---|
| | 측정(또는 점검) | | 판정 및 정비(또는 조치) 사항 | | | |
| | 측정값 | 규정(정비한계)값 | 판정(□에 'V'표) | 정비 및 조치할 사항 | | |
| 전압 강하 | 7 V | 9.6 V 이상 | ☐ 양호<br>☑ 불량 | 기동 전동기 교체 | | |

## 4 크랭킹 시 전압 강하 및 전류 소모 규정값

| 항목 | 전압 강하 | 전류 소모 |
|---|---|---|
| 규정값(축전지 규정 용량) | 축전지 전압의 20%까지 | 축전지 용량의 3배 이하 |
| 예 12 V - 60 AH | 9.6 V 이상 | 180 A 이하 |

## 5 크랭킹 시 전압 강하 측정

1. 축전지 전압과 용량을 확인한다.
   (12 V 60 AH)

2. 엔진을 크랭킹시킨다.
   (300~400 rpm)

3. 축전지 단자 체결 상태 및 전압을 측정한다(12.6 V).

---

**전압 강하가 규정값 범위를 벗어난 경우 정비 및 조치할 사항**

❶ 기동 전동기 불량 → 기동 전동기 교체
❷ 전기자 코일 단선 → 전기자 코일 교체
❸ 전기자 축 베어링 파손 → 베어링 교체
❹ 계자 코일 단선 → 계자 코일 교체

# 11안 제동등 및 미등 회로 점검

**전기 3** 주어진 자동차에서 제동등 및 미등 회로의 고장 부분을 점검한 후 기록표에 기록·판정하시오.

## 1 제동등 퓨즈가 단선된 경우

| 항목 | ① 자동차 번호 : | | ② 비번호 | | ③ 감독위원 확 인 | ⑧ 득점 |
|---|---|---|---|---|---|---|
| | 측정(또는 점검) | | 판정 및 정비(또는 조치) 사항 | | | |
| | ④ 이상 부위 | ⑤ 내용 및 상태 | ⑥ 판정(□에 'ˇ'표) | ⑦ 정비 및 조치할 사항 | | |
| 제동등 및 미등 회로 | 제동등 퓨즈 | 단선 | □ 양호<br>☑ 불량 | 제동등 퓨즈 교체 후 재점검 | | |

① **자동차 번호** : 측정하는 자동차 번호를 기록한다(측정 차량이 1대인 경우 생략할 수 있다).
② **비번호** : 책임관리위원(공단 본부)이 배부한 등번호(비번호)를 기록한다.
③ **감독위원 확인** : 시험 전 또는 시험 후 감독위원이 채점 후 확인한다(날인).
④ **이상 부위** : 제동등이 작동되지 않는 이상 부위를 기록한다.
　　　• 이상 부위 : 제동등 퓨즈
⑤ **내용 및 상태** : 이상 부위의 내용 및 상태를 기록한다.
　　　• 내용 및 상태 : 단선
⑥ **판정** : 제동등 퓨즈가 단선되었으므로 ☑ 불량에 표시한다.
⑦ **정비 및 조치할 사항** : 판정이 불량이므로 제동등 퓨즈 교체 후 재점검을 기록한다.
⑧ **득점** : 감독위원이 해당 문항을 채점하고 점수를 기록한다.

## 2 콤비네이션 스위치 커넥터가 탈거된 경우

| 항목 | 자동차 번호 : | | 비번호 | | 감독위원 확 인 | 득점 |
|---|---|---|---|---|---|---|
| | 측정(또는 점검) | | 판정 및 정비(또는 조치) 사항 | | | |
| | 이상 부위 | 내용 및 상태 | 판정(□에 'ˇ'표) | 정비 및 조치할 사항 | | |
| 제동등 및 미등 회로 | 콤비네이션 스위치 | 커넥터 탈거 | □ 양호<br>☑ 불량 | 콤비네이션 스위치 커넥터 체결 후 재점검 | | |

※ **판정** : 콤비네이션 스위치 커넥터가 탈거되었으므로 ☑ 불량에 표시하고, 콤비네이션 스위치 커넥터 체결 후 재점검한다.

## 3 제동등 점검

1. 축전지 전압을 확인한다.

2. 미등 스위치를 ON시키고 미등이 점등되는지 확인한다.

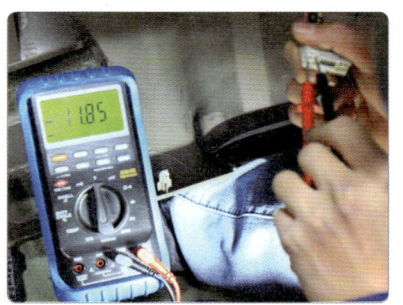

3. 커넥터에 축전지 전압이 인가되는지 확인한다.

4. 번호등이 들어오는지 확인한다.

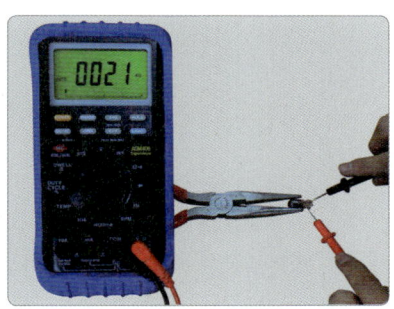

5. 번호등 단선 유무를 점검한다.

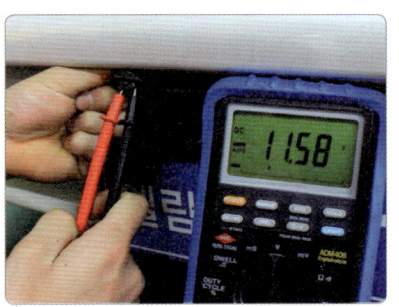

6. 번호판 커넥터에 축전지 전압이 인가되는지 확인한다.

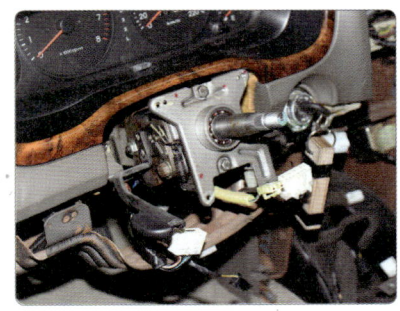

7. 콤비네이션 미등 스위치 이상 유무를 확인한다.

8. 운전석 퓨즈 박스에서 퓨즈 단선과 탈거 상태를 확인한다.

9. 미등 점등 상태를 확인한다.

### 제동등 및 미등이 작동하지 않는 경우 정비 및 조치할 사항

❶ 제동등 퓨즈 단선 → 제동등 퓨즈 교체
❷ 제동등 스위치 불량 → 제동등 스위치 교체
❸ 제동등 전구 탈거 → 제동등 전구 체결
❹ 미등 퓨즈 탈거 → 미등 퓨즈 체결
❺ 미등 퓨즈 단선 → 미등 퓨즈 교체
❻ 미등 릴레이 불량 → 미등 릴레이 교체
❼ 콤비네이션 스위치 커넥터 탈거 → 콤비네이션 스위치 커넥터 체결

# 11안 전조등 광도 측정

**전기 4**  주어진 자동차에서 좌 또는 우측의 전조등을 측정하고 기록표에 기록·판정하시오.

## 1 전조등 광도가 기준값 범위 내에 있을 경우

| ① 자동차 번호 : | | | ② 비번호 | | ③ 감독위원 확인 | |
|---|---|---|---|---|---|---|
| 측정(또는 점검) | | | | ⑦ 판정 (□에 'ˇ'표) | | ⑧ 득점 |
| ④ 구분 | 측정 항목 | ⑤ 측정값 | ⑥ 기준값 | | | |
| (□에 'ˇ'표)<br>위치 :<br>☑ 좌   □ 우<br>등식 :<br>☑ 2등식   □ 4등식 | 광도 | 90000 cd | 15000 cd 이상 | ☑ 양호<br>□ 불량 | | |

① **자동차 번호** : 측정하는 자동차 번호를 기록한다(측정 차량이 1대인 경우 생략할 수 있다).
② **비번호** : 책임관리위원(공단 본부)이 배부한 등번호(비번호)를 기록한다.
③ **감독위원 확인** : 시험 전 또는 시험 후 감독위원이 채점 후 확인한다(날인).
④ **구분** : 감독위원이 지정한 위치와 등식에 ☑ 표시를 한다.   • 위치 : ☑ 좌   • 등식 : ☑ 2등식
⑤ **측정값** : 전조등 광도 측정값 90000 cd를 기록한다.
⑥ **기준값** : 전조등 광도 기준값 15000 cd 이상을 기록한다.
⑦ **판정** : 측정값이 기준값 범위 내에 있으므로 ☑ 양호에 표시한다.
⑧ **득점** : 감독위원이 해당 문항을 채점하고 점수를 기록한다.

※ 측정 위치는 감독위원이 지정하는 위치의 □에 'ˇ' 표시한다.   ※ 자동차 검사 기준 및 방법에 의하여 기록·판정한다.

## 2 전조등 광도가 기준값보다 낮을 경우

| 자동차 번호 : | | | 비번호 | | 감독위원 확인 | |
|---|---|---|---|---|---|---|
| 측정(또는 점검) | | | | 판정 (□에 'ˇ'표) | | 득점 |
| 구분 | 측정 항목 | 측정값 | 기준값 | | | |
| (□에 'ˇ'표)<br>위치 :<br>☑ 좌   □ 우<br>등식 :<br>☑ 2등식   □ 4등식 | 광도 | 6000 cd | 15000 cd 이상 | □ 양호<br>☑ 불량 | | |

## 3 전조등 광도, 광축 기준값

[자동차관리법 시행규칙 별표15 적용]

| 구 분 | | 기준값 |
|---|---|---|
| 광 도 | 2등식 | 15000 cd 이상 |
| | 4등식 | 12000 cd 이상 |
| 좌·우측등 상향 진폭 | | 10 cm 이하 |
| 좌·우측등 하향 진폭 | | 30 cm 이하 |
| 좌우 진폭 | 좌측등 | 좌 : 15 cm 이하<br>우 : 30 cm 이하 |
| | 우측등 | 좌 : 30 cm 이하<br>우 : 30 cm 이하 |

※ 전조등에 좌·우측등이 상향과 하향으로 분리되어 작동되는 것은 4등식이며, 상향과 하향이 하나의 등에서 회로 구성이 되어 작동되는 것은 2등식이다.

## 4 전조등 광도 측정

전조등 테스터 준비

엔진 rpm(2000~2500 rpm)

전조등 광도 측정(6000 cd)

### 전조등 광도 측정 시 유의사항

① 시험용 차량은 공회전(광도 측정 시 2000 rpm) 상태, 공차 상태, 운전자(관리원) 1인이 승차하여 전조등 상향등(주행)을 점등시킨다.
② 시험장 여건에 따라 엔진 시동 OFF 후, DC 컨버터를 축전지에 연결한 다음 측정하기도 한다(엔진 rpm 무시).

### 전조등 테스터 준비사항

① 시험 차량의 타이어 공기압, 축전지 충전 상태, 헤드램프의 고정 상태 등이 유지되었는지 확인한다.
② 수준기를 보고 전조등 테스터가 수평으로 있는지 확인한다.
③ 전조등이 테스터 렌즈면에 집중되는 위치까지 이동시키고, 측정하지 않는 램프는 빛 가리개로 가린다.
④ 시험 차량은 테스터와 3 m 거리를 유지하며 레일에 대하여 직각으로 진입한 후 정지한다.
⑤ 테스터의 상하 높이는 조정핸들, 좌우 축선이 전조등의 중앙에 오도록 조정한 후 광도를 측정한다.

# 자동차정비 기능사 실기 12안

## 답안지 작성법

| 파트별 | 안별 문제 | 12안 |
|---|---|---|
| 엔진 | 엔진(부품) 분해 조립 | 크랭크축(디젤) |
| 엔진 | 측정/답안작성 | 플라이휠 런아웃 |
| 엔진 | 시스템 점검/엔진 시동 | 시동회로 |
| 엔진 | 부품 탈거/조립 | 연료 펌프 |
| 엔진 | 자기진단(답안작성) | 스캐너를 이용한 엔진 전자제어 센서(액추에이터) 점검 |
| 엔진 | 차량 검사 측정 | 가솔린 배기가스 |
| 섀시 | 부품 탈거/조립 | 차동기어(FR) |
| 섀시 | 점검/답안작성 | 클러치 페달 유격 |
| 섀시 | 부품 탈거 작동 상태 | 브레이크 라이닝(슈) 교환 |
| 섀시 | 점검/답안작성 | ABS 자기진단 |
| 섀시 | 안전기준 검사 | 최소 회전 반지름 |
| 전기 | 부품 탈거/조립 작동 확인 | 발전기 탈거 |
| 전기 | 측정/답안작성 | 스텝 모터 저항 |
| 전기 | 전기회로 점검/고장부위 작성 | 실내등 및 열선 회로 |
| 전기 | 차량 검사 측정 | 경음기 |

# 12안 플라이휠 런아웃 점검

**엔진 1** 주어진 디젤 엔진에서 크랭크축을 탈거(감독위원에게 확인)하고 감독위원의 지시에 따라 기록표의 내용대로 기록·판정한 후 다시 조립하시오.

## 1 플라이휠 런아웃 측정값이 규정값 범위 내에 있을 경우

| 항목 | 측정(또는 점검) | | 판정 및 정비(또는 조치) 사항 | | ⑧ 득점 |
|---|---|---|---|---|---|
| | ① 엔진 번호 : | | ② 비번호 | ③ 감독위원 확 인 | |
| | ④ 측정값 | ⑤ 규정(정비한계)값 | ⑥ 판정(□에 'V'표) | ⑦ 정비 및 조치할 사항 | |
| 플라이휠 런아웃 | 0.04 mm | 0.13 mm 이하 | ☑ 양호<br>□ 불량 | 정비 및 조치할 사항 없음 | |

① **엔진 번호** : 측정하는 엔진 번호를 기록한다(측정 엔진이 1대인 경우 생략할 수 있다).
② **비번호** : 책임관리위원(공단 본부)이 배부한 등번호(비번호)를 기록한다.
③ **감독위원 확인** : 시험 전 또는 시험 후 감독위원이 채점 후 확인한다(날인).
④ **측정값** : 플라이휠 런아웃을 측정한 값을 기록한다.
- 측정값 : 0.04 mm

⑤ **규정(정비한계) 값** : 감독위원이 제시한 값이나 정비지침서를 보고 규정값을 기록한다.
- 규정값 : 0.13 mm 이하

⑥ **판정** : 측정값이 규정값 범위 내에 있으므로 ☑ 양호에 표시한다.
⑦ **정비 및 조치할 사항** : 판정이 양호이므로 정비 및 조치할 사항 없음을 기록한다.
⑧ **득점** : 감독위원이 해당 문항을 채점하고 점수를 기록한다.

※ 단위가 누락되거나 틀린 경우는 오답으로 채점한다.

## 2 플라이휠 런아웃 측정값이 0일 경우

| 항목 | 측정(또는 점검) | | 판정 및 정비(또는 조치) 사항 | | 득점 |
|---|---|---|---|---|---|
| | 엔진 번호 : | | 비번호 | 감독위원 확 인 | |
| | 측정값 | 규정(정비한계)값 | 판정(□에 'V'표) | 정비 및 조치할 사항 | |
| 플라이휠 런아웃 | 0 mm | 0.13 mm 이하 | ☑ 양호<br>□ 불량 | 정비 및 조치할 사항 없음 | |

※ **판정** : 플라이휠 런아웃 측정값이 규정값 범위 내에 있으므로 ☑ 양호에 표시하고, 정비 및 조치할 사항 없음을 기록한다.

## 3 플라이휠 런아웃 측정값이 규정값보다 클 경우

| 항목 | 측정(또는 점검) | | 판정 및 정비(또는 조치) 사항 | | 득점 |
|---|---|---|---|---|---|
| | 측정값 | 규정(정비한계)값 | 판정(□에 'V'표) | 정비 및 조치할 사항 | |
| 플라이휠 런아웃 | 0.35 mm | 0.13 mm 이하 | □ 양호<br>☑ 불량 | 플라이휠 교체 | |

엔진 번호 :   비번호    감독위원 확인

## 4 플라이휠 런아웃 규정값

| 차 종 | 플라이휠 런아웃 규정값 | 비 고 |
|---|---|---|
| 0·반떼 | 0.13 mm 이하 | |
| 엑센트 | 0.13 mm 이하 | |
| EF 쏘나타 | 0.13 mm 이하 | |

## 5 플라이휠 런아웃 측정

1. 측정할 플라이휠이 장착된 작업대 번호를 확인한다.

2. 다이얼 게이지 스핀들을 플라이휠에 설치하고 0점 조정한다.

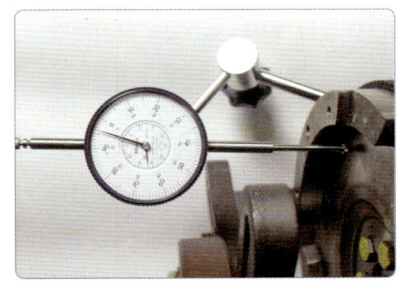

3. 플라이휠을 1회전시켜 0을 기점으로 움직인 값을 측정값으로 한다. (0.04 mm)

---

**플라이휠 런아웃 측정값이 규정값 범위를 벗어난 경우 정비 및 조치할 사항**

❶ 플라이휠 변형 → 플라이휠 교체
❷ 플라이휠 불량 → 플라이휠 교체
※ 플라이휠이 불량일 경우 수리가 불가능하므로 플라이휠을 교체해야 한다.

## 12안 엔진 센서(액추에이터) 점검

**엔진 3** 주어진 자동차에서 엔진의 연료 펌프를 탈거(감독위원에게 확인)한 후 다시 조립하고 감독위원의 지시에 따라 진단기(스캐너)를 사용하여 엔진의 각종 센서(액추에이터)를 점검 후 고장 부분을 기록하시오.

### 1 흡기온도 센서 커넥터가 탈거된 경우(센서 출력 : 온도)

| 항목 | ① 자동차 번호 : | | | ② 비번호 | | ③ 감독위원 확인 | ⑨ 득점 |
|---|---|---|---|---|---|---|---|
| | 측정(또는 점검) | | | 판정 및 정비(또는 조치) 사항 | | | |
| | ④ 고장 부위 | ⑤ 측정값 | ⑥ 규정값 | ⑦ 고장 내용 | ⑧ 정비 및 조치할 사항 | | |
| 센서 (액추에이터) 점검 | 흡기온도 센서 (ATS) | −20℃ | 20℃ | 커넥터 탈거 | ATS 커넥터 체결, ECU 기억 소거 후 재점검 | | |

① **자동차 번호** : 측정하는 자동차 번호를 기록한다(측정 차량이 1대인 경우 생략할 수 있다).
② **비번호** : 책임관리위원(공단 본부)이 배부한 등번호(비번호)를 기록한다.
③ **감독위원 확인** : 시험 전 또는 시험 후 감독위원이 채점 후 확인한다(날인).
④ **고장 부위** : 스캐너 자기진단에서 확인된 고장 부위를 기록한다.
 • 고장 부위 : 흡기온도 센서(ATS)
⑤ **측정값** : 스캐너 센서 출력에서 확인된 측정값을 기록한다.
 • 측정값 : −20℃
⑥ **규정값** : 스캐너 내 규정값을 기록하거나 감독위원이 제시한 규정값을 기록한다.
 • 규정값 : 20℃
⑦ **고장 내용** : 고장 부위 점검으로 확인된 커넥터 탈거를 기록한다.
⑧ **정비 및 조치할 사항** : 커넥터가 탈거되었으므로 ATS 커넥터 체결, ECU 기억 소거 후 재점검을 기록한다.
⑨ **득점** : 감독위원이 해당 문항을 채점하고 점수를 기록한다.

### 2 흡기온도 센서 커넥터가 탈거된 경우(센서 출력 : 전압)

| 항목 | 자동차 번호 : | | | 비번호 | | 감독위원 확인 | 득점 |
|---|---|---|---|---|---|---|---|
| | 측정(또는 점검) | | | 판정 및 정비(또는 조치) 사항 | | | |
| | 고장 부위 | 측정값 | 규정값 | 고장 내용 | 정비 및 조치할 사항 | | |
| 센서 (액추에이터) 점검 | 흡기온도 센서 (ATS) | 0 V (20℃) | 3.6 V (20℃) | 커넥터 탈거 | ATS 커넥터 체결, ECU 기억 소거 후 재점검 | | |

### 3 뉴EF 쏘나타의 흡기온도 센서 기준 전압

| 온 도 | 저 항 | 출력 전압 | 온 도 | 저 항 | 출력 전압 |
|---|---|---|---|---|---|
| −20°C | 약 16~17 kΩ | 4.8 V | 60°C | 약 0.5~0.6 kΩ | 1.9 V |
| 0°C | 약 5~6 kΩ | 4.4 V | 80°C | 약 0.3 kΩ | 1.2 V |
| 20°C | 약 2~3 kΩ | 3.6 V | 100°C | 약 0.1~0.2 kΩ | 0.8 V |

※ 스캐너에 규정값(기준값)이 제시되지 않을 경우 감독위원이 제시한 값을 적용한다.

### 4 엔진 센서 점검

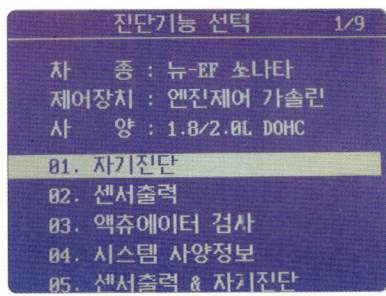

1. 자기진단을 실시한다.

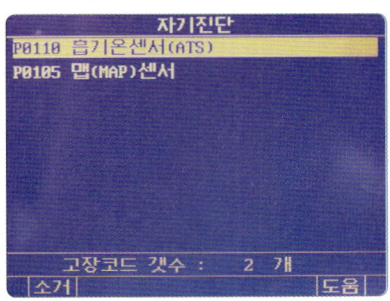

2. 고장 센서가 출력된다(흡기온도 센서 ATS).

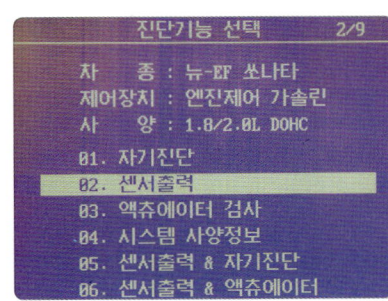

3. 센서출력을 선택한다.

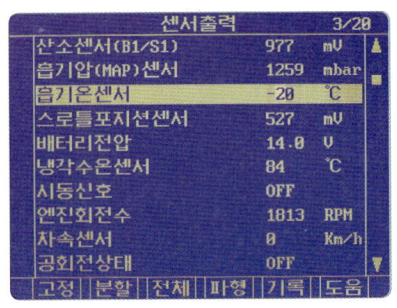

4. 센서 출력값을 확인한다(−20°C).

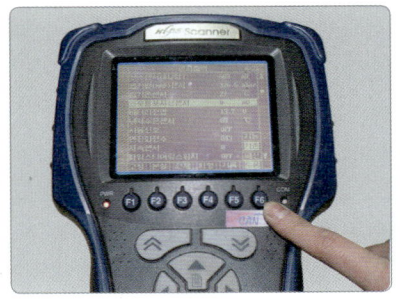

5. 기준값을 확인한다. 감독위원이 제시할 경우 제시한 값으로 한다.

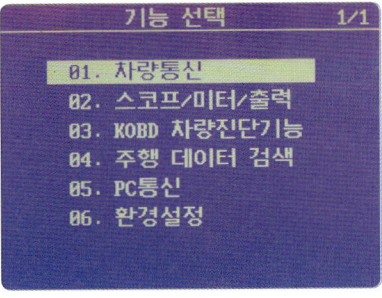

6. 측정이 끝나면 스캐너 시작단계 위치로 놓는다.

---

**고장 부위가 있을 경우 정비 및 조치할 사항**

❶ 과거 기억 소거 불량 → ECU 기억 소거 후 재점검
❷ 센서 불량 → 센서 교체, ECU 기억 소거 후 재점검
❸ 커넥터 탈거 → 커넥터 체결, ECU 기억 소거 후 재점검

## 12안 가솔린 자동차 배기가스 측정

**엔진 4** 주어진 자동차에서 기록표에 제시된 내용을 측정하고 기록 · 판정하시오.

### 1 CO와 HC 배출량이 기준값 범위 내에 있을 경우

| 측정 항목 | 측정(또는 점검) | | ⑥ 판정(□에 'V'표) | ⑦ 득점 |
|---|---|---|---|---|
| | ④ 측정값 | ⑤ 기준값 | | |
| ① 자동차 번호 : | | ② 비번호 | ③ 감독위원 확 인 | |
| CO | 0.6% | 1.0% 이하 | ☑ 양호<br>□ 불량 | |
| HC | 90 ppm | 120 ppm 이하 | | |

① **자동차 번호** : 측정하는 자동차 번호를 기록한다(측정 차량이 1대인 경우 생략할 수 있다).
② **비번호** : 책임관리위원(공단 본부)이 배부한 등번호(비번호)를 기록한다.
③ **감독위원 확인** : 시험 전 또는 시험 후 감독위원이 채점 후 확인한다(날인).
④ **측정값** : 배기가스를 측정한 값을 기록한다.
   • CO : 0.6%   • HC : 90 ppm
⑤ **기준값** : 운행 차량의 배출 허용 기준값을 기록한다.
   KMHDG41AP**9**U706845(차대번호 10번째 자리 : 9) ➡ 2009년식
   • CO : 1.0% 이하   • HC : 120 ppm 이하
⑥ **판정** : 측정값이 기준값 범위 내에 있으므로 ☑ 양호에 표시한다.
⑦ **득점** : 감독위원이 해당 문항을 채점하고 점수를 기록한다.

※ 감독위원이 제시한 자동차등록증(또는 차대번호)을 활용하여 차종 및 연식을 적용한다.
※ 자동차 검사기준 및 방법에 의하여 기록 · 판정한다.   ※ CO 측정값은 소수 둘째 자리 이하를 버림하여 기입한다.
※ HC 측정값은 소수 첫째 자리 이하를 버림하여 기입한다.

### 2 CO와 HC 배출량이 기준값보다 높게 측정될 경우

| 측정 항목 | 측정(또는 점검) | | 판정(□에 'V'표) | 득점 |
|---|---|---|---|---|
| | 측정값 | 기준값 | | |
| 자동차 번호 : | | 비번호 | 감독위원 확 인 | |
| CO | 3.4% | 1.0% 이하 | □ 양호<br>☑ 불량 | |
| HC | 280 ppm | 120 ppm 이하 | | |

## 3 배기가스 배출 허용 기준값 (CO, HC)

[개정 2015.7.21.]

| 차 종 | | 제작일자 | 일산화탄소 | 탄화수소 | 공기 과잉률 |
|---|---|---|---|---|---|
| 경자동차 | | 1997년 12월 31일 이전 | 4.5% 이하 | 1200 ppm 이하 | 1±0.1 이내<br>기화기식 연료<br>공급장치 부착<br>자동차는<br>1±0.15 이내<br>촉매 미부착<br>자동차는<br>1±0.20 이내 |
| | | 1998년 1월 1일부터<br>2000년 12월 31일까지 | 2.5% 이하 | 400 ppm 이하 | |
| | | 2001년 1월 1일부터<br>2003년 12월 31일까지 | 1.2% 이하 | 220 ppm 이하 | |
| | | 2004년 1월 1일 이후 | 1.0% 이하 | 150 ppm 이하 | |
| 승용자동차 | | 1987년 12월 31일 이전 | 4.5% 이하 | 1200 ppm 이하 | |
| | | 1988년 1월 1일부터<br>2000년 12월 31일까지 | 1.2% 이하 | 220 ppm 이하<br>(휘발유·알코올 자동차)<br>400 ppm 이하<br>(가스자동차) | |
| | | 2001년 1월 1일부터<br>2005년 12월 31일까지 | 1.2% 이하 | 220 ppm 이하 | |
| | | 2006년 1월 1일 이후 | 1.0% 이하 | 120 ppm 이하 | |
| 승합·<br>화물·<br>특수<br>자동차 | 소형 | 1989년 12월 31일 이전 | 4.5% 이하 | 1200 ppm 이하 | |
| | | 1990년 1월 1일부터<br>2003년 12월 31일까지 | 2.5% 이하 | 400 ppm 이하 | |
| | | 2004년 1월 1일 이후 | 1.2% 이하 | 220 ppm 이하 | |
| | 중형·<br>대형 | 2003년 12월 31일 이전 | 4.5% 이하 | 1200 ppm 이하 | |
| | | 2004년 1월 1일 이후 | 2.5% 이하 | 400 ppm 이하 | |

## 4 배기가스 점검

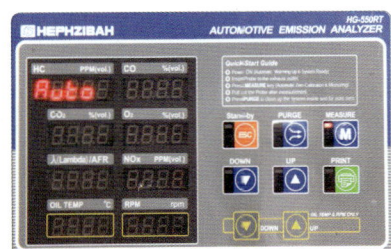

1. MEASURE(측정) : M(측정) 버튼을 누른다.

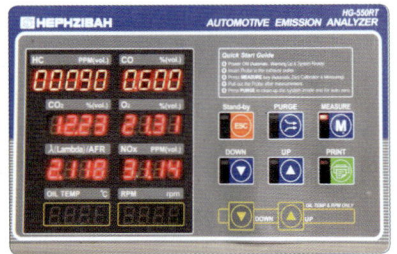

2. 측정한 배기가스를 확인한다.
   HC : 90 ppm, CO : 0.6%

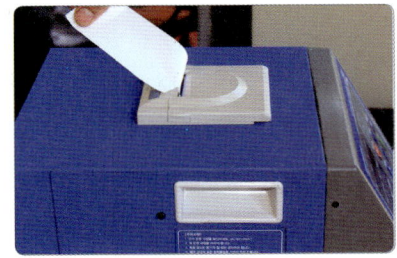

3. 배기가스 측정 결과를 출력한다.

## 자 동 차 등 록 증

제2009 - 03260호　　　　　　　　　　　　　　최초등록일 : 2009년 08월 22일

| ① 자동차 등록번호 | 08다 1402 | ② 차종 | 승용(소형) | ③ 용도 | 자가용 |
|---|---|---|---|---|---|
| ④ 차명 | 아반떼 | ⑤ 형식 및 연식 | 2009 | | |
| ⑥ 차대번호 | KMHDG41AP9U706845 | ⑦ 원동기형식 | | | |
| ⑧ 사용자 본거지 | 서울특별시 영등포구 번영로 | | | | |
| 소유자 ⑨ 성명(상호) | 기동찬 | ⑩ 주민(사업자)등록번호 | ******-****** | | |
| ⑪ 주소 | 서울특별시 영등포구 번영로 | | | | |

자동차관리법 제8조 규정에 의하여 위와 같이 등록하였음을 증명합니다.

2009년 08월 22일

서울특별시장

● 차대번호 식별방법

### KMHDG41AP9U706845

① 첫 번째 자리는 제작국가(K = 대한민국)
② 두 번째 자리는 제작회사(M = 현대, N = 기아, P = 쌍용, L = GM 대우)
③ 세 번째 자리는 자동차 종별(H = 승용차, J = 승합차, F = 화물차)
④ 네 번째 자리는 차종 구분(S = 싼타페, D = 아반떼, V = 엑센트)
⑤ 다섯 번째 자리는 세부 차종(H = 슈퍼디럭스, G = 디럭스, F = 스탠다드, J = 그랜드살롱)
⑥ 여섯 번째 자리는 차체 형상(1 = 리무진, 2~5 = 도어 수, 6 = 쿠페, 8 = 왜건)
⑦ 일곱 번째 자리는 안전벨트 안전장치(1 = 액티브 벨트, 2 = 패시브 벨트)
⑧ 여덟 번째 자리는 엔진 형식(배기량)(W = 2200 cc, A = 1800 cc, B = 2000 cc, G = 2500 cc)
⑨ 아홉 번째 자리는 기타 사항 용도 구분(P = 왼쪽 운전석, R = 오른쪽 운전석)
⑩ 열 번째 자리는 제작연도(영문 I, O, Q, U, Z 제외)
　　~Y(2000)~4(2004)~9(2009), A(2010), B(2011)~
⑪ 열한 번째 자리는 제작 공장(A = 아산, C = 전주, U = 울산)
⑫ 열두 번째~열일곱 번째 자리는 차량제작 일련번호

## 12안 클러치 페달 유격 점검

**섀시 2** 주어진 후륜구동(FR형식) 자동차에서 감독위원의 지시에 따라 종감속장치에서 차동 기어를 탈거(감독위원에서 확인)한 후 다시 조립하시오.

### 1 클러치 페달 유격이 규정값 범위 내에 있을 경우

| 항목 | ① 자동차 번호 : | | ② 비번호 | ③ 감독위원 확인 | |
|---|---|---|---|---|---|
| | 측정(또는 점검) | | 판정 및 정비(또는 조치) 사항 | | ⑧ 득점 |
| | ④ 측정값 | ⑤ 규정(정비한계)값 | ⑥ 판정(□에 'V'표) | ⑦ 정비 및 조치할 사항 | |
| 클러치 페달 유격 | 7 mm | 6~13 mm | ☑ 양호<br>□ 불량 | 정비 및 조치할 사항 없음 | |

① **자동차 번호** : 측정하는 자동차 번호를 기록한다(측정 차량이 1대인 경우 생략할 수 있다).
② **비번호** : 책임관리위원(공단 본부)이 배부한 등번호(비번호)를 기록한다.
③ **감독위원 확인** : 시험 전 또는 시험 후 감독위원이 채점 후 확인한다(날인).
④ **측정값** : 클러치 페달 유격을 측정한 값을 기록한다.
　　・측정값 : 7 mm
⑤ **규정값** : 정비지침서를 보고 기록하거나 감독위원이 제시한 규정값을 기록한다.
　　・규정값 : 6~13 mm
⑥ **판정** : 측정값이 규정값 범위 내에 있으므로 ☑ 양호에 표시한다.
⑦ **정비 및 조치할 사항** : 판정이 양호이므로 정비 및 조치할 사항 없음을 기록한다.
⑧ **득점** : 감독위원이 해당 문항을 채점하고 점수를 기록한다.

※ 단위가 누락되거나 틀린 경우는 오답으로 채점한다.

### 2 클러치 페달 유격이 규정값보다 클 경우

| 항목 | 자동차 번호 : | | 비번호 | 감독위원 확인 | |
|---|---|---|---|---|---|
| | 측정(또는 점검) | | 판정 및 정비(또는 조치) 사항 | | 득점 |
| | 측정값 | 규정(정비한계)값 | 판정(□에 'V'표) | 정비 및 조치할 사항 | |
| 클러치 페달 유격 | 25 mm | 6~13 mm | □ 양호<br>☑ 불량 | 클러치 디스크 교체 | |

※ 판정 : 측정값이 규정값 범위를 벗어났으므로 ☑ 불량에 표시하고, 클러치 디스크를 교체한다.

## 3 클러치 페달 자유 간극 규정값

| 차 종 | 페달 높이 | 자유 간극 | 여유 간극 | 작동 거리 |
|---|---|---|---|---|
| EF 쏘나타 | 180.5 mm | 6~13 mm | 40 mm | 150 mm |
| 싼타페 | 218.9 mm | 6~13 mm | – | 140 mm |
| 베르나 | 173 mm | 6~13 mm | 40 mm | 145 mm |
| 쏘나타 | 177~182 mm | 6~13 mm | 55 mm | – |
| 아반떼 XD | 166.9 mm | 6~13 mm | 40 mm | 145 mm |

## 4 클러치 페달 유격 측정

1. 점검할 수동 변속기 차량을 확인한다.

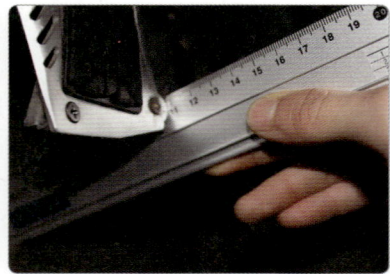

2. 클러치 페달 높이를 측정한다. (페달 높이 : 110 mm)

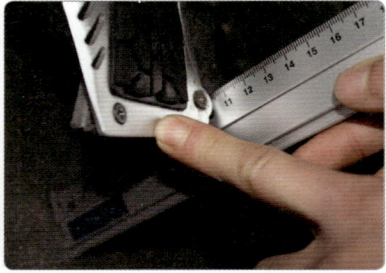

3. 클러치 페달에 자를 대고 지그시 눌러 유격을 측정한다(유격 : 7 mm).

> **클러치 페달 유격이 규정값 범위를 벗어난 경우 정비 및 조치할 사항**
> ❶ 클러치 오일 부족 → 클러치 오일 보충 및 공기빼기
> ❷ 클러치 디스크 과다 마모 → 클러치 디스크 교체
> ❸ 클러치 압력판 과다 마모 → 클러치 압력판 어셈블리 교체
> ❹ 클러치 디스크 규격품 외 사용 → 클러치 디스크 규격품으로 교체

# 12안 전자제어 제동장치(ABS) 점검

**섀시 4** 주어진 자동차에서 감독위원의 지시에 따라 진단기(스캐너)로 ABS 장치를 점검하고 기록·판정하시오.

## 1 뒤 좌측 휠 스피드 센서 커넥터가 탈거된 경우

| 항목 | ① 자동차 번호 : | | ② 비번호 | | ③ 감독위원 확인 | |
|---|---|---|---|---|---|---|
| | 측정(또는 점검) | | 판정 및 정비(또는 조치) 사항 | | | ⑧ 득점 |
| | ④ 이상 부위 | ⑤ 내용 및 상태 | ⑥ 판정(□에 'V'표) | ⑦ 정비 및 조치할 사항 | | |
| ABS 자기진단 | 뒤 좌측 휠 스피드 센서 | 커넥터 탈거 | □ 양호<br>☑ 불량 | 뒤 좌측 휠 스피드 센서 커넥터 체결, ABS ECU 과거 기억 소거 후 재점검 | | |

① **자동차 번호** : 측정하는 자동차 번호를 기록한다(측정 차량이 1대인 경우 생략할 수 있다).
② **비번호** : 책임관리위원(공단 본부)이 배부한 등번호(비번호)를 기록한다.
③ **감독위원 확인** : 시험 전 또는 시험 후 감독위원이 채점 후 확인한다(날인).
④ **이상 부위** : 스캐너 자기진단 화면에서 확인된 뒤 좌측 휠 스피드 센서를 기록한다.
⑤ **내용 및 상태** : 이상 부위의 내용 및 상태로 커넥터 탈거를 기록한다.
⑥ **판정** : 뒤 좌측 휠 스피드 센서 커넥터가 탈거되었으므로 ☑ 불량에 표시한다.
⑦ **정비 및 조치할 사항** : 판정이 불량이므로 뒤 좌측 휠 스피드 센서 커넥터 체결, ABS ECU 과거 기억 소거 후 재점검을 기록한다.
⑧ **득점** : 감독위원이 해당 문항을 채점하고 점수를 기록한다.

## 2 전자제어 제동장치 점검

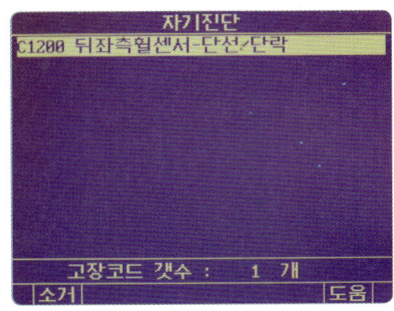
고장 센서 확인(뒤 좌측 휠 센서)

휠 스피드 센서 커넥터 탈거 확인

센서 출력값 확인

## 12안 최소 회전 반지름 측정

**섀시 5** 주어진 자동차에서 감독위원의 지시에 따라 좌 또는 우회전 시 최소 회전 반지름을 측정하여 기록·판정하시오.

### 1 좌회전 시 최소 회전 반지름이 기준값 범위 내에 있을 경우 (r값이 주어졌을 때 : 40 cm)

| ④ 항목 | 측정(또는 점검) | | ⑥ 기준값 (최소 회전 반지름) | ⑦ 측정값 (최소 회전 반지름) | 산출 근거 및 판정 | | ⑩ 득점 |
|---|---|---|---|---|---|---|---|
| | ⑤ 최대조향각도 | | | | ⑧ 산출 근거 | ⑨ 판정 (□에 'V'표) | |
| | 좌측 바퀴 | 우측 바퀴 | | | | | |
| 회전 방향 (□에 'V'표) ☑ 좌 □ 우 | 35° | 30° | 12 m 이하 | 6 m | $R = \dfrac{2.8\ m}{\sin 30°} + 0.4$ $= 6\ m$ | ☑ 양호 □ 불량 | |

① **자동차 번호** : 측정하는 자동차 번호를 기록한다(측정 차량이 1대인 경우 생략할 수 있다).
② **비번호** : 책임관리위원(공단 본부)이 배부한 등번호(비번호)를 기록한다.
③ **감독위원 확인** : 시험 전 또는 시험 후 감독위원이 채점 후 확인한다(날인).
④ **항목** : 감독위원이 제시하는 회전 방향에 ☑ 표시를 한다(운전석 착석 시 좌우 기준).   ☑ 좌
⑤ **최대조향각도** : 좌측 바퀴 : 35°, 우측 바퀴 : 30°를 기록한다.
⑥ **기준값** : 최소 회전 반지름의 기준값 12 m 이하를 기록한다.
⑦ **측정값** : 최소 회전 반지름의 측정값 6 m를 기록하며, 반드시 단위를 기록한다.
⑧ **산출 근거** : 최소 회전 반지름 공식에서 산출한 계산식을 기록한다(감독위원이 제시하는 r값은 40 cm이다).

$$R = \dfrac{L}{\sin \alpha} + r \quad \therefore R = \dfrac{2.8\ m}{\sin 30°} + 0.4 = 6\ m$$

- $R$ : 최소 회전 반지름(m)
- $\sin \alpha$ : 우측 바퀴의 조향각도($\sin 30° = 0.5$)
- $L$ : 축거(2.8 m)
- $r$ : 바퀴 접지면 중심과 킹핀 중심과의 거리($r = 40$ cm)

⑨ **판정** : 측정값이 기준값 범위 내에 있으므로 ☑ 양호에 표시한다.
⑩ **득점** : 감독위원이 해당 문항을 채점하고 점수를 기록한다.

※ 축거 및 바퀴의 접지면 중심과 킹핀과의 거리(r)는 감독위원이 제시한다.
※ 자동차 검사 기준 및 방법에 의하여 기록·판정한다.
※ 회전 방향은 감독위원이 지정하는 위치의 □에 'V'표시한다.
※ 산출 근거에는 단위를 기록하지 않아도 된다.

#### 최소 회전 반지름 측정 시 유의사항

❶ 조향각과 축거는 직접 측정하며, 바퀴 접지면 중심과 킹핀 중심과의 거리는 감독위원이 제시하거나 무시하고 계산한다.
❷ 시험 차량은 대부분 승용차로, 최소 회전 반지름 기준값 12 m 이내에 측정되므로 일반적으로 판정은 양호이다.

# 12안 스텝 모터(공회전 속도 조절 서보) 저항 점검

**전기 2**  주어진 자동차에서 감독위원의 지시에 따라 스텝 모터(공회전 속도 조절 서보)의 저항을 점검하여 스텝 모터의 고장 부분을 확인한 후 기록표에 기록·판정하시오.

## 1 스텝 모터 저항값이 규정값보다 작을 경우

| 항목 | ① 자동차 번호 : | | ② 비번호 | ③ 감독위원 확인 | | ⑧ 득점 |
|---|---|---|---|---|---|---|
| | 측정(또는 점검) | | 판정 및 정비(또는 조치) 사항 | | | |
| | ④ 측정값 | ⑤ 규정(정비한계)값 | ⑥ 판정(□에 'V'표) | ⑦ 정비 및 조치할 사항 | | |
| 저항 | 25 Ω (20℃) | 28~33 Ω (20℃) | □ 양호<br>☑ 불량 | 스텝 모터 교체 | | |

① **자동차 번호** : 측정하는 자동차 번호를 기록한다(측정 차량이 1대인 경우 생략할 수 있다).
② **비번호** : 책임관리위원(공단 본부)이 배부한 등번호(비번호)를 기록한다.
③ **감독위원 확인** : 시험 전 또는 시험 후 감독위원이 채점 후 확인한다(날인).
④ **측정값** : 스텝 모터 저항을 측정한 값 25 Ω(20℃)을 기록한다.
⑤ **규정(정비한계)값** : 정비지침서를 보고 기록하거나 감독위원이 제시한 규정값 28~33 Ω(20℃)을 기록한다.
⑥ **판정** : 측정값이 규정값 범위를 벗어났으므로 ☑ 불량에 표시한다.
⑦ **정비 및 조치할 사항** : 판정이 불량이므로 스텝 모터 교체를 기록한다.
⑧ **득점** : 감독위원이 해당 문항을 채점하고 점수를 기록한다.

## 2 스텝 모터 저항의 규정값

| 차 종 | 작동 방향 | 점검 단자 | 규정값 |
|---|---|---|---|
| 쏘나타, 그랜저 | 전진 | 1~2번 단자와 2~3번 단자 | 28~33 Ω(20℃) |
| | 후진 | 4~5번 단자와 5~6번 단자 | 28~33 Ω(20℃) |

## 3 스텝 모터 저항 점검

1. ISC 단자 1-2번 닫힘코일 저항을 측정한다.

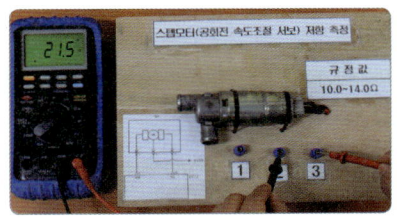
2. ISC 단자 2-3번 열림코일 저항을 측정한다.

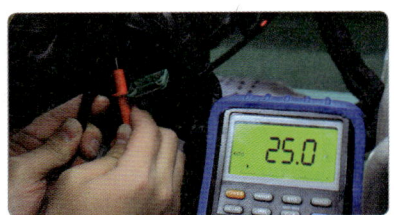
3. 스텝 모터 커넥터를 탈거하고 스텝 모터 저항을 측정한다(25 Ω).

# 12안 실내등 및 열선 회로 점검

**전기 3** 주어진 자동차에서 실내등 및 열선 회로의 고장 부분을 점검한 후 기록표에 기록·판정하시오.

## 1 좌측 앞 도어 스위치 커넥터가 탈거된 경우

| 항목 | ① 자동차 번호 : | | ② 비번호 | | ③ 감독위원 확 인 | ⑧ 득점 |
|---|---|---|---|---|---|---|
| | 측정(또는 점검) | | 판정 및 정비(또는 조치) 사항 | | | |
| | ④ 이상 부위 | ⑤ 내용 및 상태 | ⑥ 판정(□에 'V'표) | ⑦ 정비 및 조치할 사항 | | |
| 실내등 및 열선 회로 | 좌측 앞 도어 스위치 | 커넥터 탈거 | □ 양호<br>☑ 불량 | 좌측 앞 도어 스위치 커넥터 체결 후 재점검 | | |

① **자동차 번호** : 측정하는 자동차 번호를 기록한다(측정 차량이 1대인 경우 생략할 수 있다).
② **비번호** : 책임관리위원(공단 본부)이 배부한 등번호(비번호)를 기록한다.
③ **감독위원 확인** : 시험 전 또는 시험 후 감독위원이 채점 후 확인한다(날인).
④ **이상 부위** : 회로 점검에서 확인된 이상 부위를 기록한다.
  • 이상 부위 : 좌측 앞 도어 스위치
⑤ **내용 및 상태** : 이상 부위의 내용 및 상태를 기록한다.
  • 내용 및 상태 : 커넥터 탈거
⑥ **판정** : 실내등 회로의 좌측 앞 도어 스위치 커넥터가 탈거된 상태이므로 ☑ 불량에 표시한다.
⑦ **정비 및 조치할 사항** : 판정이 불량이므로 좌측 앞 도어 스위치 커넥터 체결 후 재점검을 기록한다.
⑧ **득점** : 감독위원이 해당 문항을 채점하고 점수를 기록한다.

## 2 디포거 릴레이가 탈거된 경우

| 항목 | 자동차 번호 : | | 비번호 | | 감독위원 확 인 | 득점 |
|---|---|---|---|---|---|---|
| | 측정(또는 점검) | | 판정 및 정비(또는 조치) 사항 | | | |
| | 이상 부위 | 내용 및 상태 | 판정(□에 'V'표) | 정비 및 조치할 사항 | | |
| 실내등 및 열선 회로 | 디포거 릴레이 | 탈거 | □ 양호<br>☑ 불량 | 디포거 릴레이 체결 후 재점검 | | |

※ 판정 : 디포거 릴레이가 탈거되었으므로 ☑ 불량에 표시하고, 디포거 릴레이 체결 후 재점검한다.

## 3 실내등 및 열선 회로 점검

### (1) 실내등 점검

1. 도어 스위치 작동 상태를 확인한다.

2. 실내등 탈거 후 전원을 점검한다.

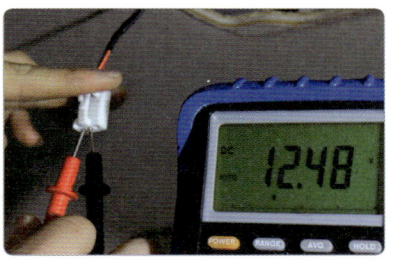
3. 실내등 공급 전압을 확인한다.

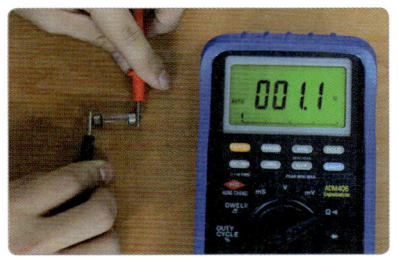
4. 실내등 전구를 점검한다.

5. 도어 스위치 작동 상태를 점검한다.

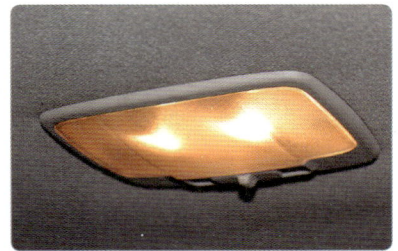
6. 실내등 작동 상태를 확인한다.

### (2) 열선 점검

1. 축전지 전압 및 퓨즈 단선 상태를 확인한다.

2. 도어 스위치 공급 전압과 도어 스위치를 점검한다.

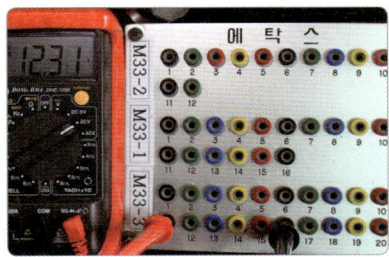
3. 도어를 열고 닫으며 도어 스위치 접점 상태를 확인한다.

---

**실내등 및 열선이 작동하지 않는 경우 정비 및 조치할 사항**

1. 도어 스위치 불량 → 도어 스위치 교체
2. 열선 스위치 불량 → 열선 스위치 교체
3. 실내등 퓨즈의 단선 → 실내등 퓨즈의 교체
4. 열선 퓨즈의 탈거 → 열선 퓨즈의 체결
5. 실내등 전구의 단선 → 실내등 전구의 교체
6. 디포거 릴레이 탈거 → 디포거 릴레이 체결

# 12안 경음기 음량 측정

**전기 4** 주어진 자동차에서 경음기음을 측정하여 기록표에 기록·판정하시오.

## 1 경음기 음량이 기준값보다 높을 경우

| 항목 | 측정(또는 점검) | | ③ 감독위원 확 인 | |
|---|---|---|---|---|
| | ① 자동차 번호 : | ② 비번호 | | |
| | ④ 측정값 | ⑤ 기준값 | ⑥ 판정 (□에 'V'표) | ⑦ 득점 |
| 경음기 음량 | 116 dB | 90 dB 이상<br>110 dB 이하 | □ 양호<br>☑ 불량 | |

① **자동차 번호** : 측정하는 자동차 번호를 기록한다(측정 차량이 1대인 경우 생략할 수 있다).
② **비번호** : 책임관리위원(공단 본부)이 배부한 등번호(비번호)를 기록한다.
③ **감독위원 확인** : 시험 전 또는 시험 후 감독위원이 채점 후 확인한다(날인).
④ **측정값** : 경음기 음량을 측정한 값을 기록한다.
  • 측정값 : 116 dB
⑤ **기준값** : 경음기 음량 기준값을 수검자가 암기하여 기록한다.
  • 기준값 : 90 dB 이상 110 dB 이하
⑥ **판정** : 측정값이 기준값 범위를 벗어났으므로 ☑ 불량에 표시한다.
⑦ **득점** : 감독위원이 해당 문항을 채점하고 점수를 기록한다.

※ 감독위원이 제시한 자동차등록증(차대번호)을 활용하여 차종 및 연식을 적용한다.
※ 자동차 검사기준 및 방법에 의하여 기록·판정한다.   ※ 암소음은 무시한다.

## 2 경음기 음량 기준값

[2006년 1월 1일 이후 제작된 자동차]

| 자동차 종류 | | 소음 항목 | 경적 소음(dB(C)) |
|---|---|---|---|
| 경자동차 | | | 110 이하 |
| 승용자동차 | | 소형, 중형 | 110 이하 |
| | | 중대형, 대형 | 112 이하 |
| 화물자동차 | | 소형, 중형 | 110 이하 |
| | | 대형 | 112 이하 |

※ 경음기 음량의 크기는 최소 90 dB 이상일 것 [자동차 및 자동차 성능과 기준에 관한 규칙 제53조]

# 자동차정비 기능사 실기 13안

## 답안지 작성법

| 파트별 | 안별 문제 | 13안 |
|---|---|---|
| 엔진 | 엔진(부품) 분해 조립 | CRDI 인젝터 1개 예열 플러그 |
| 엔진 | 측정/답안작성 | 예열 플러그 저항 |
| 엔진 | 시스템 점검/엔진 시동 | 점화회로 |
| 엔진 | 부품 탈거/조립 | AFS/에어클리너 |
| 엔진 | 자기진단(답안작성) | 스캐너를 이용한 엔진 전자제어 센서(액추에이터) 점검 |
| 엔진 | 차량 검사 측정 | 디젤 매연 |
| 섀시 | 부품 탈거/조립 | A/T 오일펌프 |
| 섀시 | 점검/답안작성 | 사이드 슬립 |
| 섀시 | 부품 탈거 작동 상태 | ABS 브레이크 패드 |
| 섀시 | 점검/답안작성 | A/T 오일 압력 점검 |
| 섀시 | 안전기준 검사 | 브레이크 제동력 |
| 전기 | 부품 탈거/조립 작동 확인 | 히터 블로어 모터 |
| 전기 | 측정/답안작성 | 스텝 모터 저항 |
| 전기 | 전기회로 점검/고장부위 작성 | 방향지시등 회로 |
| 전기 | 차량 검사 측정 | 전조등 |

## 13안 예열 플러그 저항 점검

> **엔진 1** 주어진 전자제어 디젤(CRDI) 엔진에서 인젝터(1개)와 예열 플러그(1개)를 탈거(감독위원에게 확인)하고 감독위원의 지시에 따라 기록표의 내용대로 기록·판정한 후 다시 조립하시오.

### 1 예열 플러그 저항값이 규정값 범위 내에 있을 경우

| | ① 엔진 번호 : | | ② 비번호 | ③ 감독위원 확인 | |
|---|---|---|---|---|---|
| 항목 | 측정(또는 점검) | | 판정 및 정비(또는 조치) 사항 | | ⑧ 득점 |
| | ④ 측정값 | ⑤ 규정(정비한계)값 | ⑥ 판정(□에 'V'표) | ⑦ 정비 및 조치할 사항 | |
| 예열 플러그 저항 | 0.26 Ω(20℃) | 0.25~0.30 Ω(20℃) | ☑ 양호<br>□ 불량 | 정비 및 조치할 사항 없음 | |

① **엔진 번호** : 측정하는 엔진 번호를 기록한다(측정 엔진이 1대인 경우 생략할 수 있다).
② **비번호** : 책임관리위원(공단 본부)이 배부한 등번호(비번호)를 기록한다.
③ **감독위원 확인** : 시험 전 또는 시험 후 감독위원이 채점 후 확인한다(날인).
④ **측정값** : 예열 플러그 저항을 측정한 값을 기록한다.
　　　• 측정값 : 0.26 Ω(20℃)
⑤ **규정(정비한계)값** : 정비지침서나 감독위원이 제시한 값을 기록한다.
　　　• 규정값 : 0.25~0.30 Ω(20℃)
⑥ **판정** : 측정값이 규정값 범위 내에 있으므로 ☑ 양호에 표시한다.
⑦ **정비 및 조치할 사항** : 판정이 양호이므로 정비 및 조치할 사항 없음을 기록한다.
⑧ **득점** : 감독위원이 해당 문항을 채점하고 점수를 기록한다.

※ 단위가 누락되거나 틀린 경우는 오답으로 채점한다.

### 2 예열 플러그 저항값이 ∞Ω일 경우

| | 엔진 번호 : | | 비번호 | 감독위원 확인 | |
|---|---|---|---|---|---|
| 항목 | 측정(또는 점검) | | 판정 및 정비(또는 조치) 사항 | | 득점 |
| | 측정값 | 규정(정비한계)값 | 판정(□에 'V'표) | 정비 및 조치할 사항 | |
| 예열 플러그 저항 | ∞ Ω(20℃) | 0.25~0.30 Ω(20℃) | □ 양호<br>☑ 불량 | 예열 플러그 교체 | |

※ 판정 : 예열 플러그 저항값이 ∞Ω으로 규정값 범위를 벗어났으므로 ☑ 불량에 표시하고, 예열 플러그 교체한다.

### 3 예열 플러그 저항값이 0Ω일 경우

| 항목 | 측정(또는 점검) | | 판정 및 정비(또는 조치) 사항 | | 득점 |
|---|---|---|---|---|---|
| | 측정값 | 규정(정비한계)값 | 판정(□에 'V'표) | 정비 및 조치할 사항 | |
| 예열 플러그 저항 | 0 Ω | 0.25~0.30 Ω | □ 양호<br>☑ 불량 | 예열 플러그 교체 | |

엔진 번호 : / 비번호 / 감독위원 확인

### 4 예열 플러그 저항 규정값

| 차 종 | 규정값 | 차 종 | 규정값 |
|---|---|---|---|
| 아반떼 | 0.25 Ω(20℃) | 그레이스 | 0.25 Ω(20℃) |
| 프라이드 | 0.25 Ω(20℃) | 포터 | 0.25 Ω(20℃) |

※ 규정값은 정비지침서 또는 감독위원이 제시한 값을 적용한다.

### 5 예열 플러그 저항 측정

예열 플러그 탈부착 작업

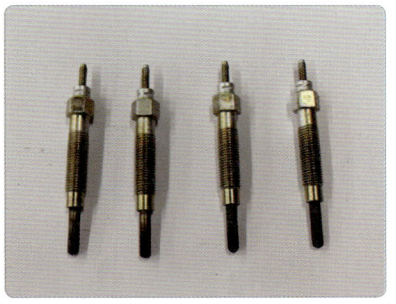

1. 지정된 예열 플러그를 확인한다.

2. 예열 플러그를 측정한다(0.26 Ω).

### 예열플러그 저항값이 규정값 범위를 벗어난 경우 정비 및 조치할 사항

1. 예열플러그 단선 → 예열플러그 교체
2. 예열플러그 단락 → 예열플러그 교체

### 예열 플러그 저항 점검 시 유의사항

시험장에서는 감독위원에 따라 규정값을 제시할 때 온도를 주는 경우가 있으므로 온도가 주어질 때는 반드시 규정값에 온도를 표기하도록 한다.

## 13안 엔진 센서(액추에이터) 점검

**엔진 3** 주어진 자동차에서 엔진의 공기 유량 센서(AFS)와 에어 필터를 탈거(감독위원에게 확인)한 후 다시 조립하고 감독위원의 지시에 따라 진단기(스캐너)를 사용하여 엔진의 각종 센서(액추에이터)를 점검 후 기록표에 기록하시오.

### 1 크랭크각 센서 커넥터가 탈거된 경우

| 항목 | ① 자동차 번호 : | | | ② 비번호 | | ③ 감독위원 확인 |
|---|---|---|---|---|---|---|
| | 측정(또는 점검) | | | 판정 및 정비(또는 조치) 사항 | | ⑨ 득점 |
| | ④ 고장 부위 | ⑤ 측정값 | ⑥ 규정값 | ⑦ 고장 내용 | ⑧ 정비 및 조치 사항 | |
| 센서 (액추에이터) 점검 | 크랭크각 센서 | 0 rpm (5 V) | 300~400 rpm (2.7~3.2 V) | 커넥터 탈거 | 크랭크각 센서 커넥터 체결, ECU 기억 소거 후 재점검 | |

① **자동차 번호** : 측정하는 자동차 번호를 기록한다(측정 차량이 1대인 경우 생략할 수 있다).
② **비번호** : 책임관리위원(공단 본부)이 배부한 등번호(비번호)를 기록한다.
③ **감독위원 확인** : 시험 전 또는 시험 후 감독위원이 채점 후 확인한다(날인).
④ **고장 부위** : 스캐너 자기진단에서 확인된 고장 부위로 크랭크각 센서를 기록한다.
⑤ **측정값** : 스캐너 센서 출력에서 확인된 측정값 0 rpm (5 V)을 기록한다.
⑥ **규정값** : 스캐너 내 규정값을 기록하거나 감독위원이 제시한 규정값을 기록한다.
  • 규정값 : 300~400 rpm (2.7~3.2 V)
⑦ **고장 내용** : 고장 부위 점검으로 확인된 커넥터 탈거를 기록한다.
⑧ **정비 및 조치 사항** : 커넥터가 탈거되었으므로 크랭크각 센서 커넥터 체결, ECU 기억 소거 후 재점검을 기록한다.
⑨ **득점** : 감독위원이 해당 문항을 채점하고 점수를 기록한다.

### 2 크랭크각 센서 시동(크랭킹) 시 규정값

| 측정 조건 | 규정 엔진 rpm | 센서 출력 규정 전압 | 비 고 |
|---|---|---|---|
| 시동 (크랭킹) 시 | 300~400 rpm | 2.7~3.2 V | 자기진단 고장 부위 점검은 스캐너로, 출력 전압 확인은 디지털 멀티테스터로 한다. |

■ 점검 절차
 1. 고장 진단 : 스캐너 자기진단으로 고장 부위를 점검한다. 예 크랭크각 센서
 2. 측정값 : 센서 출력에서 멀티 테스터로 확인한다(측정값으로 5 V 측정 시 측정 rpm은 0 rpm으로 한다).
 3. 크랭크각 규정 rpm과 센서 출력 규정 전압은 감독위원이 제시할 수 있다.

## 3 엔진 센서 점검

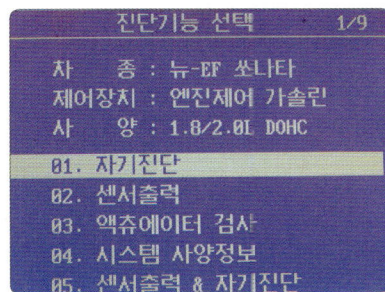

1. 자기진단을 선택한다.

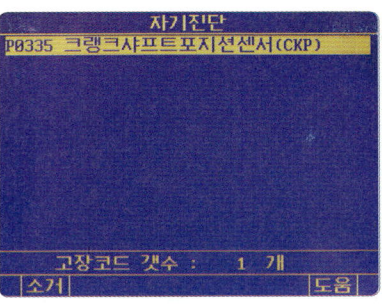

2. 고장 센서가 출력된다 (크랭크각 센서 CKP).

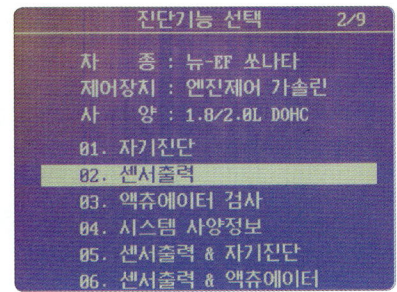

3. 센서출력을 선택한다.

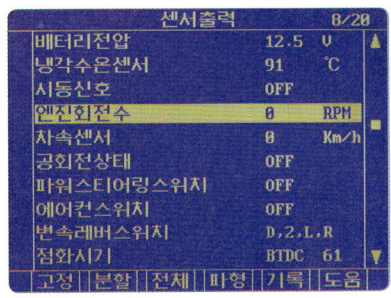

4. 센서 출력값을 확인한다 (0 rpm).

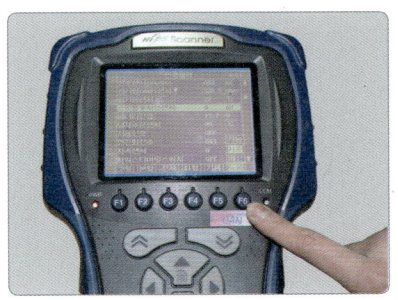

5. 기준값을 확인한다. 감독위원이 제시할 경우 제시한 값으로 한다.

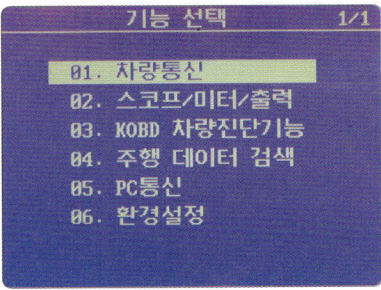

6. 측정이 끝나면 스캐너 시작단계의 위치로 놓는다.

### 고장 부위가 있을 경우 정비 및 조치할 사항

① 과거 기억 소거 불량 → ECU 기억 소거 후 재점검
② 센서 불량 → 센서 교체, ECU 기억 소거 후 재점검
③ 커넥터 탈거 → 커넥터 체결, ECU 기억 소거 후 재점검

### 엔진 센서 점검 시 유의사항

① 고장 부위를 확인하고 스캐너 센서 출력에서 측정값을 확인하여 기록표에 작성한다.
② 고장 부위가 2개 이상 출력될 경우 감독위원에게 확인한 후 고장 부위 중 1개를 기록표에 작성한다.

## 13안 디젤 자동차 매연 측정

**엔진 4** 주어진 자동차에서 기록표에 제시된 내용을 측정하고 기록·판정하시오.

### 1 매연 측정값이 기준값보다 클 경우

| ① 자동차 번호 : | | | | | ② 비번호 | | ③ 감독위원 확인 | |
|---|---|---|---|---|---|---|---|---|
| 측정(또는 점검) | | | | | 산출 근거 및 판정 | | | ⑪ 득점 |
| ④ 차종 | ⑤ 연식 | ⑥ 기준값 | ⑦ 측정값 | ⑧ 측정 | ⑨ 산출 근거(계산) 기록 | | ⑩ 판정 (□에 'V'표) | |
| 승합차 | 2009 | 20% 이하 | 37% | 1회 : 35.5%<br>2회 : 37.8%<br>3회 : 39.1% | $\dfrac{35.5 + 37.8 + 39.1}{3} = 37.46\%$ | | ☐ 양호<br>☑ 불량 | |

① **자동차 번호** : 측정하는 자동차 번호를 기록한다(측정 차량이 1대인 경우 생략할 수 있다).
② **비번호** : 책임관리위원(공단 본부)이 배부한 등번호(비번호)를 기록한다.
③ **감독위원 확인** : 시험 전 또는 시험 후 감독위원이 채점 후 확인한다(날인).
④ **차종** : KM**J**F1D1BP9U967856(차대번호 3번째 자리 : J) ➡ 승합차
⑤ **연식** : KMJF1D1BP**9**U967856(차대번호 10번째 자리 : 9) ➡ 2009
⑥ **기준값** : 자동차등록증 차대번호의 연식을 확인하여 기준값 20% 이하를 기록한다.
⑦ **측정값** : 3회 산출한 값의 평균값 37%를 기록한다(소수점 이하는 버림).
⑧ **측정** : 1회부터 3회까지 측정한 값을 기록한다.
    • 1회 : 35.5%   • 2회 : 37.8%   • 3회 : 39.1%
⑨ **산출 근거(계산) 기록** : $\dfrac{35.5 + 37.8 + 39.1}{3} = 37.46\%$
⑩ **판정** : 측정값이 기준값 범위를 벗어났으므로 ☑ 불량에 표시한다.
⑪ **득점** : 감독위원이 해당 문항을 채점하고 점수를 기록한다.

※ 감독위원이 제시한 자동차등록증(또는 차대번호)을 활용하여 차종 및 연식을 적용한다.    ※ 측정 및 판정은 무부하 조건으로 한다.
※ 매연 농도를 산술평균하여 소수점 이하는 버린 값으로 기입한다.    ※ 자동차 검사 기준 및 방법에 의하여 기록·판정한다.

### 5회 측정하는 경우

3회 측정한 매연 농도의 최댓값과 최솟값의 차가 5%를 초과하거나 최종 측정값이 배출 허용 기준에 맞지 않는 경우는 순차적으로 1회씩 더 자동 측정한다. 최대 5회까지 측정하고 마지막 3회의 측정값을 산출하여, 마지막 3회의 최댓값과 최솟값의 차가 5% 이내이고 측정값의 산술평균값이 배출 허용 기준 이내이면 매연 측정을 마무리한다. 5회까지 측정하여도 최댓값과 최솟값의 차가 5%를 초과하거나 배출 허용 기준에 맞지 않는 경우는 마지막 3회(3회, 4회, 5회)의 측정값을 산술평균한 값을 최종 측정값으로 한다.

## 2 매연 측정값이 기준값보다 클 경우 (5회 측정하는 경우)

| 자동차 번호 : | | | | | | 비번호 | | 감독위원 확 인 | |
|---|---|---|---|---|---|---|---|---|---|
| 측정(또는 점검) | | | | | | 산출 근거 및 판정 | | | 득점 |
| 차종 | 연식 | 기준값 | 측정값 | 측정 | | 산출 근거(계산) 기록 | | 판정 (□에 'V'표) | |
| 승합차 | 2009 | 20% 이하 | 41% | 1회 : 35.5%<br>2회 : 37.8%<br>3회 : 42.3% | | $\dfrac{42.3 + 43 + 39.2}{3} = 41.5\%$ | | □ 양호<br>☑ 불량 | |

■ 5회 측정하는 경우

　최댓값 − 최솟값 = 42.3% − 35.5% = 6.8% > 5% ➡ 2회 추가 측정

　• 4회 : 43%　　• 5회 : 39.2%　　∴ $\dfrac{42.3 + 43 + 39.2}{3} = 41.5\%$ ➡ 41%

※ 실기시험은 대체로 3회 측정이며 5회 측정일 경우 위와 같이 계산한다.

## 3 매연 기준값 (자동차등록증 차대번호 확인)

| 차 종 | | 제 작 일 자 | | 매 연 |
|---|---|---|---|---|
| 경자동차 및 승용자동차 | | 1995년 12월 31일 이전 | | 60% 이하 |
| | | 1996년 1월 1일부터 2000년 12월 31일까지 | | 55% 이하 |
| | | 2001년 1월 1일부터 2003년 12월 31일까지 | | 45% 이하 |
| | | 2004년 1월 1일부터 2007년 12월 31일까지 | | 40% 이하 |
| | | 2008년 1월 1일 이후 | | 20% 이하 |
| 승합 · 화물 · 특수자동차 | 소형 | 1995년 12월 31일까지 | | 60% 이하 |
| | | 1996년 1월 1일부터 2000년 12월 31일까지 | | 55% 이하 |
| | | 2001년 1월 1일부터 2003년 12월 31일까지 | | 45% 이하 |
| | | 2004년 1월 1일부터 2007년 12월 31일까지 | | 40% 이하 |
| | | 2008년 1월 1일 이후 | | 20% 이하 |
| | 중형 · 대형 | 1992년 12월 31일 이전 | | 60% 이하 |
| | | 1993년 1월 1일부터 1995년 12월 31일까지 | | 55% 이하 |
| | | 1996년 1월 1일부터 1997년 12월 31일까지 | | 45% 이하 |
| | | 1998년 1월 1일부터 2000년 12월 31일까지 | 시내버스 | 40% 이하 |
| | | | 시내버스 외 | 45% 이하 |
| | | 2001년 1월 1일부터 2004년 9월 30일까지 | | 45% 이하 |
| | | 2004년 10월 1일부터 2007년 12월 31일까지 | | 40% 이하 |
| | | 2008년 1월 1일 이후 | | 20% 이하 |

# 자동차등록증

제2009 - 03260호 　　　　　　　　　　　　　　　　최초등록일 : 2009년 08월 22일

| ① 자동차 등록번호 | 08다 1402 | ② 차종 | 승합차(소형) | ③ 용도 | 자가용 |
|---|---|---|---|---|---|
| ④ 차명 | 그레이스 | ⑤ 형식 및 연식 | 2009 | | |
| ⑥ 차대번호 | KMJF1D1BP9U967856 | ⑦ 원동기형식 | | | |
| ⑧ 사용자 본거지 | 서울특별시 영등포구 번영로 | | | | |
| 소유자 | ⑨ 성명(상호) | 기동찬 | ⑩ 주민(사업자)등록번호 | ******-****** | |
| | ⑪ 주소 | 서울특별시 영등포구 번영로 | | | |

자동차관리법 제8조 규정에 의하여 위와 같이 등록하였음을 증명합니다.

2009년 08월 22일

서울특별시장

● 차대번호 식별방법

KMJF1D1BP9U967856

① 첫 번째 자리는 제작국가(K=대한민국)
② 두 번째 자리는 제작회사(M=현대, N=기아, P=쌍용, L=GM 대우)
③ 세 번째 자리는 자동차 종별(H=승용차, J=승합차, F=화물차)
④ 네 번째 자리는 차종 구분(F=그레이스)
⑤ 다섯 번째 자리는 세부 차종(1=스탠다드, 2=디럭스, 3=슈퍼 디럭스)
⑥ 여섯 번째 자리는 차체 형상(A=카고, D=왜건 & 밴, E=더블캡)
⑦ 일곱 번째 자리는 안전벨트 안전장치(1=액티브 벨트, 2=패시브 벨트, 7=유압 브레이크)
⑧ 여덟 번째 자리는 엔진 형식(배기량)(B=2.6 N/A 디젤, F=2.5 TC 디젤, L=2.4 LPG)
⑨ 아홉 번째 자리는 기타사항 용도 구분(P=왼쪽 운전석, R=오른쪽 운전석)
⑩ 열 번째 자리는 제작연도(영문 I, O, Q, U, Z 제외)
　　~Y(2000) ~4(2004) ~9(2009), A(2010), B(2011), C(2012)~
⑪ 열한 번째 자리는 제작 공장(A=아산, C=전주, M=인도, U=울산, Z=터키)
⑫ 열두 번째~열일곱 번째자리는 차량제작 일련번호

## 4 매연 측정

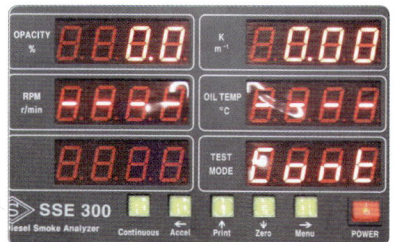
매연 측정 준비

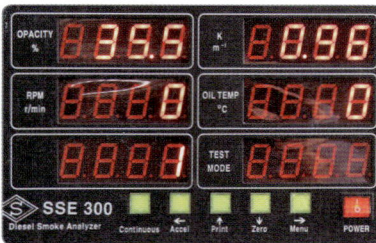
1회 측정값 (35.5 %)

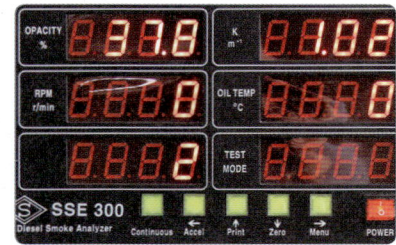
2회 측정값 (37.8 %)

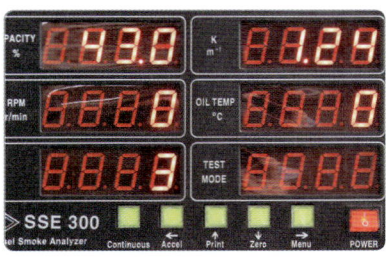
3회 측정값 (42.3 %)

4회 측정값 (43 %)

5회 측정값 (39.2 %)

### 결과값 프린트

❶ Accelation Test 중간에 Continuous 버튼을 누르면 언제든지 Continue 모드로 빠져나올 수 있다.

❷ Print 버튼을 누르면 그때까지 측정한 값에 대해서만 출력이 되고 판정은 나오지 않는다.

## 13안 사이드슬립 점검

**섀시 2** 주어진 자동차에서 감독위원의 지시에 따라 사이드슬립을 점검하여 기록 · 판정하시오.

### 1 사이드슬립 측정값이 규정값 범위 내에 있을 경우

| | ① 자동차 번호 : | | ② 비번호 | | ③ 감독위원<br>확 인 | |
|---|---|---|---|---|---|---|
| 항목 | 측정(또는 점검) | | 판정 및 정비(또는 조치) 사항 | | | ⑧ 득점 |
| | ④ 측정값 | ⑤ 규정(정비한계)값 | ⑥ 판정(□에 'V'표) | ⑦ 정비 및 조치할 사항 | | |
| 사이드슬립 | 토 아웃 3 mm | 토 인, 토 아웃<br>5 mm 이내 | ☑ 양호<br>□ 불량 | 정비 및 조치할 사항<br>없음 | | |

① **자동차 번호** : 측정하는 자동차 번호를 기록한다(측정 차량이 1대인 경우 생략할 수 있다).
② **비번호** : 책임관리위원(공단 본부)이 배부한 등번호(비번호)를 기록한다.
③ **감독위원 확인** : 시험 전 또는 시험 후 감독위원이 채점 후 확인한다(날인).
④ **측정값** : 사이드슬립을 측정한 값을 기록한다.
 • 측정값 : 토 아웃 3 mm
⑤ **규정(정비한계)값** : 감독위원이 제시한 값이나 정비지침서를 보고 규정값을 기록한다.
 • 규정값 : 토 인, 토 아웃 5 mm 이내
⑥ **판정** : 측정값이 규정값 범위 내에 있으므로 ☑ 양호에 표시한다.
⑦ **정비 및 조치할 사항** : 판정이 양호이므로 정비 및 조치할 사항 없음을 기록한다.
⑧ **득점** : 감독위원이 해당 문항을 채점하고 점수를 기록한다.

※ 단위가 누락되거나 틀린 경우는 오답으로 채점한다.

### 2 사이드슬립 측정값이 규정값 범위 내에 있을 경우

| | 자동차 번호 : | | 비번호 | | 감독위원<br>확 인 | |
|---|---|---|---|---|---|---|
| 항목 | 측정(또는 점검) | | 판정 및 정비(또는 조치) 사항 | | | 득점 |
| | 측정값 | 규정(정비한계)값 | 판정(□에 'V'표) | 정비 및 조치할 사항 | | |
| 사이드슬립 | 토 인 1.7 mm | 토 인, 토 아웃<br>5 mm 이내 | ☑ 양호<br>□ 불량 | 정비 및 조치할 사항<br>없음 | | |

※ **판정** : 사이드슬립을 측정한 값이 규정값 범위 내에 있으므로 ☑ 양호에 표시하고, 정비 및 조치할 사항 없음을 기록한다.

## 3 사이드슬립 측정값이 규정값 범위를 벗어난 경우

| 항목 | 측정(또는 점검) | | 판정 및 정비(또는 조치) 사항 | | 득점 |
| --- | --- | --- | --- | --- | --- |
| | 측정값 | 규정(정비한계)값 | 판정(□에 'V'표) | 정비 및 조치할 사항 | |
| 사이드슬립 | 토 아웃 6 mm | 토 인, 토 아웃 5 mm 이내 | □ 양호<br>☑ 불량 | 타이로드 고정 너트를 풀고, 타이로드를 바퀴 진행 방향으로 돌려서 조정 | |

자동차 번호 :     비번호     감독위원 확 인

## 4 사이드 슬립 측정

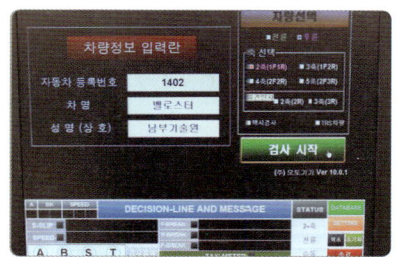

1. 차량 정보를 입력한 후 검사모드를 실행한다.

2. 사이드슬립 답판 위로 측정차량을 진입시킨다(5 km/h).

3. 측정값을 확인한다.
   (토 인 : 1.7 mm/min)

### 사이드슬립 측정 시 유의사항

❶ 자동차는 공차 상태에서 운전자 1인이 승차한 상태로 한다.
❷ 타이어 공기 압력은 표준값으로 하고 조향 링크의 각부를 점검한다.
❸ 시험기는 사이드슬립 테스터로 하고 지시장치의 위치가 0점에 있는지 확인한다.
❹ 자동차를 측정기와 정면으로 대칭시키고 측정기에 진입하는 속도는 5 km/h로 한다.
❺ 조향 핸들에서 손을 떼고 5 km/h로 서행하면서 타이어의 접지면이 시험기 답판을 통과할 때 계기의 눈금을 읽는다.
❻ 옆 미끄러짐 양의 측정은 자동차가 1 m 주행할 때의 사이드슬립 양을 측정하는 것으로 한다.
❼ 조향바퀴의 사이드슬립은 1 m 주행에 좌우 방향으로 각각 **5 mm 이내**이어야 한다.

### 사이드슬립 점검

❶ 독립현가 방식은 좌, 우 2개의 타이로드가 있으므로 토 인, 토 아웃 조정 시 조정값을 1/2로 나누어 균형 있게 조정한다.
❷ 사이드슬립은 자동차가 주행 시 핸들 조작 없이 바퀴가 좌, 우로 미끄러지는 것이므로 주행 안전을 위해 반드시 사이드슬립 양을 점검하도록 한다.

## 13안 자동변속기 오일 압력 점검

**섀시 4** 주어진 자동차에서 감독위원의 지시에 따라 자동변속기 오일 압력을 점검하고 기록 · 판정하시오.

### 1 자동변속기 오일 압력이 규정값 범위 내에 있을 경우

| | ① 자동차 번호 : | | ② 비번호 | ③ 감독위원 확 인 | |
|---|---|---|---|---|---|
| 항목 | 측정(또는 점검) | | 판정 및 정비(또는 조치) 사항 | | ⑧ 득점 |
| | ④ 측정값 | ⑤ 규정값 | ⑥ 판정(□에 'ˇ'표) | ⑦ 정비 및 조치할 사항 | |
| (OD)의 오일 압력 | 8.0 kgf/cm² | 8.0~9.0 kgf/cm² | ☑ 양호<br>□ 불량 | 정비 및 조치할 사항 없음 | |

① **자동차 번호** : 측정하는 자동차 번호를 기록한다(측정 차량이 1대인 경우 생략할 수 있다).
② **비번호** : 책임관리위원(공단 본부)이 배부한 등번호(비번호)를 기록한다.
③ **감독위원 확인** : 시험 전 또는 시험 후 감독위원이 채점 후 확인한다(날인).
④ **측정값** : (OD)의 오일 압력을 측정한 값을 기록한다.
   • 측정값 : 8.0 kgf/cm²
⑤ **규정값** : 정비지침서 또는 감독위원이 제시한 규정값을 기록한다.
   • 규정값 : 8.0~9.0 kgf/cm²
⑥ **판정** : 자동변속기 오일 압력 측정값이 규정값 범위 내에 있으므로 ☑ 양호에 표시한다.
⑦ **정비 및 조치할 사항** : 판정이 양호이므로 정비 및 조치할 사항 없음을 기록한다.
⑧ **득점** : 감독위원이 해당 문항을 채점하고 점수를 기록한다.

### 2 자동변속기 오일 압력이 규정값보다 낮을 경우

| | 자동차 번호 : | | 비번호 | 감독위원 확 인 | |
|---|---|---|---|---|---|
| 항목 | 측정(또는 점검) | | 판정 및 정비(또는 조치) 사항 | | 득점 |
| | 측정값 | 규정값 | 판정(□에 'ˇ'표) | 정비 및 조치할 사항 | |
| (OD)의 오일 압력 | 6.5 kgf/cm² | 8.0~9.0 kgf/cm² | □ 양호<br>☑ 불량 | 오일 양 점검<br>(OD 클러치 피스톤 불량) | |

※ **판정** : 자동변속기 오일 압력 측정값이 규정값 범위를 벗어났으므로 ☑ 불량에 표시하고, 오일 양을 점검한다.

## 3 자동변속기 오일 압력 규정값

| 조건 | | | 오일 압력 규정값(kgf/cm²) | | | | | | |
|---|---|---|---|---|---|---|---|---|---|
| 변속 선택 | 변속단 위치 | 엔진 회전수 (r/min) | 언더드라이브 클러치압 (UD) | 리버스 클러치압 (REV) | 오버드라이브 클러치압 (OD) | 로&리버스 브레이크압 (LR) | 세컨드 브레이크압 (2ND) | 댐퍼 클러치 공급압 (DA) | 댐퍼 클러치 해방압 (DR) |
| P | – | 2500 | – | – | – | 2.7~3.5 | – | – | – |
| R | 후진 | 2500 | – | 13.0~18.0 | – | 13.0~18.0 | – | – | – |
| N | – | 2500 | – | – | – | 2.7~3.5 | – | – | – |
| D | 1속 | 2500 | 10.3~10.7 | – | – | 10.3~10.7 | – | – | – |
| D | 2속 | 2500 | 10.3~10.7 | – | – | – | 10.3~10.7 | – | – |
| D | 3속 | 2500 | 8.0~9.0 | – | 8.0~9.0 | – | – | 7.5 이상 | 0~0.1 |
| D | 4속 | 2500 | – | – | 8.0~9.0 | – | 8.0~9.0 | 7.5 이상 | 0~0.1 |

## 4 오버드라이브(OD) 클러치 압력 측정

1. 엔진을 시동하고 변속 선택 레버를 D 위치로 한다.

2. 엔진을 2500 rpm으로 유지한다.

3. 해당 오일 압력계에서 압력을 측정한다(8.0 kgf/cm²).

### 자동변속기 오일 압력 점검 시 유의사항
❶ 자동변속기 오일 압력 점검 전 엔진 시동 상태에서 오일을 점검한다.
❷ 엔진 시동 후 오일 압력 점검 시 반드시 정상 온도(70~90℃)에서 점검한다.
❸ 오일 압력 규정값을 확인한 후 변속 선택 레버(P, R, N, D)에 맞는 엔진 회전수(rpm)에서 측정값을 확인한다.

## 13안 제동력 측정

**섀시 5** 주어진 자동차에서 감독위원의 지시에 따라 제동력을 측정하여 기록·판정하시오.

### 1 제동력 편차는 기준값보다 크고 합은 기준값보다 작을 경우 (앞바퀴)

| ① 자동차 번호 : | | | | ② 비번호 | | ③ 감독위원 확인 | |
|---|---|---|---|---|---|---|---|
| 측정(또는 점검) | | | | 산출 근거 및 판정 | | | ⑨ 득점 |
| ④ 항목 | 구분 | ⑤ 측정값 (kgf) | ⑥ 기준값 (□에 'V'표) | ⑦ 산출 근거 | | ⑧ 판정 (□에 'V'표) | |
| 제동력 위치 (□에 'V'표) ☑ 앞 □ 뒤 | 좌 | 180 kgf | ☑ 앞 □ 뒤 축중의 | 편차 | $\dfrac{180-80}{630} \times 100 = 15.87\%$ | □ 양호 ☑ 불량 | |
| | | | 편차 8.0% 이하 | | | | |
| | 우 | 80 kgf | 합 50% 이상 | 합 | $\dfrac{180+80}{630} \times 100 = 41.26\%$ | | |

① **자동차 번호** : 측정하는 자동차 번호를 기록한다(측정 차량이 1대인 경우 생략할 수 있다).
② **비번호** : 책임관리위원(공단 본부)이 배부한 등번호(비번호)를 기록한다.
③ **감독위원 확인** : 시험 전 또는 시험 후 감독위원이 채점 후 확인한다(날인).
④ **항목** : 감독위원이 지정하는 축에 표시한다.   • 위치 : ☑ 앞
⑤ **측정값** : 제동력을 측정한 값을 기록한다.   • 좌 : 180 kgf   • 우 : 80 kgf
⑥ **기준값** : 검사 기준에 의거하여 제동력 편차와 합의 기준값을 기록한다.
       • 편차 : 앞 축중의 8.0% 이하   • 합 : 앞 축중의 50% 이상
⑦ **산출 근거** : 공식에 대입하여 산출한 계산식을 기록한다.
       • 편차 : $\dfrac{180-80}{630} \times 100 = 15.87\%$   • 합 : $\dfrac{180+80}{630} \times 100 = 41.26\%$
⑧ **판정** : 앞바퀴 제동력의 합과 편차가 기준값 범위를 벗어났으므로 ☑ 불량에 표시한다.
⑨ **득점** : 감독위원이 해당 문항을 채점하고 점수를 기록한다.
※ 측정 차량 크루즈 1.5 DOHC A/T의 공차중량(1130 kgf)의 앞(전) 축중(630 kgf)으로 산출하였다.

■ **제동력 계산**
  • 앞바퀴 제동력의 편차 = $\dfrac{\text{큰 쪽 제동력} - \text{작은 쪽 제동력}}{\text{해당 축중}} \times 100$ ➡ 앞 축중의 8.0% 이하이면 양호
  • 앞바퀴 제동력의 총합 = $\dfrac{\text{좌우 제동력의 합}}{\text{해당 축중}} \times 100$ ➡ 앞 축중의 50% 이상이면 양호

※ 측정 위치는 감독위원이 지정하는 위치의 □에 'V'표시한다.   ※ 자동차 검사 기준 및 방법에 의하여 기록·판정한다.
※ 측정값의 단위는 시험장비 기준으로 기록한다.   ※ 산출 근거에는 단위를 기록하지 않아도 된다.

## 2 제동력 편차가 기준값보다 클 경우 (앞바퀴)

| 자동차 번호 : | | | | 비번호 | | 감독위원<br>확　인 | |
|---|---|---|---|---|---|---|---|
| 측정(또는 점검) | | | | 산출 근거 및 판정 | | | |
| 항목 | 구분 | 측정값<br>(kgf) | 기준값<br>(□에 'V'표) | 산출 근거 | | 판정<br>(□에 'V'표) | 득점 |
| 제동력 위치<br>(□에 'V'표)<br>☑ 앞<br>□ 뒤 | 좌 | 280 kgf | ☑ 앞  축중의<br>□ 뒤 | 편차 | $\dfrac{280-200}{630} \times 100 = 12.69\%$ | □ 양호<br>☑ 불량 | |
| | 우 | 200 kgf | 편차　8.0% 이하<br>합　　50% 이상 | 합 | $\dfrac{280+200}{630} \times 100 = 76.19\%$ | | |

■ 제동력 계산

- 앞바퀴 제동력의 편차 $= \dfrac{280-200}{630} \times 100 = 12.69\% > 8\%$ ➡ 불량
- 앞바퀴 제동력의 합 $= \dfrac{280+200}{630} \times 100 = 76.19\% \geq 50\%$ ➡ 양호

## 3 제동력 측정

제동력 측정

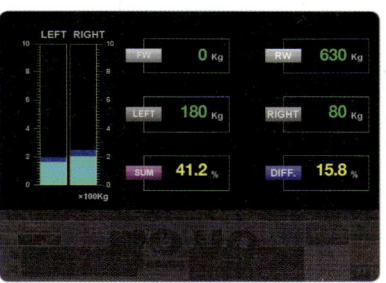
측정값(좌 : 180 kgf, 우 : 80 kgf)

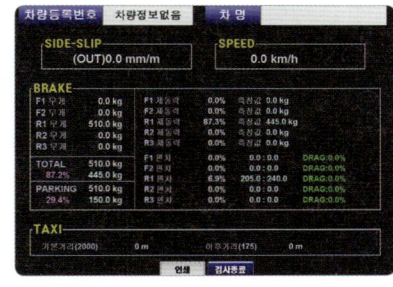
결과 출력

### 제동력 측정 시 유의사항

1. 시험장 여건에 따라 감독위원이 임의의 측정값을 제시한 후 제동력 편차와 합을 계산하기도 한다.
2. 제동력 측정 시 브레이크 페달 압력을 최대한 유지한 상태에서 측정값을 확인한다.
3. 앞 축중 또는 뒤 축중 측정 시 측정 상태를 정확하게 확인한 후 제동력 테스터의 모니터 출력값을 확인한다.
4. 측정이 끝나면 편차와 합을 계산하고 기록표를 작성한 후 감독위원에게 제출한다.

## 13안 스텝 모터(공회전 속도 조절 서보) 저항 점검

**전기 2**    주어진 자동차에서 스텝 모터(공회전 속도 조절 서보)의 저항을 점검하고 스텝 모터의 고장 유무를 확인한 후 기록표에 기록·판정하시오.

### 1 스텝 모터 저항값이 규정값 범위 내에 있을 경우

| | ① 자동차 번호 : | | ② 비번호 | ③ 감독위원 확인 | |
|---|---|---|---|---|---|
| 항목 | 측정(또는 점검) | | 판정 및 정비(또는 조치) 사항 | | ⑧ 득점 |
| | ④ 측정값 | ⑤ 규정(정비한계)값 | ⑥ 판정(□에 'V'표) | ⑦ 정비 및 조치할 사항 | |
| 저항 | 30 Ω(20℃) | 28~33 Ω(20℃) | ☑ 양호<br>□ 불량 | 정비 및 조치할 사항 없음 | |

① **자동차 번호** : 측정하는 자동차 번호를 기록한다(측정 차량이 1대인 경우 생략할 수 있다).
② **비번호** : 책임관리위원(공단 본부)이 배부한 등번호(비번호)를 기록한다.
③ **감독위원 확인** : 시험 전 또는 시험 후 감독위원이 채점 후 확인한다(날인).
④ **측정값** : 스텝 모터 저항을 측정한 값을 기록한다.
  - 측정값 : 30 Ω(20℃)
⑤ **규정(정비한계)값** : 정비지침서 또는 감독위원이 제시한 규정값을 기록한다.
  - 규정값 : 28~33 Ω(20℃)
⑥ **판정** : 측정값이 규정값 범위 내에 있으므로 ☑ 양호에 표시한다.
⑦ **정비 및 조치할 사항** : 판정이 양호이므로 정비 및 조치할 사항 없음을 기록한다.
⑧ **득점** : 감독위원이 해당 문항을 채점하고 점수를 기록한다.

※ 단위가 누락되거나 틀린 경우는 오답으로 채점한다.

### 2 스텝 모터 저항값이 규정값보다 클 경우

| | 자동차 번호 : | | 비번호 | 감독위원 확인 | |
|---|---|---|---|---|---|
| 항목 | 측정(또는 점검) | | 판정 및 정비(또는 조치) 사항 | | 득점 |
| | 측정값 | 규정(정비한계)값 | 판정(□에 'V'표) | 정비 및 조치할 사항 | |
| 저항 | 60 Ω(20℃) | 28~33 Ω(20℃) | □ 양호<br>☑ 불량 | 스텝 모터 교체 | |

※ 판정 : 스텝 모터 저항값이 규정값 범위를 벗어났으므로 ☑ 불량에 표시하고, 스텝 모터를 교체한다.

## 3 스텝 모터 저항의 규정값

| 차 종 | 작동 방향 | 점검 단자 | 규정값 |
|---|---|---|---|
| 쏘나타, 그랜저 | 전진 | 1~2번 단자와 2~3번 단자 | 28~33 Ω(20℃) |
| | 후진 | 4~5번 단자와 5~6번 단자 | 28~33 Ω(20℃) |

## 4 스텝 모터 저항 측정

1. ISC 단자 1-2번 닫힘코일 저항을 측정한다.

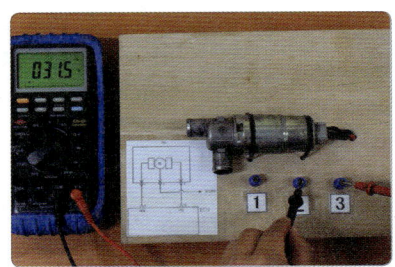

2. ISC 단자 2-3번 열림코일 저항을 측정한다.

3. 스텝 모터 커넥터를 탈거하고 스텝 모터 저항을 측정한다(30 Ω).

> **스텝 모터 저항값이 규정값 범위를 벗어난 경우 정비 및 조치할 사항**
> ① 코일 내부 단선 → 스텝 모터 교체
> ② 코일 내부 저항 증가 → 스텝 모터 교체
> ③ 코일과 단자 간 단선 → 스텝 모터 교체
> ④ 코일과 단자 간 접촉 불량 → 스텝 모터 교체
>
> **스텝 모터 저항 측정**
> 스텝 모터 저항은 시험 차량에서 커넥터 단자를 탈거하고 측정하거나 스탠드 위에 놓여 있는 스로틀 바디에서 측정한다.

## 13안 방향지시등 회로 점검

**전기 3**  주어진 자동차에서 방향지시등 회로의 고장 부분을 점검한 후 기록표에 기록·판정하시오.

### 1 방향지시등 스위치 커넥터가 탈거된 경우

| 항목 | ① 자동차 번호 : | | ② 비번호 | | ③ 감독위원 확 인 | ⑧ 득점 |
|---|---|---|---|---|---|---|
| | 측정(또는 점검) | | 판정 및 정비(또는 조치) 사항 | | | |
| | ④ 이상 부위 | ⑤ 내용 및 상태 | ⑥ 판정(□에 'V'표) | ⑦ 정비 및 조치할 사항 | | |
| 방향지시등 회로 | 방향지시등 스위치 | 커넥터 탈거 | □ 양호<br>☑ 불량 | 방향지시등 스위치 커넥터 체결 후 재점검 | | |

① **자동차 번호** : 측정하는 자동차 번호를 기록한다(측정 차량이 1대인 경우 생략할 수 있다).
② **비번호** : 책임관리위원(공단 본부)이 배부한 등번호(비번호)를 기록한다.
③ **감독위원 확인** : 시험 전 또는 시험 후 감독위원이 채점 후 확인한다(날인).
④ **이상 부위** : 방향지시등 회로 점검에서 확인된 이상 부위를 기록한다.
　　• 이상 부위 : 방향지시등 스위치
⑤ **내용 및 상태** : 이상 부위의 내용 및 상태를 기록한다.
　　• 내용 및 상태 : 커넥터 탈거
⑥ **판정** : 방향지시등 스위치 커넥터가 탈거되었으므로 ☑ 불량에 표시한다.
⑦ **정비 및 조치할 사항** : 판정이 불량이므로 방향지시등 스위치 커넥터 체결 후 재점검을 기록한다.
⑧ **득점** : 감독위원이 해당 문항을 채점하고 점수를 기록한다.

### 2 좌측 방향지시등 퓨즈가 단선된 경우

| 항목 | 자동차 번호 : | | 비번호 | | 감독위원 확 인 | 득점 |
|---|---|---|---|---|---|---|
| | 측정(또는 점검) | | 판정 및 정비(또는 조치) 사항 | | | |
| | 이상 부위 | 내용 및 상태 | 판정(□에 'V'표) | 정비 및 조치할 사항 | | |
| 방향지시등 회로 | 좌측 방향지시등 퓨즈 | 단선 | □ 양호<br>☑ 불량 | 좌측 방향지시등 퓨즈 교체 후 재점검 | | |

※ **판정** : 좌측 방향지시등 퓨즈가 단선되었으므로 ☑ 불량에 표시하고, 좌측 방향지시등 퓨즈 교체 후 재점검한다.

## 3 우측 방향지시등 퓨즈가 단선된 경우

| 자동차 번호 : | | | 비번호 | | 감독위원<br>확　인 | |
|---|---|---|---|---|---|---|
| 항목 | 측정(또는 점검) | | 판정 및 정비(또는 조치) 사항 | | | 득점 |
| | 이상 부위 | 내용 및 상태 | 판정(□에 'V'표) | 정비 및 조치할 사항 | | |
| 방향지시등<br>회로 | 우측 방향지시등<br>퓨즈 | 단선 | □ 양호<br>☑ 불량 | 우측 방향지시등<br>퓨즈 교체 후<br>재점검 | | |

## 4 방향지시등 회로 점검

1. 축전지 단자 (+), (−) 체결 상태 및 접촉 상태, 축전지 전압을 측정한다.

2. 전구가 체결된 상태에서 작동 상태를 확인한다.

3. 방향지시등 스위치 커넥터 탈거 상태를 확인한다.

4. 방향지시등 퓨즈 단선 유무를 확인한다.

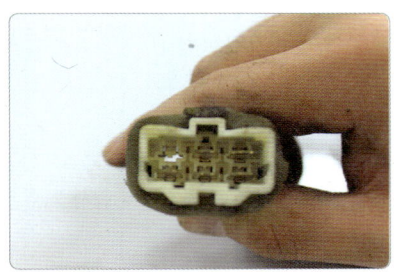

5. 점화스위치 커넥터를 확인한다.

6. 수리가 끝나면 작동 상태를 확인한다.

### 방향지시등이 작동하지 않는 경우 정비 및 조치할 사항
1. 플래셔 유닛 불량 → 플래셔 유닛 교체
2. 방향지시등 퓨즈 단선 → 방향지시등 퓨즈 교체
3. 방향지시등 퓨즈 탈거 → 방향지시등 퓨즈 교체
4. 방향지시등 전구 단선 → 방향지시등 전구 교체
5. 콤비네이션 스위치 불량 → 콤비네이션 스위치 교체
6. 콤비네이션 스위치 커넥터 탈거 → 콤비네이션 스위치 커넥터 체결
7. 방향지시등 스위치 커넥터 탈거 → 방향지시등 스위치 커넥터 체결

# 13안 전조등 광도 측정

**전기 4**  주어진 자동차에서 좌 또는 우측의 전조등을 측정하고 기록표에 기록·판정하시오.

## 1  전조등 광도가 기준값 범위 내에 있을 경우

| ① 자동차 번호 : | | ② 비번호 | | ③ 감독위원 확 인 | |
|---|---|---|---|---|---|
| 측정(또는 점검) | | | | ⑦ 판정 (□에 'V'표) | ⑧ 득점 |
| ④ 구분 | 측정 항목 | ⑤ 측정값 | ⑥ 기준값 | | |
| (□에 'V'표)<br>위치 :<br>□ 좌  ☑ 우<br>등식 :<br>□ 2등식  ☑ 4등식 | 광도 | 25000 cd | 12000 cd 이상 | ☑ 양호<br>□ 불량 | |

① **자동차 번호** : 측정하는 자동차 번호를 기록한다(측정 차량이 1대인 경우 생략할 수 있다).
② **비번호** : 책임관리위원(공단 본부)이 배부한 등번호(비번호)를 기록한다.
③ **감독위원 확인** : 시험 전 또는 시험 후 감독위원이 채점 후 확인한다(날인).
④ **구분** : 감독위원이 지정한 위치와 등식에 ☑ 표시를 한다.   • 위치 : ☑ 우   • 등식 : ☑ 4등식
⑤ **측정값** : 전조등 광도 측정값 25000 cd를 기록한다.
⑥ **기준값** : 전조등 광도 기준값 12000 cd 이상을 기록한다.
⑦ **판정** : 측정값이 기준값 범위 내에 있으므로 ☑ 양호에 표시한다.
⑧ **득점** : 감독위원이 해당 문항을 채점하고 점수를 기록한다.

※ 측정 위치는 감독위원이 지정하는 위치의 □에 'V' 표시한다.   ※ 자동차 검사 기준 및 방법에 의하여 기록·판정한다.

## 2  전조등 광도, 광축 기준값                    [자동차관리법 시행규칙 별표15 적용]

| 구 분 | | 기준값 |
|---|---|---|
| 광 도 | 2등식 | 15000 cd 이상 |
| | 4등식 | 12000 cd 이상 |
| 좌·우측등 상향 진폭 | | 10 cm 이하 |
| 좌·우측등 하향 진폭 | | 30 cm 이하 |
| 좌우 진폭 | 좌측등 | 좌 : 15 cm 이하, 우 : 30 cm 이하 |
| | 우측등 | 좌 : 30 cm 이하, 우 : 30 cm 이하 |

※ 전조등에 좌·우측등이 상향과 하향으로 분리되어 작동되는 것은 4등식이며, 상향과 하향이 하나의 등에서 회로 구성이 되어 작동되는 것은 2등식이다.

# 자동차정비 기능사 실기 14안

## 답안지 작성법

| 파트별 | 안별 문제 | 14안 |
|---|---|---|
| 엔진 | 엔진(부품) 분해 조립 | 실린더 헤드(DOHC) 피스톤 1개 |
| 엔진 | 측정/답안작성 | 피스톤 간극 |
| 엔진 | 시스템 점검/엔진 시동 | 연료계통회로 |
| 엔진 | 부품 탈거/조립 | AFS/에어클리너 |
| 엔진 | 자기진단(답안작성) | 스캐너를 이용한 엔진 전자제어 센서(액추에이터) 점검 |
| 엔진 | 차량 검사 측정 | 가솔린 배기가스 |
| 섀시 | 부품 탈거/조립 | M/T 1단 기어 |
| 섀시 | 점검/답안작성 | ABS 톤 휠 간극 |
| 섀시 | 부품 탈거 작동 상태 | 휠 실린더/공기빼기 |
| 섀시 | 점검/답안작성 | A/T 자기진단 |
| 섀시 | 안전기준 검사 | 최소 회전 반지름 |
| 전기 | 부품 탈거/조립 작동 확인 | 에어컨 벨트 |
| 전기 | 측정/답안작성 | 메인 컨트롤 릴레이 점검 |
| 전기 | 전기회로 점검/고장부위 작성 | 와이퍼 회로 |
| 전기 | 차량 검사 측정 | 경음기 |

## 14안 실린더 간극 점검

**엔진 1** 주어진 DOHC 가솔린 엔진에서 실린더 헤드와 피스톤(1개)을 탈거(감독위원에게 확인)하고 감독위원의 지시에 따라 기록표의 내용대로 기록·판정한 후 다시 조립하시오.

### 1 실린더 간극이 규정값 범위 내에 있을 경우

| 항목 | 측정(또는 점검) | | 판정 및 정비(또는 조치) 사항 | | ⑧ 득점 |
|---|---|---|---|---|---|
| | ① 엔진 번호 : | | ② 비번호 | ③ 감독위원 확 인 | |
| | ④ 측정값 | ⑤ 규정(정비한계)값 | ⑥ 판정(□에 'V'표) | ⑦ 정비 및 조치할 사항 | |
| 실린더 간극 | 0.03 mm | 0.02~0.03 mm (한계값 : 0.15 mm) | ☑ 양호<br>□ 불량 | 정비 및 조치할 사항 없음 | |

① **엔진 번호** : 측정하는 엔진 번호를 기록한다(측정 엔진이 1대인 경우 생략할 수 있다).
② **비번호** : 책임관리위원(공단 본부)이 배부한 등번호(비번호)를 기록한다.
③ **감독위원 확인** : 시험 전 또는 시험 후 감독위원이 채점 후 확인한다(날인).
④ **측정값** : 실린더 간극을 측정한 값을 기록한다.
  • 측정값 : 0.03 mm
⑤ **규정(정비한계)값** : 정비지침서 또는 감독위원이 제시한 규정(정비한계)값을 기록한다.
  • 규정값 : 0.02~0.03 mm(한계값 : 0.15 mm)
⑥ **판정** : 측정값이 규정(정비한계)값 범위 내에 있으므로 ☑ 양호에 표시한다.
⑦ **정비 및 조치할 사항** : 판정이 양호이므로 정비 및 조치할 사항 없음을 기록한다.
⑧ **득점** : 감독위원이 해당 문항을 채점하고 점수를 기록한다.

※ 단위가 누락되거나 틀린 경우는 오답으로 채점한다.

### 2 실린더 간극이 규정값보다 클 경우

| 항목 | 측정(또는 점검) | | 판정 및 정비(또는 조치)사항 | | 득점 |
|---|---|---|---|---|---|
| | 엔진 번호 : | | 비번호 | 감독위원 확 인 | |
| | 측정값 | 규정(정비한계)값 | 판정(□에 'V'표) | 정비 및 조치할 사항 | |
| 실린더 간극 | 0.28 mm | 0.02~0.03 mm (한계값 : 0.15 mm) | □ 양호<br>☑ 불량 | 엔진 보링 | |

※ **판정** : 실린더 간극을 측정한 값이 규정값 범위를 벗어났으므로 ☑ 불량에 표시하고, 엔진 보링을 실시한다.

## 3 실린더 간극 규정값

| 차 종 | 규정값 | 한계값 |
|---|---|---|
| EF 쏘나타 | 0.02~0.03 mm | 0.15 mm |
| 쏘나타 Ⅰ, Ⅱ, Ⅲ | 0.01~0.03 mm | 0.15 mm |
| 엑셀 | 0.02~0.04 mm | 0.15 mm |
| 아반떼 | 0.025~0.045 mm | 0.15 mm |

## 4 실린더 간극 점검

1. 실린더 보어 게이지를 측정 실린더에 넣고 실린더 안지름을 측정한다.

2. 실린더 보어 게이지를 앞뒤로 움직여 실린더 내 최소 부위를 측정한다.

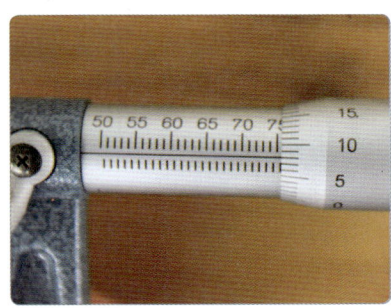

3. 실린더 안지름 측정값을 확인한다. (75.58 mm)

4. 피스톤 스커트부의 바깥지름을 측정한다.

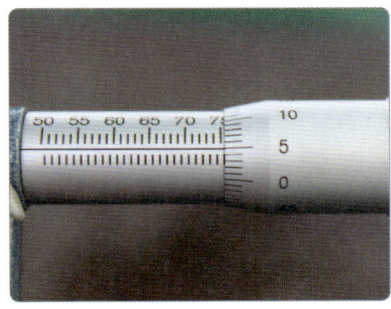

5. 피스톤 바깥지름 측정값을 확인한다(75.55 mm).

실린더 간극
= 실린더 안지름(최솟값)
  − 피스톤 바깥지름(최댓값)
= 75.58 mm − 75.55 mm
= 0.03 mm

### 실린더 간극
❶ 피스톤 간극이라고도 하며 실린더 안지름(최솟값)−피스톤 바깥지름(최댓값)으로 계산한다.
❷ 측정 오차를 감안하여 실린더 보어 게이지와 마이크로미터를 사용하여 실린더 간극을 측정한다.

## 14안 엔진 센서(액추에이터) 점검

**엔진 3**  주어진 자동차에서 엔진의 공기 유량 센서(AFS)와 에어 필터를 탈거(감독위원에게 확인)한 후 다시 조립하고 감독위원의 지시에 따라 진단기(스캐너)를 사용하여 엔진의 각종 센서(액추에이터)를 점검 후 기록표에 기록하시오.

### 1 냉각수온 센서 커넥터가 탈거된 경우 (센서 출력 : 온도)

| 항목 | ① 자동차 번호 : | | | ② 비번호 | | ③ 감독위원 확인 | |
|---|---|---|---|---|---|---|---|
| | 측정(또는 점검) | | | 판정 및 정비(또는 조치) 사항 | | | ⑨ 득점 |
| | ④ 고장 부위 | ⑤ 측정값 | ⑥ 규정값 | ⑦ 고장 내용 | ⑧ 정비 및 조치 사항 | | |
| 센서 (액추에이터) 점검 | 냉각수온 센서 (WTS) | −20℃ | 80℃ | 커넥터 탈거 | WTS 커넥터 체결, ECU 기억 소거 후 재점검 | | |

① **자동차 번호** : 측정하는 자동차 번호를 기록한다(측정 차량이 1대인 경우 생략할 수 있다).
② **비번호** : 책임관리위원(공단 본부)이 배부한 등번호(비번호)를 기록한다.
③ **감독위원 확인** : 시험 전 또는 시험 후 감독위원이 채점 후 확인한다(날인).
④ **고장 부위** : 스캐너 자기진단에서 확인된 고장 부위로 냉각수온 센서(WTS)를 기록한다.
⑤ **측정값** : 스캐너 센서 출력에서 확인된 측정값 −20℃를 기록한다.
⑥ **규정값** : 스캐너 내 규정값을 기록하거나 감독위원이 제시한 규정값 80℃를 기록한다.
⑦ **고장 내용** : 고장 부위 점검으로 확인된 커넥터 탈거를 기록한다.
⑧ **정비 및 조치 사항** : 커넥터가 탈거되었으므로 WTS 커넥터 체결, ECU 기억 소거 후 재점검을 기록한다.
⑨ **득점** : 감독위원이 해당 문항을 채점하고 점수를 기록한다.

※ 단위가 누락되거나 틀린 경우는 오답으로 채점한다.

### 2 냉각수온 센서 커넥터가 탈거된 경우 (센서 출력 : 전압)

| 항목 | 자동차 번호 : | | | 비번호 | | 감독위원 확인 | |
|---|---|---|---|---|---|---|---|
| | 측정(또는 점검) | | | 판정 및 정비(또는 조치) 사항 | | | 득점 |
| | 고장 부위 | 측정값 | 규정값 | 고장 내용 | 정비 및 조치 사항 | | |
| 센서 (액추에이터) 점검 | 냉각수온 센서 (WTS) | 0 V (80 ℃) | 1.2 V (80 ℃) | 커넥터 탈거 | WTS 커넥터 체결, ECU 기억 소거 후 재점검 | | |

## 3 뉴EF 쏘나타의 냉각수온 센서 기준 전압

| 온 도 | 저 항 | 기준 전압 | 온 도 | 저 항 | 기준 전압 |
|---|---|---|---|---|---|
| −20℃ | 약 16~17 kΩ | 4.8 V | 60℃ | 약 0.5~0.6 kΩ | 1.9 V |
| 0℃ | 약 5~6 kΩ | 4.4 V | 80℃ | 약 0.3 kΩ | 1.2 V |
| 20℃ | 약 2~3 kΩ | 3.6 V | 100℃ | 약 0.1~0.2 kΩ | 0.8 V |

※ 스캐너에 규정값(기준값)이 제시되지 않을 경우 감독위원이 제시한 값을 적용한다.

## 4 엔진 센서 점검

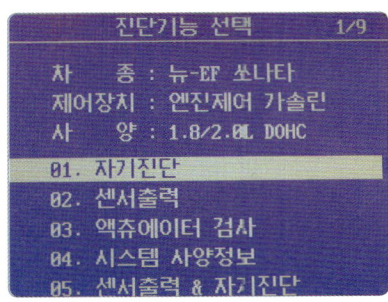

1. 자기진단을 선택한다.

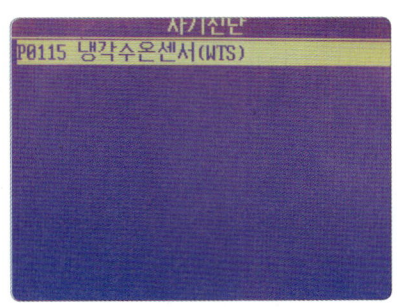

2. 고장 센서가 출력된다(냉각수온 센서 WTS).

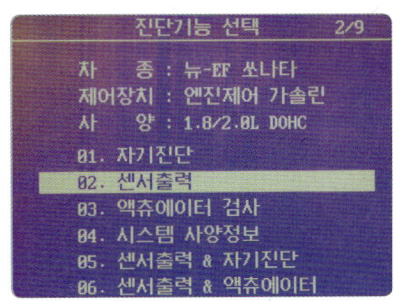

3. 센서출력을 선택한다.

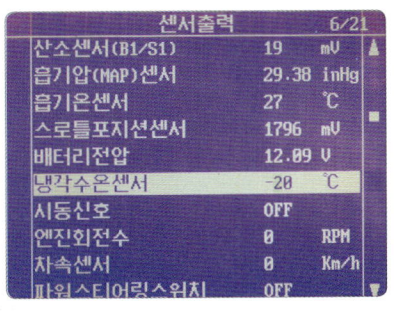

4. 센서 출력값을 확인한다(−20℃).

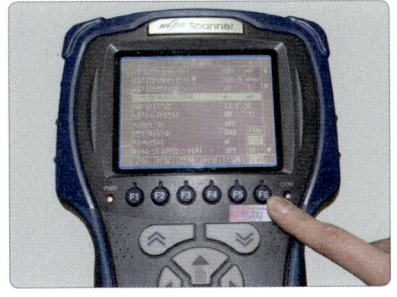

5. 기준값을 확인한다. 감독위원이 제시할 경우 제시한 값으로 한다.

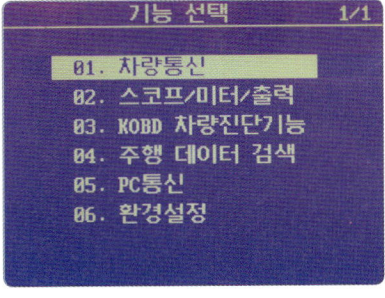

6. 측정이 끝나면 스캐너 시작단계의 위치로 놓는다.

### 고장 부위가 있을 경우 정비 및 조치할 사항

❶ 과거 기억 소거 불량 → ECU 기억 소거 후 재점검
❷ 센서 불량 → 센서 교체, ECU 기억 소거 후 재점검
❸ 커넥터 탈거 → 커넥터 체결, ECU 기억 소거 후 재점검

# 14안 가솔린 자동차 배기가스 측정

**엔진 4**  주어진 자동차에서 기록표에 제시된 내용을 측정하고 기록·판정하시오.

## 1 CO와 HC 배출량이 기준값 범위 내에 있을 경우

| 측정 항목 | 측정(또는 점검) ④ 측정값 | 측정(또는 점검) ⑤ 기준값 | ⑥ 판정(□에 'V'표) | ⑦ 득점 |
|---|---|---|---|---|
| ① 자동차 번호 : | | ② 비번호 | ③ 감독위원 확 인 | |
| CO | 0.8% | 1.0% 이하 | ☑ 양호 □ 불량 | |
| HC | 100 ppm | 120 ppm 이하 | | |

① **자동차 번호** : 측정하는 자동차 번호를 기록한다(측정 차량이 1대인 경우 생략할 수 있다).
② **비번호** : 책임관리위원(공단 본부)이 배부한 등번호(비번호)를 기록한다.
③ **감독위원 확인** : 시험 전 또는 시험 후 감독위원이 채점 후 확인한다(날인).
④ **측정값** : 배기가스를 측정한 값을 기록한다.
    • CO : 0.8%    • HC : 100 ppm
⑤ **기준값** : 운행 차량의 배기가스 배출 허용 기준값을 기록한다.
     KMHVF41APCU753159(차대번호 10번째 자리 : C) ➡ 2012년식
    • CO : 1.0% 이하    • HC : 120 ppm 이하
⑥ **판정** : 측정값이 기준값 범위 내에 있으므로 ☑ 양호에 표시한다.
⑦ **득점** : 감독위원이 해당 문항을 채점하고 점수를 기록한다.

※ 감독위원이 제시한 자동차등록증(또는 차대번호)을 활용하여 차종 및 연식을 적용한다.
※ 자동차 검사기준 및 방법에 의하여 기록·판정한다.    ※ CO 측정값은 소수 둘째 자리 이하를 버림하여 기입한다.
※ HC 측정값은 소수 첫째 자리 이하를 버림하여 기입한다.

## 2 CO와 HC 배출량이 기준값보다 높게 측정될 경우

| 측정 항목 | 측정(또는 점검) 측정값 | 측정(또는 점검) 기준값 | 판정(□에 'V'표) | 득점 |
|---|---|---|---|---|
| 자동차 번호 : | | 비번호 | 감독위원 확 인 | |
| CO | 1.9% | 1.0% 이하 | □ 양호 ☑ 불량 | |
| HC | 320 ppm | 120 ppm 이하 | | |

## 3 배기가스 배출 허용 기준값 (CO, HC)

[개정 2015.7.21.]

| 차 종 | | 제작일자 | 일산화탄소 | 탄화수소 | 공기 과잉률 |
|---|---|---|---|---|---|
| 경자동차 | | 1997년 12월 31일 이전 | 4.5% 이하 | 1200 ppm 이하 | 1±0.1 이내 기화기식 연료 공급장치 부착 자동차는 1±0.15 이내 촉매 미부착 자동차는 1±0.20 이내 |
| | | 1998년 1월 1일부터 2000년 12월 31일까지 | 2.5% 이하 | 400 ppm 이하 | |
| | | 2001년 1월 1일부터 2003년 12월 31일까지 | 1.2% 이하 | 220 ppm 이하 | |
| | | 2004년 1월 1일 이후 | 1.0% 이하 | 150 ppm 이하 | |
| 승용자동차 | | 1987년 12월 31일 이전 | 4.5% 이하 | 1200 ppm 이하 | |
| | | 1988년 1월 1일부터 2000년 12월 31일까지 | 1.2% 이하 | 220 ppm 이하 (휘발유·알코올 자동차) 400 ppm 이하 (가스자동차) | |
| | | 2001년 1월 1일부터 2005년 12월 31일까지 | 1.2% 이하 | 220 ppm 이하 | |
| | | 2006년 1월 1일 이후 | 1.0% 이하 | 120 ppm 이하 | |
| 승합·화물·특수 자동차 | 소형 | 1989년 12월 31일 이전 | 4.5% 이하 | 1200 ppm 이하 | |
| | | 1990년 1월 1일부터 2003년 12월 31일까지 | 2.5% 이하 | 400 ppm 이하 | |
| | | 2004년 1월 1일 이후 | 1.2% 이하 | 220 ppm 이하 | |
| | 중형·대형 | 2003년 12월 31일 이전 | 4.5% 이하 | 1200 ppm 이하 | |
| | | 2004년 1월 1일 이후 | 2.5% 이하 | 400 ppm 이하 | |

## 4 배기가스 측정

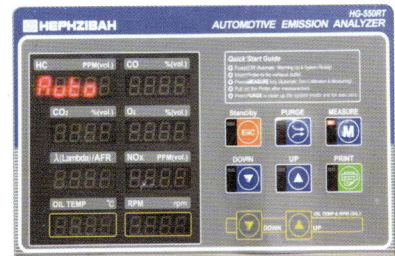

1. MEASURE(측정) : M(측정) 버튼을 누른다.

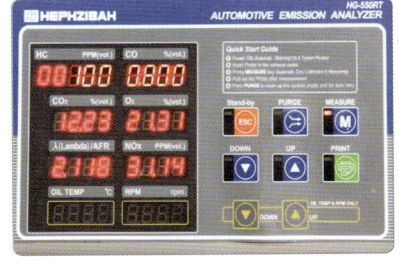

2. 측정한 배기가스를 확인한다.
   HC : 100 ppm, CO : 0.8%

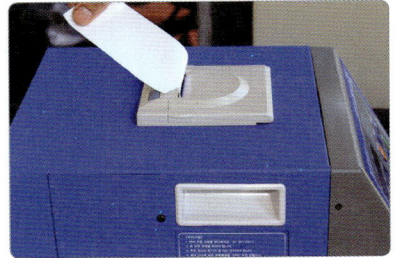

3. 배기가스 측정 결과를 출력한다.

<table>
<tr><td colspan="6" align="center">**자 동 차 등 록 증**</td></tr>
<tr><td colspan="3">제2012 – 03260호</td><td colspan="3">최초등록일 : 2012년 08월 05일</td></tr>
<tr><td>① 자동차 등록번호</td><td>08다 1402</td><td>② 차종</td><td>승용(소형)</td><td>③ 용도</td><td>자가용</td></tr>
<tr><td>④ 차명</td><td>엑센트</td><td>⑤ 형식 및 연식</td><td colspan="3">2012</td></tr>
<tr><td>⑥ 차대번호</td><td colspan="2">KMHVF41APCU753159</td><td>⑦ 원동기형식</td><td colspan="2"></td></tr>
<tr><td>⑧ 사용자 본거지</td><td colspan="5">서울특별시 영등포구 번영로</td></tr>
<tr><td rowspan="2">소유자</td><td>⑨ 성명(상호)</td><td>기동찬</td><td>⑩ 주민(사업자)등록번호</td><td colspan="2">******-******</td></tr>
<tr><td>⑪ 주소</td><td colspan="4">서울특별시 영등포구 번영로</td></tr>
<tr><td colspan="6" align="center">자동차관리법 제8조 규정에 의하여 위와 같이 등록하였음을 증명합니다.<br>2012년 08월 05일<br><br>서울특별시장</td></tr>
</table>

● 차대번호 식별방법

### KMHVF41APCU753159

① 첫 번째 자리는 제작국가(K=대한민국)
② 두 번째 자리는 제작회사(M=현대, N=기아, P=쌍용, L=GM 대우)
③ 세 번째 자리는 자동차 종별(H=승용차, J=승합차, F=화물차)
④ 네 번째 자리는 차종 구분(S=싼타페, D=아반떼, V=엑센트)
⑤ 다섯 번째 자리는 세부 차종(F=스탠다드, G=디럭스, H=슈퍼디럭스, J=그랜드살롱)
⑥ 여섯 번째 자리는 차체 형상(1=리무진, 2~5=도어 수, 6=쿠페, 8=왜건)
⑦ 일곱 번째 자리는 안전벨트 안전장치(1=액티브 벨트, 2=패시브 벨트)
⑧ 여덟 번째 자리는 엔진형식(배기량)(W=2200 cc, A=1800 cc, B=2000 cc, G=2500 cc)
⑨ 아홉 번째 자리는 기타사항 용도 구분(P=왼쪽 운전석, R=오른쪽 운전석)
⑩ 열 번째 자리는 제작연도(영문 I, O, Q, U, Z 제외)
 ~Y(2000)~4(2004)~7(2007)~A(2010), B(2011), C(2012)~
⑪ 열한 번째 자리는 제작 공장(A=아산, C=전주, M=인도, U=울산, Z=터키)
⑫ 열두 번째~열일곱 번째 자리는 차량제작 일련번호

# 14안 ABS 스피드 센서(톤 휠 간극) 점검

**섀시 2** 주어진 자동차(ABS 장착 차량)에서 감독위원의 지시에 따라 톤 휠 간극을 점검하여 기록·판정하시오.

## 1 톤 휠 간극이 규정값 범위 내에 있을 경우

| 항목 | ① 자동차 번호 : | | ② 비번호 | ③ 감독위원 확 인 | | ⑧ 득점 |
|---|---|---|---|---|---|---|
| | 측정(또는 점검) | | 판정 및 정비(또는 조치) 사항 | | | |
| | ④ 측정값 | ⑤ 규정(정비한계)값 | ⑥ 판정(□에 'V'표) | ⑦ 정비 및 조치할 사항 | | |
| 톤 휠 간극 | 전륜·우측 : 0.7 mm | 전륜·우측 : 0.2~0.9 mm | ☑ 양호<br>□ 불량 | 정비 및 조치할 사항 없음 | | |

① **자동차 번호** : 측정하는 자동차 번호를 기록한다(측정 차량이 1대인 경우 생략할 수 있다).
② **비번호** : 책임관리위원(공단 본부)이 배부한 등번호(비번호)를 기록한다.
③ **감독위원 확인** : 시험 전 또는 시험 후 감독위원이 채점 후 확인한다(날인).
④ **측정값** : 톤 휠 간극을 측정한 값을 기록한다.
　　• 전륜·우측 : 0.7 mm
⑤ **규정값** : 정비지침서 또는 감독위원이 제시한 규정값을 기록한다.
　　• 전륜·우측 : 0.2~0.9 mm
⑥ **판정** : 측정값이 규정값 범위 내에 있으므로 ☑ 양호에 표시한다.
⑦ **정비 및 조치할 사항** : 판정이 양호이므로 정비 및 조치할 사항 없음을 기록한다.
⑧ **득점** : 감독위원이 해당 문항을 채점하고 점수를 기록한다.

※ 단위가 누락되거나 틀린 경우는 오답으로 채점한다.

## 2 톤 휠 간극이 규정값보다 클 경우

| 항목 | 자동차 번호 : | | 비번호 | 감독위원 확 인 | | 득점 |
|---|---|---|---|---|---|---|
| | 측정(또는 점검) | | 판정 및 정비(또는 조치) 사항 | | | |
| | 측정값 | 규정(정비한계)값 | 판정(□에 'V'표) | 정비 및 조치할 사항 | | |
| 톤 휠 간극 | 전륜·우측 : 1.3 mm | 전륜·우측 : 0.2~0.9 mm | □ 양호<br>☑ 불량 | 휠 스피드 센서를 규정 간극으로 조정 후 재점검 | | |

※ **판정** : 측정값이 규정값 범위를 벗어났으므로 ☑ 불량에 표시하고, 휠 스피드 센서를 규정 간극으로 조정 후 재점검한다.

## 3 톤 휠 간극 규정값

| 차 종 | 규정값 | |
|---|---|---|
| | 프런트 | 리어 |
| 그랜저 | 0.3~0.9 mm | 0.3~0.9 mm |
| 아반떼 | 0.2~1.3 mm | 0.2~1.3 mm |
| 엑센트 | 0.2~0.11 mm | 0.2~1.2 mm |
| 쏘나타 | 0.2~1.3 mm | 0.2~1.2 mm |
| 쏘나타 II | - | 0.2~0.7 mm |
| 아반떼 XD | 0.2~0.9 mm | |
| 싼타페 | 0.3~0.9 mm | |
| 베르나 | 0.2~1.2 mm | |
| EF 쏘나타, 그랜저 XG | 0.2~1.1 mm | |

※ 톤 휠 간극이 규정 간극을 벗어나면 각 바퀴의 휠 스피드 센서 회전수 정보의 오류로 ABS ECU가 정확한 제어를 할 수 없다. 특히 브레이크나 하체 작업 시 톤 휠 간극이 틀어지지 않도록 주의한다.

## 4 톤 휠 간극 측정

1. 톤 휠과 휠 스피드 센서의 위치를 확인한다.

2. 디그니스 게이지로 톤 휠 간극을 측정한다(0.7 mm).

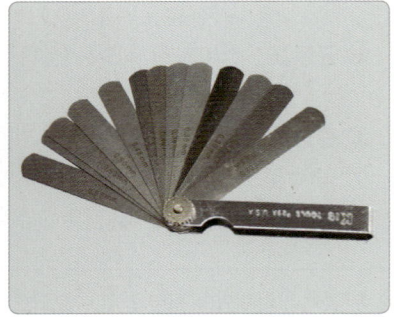

3. 디그니스 게이지 : 일반적인 측정값은 0.2~1.2 mm 이내이며, 차종별 규정값을 참조한다.

**톤 휠 간극이 규정값 범위를 벗어난 경우 정비 및 조치할 사항**
1. 톤 휠 간극이 클 경우 → 휠 스피드 센서를 안쪽으로 밀어서 규정값으로 조정한다.
2. 톤 휠 간극이 작을 경우 → 휠 스피드 센서를 바깥쪽으로 당겨서 규정값으로 조정한다.

## 14안 자동변속기 자기진단

**섀시 4** 주어진 자동차에서 감독위원의 지시에 따라 진단기(스캐너)로 자동변속기를 점검하고 기록·판정하시오.

### 1 A/T 릴레이가 탈거된 경우

| 항목 | ① 자동차 번호 : | | ② 비번호 | | ③ 감독위원 확 인 | ⑧ 득점 |
|---|---|---|---|---|---|---|
| | 측정(또는 점검) | | 판정 및 정비(또는 조치) 사항 | | | |
| | ④ 이상 부위 | ⑤ 내용 및 상태 | ⑥ 판정(□에 'V'표) | ⑦ 정비 및 조치할 사항 | | |
| 변속기 자기진단 | A/T 릴레이 | 탈거 | □ 양호<br>☑ 불량 | A/T 릴레이 체결, ECU 과거 기억 소거 후 재점검 | | |

① **자동차 번호** : 측정하는 자동차 번호를 기록한다(측정 차량이 1대인 경우 생략할 수 있다).
② **비번호** : 책임관리 위원(공단 본부)이 배부한 등번호(비번호)를 기록한다.
③ **감독위원 확인** : 시험 전 또는 시험 후 감독위원이 채점 후 확인한다(날인).
④ **이상 부위** : 스캐너 자기진단에서 확인된 이상 부위를 기록한다.
　　　・ 이상 부위 : A/T 릴레이
⑤ **내용 및 상태** : 이상 부위로 확인된 내용 및 상태를 기록한다.
　　　・ 내용 및 상태 : 탈거
⑥ **판정** : A/T 릴레이가 탈거된 상태이므로 ☑ 불량에 표시한다.
⑦ **정비 및 조치할 사항** : 판정이 불량이므로 A/T 릴레이 체결, ECU 과거 기억 소거 후 재점검을 기록한다.
⑧ **득점** : 감독위원이 해당 문항을 채점하고 점수를 기록한다.

### 2 A/T 릴레이 퓨즈가 단선된 경우

| 항목 | 자동차 번호 : | | 비번호 | | 감독위원 확 인 | 득점 |
|---|---|---|---|---|---|---|
| | 측정(또는 점검) | | 판정 및 정비(또는 조치) 사항 | | | |
| | 이상 부위 | 내용 및 상태 | 판정(□에 'V'표) | 정비 및 조치할 사항 | | |
| 변속기 자기진단 | A/T 릴레이 | 퓨즈 단선 | □ 양호<br>☑ 불량 | A/T 릴레이 퓨즈 교체, ECU 과거 기억 소거 후 재점검 | | |

※ **판정** : A/T 릴레이 퓨즈가 단선되었으므로 ☑ 불량에 표시하고 A/T 릴레이 퓨즈 교체, ECU 과거 기억 소거 후 재점검한다.

# 14안 최소 회전 반지름 측정

**섀시 5**    주어진 자동차에서 감독위원의 지시에 따라 좌 또는 우회전 시 최소 회전 반지름을 측정하여 기록 · 판정하시오.

## 1 우회전 시 최소 회전 반지름이 기준값 범위 내에 있을 경우 (r값을 무시할 때)

| ④ 항목 | ⑤ 최대조향각도 | | ⑥ 기준값 (최소 회전 반지름) | ⑦ 측정값 (최소 회전 반지름) | ⑧ 산출 근거 | ⑨ 판정 (□에 'V'표) | ⑩ 득점 |
|---|---|---|---|---|---|---|---|
| | 좌측 바퀴 | 우측 바퀴 | | | | | |
| 회전 방향 (□에 'V'표) □ 좌 ☑ 우 | 30° | 35° | 12 m 이하 | 6 m | $R = \dfrac{3.0\,m}{\sin 30°} = 6\,m$ | ☑ 양호 □ 불량 | |

① 자동차 번호 :    ② 비번호    ③ 감독위원 확인

측정(또는 점검)    산출 근거 및 판정

- ① **자동차 번호** : 측정하는 자동차 번호를 기록한다(측정 차량이 1대인 경우 생략할 수 있다).
- ② **비번호** : 책임관리위원(공단 본부)이 배부한 등번호(비번호)를 기록한다.
- ③ **감독위원 확인** : 시험 전 또는 시험 후 감독위원이 채점 후 확인한다(날인).
- ④ **항목** : 감독위원이 제시하는 회전 방향에 ☑ 표시를 한다(운전석 착석 시 좌우 기준).    ☑ 우
- ⑤ **최대조향각도** : 좌측 바퀴 : 30°, 우측 바퀴 : 35°를 기록한다.
- ⑥ **기준값** : 최소 회전 반지름의 기준값 12 m 이하를 기록한다.
- ⑦ **측정값** : 최소 회전 반지름의 측정값 6 m를 기록하며, 반드시 단위를 기록한다.
- ⑧ **산출 근거** : 최소 회전 반지름 공식에서 산출한 계산식을 기록한다(r값은 무시하고 계산한다).

  $$R = \dfrac{L}{\sin \alpha} + r \quad \therefore\ R = \dfrac{3.0\,m}{\sin 30°} = 6\,m$$

  - $R$ : 최소 회전 반지름(m)    • $\sin \alpha$ : 좌측 바퀴의 조향각도($\sin 30° = 0.5$)
  - $L$ : 축거(3.0 m)    • $r$ : 바퀴 접지면 중심과 킹핀 중심과의 거리($r=0$)
- ⑨ **판정** : 측정값이 기준값 범위 내에 있으므로 ☑ 양호에 표시한다.
- ⑩ **득점** : 감독위원이 해당 문항을 채점하고 점수를 기록한다.

※ 축거 및 바퀴의 접지면 중심과 킹핀과의 거리(r)는 감독위원이 제시한다.    ※ 자동차 검사 기준 및 방법에 의하여 기록 · 판정한다.
※ 회전 방향은 감독위원이 지정하는 위치의 □에 'V'표시한다.    ※ 산출 근거에는 단위를 기록하지 않아도 된다.

### 최소 회전 반지름 측정 시 유의사항

1. 조향각과 축거는 직접 측정하며, 바퀴 접지면 중심과 킹핀 중심과의 거리는 감독위원이 제시하거나 무시하고 계산한다.
2. 시험 차량은 대부분 승용차로, 최소 회전 반지름 기준값 12 m 이내에 측정되므로 일반적으로 판정은 양호이다.

## 2 좌회전 시 최소 회전 반지름이 기준값 범위 내에 있을 경우 ($r$값을 무시할 때)

| ④ 항목 | 측정(또는 점검) | | ⑥ 기준값 (최소 회전 반지름) | ⑦ 측정값 (최소 회전 반지름) | 산출 근거 및 판정 | | ⑩ 득점 |
|---|---|---|---|---|---|---|---|
| | ⑤ 최대조향각도 | | | | ⑧ 산출 근거 | ⑨ 판정 (□에 'V'표) | |
| | 좌측 바퀴 | 우측 바퀴 | | | | | |
| 회전 방향 (□에 'V'표) <br> ☑ 좌 <br> □ 우 | 35° | 30° | 12 m 이하 | 7 m | $R = \dfrac{3.5\ m}{\sin 30°} = 7\ m$ | ☑ 양호 <br> □ 불량 | |

① 자동차 번호 :　② 비번호　③ 감독위원 확인

■ 최소 회전 반지름(축간거리 $L = 3.5\ m$, $r = 0$일 때)

$$R = \dfrac{L}{\sin\alpha} + r \quad \therefore\ R = \dfrac{3.5\ m}{\sin 30°} = \dfrac{3.5\ m}{0.5} = 7\ m \leq 12\ m \quad \Rightarrow\ \text{양호}$$

## 3 축간거리 및 조향각 기준값

| 차 종 | 축거 | 조향각 | | 회전 반지름 |
|---|---|---|---|---|
| | | 내측 | 외측 | |
| 그랜저 | 2745 mm | 37° | 30°30′ | 5700 mm |
| 쏘나타 | 2700 mm | 39°67′ | 32°21′ | – |
| EF 쏘나타 | 2700 mm | 39.70°±2° | 32.40°±2° | 5000 mm |
| 아반떼 | 2550 mm | 39°17′ | 32°27′ | 5100 mm |
| 아반떼 XD | 2610 mm | 40.1°±2° | 32°45′ | 4550 mm |
| 베르나 | 2440 mm | 33.37°±1°30′ | 35.51° | 4900 mm |
| 오피러스 | 2800 | 37° | 30° | 5600 mm |

## 4 최소 회전 반지름 측정 (우회전 시)

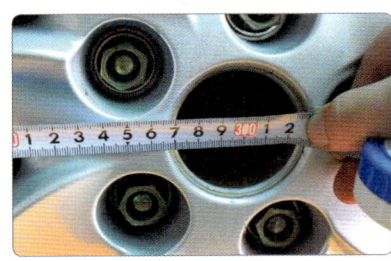

1. 앞바퀴 중심(허브 중심)에 줄자를 맞추고, 뒷바퀴 중심(허브 중심)까지의 거리를 측정한다(3.0 mm).

2. 우회전 시 안쪽(오른쪽) 바퀴의 조향각도를 측정한다(35°).

3. 우회전 시 바깥쪽(왼쪽) 바퀴의 조향 각도를 측정한다(30°).

# 14안 메인 컨트롤 릴레이 점검

**전기 2** 주어진 자동차에서 감독위원의 지시에 따라 메인 컨트롤 릴레이의 고장 부분을 점검한 후 기록표에 기록·판정하시오.

## 1 메인 컨트롤 릴레이 코일 여자, 비여자 상태가 양호일 경우

| ① 자동차 번호 : | | ② 비번호 | ③ 감독위원 확인 | |
|---|---|---|---|---|
| 항목 | 측정(또는 점검) | 판정 및 정비(또는 조치) 사항 | | ⑧ 득점 |
| | | ⑥ 판정(□에 'V'표) | ⑦ 정비 및 조치할 사항 | |
| ④ 코일이 여자되었을 때 | ☑ 양호 □ 불량 | ☑ 양호 □ 불량 | 정비 및 조치할 사항 없음 | |
| ⑤ 코일이 여자 안 되었을 때 | ☑ 양호 □ 불량 | | | |

① **자동차 번호** : 측정하는 자동차 번호를 기록한다(측정 차량이 1대인 경우 생략할 수 있다).
② **비번호** : 책임관리위원(공단 본부)이 배부한 등번호(비번호)를 기록한다.
③ **감독위원 확인** : 시험 전 또는 시험 후 감독위원이 채점 후 확인한다(날인).
④ **코일이 여자되었을 때** : BAT 전원 (+), (−)를 코일 $L_1$, $L_2$, $L_3$에 인가한 상태에서 이상이 없으면 스위치 접점 $S_1$, $S_2$도 통전되므로 ☑ 양호에 표시한다.
⑤ **코일이 여자 안 되었을 때** : BAT 전원 (+), (−)를 코일 $L_1$, $L_2$, $L_3$에 인가하지 않은 상태에서는 스위치 접점 $S_1$, $S_2$가 통전되지 않으므로 ☑ 양호에 표시한다(단, 8번 → 4번 단자는 제외).
⑥ **판정** : 측정값이 모두 양호이므로 ☑ 양호에 표시한다.
⑦ **정비 및 조치할 사항** : 판정이 양호이므로 정비 및 조치할 사항 없음을 기록한다.
⑧ **득점** : 감독위원이 해당 문항을 채점하고 점수를 기록한다.

## 2 메인 컨트롤 릴레이 코일 여자, 비여자 상태가 불량일 경우

| 자동차 번호 : | | 비번호 | 감독위원 확 인 | |
|---|---|---|---|---|
| 항목 | 측정(또는 점검) | 판정 및 정비(또는 조치) 사항 | | 득점 |
| | | 판정(□에 'V'표) | 정비 및 조치할 사항 | |
| 코일이 여자되었을 때 | □ 양호 ☑ 불량 | □ 양호 ☑ 불량 | 메인 컨트롤 릴레이 교체 후 재점검 | |
| 코일이 여자 안 되었을 때 | □ 양호 ☑ 불량 | | | |

※ 위의 두 조건(여자, 비여자) 상태에서 측정과 판정은 개별로 하며, 두 조건 중 하나라도 불량이면 판정은 불량이다.

## 3  메인 컨트롤 릴레이 점검

### (1) A형 컨트롤 릴레이 점검

  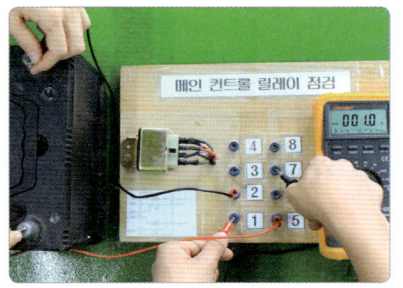

1. 8번 → 4번($L_3$) 통전됨(약 140 Ω)
   전원 8(+) 4(−) 시 7번과 3번 접점
   이 통전되어야 양호하다.

2. 6번 → 4번($L_1$) 통전됨(약 35 Ω)
   전원 6(+) 4(−) 시 7번과 1번 접점
   이 통전되어야 양호하다.

3. 5번 → 2번($L_2$) 통전됨(약 95 Ω)
   전원 5(+) 2(−) 시 7번과 1번 접점
   이 통전되어야 양호하다.

메인 컨트롤 릴레이 단자 간 저항 규정값

| 전원 공급 | | 점검 단자 | 통전 및 저항값 |
|---|---|---|---|
| $L_1$, $L_2$ | 여자 안 됨 | 1번과 7번 | 통전 안 됨(∞ Ω) |
| | | 2번과 5번($L_2$)<br>2번과 3번($L_2$) | 통전됨(약 95 Ω) |
| | | 6번과 4번($L_1$) | 통전됨(약 35 Ω) |
| | 여자됨 | 1번과 7번 | 통전됨(0 Ω) |
| $L_3$ | 여자 안 됨 | 3번과 7번 | 통전 안 됨(∞ Ω) |
| | | 4번→8번 | 통전 안 됨(∞ Ω) |
| | | 4번←8번($L_3$) | 통전됨(약 140 Ω) |
| | 여자됨 | 3번과 7번 | 통전됨(0 Ω) |

### (2) A형, C형 컨트롤 릴레이 내부회로 및 C형 단자

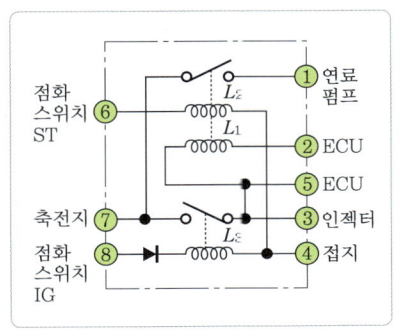 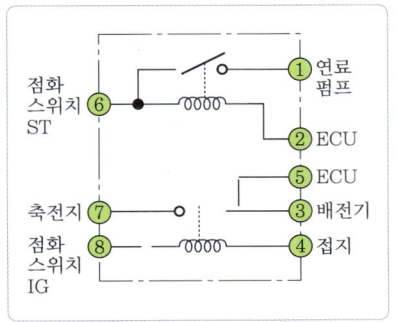 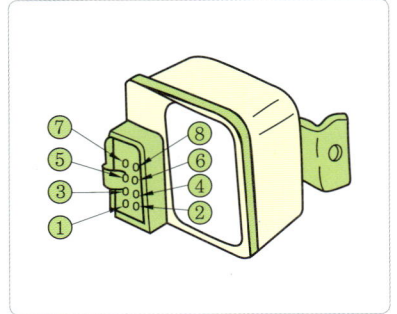

A형 컨트롤 릴레이 내부회로    C형 컨트롤 릴레이 내부회로    C형 컨트롤 릴레이 단자

# 14안 와이퍼 회로 점검

**전기 3** 주어진 자동차에서 와이퍼 회로의 고장 부분을 점검한 후 기록표에 기록·판정하시오.

## 1 와이퍼 모터 커넥터가 탈거된 경우

| 항목 | ① 자동차 번호 : | | ② 비번호 | ③ 감독위원 확인 | |
|---|---|---|---|---|---|
| | 측정(또는 점검) | | 판정 및 정비(또는 조치) 사항 | | ⑧ 득점 |
| | ④ 이상 부위 | ⑤ 내용 및 상태 | ⑥ 판정(□에 'V'표) | ⑦ 정비 및 조치할 사항 | |
| 와이퍼 회로 | 와이퍼 모터 | 커넥터 탈거 | □ 양호<br>☑ 불량 | 와이퍼 모터 커넥터 체결 후 재점검 | |

① **자동차 번호** : 측정하는 자동차 번호를 기록한다(측정 차량이 1대인 경우 생략할 수 있다).
② **비번호** : 책임관리위원(공단 본부)이 배부한 등번호(비번호)를 기록한다.
③ **감독위원 확인** : 시험 전 또는 시험 후 감독위원이 채점 후 확인한다(날인).
④ **이상 부위** : 와이퍼 회로의 이상 부위를 기록한다.
　　　· 이상 부위 : 와이퍼 모터
⑤ **내용 및 상태** : 와이퍼 회로 점검으로 확인된 이상 부위의 내용 및 상태를 기록한다.
　　　· 내용 및 상태 : 커넥터 탈거
⑥ **판정** : 와이퍼 모터 커넥터가 탈거되었으므로 ☑ **불량**에 표시한다.
⑦ **정비 및 조치할 사항** : 판정이 불량이므로 와이퍼 모터 커넥터 체결 후 재점검을 기록한다.
⑧ **득점** : 감독위원이 해당 문항을 채점하고 점수를 기록한다.

## 2 와셔 모터 커넥터가 탈거된 경우

| 항목 | 자동차 번호 : | | 비번호 | 감독위원 확인 | |
|---|---|---|---|---|---|
| | 측정(또는 점검) | | 판정 및 정비(또는 조치) 사항 | | 득점 |
| | 이상 부위 | 내용 및 상태 | 판정(□에 'V'표) | 정비 및 조치할 사항 | |
| 와이퍼 회로 | 와셔 모터 | 커넥터 탈거 | □ 양호<br>☑ 불량 | 와셔 모터 커넥터 체결 후 재점검 | |

※ **판정** : 와셔 모터 커넥터가 탈거되었으므로 ☑ 불량에 표시하고, 와셔 모터 커넥터 체결 후 재점검한다.

## 3 와이퍼 회로 점검

1. 축전지 전압 및 단자 접촉 상태를 확인한다.

2. 엔진 룸 와이퍼 모터 릴레이를 점검한다.

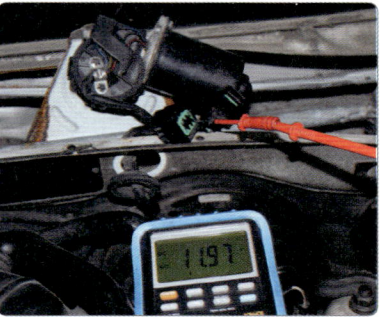

3. 와이퍼 모터 커넥터를 탈거하고 공급 전원을 확인한다.

4. 와이퍼 모터 단품 점검을 한다.

5. 와이퍼 스위치 커넥터 탈거 상태 및 단선 유무를 점검한다.

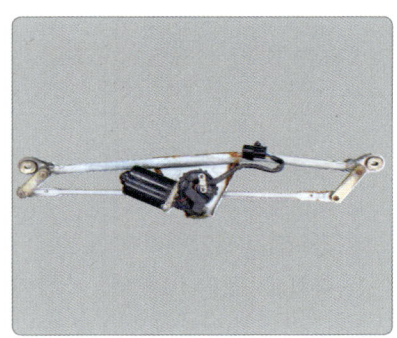

6. 와이퍼 링크와 와이퍼 모터의 체결 상태를 점검한다.

### 와이퍼가 작동하지 않는 경우 정비 및 조치할 사항

1. 와이퍼 퓨즈의 단선 → 와이퍼 퓨즈 교체
2. 와이퍼 퓨즈 탈거 → 와이퍼 퓨즈 체결
3. 와이퍼 스위치 불량 → 와이퍼 스위치 교체
4. 와이퍼 릴레이 탈거 → 와이퍼 릴레이 체결
5. 와이퍼 릴레이 불량 → 와이퍼 릴레이 교체
6. 와이퍼 모터 커넥터 불량 → 와이퍼 모터 커넥터 교체

### 와셔 모터가 작동하지 않는 경우 정비 및 조치할 사항

1. 와셔 퓨즈의 단선 → 와이퍼 퓨즈 교체
2. 와셔 노즐의 막힘 → 와셔 노즐 청소
3. 와셔 모터 불량 → 와셔 모터 교체
4. 와셔 모터 커넥터 탈거 → 와셔 모터 커넥터 체결

# 14안 경음기 음량 측정

**전기 4**    주어진 자동차에서 경음기음을 측정하여 기록표에 기록 · 판정하시오.

## 1 경음기 음량이 기준값 범위 내에 있을 경우

| | ① 자동차 번호 : | | ② 비번호 | ③ 감독위원 확인 | |
|---|---|---|---|---|---|
| 항목 | 측정(또는 점검) | | ⑥ 판정 (□에 'v'표) | | ⑦ 득점 |
| | ④ 측정값 | ⑤ 기준값 | | | |
| 경음기 음량 | 102 dB | 90 dB 이상<br>110 dB 이하 | ☑ 양호<br>□ 불량 | | |

① **자동차 번호** : 측정하는 자동차 번호를 기록한다(측정 차량이 1대인 경우 생략할 수 있다).
② **비번호** : 책임관리위원(공단 본부)이 배부한 등번호(비번호)를 기록한다.
③ **감독위원 확인** : 시험 전 또는 시험 후 감독위원이 채점 후 확인한다(날인).
④ **측정값** : 경음기 음량을 측정한 값을 기록한다.
    • 측정값 : 102 dB
⑤ **기준값** : 경음기 음량 기준값을 수검자가 암기하여 기록한다.
    • 기준값 : 90 dB 이상 110 dB 이하
⑥ **판정** : 측정값이 기준값 범위 내에 있으므로 ☑ 양호에 표시한다.
⑦ **득점** : 감독위원이 해당 문항을 채점하고 점수를 기록한다.

※ 감독위원이 제시한 자동차등록증(차대번호)을 활용하여 차종 및 연식을 적용한다.
※ 자동차 검사기준 및 방법에 의하여 기록 · 판정한다.      ※ 암소음은 무시한다.

## 2 경음기 음량이 기준값보다 낮을 경우

| | 자동차 번호 : | | 비번호 | 감독위원 확인 | |
|---|---|---|---|---|---|
| 항목 | 측정(또는 점검) | | 판정 (□에 'v'표) | | 득점 |
| | 측정값 | 기준값 | | | |
| 경음기 음량 | 70 dB | 90 dB 이상<br>110 dB 이하 | □ 양호<br>☑ 불량 | | |

※ **판정** : 경음기 음량이 기준값 범위를 벗어났으므로 ☑ 불량에 표시한다.

### 3 경음기 음량 기준값

[2006년 1월 1일 이후 제작된 자동차]

| 자동차 종류 | 소음 항목 | 경적 소음(dB(C)) |
|---|---|---|
| 경자동차 | | 110 이하 |
| 승용자동차 | 소형, 중형 | 110 이하 |
| 승용자동차 | 중대형, 대형 | 112 이하 |
| 화물자동차 | 소형, 중형 | 110 이하 |
| 화물자동차 | 대형 | 112 이하 |

※ 경음기 음량의 크기는 최소 90 dB 이상일 것 [자동차 및 자동차 성능과 기준에 관한 규칙 제53조]

### 4 경음기 음량 측정

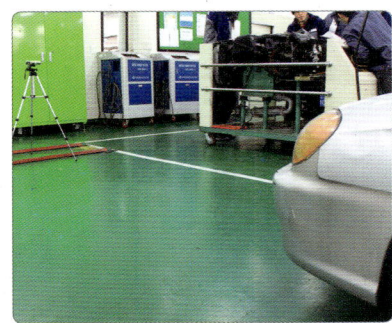

1. 음량계 높이를 1.2±0.05 m로, 자동차 전방 2 m가 되도록 설치한다.

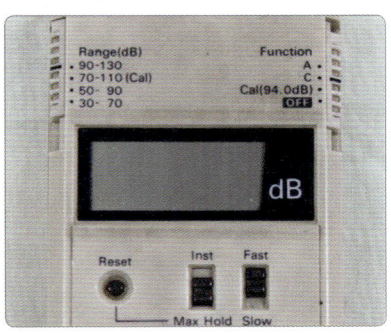

2. 리셋 버튼을 눌러 초기화시킨 후 C 특성, Fast 90~130 dB을 선택한다.

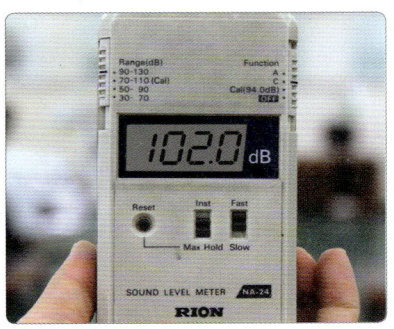

3. 경음기를 3~5초 동안 작동시켜 배출되는 소음 크기의 최댓값을 측정한다(측정값 : 102 dB).

#### 경음기 음량이 기준값 범위를 벗어난 경우

1. 축전지 방전
2. 경음기 불량
3. 경음기 릴레이 불량
4. 경음기 접지 불량
5. 경음기 음량 조정 불량
6. 경음기 커넥터 접촉 불량
7. 경음기 스위치 접촉 불량
8. 규격품이 아닌 경음기 사용

# 자동차정비 기능사 실기 15안

## 답안지 작성법

| 파트별 | 안별 문제 | 15안 |
|---|---|---|
| 엔진 | 엔진(부품) 분해 조립 | 실린더 헤드(가솔린) 피스톤 |
| | 측정/답안작성 | 피스톤 링 엔드 갭 |
| | 시스템 점검/엔진 시동 | 시동회로 |
| | 부품 탈거/조립 | AFS/에어클리너 |
| | 자기진단(답안작성) | 스캐너를 이용한 엔진 전자제어 센서(액추에이터) 점검 |
| | 차량 검사 측정 | 디젤 매연 |
| 섀시 | 부품 탈거/조립 | A/T 밸브 보디 |
| | 점검/답안작성 | A/T 오일 점검 |
| | 부품 탈거 작동 상태 | 릴리스 실린더/공기빼기 |
| | 점검/답안작성 | ECS 자기진단 |
| | 안전기준 검사 | 브레이크 제동력 |
| 전기 | 부품 탈거/조립 작동 확인 | 계기판 |
| | 측정/답안작성 | 점화코일 1, 2차 저항 측정 |
| | 전기회로 점검/고장부위 작성 | 파워윈도 회로 |
| | 차량 검사 측정 | 전조등 |

## 15안 피스톤 링 이음 간극 점검

**엔진 1** 주어진 가솔린 엔진에서 실린더 헤드와 피스톤(1개)을 탈거(감독위원에게 확인)하고 감독위원의 지시에 따라 기록표의 내용대로 기록·판정한 후 다시 조립하시오.

### 1 피스톤 링 이음 간극이 규정값 범위 내에 있을 경우

| 항목 | ① 엔진 번호 : | | ② 비번호 | ③ 감독위원 확인 | ⑧ 득점 |
|---|---|---|---|---|---|
| | 측정(또는 점검) | | 판정 및 정비(또는 조치) 사항 | | |
| | ④ 측정값 | ⑤ 규정(정비한계)값 | ⑥ 판정(□에 'V'표) | ⑦ 정비 및 조치할 사항 | |
| 피스톤 링 이음 간극 | 압축 링 : 0.25 mm | 0.25~0.40 mm (한계값 0.8 mm) | ☑ 양호<br>□ 불량 | 정비 및 조치할 사항 없음 | |

① **엔진 번호** : 측정하는 엔진 번호를 기록한다(측정 엔진이 1대인 경우 생략할 수 있다).
② **비번호** : 책임관리위원(공단 본부)이 배부한 등번호(비번호)를 기록한다.
③ **감독위원 확인** : 시험 전 또는 시험 후 감독위원이 채점 후 확인한다(날인).
④ **측정값** : 피스톤 링 이음 간극을 측정한 값을 기록한다.
  • 측정값 : 압축 링 – 0.25 mm
⑤ **규정(정비한계)값** : 정비지침서 또는 감독위원이 제시한 값을 기록한다.
  • 규정값 : 0.25~0.40 mm(한계값 : 0.8 mm)
⑥ **판정** : 측정값이 규정값 범위 내에 있으므로 ☑ 양호에 표시한다.
⑦ **정비 및 조치할 사항** : 판정이 양호이므로 정비 및 조치할 사항 없음을 기록한다.
⑧ **득점** : 감독위원이 해당 문항을 채점하고 점수를 기록한다.

※ 단위가 누락되거나 틀린 경우는 오답으로 채점한다.

### 2 피스톤 링 이음 간극이 규정값보다 작을 경우

| 항목 | 엔진 번호 : | | 비번호 | 감독위원 확인 | 득점 |
|---|---|---|---|---|---|
| | 측정(또는 점검) | | 판정 및 정비(또는 조치) 사항 | | |
| | 측정값 | 규정(정비한계)값 | 판정(□에 'V'표) | 정비 및 조치할 사항 | |
| 피스톤 링 이음 간극 | 압축 링 : 0.1 mm | 0.25~0.40 mm (한계값 0.8 mm) | □ 양호<br>☑ 불량 | 피스톤 링 엔드 갭을 연마하여 조정한다. | |

※ **판정** : 피스톤 링 이음 간극이 규정값 범위를 벗어났으므로 ☑ 불량에 표시하고, 피스톤 링 엔드 갭을 연마하여 조정한다.

## 3 피스톤 링 이음 간극 규정값

| 차 종 | 규정값 | 한계값 | 비 고 |
|---|---|---|---|
| EF 쏘나타(1.8, 2.0) | 1번 : 0.20~0.35 mm<br>2번 : 0.40~0.55 mm<br>오일 링 : 0.2~0.7 mm | 1.00 mm | • 1, 2번 링 : 압축 링<br>• 피스톤 간극 측정 공구 :<br>　텔레스코핑 게이지,<br>　마이크로미터,<br>　실린더 보어 게이지 |
| 쏘나타 Ⅰ, Ⅱ, Ⅲ | 1번 : 0.25~0.40 mm<br>2번 : 0.35~0.5 mm<br>오일 링 : 0.2~0.7 mm | 0.80 mm | |
| 아반떼(1.5 D) | 1번 : 0.20~0.35 mm<br>2번 : 0.37~0.52 mm<br>오일 링 : 0.2~0.7 mm | 1.00 mm | |

## 4 피스톤링 이음 간극 측정

1. 피스톤 링 이음 간극을 측정할 실린더를 확인하고 깨끗이 닦는다.

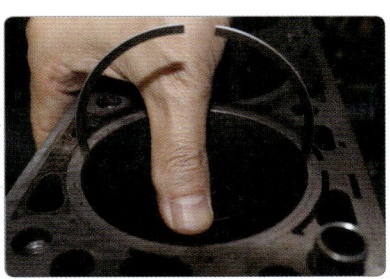

2. 측정할 피스톤 링을 세워 실린더에 삽입한다.

3. 실린더에 피스톤을 거꾸로 끼워 피스톤 링을 삽입한다.

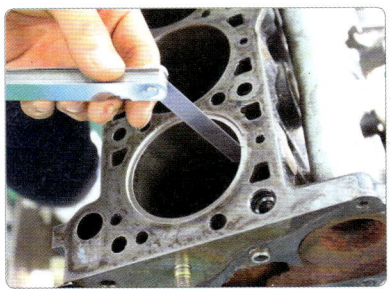

4. 실린더 최상단에서 디그니스 게이지로 피스톤 링 엔드 갭을 측정한다.

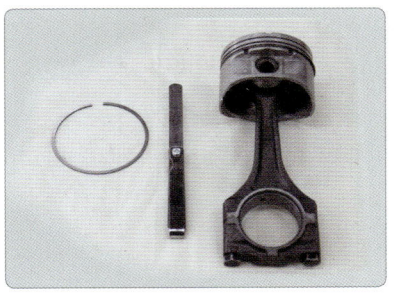

5. 측정이 끝나면 피스톤, 피스톤 링, 디그니스 게이지를 정리한다.

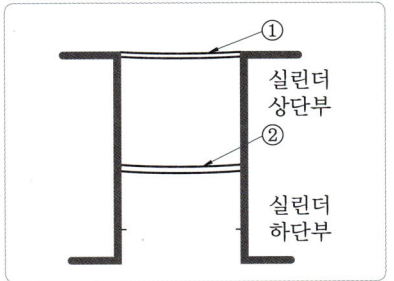

피스톤 링 앤드 갭 측정 부위

**피스톤 링 이음 간극이 규정값 범위를 벗어난 경우 정비 및 조치할 사항**

❶ 피스톤 링 이음 간극이 규정값보다 클 경우 → 피스톤 링 교체
❷ 피스톤 링 이음 간극이 규정값보다 작을 경우 → 피스톤 링 엔드 갭을 연마하여 조정

## 15안 엔진 센서(액추에이터) 점검

**엔진 3** 주어진 자동차에서 엔진의 공기 유량 센서(AFS)와 에어 필터를 탈거(감독위원에게 확인)한 후 다시 조립하고 감독위원의 지시에 따라 진단기(스캐너)를 사용하여 엔진의 각종 센서(액추에이터)를 점검 후 기록표에 기록하시오.

### 1 캠각 센서 커넥터가 탈거된 경우

| 항목 | ① 자동차 번호 : | | | ② 비번호 | ③ 감독위원 확인 | ⑨ 득점 |
|---|---|---|---|---|---|---|
| | 측정(또는 점검) | | | 판정 및 정비(또는 조치) 사항 | | |
| | ④ 고장 부위 | ⑤ 측정값 | ⑥ 규정값 | ⑦ 고장 내용 | ⑧ 정비 및 조치할 사항 | |
| 센서 (액추에이터) 점검 | 캠각 센서 | 점화시기 BTDC 5° | BTDC 9~11° (공회전 rpm) | 커넥터 탈거 | 캠각 센서 커넥터 체결, ECU 기억 소거 후 재점검 | |

① **자동차 번호** : 측정하는 자동차 번호를 기록한다(측정 차량이 1대인 경우 생략할 수 있다).
② **비번호** : 책임관리위원(공단 본부)이 배부한 등번호(비번호)를 기록한다.
③ **감독위원 확인** : 시험 전 또는 시험 후 감독위원이 채점 후 확인한다(날인).
④ **고장 부위** : 스캐너 자기진단에서 확인된 고장 부위로 캠각 센서를 기록한다.
⑤ **측정값** : 스캐너 센서 출력에서 확인된 측정값으로 점화시기 BTDC 5°를 기록한다.
⑥ **규정값** : 스캐너 내 규정값을 기록하거나 감독위원이 제시한 규정값 BTDC 9~11°(공회전 rpm)를 기록한다.
⑦ **고장 내용** : 고장 부위 점검으로 확인된 커넥터 탈거를 기록한다.
⑧ **정비 및 조치 사항** : 커넥터가 탈거되었으므로 캠각 센서 커넥터 체결, ECU 기억 소거 후 재점검을 기록한다.
⑨ **득점** : 감독위원이 해당 문항을 채점하고 점수를 기록한다.

※ 단위가 누락되거나 틀린 경우는 오답으로 채점한다.

### 2 캠각 센서 접지선이 단선된 경우

| 항목 | 자동차 번호 : | | | 비번호 | 감독위원 확인 | 득점 |
|---|---|---|---|---|---|---|
| | 측정(또는 점검) | | | 판정 및 정비(또는 조치) 사항 | | |
| | 고장 부위 | 측정값 | 규정값 | 고장 내용 | 정비 및 조치할 사항 | |
| 센서 (액추에이터) 점검 | 캠각 센서 | 점화시기 BTDC 5° | BTDC 9~11° (공회전 rpm) | 접지선 단선 | 접지선 연결, ECU 기억 소거 후 재점검 | |

※ **판정** : 캠각 센서 접지선이 단선되었으므로 접지선 연결, ECU 기억 소거 후 재점검한다.

## 3 뉴EF 쏘나타의 캠각 센서 점화시기 규정값

| 점화시기 | 전압 기준 | 비 고 |
|---|---|---|
| BTDC 9~11°(공회전 rpm) | 1.8~2.5 V(공회전 rpm) | 엔진 정상 온도(80°C 이상) |

※ 스캐너에 규정값(기준값)이 제시되지 않을 경우 감독위원이 제시한 값을 적용한다.

## 4 엔진 센서(액츄에이터) 점검

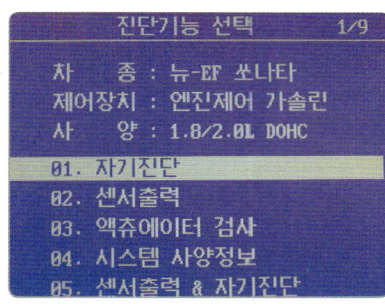

1. 자기진단을 실시한다.

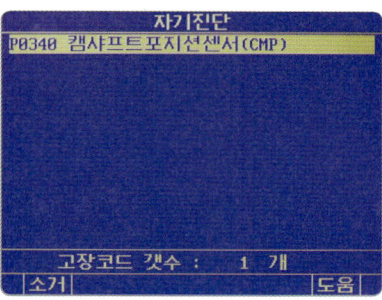

2. 고장 센서가 출력된다(캠각 센서 CMP).

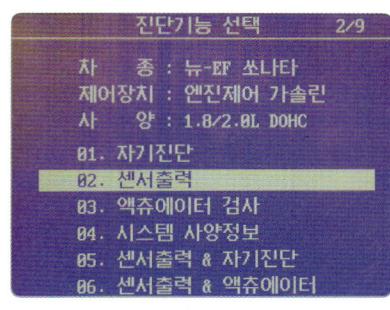

3. 센서출력을 선택한다.

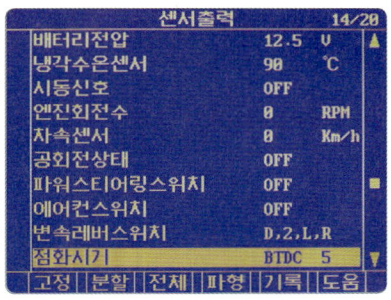

4. 측정값으로 점화시기를 확인한다. (BTDC 5°)

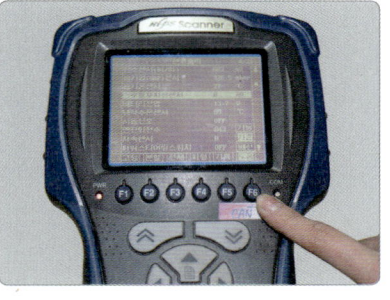

5. 기준값을 확인한다. 감독위원이 제시할 경우 제시한 값으로 한다.

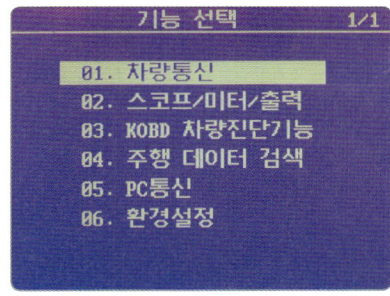

6. 측정이 끝나면 스캐너 시작단계 위치로 놓는다.

### 고장 부위가 있을 경우 정비 및 조치할 사항

① 과거 기억 소거 불량 → ECU 기억 소거 후 재점검
② 접지선 단선 → 접지선 연결, ECU 기억 소거 후 재점검
③ 커넥터 탈거 → 커넥터 체결, ECU 기억 소거 후 재점검

### 엔진 센서 점검 시 유의사항

① 측정 전 점화스위치 ON 상태 및 축전지 체결 상태를 확인한다(OFF 시 센서 출력이 안 됨).
② 고장 부위가 2개 이상 출력될 경우 감독위원에게 확인한 후 고장 부위 중 1개를 기록표에 작성한다.

## 15안 디젤 자동차 매연 측정

**엔진 4**  주어진 자동차에서 기록표에 제시된 내용을 측정하고 기록·판정하시오.

### 1 매연 측정값이 기준값 범위 내에 있을 경우

| ① 자동차 번호 : | | | | | ② 비번호 | | ③ 감독위원 확인 | |
|---|---|---|---|---|---|---|---|---|
| 측정(또는 점검) | | | | | 산출 근거 및 판정 | | | ⑪ 득점 |
| ④ 차종 | ⑤ 연식 | ⑥ 기준값 | ⑦ 측정값 | ⑧ 측정 | ⑨ 산출 근거(계산) 기록 | | ⑩ 판정 (□에 'V'표) | |
| 승용차 | 2002 | 45% 이하 | 22% | 1회 : 21.5%<br>2회 : 20.4%<br>3회 : 24.1% | $\dfrac{21.5 + 20.4 + 24.1}{3} = 22\%$ | | ☑ 양호<br>□ 불량 | |

① **자동차 번호** : 측정하는 자동차 번호를 기록한다(측정 차량이 1대인 경우 생략할 수 있다).
② **비번호** : 책임관리위원(공단 본부)이 배부한 등번호(비번호)를 기록한다.
③ **감독위원 확인** : 시험 전 또는 시험 후 감독위원이 채점 후 확인한다(날인).
④ **차종** : KP**A**LE4AD12P145861(차대번호 3번째 자리 : A) ➡ 승용차
⑤ **연식** : KPTLE4AD1**2**P145861(차대번호 10번째 자리 : 2) ➡ 2002
⑥ **기준값** : 자동차등록증 차대번호의 연식을 확인하고 기준값을 기록한다.
　　　　・ 기준값 : 45% 이하
⑦ **측정값** : 3회 산출된 값의 평균값을 기록한다(소수점 이하는 버림).
　　　　・ 측정값 : 22%
⑧ **측정** : 1회부터 3회까지 측정한 값을 기록한다.
　　　　・ 1회 : 21.5%　・ 2회 : 20.4%　・ 3회 : 24.1%
⑨ **산출 근거(계산) 기록** : $\dfrac{21.5 + 20.4 + 24.1}{3} = 22\%$
⑩ **판정** : 측정값이 기준값 범위 내에 있으므로 ☑ 양호에 표시한다.
⑪ **득점** : 감독위원이 해당 문항을 채점하고 점수를 기록한다.

※ 감독위원이 제시한 자동차등록증(또는 차대번호)을 활용하여 차종 및 연식을 적용한다.　　※ 측정 및 판정은 무부하 조건으로 한다.
※ 매연 농도를 산술평균하여 소수점 이하는 버린 값으로 기입한다.　　※ 자동차 검사 기준 및 방법에 의하여 기록·판정한다.

#### 매연 측정 시 유의사항
❶ 엔진을 충분히 워밍업시킨 후 매연을 측정한다(정상온도 70~80℃).
❷ 일반적으로 매연 측정값은 3회 측정하여 평균값(소수점 이하는 버림)으로 결정한다.

## 2 매연 측정값이 기준값보다 클 경우

| 자동차 번호 : | | | | | 비번호 | | 감독위원 확 인 | |
|---|---|---|---|---|---|---|---|---|
| 측정(또는 점검) | | | | | 산출 근거 및 판정 | | | 득점 |
| 차종 | 연식 | 기준값 | 측정값 | 측정 | 산출 근거(계산) 기록 | 판정 (□에 'V'표) | | |
| 승용차 | 2002 | 45% 이하 | 51% | 1회 : 53.4%<br>2회 : 48.6%<br>3회 : 52.4% | $\dfrac{53.4 + 48.6 + 52.4}{3} = 51.46\%$ | □ 양호<br>☑ 불량 | | |

※ 판정 : 측정값이 기준값 범위를 벗어났으므로 ☑ 불량에 표시한다.

## 3 매연 기준값 (자동차등록증 차대번호 확인)

| 차 종 | | 제 작 일 자 | 매 연 |
|---|---|---|---|
| 경자동차 및 승용자동차 | | 1995년 12월 31일 이전 | 60% 이하 |
| | | 1996년 1월 1일부터 2000년 12월 31일까지 | 55% 이하 |
| | | 2001년 1월 1일부터 2003년 12월 31일까지 | 45% 이하 |
| | | 2004년 1월 1일부터 2007년 12월 31일까지 | 40% 이하 |
| | | 2008년 1월 1일 이후 | 20% 이하 |
| 승합 · 화물 · 특수자동차 | 소형 | 1995년 12월 31일까지 | 60% 이하 |
| | | 1996년 1월 1일부터 2000년 12월 31일까지 | 55% 이하 |
| | | 2001년 1월 1일부터 2003년 12월 31일까지 | 45% 이하 |
| | | 2004년 1월 1일부터 2007년 12월 31일까지 | 40% 이하 |
| | | 2008년 1월 1일 이후 | 20% 이하 |
| | 중형 · 대형 | 1992년 12월 31일 이전 | 60% 이하 |
| | | 1993년 1월 1일부터 1995년 12월 31일까지 | 55% 이하 |
| | | 1996년 1월 1일부터 1997년 12월 31일까지 | 45% 이하 |
| | | 1998년 1월 1일부터 2000년 12월 31일까지 — 시내버스 | 40% 이하 |
| | | 1998년 1월 1일부터 2000년 12월 31일까지 — 시내버스 외 | 45% 이하 |
| | | 2001년 1월 1일부터 2004년 9월 30일까지 | 45% 이하 |
| | | 2004년 10월 1일부터 2007년 12월 31일까지 | 40% 이하 |
| | | 2008년 1월 1일 이후 | 20% 이하 |

## 자 동 차 등 록 증

제2002 - 3260호  최초등록일 : 2002년 05월 05일

| ① 자동차 등록번호 | 08다 1402 | ② 차종 | 승용(중형) | ③ 용도 | 자가용 |
|---|---|---|---|---|---|
| ④ 차명 | 코란도 | ⑤ 형식 및 연식 | 2002 | | |
| ⑥ 차대번호 | KPALE4AD12P145861 | ⑦ 원동기형식 | | | |
| ⑧ 사용자 본거지 | 서울특별시 영등포구 번영로 | | | | |
| 소유자 ⑨ 성명(상호) | 기동찬 | ⑩ 주민(사업자)등록번호 | ******-****** | | |
| ⑪ 주소 | 서울특별시 영등포구 번영로 | | | | |

자동차관리법 제8조 규정에 의하여 위와 같이 등록하였음을 증명합니다.

2002년 05월 05일

### 서울특별시장

● 차대번호 식별방법

### KPALE4AD12P145861

① 첫 번째 자리는 제작국가(K=대한민국)
② 두 번째 자리는 제작회사(M=현대, N=기아, P=쌍용, L=GM 대우)
③ 세 번째 자리는 자동차 종별(A=소형승용, B=대형승용, K=소형승합, H=소형화물)
④ 네 번째 자리는 차종 구분(D=렉스턴, L=코란도)
⑤ 다섯 번째 자리는 차체 형상(B=본닛, C=캡오버, E=기타 형상, F=프레임 구조)
⑥ 여섯 번째 자리는 세부 차종(2=승용, 4=소형화물)
⑦ 일곱 번째 자리는 기타 특성(A=일반, B=승용 겸 화물, C=지프, F=덤프)
⑧ 여덟 번째 자리는 엔진 형식(D=1769 cc)
⑨ 아홉 번째 자리는 용도 구분(1=양산차량)
⑩ 열 번째 자리는 제작연도(영문 I, O, Q, U, Z 제외)
　　~J(1988)~Y(2000), 1(2001), 2(2002)~9(2009), A(2010)~
⑪ 열한 번째 자리는 제작공장(C=창원, P=평택)
⑫ 열두 번째~ 열일곱 번째 자리는 차량제작 일련번호

## 15안 자동변속기 오일 양 점검

**섀시 2**    주어진 자동차에서 감독위원의 지시에 따라 자동변속기의 오일 양을 점검하여 기록·판정하시오.

### 1 자동변속기 오일 양이 많을 경우

| 항목 | ① 자동차 번호 : | ② 비번호 | | ③ 감독위원 확인 | |
|---|---|---|---|---|---|
| | ④ 측정(또는 점검) | 판정 및 정비(또는 조치) 사항 | | | ⑦ 득점 |
| | | ⑤ 판정(□에 'V'표) | ⑥ 정비 및 조치할 사항 | | |
| 오일 양 | COLD     HOT<br>오일 레벨을 게이지에 그리시오. | □ 양호<br>☑ 불량 | 자동변속기 오일 드레인 플러그를 풀고 오일을 배출하여 조정한다. | | |

① **자동차 번호** : 측정하는 자동차 번호를 기록한다(측정 차량이 1대인 경우 생략할 수 있다).
② **비번호** : 책임관리위원(공단 본부)이 배부한 등번호(비번호)를 기록한다.
③ **감독위원 확인** : 시험 전 또는 시험 후 감독위원이 채점 후 확인한다(날인).
④ **측정(또는 점검)** : 자동변속기 오일 레벨을 게이지에 표시한다.
⑤ **판정** : 오일 양이 정상온도에서 HOT 범위보다 높게 측정되었으므로 ☑ 불량에 표시한다.
⑥ **정비 및 조치할 사항** : 판정이 불량이므로 자동변속기 오일 드레인 플러그를 풀고 오일을 배출하여 조정한다.를 기록한다.
⑦ **득점** : 감독위원이 해당 문항을 채점하고 점수를 기록한다.

---

**자동변속기 오일 양에 따른 정비 및 조치할 사항**
❶ 오일 양이 많을 경우 → 오일 드레인 플러그를 풀고 오일을 배출하여 조정한다.
❷ 오일 양이 적을 경우 → 오일 레벨 게이지 주입구에 오일을 보충하여 조정한다.

**자동변속기 색, 냄새, 모양에 따른 고장 원인별 정비 및 조치할 사항**
❶ 갈색인 경우 : 오일이 장시간 고온에 노출되어 열화를 일으킨 경우 → 오일 교체
❷ 백색인 경우 : 수분이 혼입된 경우 → 오일 냉각기나 라디에이터 수리 후 오일 교체
❸ 검은색을 띠는 경우 : 변속기 내부 클러치판의 마멸된 분말에 의한 오손
   → 오일 팬이나 클러치판의 마멸된 분말을 닦아내고 스트레이너 세척 후 오일 교체
❹ 쇳가루나 알루미늄 가루가 나오는 경우 : 스테이터 부싱, 원웨이 클러치, 부품의 마모
   → 스테이터 부싱, 원웨이 클러치, 부품의 교체

## 15안 전자제어 현가장치(ECS) 점검

**섀시 4** 주어진 자동차에서 감독위원의 지시에 따라 진단기(스캐너)로 전자제어 현가장치(ECS)를 점검하고 기록·판정하시오.

### 1 앞 우측 G 센서 커넥터가 탈거된 경우

| 항목 | 측정(또는 점검) | | 판정 및 정비(또는 조치) 사항 | | ⑧ 득점 |
|---|---|---|---|---|---|
| | ① 자동차 번호 : | | ② 비번호 | ③ 감독위원 확 인 | |
| | ④ 이상 부위 | ⑤ 내용 및 상태 | ⑥ 판정(□에 'V'표) | ⑦ 정비 및 조치할 사항 | |
| 전자제어 현가장치 자기진단 | 앞 우측 G 센서 | 커넥터 탈거 | □ 양호<br>☑ 불량 | 앞 우측 G 센서 커넥터 체결, ECS ECU 과거 기억 소거 후 재점검 | |

① **자동차 번호** : 측정하는 자동차 번호를 기록한다(측정 차량이 1대인 경우 생략할 수 있다).
② **비번호** : 책임관리위원(공단 본부)이 배부한 등번호(비번호)를 기록한다.
③ **감독위원 확인** : 시험 전 또는 시험 후 감독위원이 채점 후 확인한다(날인).
④ **이상 부위** : 스캐너 자기진단에서 확인된 앞 우측 G 센서를 기록한다.
⑤ **내용 및 상태** : 이상 부위의 내용 및 상태로 커넥터 탈거를 기록한다.
⑥ **판정** : 앞 우측 G 센서 커넥터가 탈거되었으므로 ☑ 불량에 표시한다.
⑦ **정비 및 조치할 사항** : 판정이 불량이므로 앞 우측 G 센서 커넥터 체결, ECS ECU 과거 기억 소거 후 재점검을 기록한다.
⑧ **득점** : 감독위원이 해당 문항을 채점하고 점수를 기록한다.

### 2 앞 좌측 액추에이터 커넥터가 탈거된 경우

| 항목 | 측정(또는 점검) | | 판정 및 정비(또는 조치) 사항 | | 득점 |
|---|---|---|---|---|---|
| | 자동차 번호 : | | 비번호 | 감독위원 확 인 | |
| | 이상 부위 | 내용 및 상태 | 판정(□에 'V'표) | 정비 및 조치할 사항 | |
| 전자제어 현가장치 자기진단 | 앞 좌측 액추에이터 | 커넥터 탈거 | □ 양호<br>☑ 불량 | 앞 좌측 액추에이터 커넥터 체결, ECS ECU 과거 기억 소거 후 재점검 | |

※ **판정** : 커넥터가 탈거되었으므로 ☑ 불량에 표시하고 앞 좌측 액추에이터 커넥터 체결, ECS ECU 과거 기억 소거 후 재점검한다.

## 15안 제동력 측정

**섀시 5** 주어진 자동차에서 감독위원의 지시에 따라 제동력을 측정하여 기록·판정하시오.

### 1 제동력 편차가 기준값보다 클 경우 (뒷바퀴)

| ① 자동차 번호 : | | | | ② 비번호 | | ③ 감독위원 확 인 | |
|---|---|---|---|---|---|---|---|
| 측정(또는 점검) | | | | 산출 근거 및 판정 | | | |
| ④ 항목 | 구분 | ⑤ 측정값 (kgf) | ⑥ 기준값 (□에 'V'표) | | ⑦ 산출 근거 | ⑧ 판정 (□에 'V'표) | ⑨ 득점 |
| 제동력 위치 (□에 'V'표) □ 앞 ☑ 뒤 | 좌 | 210 kgf | □ 앞 ☑ 뒤 | 축중의 | 편차 $\dfrac{260-210}{500} \times 100 = 10\%$ | □ 양호 ☑ 불량 | |
| | | | 편차 | 8.0% 이하 | | | |
| | 우 | 260 kgf | 합 | 20% 이상 | 합 $\dfrac{260+210}{500} \times 100 = 94\%$ | | |

① **자동차 번호** : 측정하는 자동차 번호를 기록한다(측정 차량이 1대인 경우 생략할 수 있다).
② **비번호** : 책임관리위원(공단 본부)이 배부한 등번호(비번호)를 기록한다.
③ **감독위원 확인** : 시험 전 또는 시험 후 감독위원이 채점 후 확인한다(날인).
④ **항목** : 감독위원이 지정하는 축에 ☑ 표시를 한다.   • 위치 : ☑ 뒤
⑤ **측정값** : 제동력을 측정한 값을 기록한다.
     • 좌 : 210 kgf   • 우 : 260 kgf
⑥ **기준값** : 검사 기준에 의거하여 제동력 편차와 합의 기준값을 기록한다.
     • 편차 : 뒤 축중의 8.0% 이하   • 합 : 뒤 축중의 20% 이상
⑦ **산출 근거** : 공식에 대입하여 산출한 계산식을 기록한다.
     • 편차 : $\dfrac{260-210}{500} \times 100 = 10\%$   • 합 : $\dfrac{260+210}{500} \times 100 = 94\%$
⑧ **판정** : 뒷바퀴 제동력의 편차가 기준값 범위를 벗어났으므로 ☑ 불량에 표시한다.
⑨ **득점** : 감독위원이 해당 문항을 채점하고 점수를 기록한다.
※ 측정 차량 크루즈 1.5 DOHC A/T의 공차 중량(1130 kgf)의 뒤(후) 축중(500 kgf)으로 산출하였다.

■ **제동력 계산**
 • 뒷바퀴 제동력의 편차 = $\dfrac{\text{큰 쪽 제동력} - \text{작은 쪽 제동력}}{\text{해당 축중}} \times 100$ ➡ 뒤 축중의 8.0% 이하이면 양호
 • 뒷바퀴 제동력의 총합 = $\dfrac{\text{좌우 제동력의 합}}{\text{해당 축중}} \times 100$ ➡ 뒤 축중의 20% 이상이면 양호

※ 측정 위치는 감독위원이 지정하는 위치의 □에 'V' 표시한다.   ※ 자동차 검사 기준 및 방법에 의하여 기록·판정한다.
※ 측정값의 단위는 시험장비 기준으로 기록한다.   ※ 산출 근거에는 단위를 기록하지 않아도 된다.

## 2 제동력 편차와 합이 기준값 범위 내에 있을 경우 (뒷바퀴)

| 자동차 번호 : | | | | | 비번호 | | 감독위원 확 인 | |
|---|---|---|---|---|---|---|---|---|
| 측정(또는 점검) | | | | | 산출 근거 및 판정 | | | 득점 |
| 항목 | 구분 | 측정값 (kgf) | 기준값 (□에 'V'표) | | 산출 근거 | | 판정 (□에 'V'표) | |
| 제동력 위치 (□에 'V'표) □ 앞 ☑ 뒤 | 좌 | 240 kgf | □ 앞 ☑ 뒤 | 축중의 | 편차 | $\dfrac{240-200}{500} \times 100 = 8\%$ | ☑ 양호 □ 불량 | |
| | | | 편차 | 8.0% 이하 | | | | |
| | 우 | 200 kgf | 합 | 20% 이상 | 합 | $\dfrac{240+200}{500} \times 100 = 88\%$ | | |

■ 제동력 계산

- 뒷바퀴 제동력의 편차 = $\dfrac{240-200}{500} \times 100 = 8\% \leq 8.0\%$ ➡ 양호
- 뒷바퀴 제동력의 총합 = $\dfrac{240+200}{500} \times 100 = 88\% \geq 20\%$ ➡ 양호

## 3 제동력 측정

제동력 측정

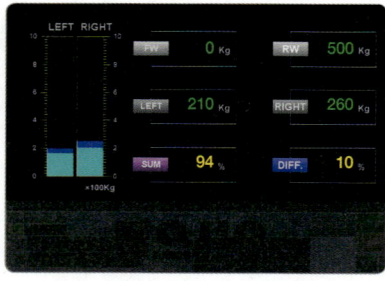

측정값(좌 : 210 kgf, 우 : 260 kgf)

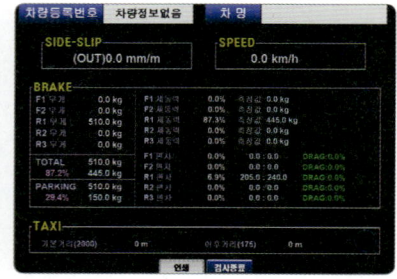

결과 출력

### 제동력 측정 시 유의사항

❶ 시험장 여건에 따라 감독위원이 임의의 측정값을 제시한 후 제동력 편차와 합을 계산하기도 한다.
❷ 제동력 측정 시 브레이크 페달 압력을 최대한 유지한 상태에서 측정값을 확인한다.
❸ 앞 축중 또는 뒤 축중 측정 시 측정 상태를 정확하게 확인한 후 제동력 테스터의 모니터 출력값을 확인한다.
❹ 측정이 끝나면 편차와 합을 계산하고 기록표를 작성한 후 감독위원에게 제출한다.

# 15안 점화코일 저항 점검

**전기 2** 자동차에서 점화코일 1, 2차 저항을 측정하고 코일의 고장 유무를 확인하여 기록표에 기록·판정하시오.

## 1 1차 저항이 규정값보다 클 경우

| 항목 | ① 자동차 번호 : | | ② 비번호 | | ③ 감독위원 확인 | | ⑧ 득점 |
|---|---|---|---|---|---|---|---|
| | 측정(또는 점검) | | 판정 및 정비(또는 조치) 사항 | | | | |
| | ④ 측정값 | ⑤ 규정(정비한계)값 | ⑥ 판정(□에 'ㆍ'표) | | ⑦ 정비 및 조치할 사항 | | |
| 1차 저항 | 0.9 Ω (20℃) | 0.80±0.08 Ω (20℃) | □ 양호 | ☑ 불량 | 점화코일 교체 | | |
| 2차 저항 | 13.2 kΩ (20℃) | 12.1±1.8 kΩ (20℃) | ☑ 양호 | □ 불량 | | | |

① **자동차 번호** : 측정하는 자동차 번호를 기록한다(측정 차량이 1대인 경우 생략할 수 있다).
② **비번호** : 책임관리위원(공단 본부)이 배부한 등번호(비번호)를 기록한다.
③ **감독위원 확인** : 시험 전 또는 시험 후 감독위원이 채점 후 확인한다(날인).
④ **측정값** : 점화코일의 1차 저항과 2차 저항을 측정한 값을 기록한다.
　　• 1차 저항 : 0.9 Ω (20℃)　• 2차 저항 : 13.2 kΩ (20℃)
⑤ **규정(정비한계)값** : 정비지침서 또는 감독위원이 제시한 규정값을 기록한다.
　　• 1차 저항 : 0.80±0.08 Ω (20℃)　• 2차 저항 : 12.1±1.8 kΩ (20℃)
⑥ **판정** : 1차 저항이 규정값 범위를 벗어났으므로 ☑ 불량에 표시한다.
⑦ **정비 및 조치할 사항** : 판정이 불량이므로 점화코일 교체를 기록한다.
⑧ **득점** : 감독위원이 해당 문항을 채점하고 점수를 기록한다.

※ 단위가 누락되거나 틀린 경우는 오답으로 채점한다.

## 2 2차 저항이 규정값보다 클 경우

| 항목 | 자동차 번호 : | | 비번호 | | 감독위원 확인 | | 득점 |
|---|---|---|---|---|---|---|---|
| | 측정(또는 점검) | | 판정 및 정비(또는 조치) 사항 | | | | |
| | 측정값 | 규정(정비한계)값 | 판정(□에 'ㆍ'표) | | 정비 및 조치할 사항 | | |
| 1차 저항 | 0.8 Ω (20℃) | 0.80±0.08 Ω (20℃) | ☑ 양호 | □ 불량 | 점화코일 교체 | | |
| 2차 저항 | 15 kΩ (20℃) | 12.1±1.8 kΩ (20℃) | □ 양호 | ☑ 불량 | | | |

※ 판정 : 2차 저항이 규정값 범위를 벗어났으므로 ☑ 불량에 표시하고, 점화코일을 교체한다.

## 3 1, 2차 저항 규정값

| 차 종 | 1차 저항 | 2차 저항 | 비 고 |
|---|---|---|---|
| 엘란트라 | 0.80±0.08 Ω | 12.1±1.8 kΩ | 온도에 따라 오차가 발생할 수 있다. (20℃ 기준) |
| 아반떼, 베르나 | 0.5±0.05 Ω | 12.1±1.8 kΩ | |
| 아반떼 XD | 0.5±0.05 Ω | 12.1±1.8 kΩ | |
| 세피아 | 0.81±0.99 Ω | 10~16 kΩ | |
| EF 쏘나타 | 0.78 Ω | 20 kΩ | |

## 4 점화코일 1, 2차 저항 측정

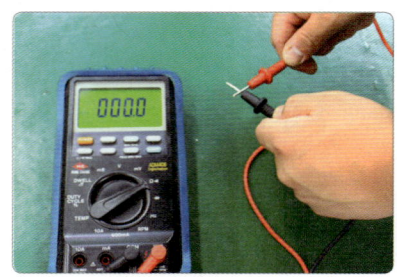

1. 멀티 테스터를 세팅하여 0 Ω을 확인한다.

2. 점화코일 1차 저항을 측정한다. (0.9 Ω).

3. 점화코일 2차 저항을 측정한다. (13.2 kΩ)

### 점화코일 저항 측정 시 유의사항

① 시험장에는 측정용 점화코일과 멀티 테스터가 준비되어 있다.
② 측정 용도에 따라 반드시 멀티 테스터 선택 레인지를 확인한 후 점화코일 저항을 측정한다.
③ 디지털 멀티 테스터로 측정하는 것이 아날로그 멀티 테스터보다 더 정확하며, 반드시 측정 전에 세팅하여 작동 상태를 확인한다.

# 15안 파워 윈도 회로 점검

**전기 3**    주어진 자동차에서 파워윈도 회로의 고장 부분을 점검한 후 기록표에 기록·판정하시오.

## 1 파워 윈도 스위치 커넥터가 탈거된 경우

| 항목 | ① 자동차 번호 : | | ② 비번호 | ③ 감독위원 확 인 | |
|---|---|---|---|---|---|
| | 측정(또는 점검) | | 판정 및 정비(또는 조치) 사항 | | ⑧ 득점 |
| | ④ 이상 부위 | ⑤ 내용 및 상태 | ⑥ 판정(□에 'V'표) | ⑦ 정비 및 조치할 사항 | |
| 파워 윈도 회로 | 파워 윈도 스위치 | 커넥터 탈거 | □ 양호<br>☑ 불량 | 파워 윈도 스위치 커넥터 체결 후 재점검 | |

① **자동차 번호** : 측정하는 자동차 번호를 기록한다(측정 차량이 1대인 경우 생략할 수 있다).
② **비번호** : 책임관리 위원(공단 본부)이 배부한 등번호(비번호)를 기록한다.
③ **감독위원 확인** : 시험 전 또는 시험 후 감독위원이 채점 후 확인한다(날인).
④ **이상 부위** : 파워 윈도 회로 점검으로 확인된 이상 부위를 기록한다.
      • 이상 부위 : 파워 윈도 스위치
⑤ **내용 및 상태** : 이상 부위로 확인된 내용 및 상태를 기록한다.
      • 내용 및 상태 : 커넥터 탈거
⑥ **판정** : 파워 윈도 스위치 커넥터가 탈거되었으므로 ☑ 불량에 표시한다.
⑦ **정비 및 조치할 사항** : 판정이 불량이므로 파워 윈도 스위치 커넥터 체결 후 재점검을 기록한다.
⑧ **득점** : 감독위원이 해당 문항을 채점하고 점수를 기록한다.

---

**파워 윈도가 작동하지 않는 경우 정비 및 조치할 사항**

❶ 파워 윈도 퓨즈의 단선 → 파워 윈도 퓨즈 교체
❷ 파워 윈도 퓨즈의 탈거 → 파워 윈도 퓨즈 체결
❸ 파워 윈도 릴레이 불량 → 파워 윈도 릴레이 교체
❹ 파워 윈도 릴레이 탈거 → 파워 윈도 릴레이 체결
❺ 파워 윈도 스위치 불량 → 파워 윈도 스위치 교체
❻ 파워 윈도 모터 불량 → 파워 윈도 모터 교체
❼ 파워 윈도 퓨저블 링크 단선 → 파워 윈도 퓨저블 링크 교체
❽ 파워 윈도 모터 커넥터 탈거 → 파워 윈도 모터 커넥터 체결
❾ 파워 윈도 스위치 커넥터 탈거 → 파워 윈도 스위치 커넥터 체결

## 15안 전조등 광도 측정

**전기 4**    주어진 자동차에서 좌 또는 우측의 전조등을 측정하고 기록표에 기록 · 판정하시오.

### 1 전조등 광도가 기준값 범위 내에 있을 경우 (우측 전조등, 4등식)

| ① 자동차 번호 : | | ② 비번호 | ③ 감독위원 확인 | |
|---|---|---|---|---|
| 측정(또는 점검) | | | ⑦ 판정 (□에 'V'표) | ⑧ 득점 |
| ④ 구분 | 측정 항목 | ⑤ 측정값 | ⑥ 기준값 | |
| (□에 'V'표)<br>위치 :<br>□ 좌   ☑ 우<br>등식 :<br>□ 2등식   ☑ 4등식 | 광도 | 16000 cd | 12000 cd 이상 | ☑ 양호<br>□ 불량 | |

① **자동차 번호** : 측정하는 자동차 번호를 기록한다(측정 차량이 1대인 경우 생략할 수 있다).
② **비번호** : 책임관리위원(공단 본부)이 배부한 등번호(비번호)를 기록한다.
③ **감독위원 확인** : 시험 전 또는 시험 후 감독위원이 채점 후 확인한다(날인).
④ **구분** : 감독위원이 지정한 위치와 등식에 ☑ 표시를 한다. • 위치 : ☑ 우    • 등식 : ☑ 4등식
⑤ **측정값** : 전조등 광도 측정값 16000 cd를 기록한다.
⑥ **기준값** : 전조등 광도 기준값 12000 cd 이상을 기록한다.
⑦ **판정** : 측정값이 기준값 범위 내에 있으므로 ☑ 양호에 표시한다.
⑧ **득점** : 감독위원이 해당 문항을 채점하고 점수를 기록한다.

※ 측정 위치는 감독위원이 지정하는 위치의 □에 'V' 표시한다.    ※ 자동차 검사 기준 및 방법에 의하여 기록 · 판정한다.

### 2 전조등 광도, 광축 기준값

[자동차관리법 시행규칙 별표15 적용]

| 구 분 | | 기준값 |
|---|---|---|
| 광 도 | 2등식 | 15000 cd 이상 |
| | 4등식 | 12000 cd 이상 |
| 좌 · 우측등 상향 진폭 | | 10 cm 이하 |
| 좌 · 우측등 하향 진폭 | | 30 cm 이하 |
| 좌우 진폭 | 좌측등 | 좌 : 15 cm 이하, 우 : 30 cm 이하 |
| | 우측등 | 좌 : 30 cm 이하, 우 : 30 cm 이하 |

※ 전조등에 좌 · 우측등이 상향과 하향으로 분리되어 작동되는 것은 4등식이며, 상향과 하향이 하나의 등에서 회로 구성이 되어 작동되는 것은 2등식이다.

# 자동차정비기능사

## 부록

# 실기시험문제

> 자동차정비기능사 실기시험은
> 1안~15(안)을 기본 문제로 하고, 그것을 조합한 복합적인 문제로 16~30(안)까지 출제되고 있으며,
> 출제(안) 도한 매 회차별 시작되는 첫 날 1(안)으로 표기되어 출제되고 있습니다.
> 따라서 1~15(안)으로 충분한 시험 대비가 가능하므로
> 1~15(안) 중심으로 성실하게 실기시험을 준비하시기 바랍니다!!

# 국가기술자격 실기시험문제 1안

| 자격종목 | 자동차정비기능사 | 과제명 | 자동차정비작업 |
|---|---|---|---|

비번호 :                    시험시간 : 4시간(엔진 : 100분, 섀시 : 80분, 전기 : 60분)

[시험 안 및 요구 사항 일부 내용이 변경될 수 있음]

1. 주어진 디젤 엔진에서 실린더 헤드와 분사노즐(1개)을 탈거한 후(감독위원에게 확인하고) 감독위원의 지시에 따라 기록표의 내용대로 기록·판정한 후 다시 조립하시오.
2. 주어진 전자제어 가솔린 엔진에서 감독위원의 지시에 따라 시동에 필요한 점화회로의 고장 부분 1개소를 점검 및 수리하여 시동하시오.
3. 주어진 자동차에서 엔진의 공회전 조절장치를 탈거(감독위원에게 확인)한 후 다시 조립하고 감독위원의 지시에 따라 진단기(스캐너)를 사용하여 엔진의 각종 센서(액추에이터) 점검 후 고장 부분을 기록하시오.
4. 주어진 자동차에서 기록표에 제시된 내용을 측정하고 기록·판정하시오.

1. 주어진 자동차에서 감독위원의 지시에 따라 앞 쇽업소버(shock absorber)의 스프링을 탈거(감독위원에게 확인)한 후 다시 조립하시오.
2. 주어진 자동차에서 감독위원의 지시에 따라 휠 얼라인먼트 시험기를 사용하여 캐스터각과 캠버각을 점검하여 기록·판정하시오.
3. 주어진 자동차(ABS 장착 차량)에서 감독위원의 지시에 따라 브레이크 패드(좌 또는 우측)를 탈거(감독위원에게 확인)하고 다시 조립하여 브레이크의 작동 상태를 확인하시오.
4. 주어진 자동차에서 감독위원의 지시에 따라 인히비터 스위치와 선택 레버 위치를 점검하고 기록·판정하시오.
5. 주어진 자동차에서 감독위원의 지시에 따라 제동력을 측정하여 기록·판정하시오.

1. 주어진 자동차에서 윈드 실드 와이퍼 모터를 탈거(감독위원에게 확인)한 후 다시 부착하여 와이퍼 브러시가 작동되는지 확인하시오.
2. 주어진 자동차에서 시동 모터의 크랭킹 부하시험을 하여 고장 부분을 점검한 후 기록·판정하시오.
3. 주어진 자동차에서 미등 및 번호등 회로의 고장 부분을 점검한 후 기록·판정하시오.
4. 주어진 자동차에서 좌 또는 우측의 전조등을 측정하고 기록·판정하시오.

# 국가기술자격 실기시험 결과기록표 1안

| 자격종목 | 자동차정비기능사 | 과제명 | 자동차정비작업 |
|---|---|---|---|

● 기록표는 문항별 구분 절단하여 배부하고, 각 문항별로 종료 시 회수한다.

### 엔진 1  분사노즐 분사압력 점검

| 엔진 번호 : | | | | 비번호 | | 감독위원 확인 | |
|---|---|---|---|---|---|---|---|

| 항목 | ① 측정(또는 점검) | | | ② 판정 및 정비(또는 조치) 사항 | | 득점 |
|---|---|---|---|---|---|---|
| | 측정값 | 규정(정비한계)값 | 후적 유무 판정 (□에 'V'표) | 판정(□에 'V'표) | 정비 및 조치 사항 | |
| 분사노즐 분사압력 | | | □ 유<br>□ 무 | □ 양호<br>□ 불량 | | |

※ 단위가 누락되거나 틀린 경우는 오답으로 채점합니다.

### 엔진 3  엔진 센서(액추에이터) 점검

| 자동차 번호 : | | | | 비번호 | | 감독위원 확인 | |
|---|---|---|---|---|---|---|---|

| 항목 | ① 측정(또는 점검) | | | ② 판정 및 정비(또는 조치) 사항 | | 득점 |
|---|---|---|---|---|---|---|
| | 고장 부위 | 측정값 | 규정값 | 고장 내용 | 정비 및 조치 사항 | |
| 센서 (액추에이터) 점검 | | | | | | |

※ 단위가 누락되거나 틀린 경우는 오답으로 채점합니다.　　※ 측정 조건은 감독위원이 제시합니다.

### 엔진 4  디젤 엔진 매연 점검

| 자동차 번호 : | | | | 비번호 | | 감독위원 확인 | |
|---|---|---|---|---|---|---|---|

| 항목 | ① 측정(또는 점검) | | | | ② 산출 근거 및 판정 | | | 득점 |
|---|---|---|---|---|---|---|---|---|
| | 차종 | 연식 | 기준값 | 측정값 | 측정 | 산출 근거(계산) 기록 | 판정(□에 'V'표) | |
| 매 연 | | | | | 1회 :<br>2회 :<br>3회 : | | □ 양호<br>□ 불량 | |

※ 감독위원이 제시한 자동차등록증(또는 차대번호)을 활용하여 차종 및 연식을 적용합니다.
※ 매연 농도를 산술 평균하여 소수점 이하는 버린 값으로 기입합니다.
※ 자동차검사기준 및 방법에 의하여 기록 · 판정합니다.　　※ 측정 및 판정은 무부하 조건으로 합니다.

## 섀시 2 — 캐스터각, 캠버각 점검

| 항목 | ① 측정(또는 점검) | | ② 판정 및 정비(또는 조치) 사항 | | 득점 |
|---|---|---|---|---|---|
| | 측정값 | 규정(정비한계)값 | 판정(□에 'V'표) | 정비 및 조치 사항 | |
| | 자동차 번호 : | | 비번호 | 감독위원 확 인 | |
| 캐스터각 | | | □ 양호 □ 불량 | | |
| 캠버각 | | | | | |

※ 감독위원이 지정하는 좌측 또는 우측 캐스터, 캠버각의 위치를 측정합니다.

## 섀시 4 — 자동변속기 점검

| 항목 | ① 측정(또는 점검) | | ② 판정 및 정비(또는 조치) 사항 | | 득점 |
|---|---|---|---|---|---|
| | 점검 위치 | 내용 및 상태 | 판정(□에 'V'표) | 정비 및 조치 사항 | |
| | 자동차 번호 : | | 비번호 | 감독위원 확 인 | |
| 변속 선택 레버 | | | □ 양호 □ 불량 | | |
| 인히비터 스위치 | | | | | |

## 섀시 5 — 제동력 점검

| 항목 | 구분 | 측정값(kgf) | 기준값 (□에 'V'표) | ② 산출 근거 및 판정 | | 득점 |
|---|---|---|---|---|---|---|
| | | | | 산출 근거 | 판정 (□에 'V'표) | |
| | 자동차 번호 : | | 비번호 | | 감독위원 확 인 | |
| 제동력 위치 (□에 'V'표) □ 앞 □ 뒤 | 좌 | | □ 앞 □ 뒤 축중의 | 편차 | □ 양호 □ 불량 | |
| | | | 편차 | | | |
| | 우 | | 합 | 합 | | |

※ 측정 위치는 감독위원이 지정하는 위치의 □에 'V' 표시합니다.
※ 자동차 검사 기준 및 방법에 의하여 기록·판정합니다.
※ 측정값의 단위는 시험장비 기준으로 기록합니다.
※ 산출 근거에는 단위를 기록하지 않아도 됩니다.

## 전기 2  크랭킹 시 전류 소모 점검

| 항목 | ① 측정(또는 점검) | | ② 판정 및 정비(또는 조치) 사항 | | 득점 |
|---|---|---|---|---|---|
| | 측정값 | 규정(정비한계)값 | 판정(□에 '∨'표) | 정비 및 조치 사항 | |
| 전류 소모 | | | □ 양호<br>□ 불량 | | |

자동차 번호 : ／ 비번호 ／ 감독위원 확인

※ 단위가 누락되거나 틀린 경우는 오답으로 채점합니다.

## 전기 3  미등 및 번호등 회로 점검

자동차 번호 : ／ 비번호 ／ 감독위원 확인

| 항목 | ① 측정(또는 점검) | | ② 판정 및 정비(또는 조치) 사항 | | 득점 |
|---|---|---|---|---|---|
| | 이상 부위 | 내용 및 상태 | 판정(□에 '∨'표) | 정비 및 조치 사항 | |
| 미등 및 번호등 회로 | | | □ 양호<br>□ 불량 | | |

## 전기 4  전조등 점검

자동차 번호 : ／ 비번호 ／ 감독위원 확인

| 구 분 | ① 측정(또는 점검) | | | ② 판정<br>(□에 '∨'표) | 득점 |
|---|---|---|---|---|---|
| | 측정 항목 | 측정값 | 기준값 | | |
| (□에 '∨'표)<br>위치 :<br>□ 좌<br>□ 우<br>등식 :<br>□ 2등식<br>□ 4등식 | 광도 | | _____ 이상 | □ 양호<br>□ 불량 | |

※ 측정 위치는 감독위원이 지정하는 위치의 □에 '∨' 표시합니다.
※ 자동차 검사 기준 및 방법에 의하여 기록 · 판정합니다.

# 국가기술자격 실기시험문제 2안

| 자격종목 | 자동차정비기능사 | 과제명 | 자동차정비작업 |
|---|---|---|---|

비번호 :　　　　　　　　　　시험시간 : 4시간(엔진 : 100분, 섀시 : 80분, 전기 : 60분)

[시험 안 및 요구 사항 일부 내용이 변경될 수 있음]

❶ 주어진 가솔린 엔진에서 실린더 헤드와 밸브 스프링(1개)을 탈거(감독위원에게 확인)하고 감독위원의 지시에 따라 기록표의 내용대로 기록·판정한 후 다시 조립하시오.

❷ 주어진 전자제어 가솔린 엔진에서 감독위원의 지시에 따라 시동에 필요한 연료장치 회로의 고장 부분 1개소를 점검 및 수리하여 시동하시오.

❸ 주어진 자동차에서 엔진의 인젝터 1개를 탈거(감독위원에게 확인)한 후 다시 조립하고 감독위원의 지시에 따라 진단기(스캐너)를 사용하여 엔진의 각종 센서(액추에이터) 점검 후 고장 부분을 기록하시오.

❹ 주어진 자동차에서 기록표에 제시된 내용을 측정하고 기록·판정하시오.

❶ 주어진 자동차에서 감독위원의 지시에 따라 (좌 또는 우측) 앞 허브 및 너클을 탈거(감독위원에게 확인)한 후 다시 조립하시오.

❷ 주어진 자동차에서 감독위원의 지시에 따라 휠 얼라인먼트 시험기를 사용하여 캐스터각과 캠버각을 점검하여 기록·판정하시오.

❸ 주어진 자동차에서 감독위원의 지시에 따라 (좌 또는 우측) 브레이크 라이닝(슈)을 탈거(감독위원에게 확인)하고 다시 조립하여 브레이크의 작동 상태를 확인하시오.

❹ 주어진 자동차에서 감독위원의 지시에 따라 진단기(스캐너)로 자동변속기를 점검하고 기록·판정하시오.

❺ 주어진 자동차에서 감독위원의 지시에 따라 좌 또는 우회전 시 최소 회전 반지름을 측정하여 기록·판정하시오.

❶ 주어진 자동차에서 발전기를 탈거(감독위원에게 확인)한 후 다시 부착하여 벨트 장력이 규정값에 맞는지 확인하시오.

❷ 주어진 자동차에서 점화코일 1, 2차 저항을 측정하고 코일의 고장 유무를 확인하여 기록·판정하시오.

❸ 주어진 자동차에서 전조등 회로의 고장 부분을 점검한 후 기록·판정하시오.

❹ 주어진 자동차에서 경음기음을 측정하여 기록·판정하시오.

# 국가기술자격 실기시험 결과기록표 2안

| 자격종목 | 자동차정비기능사 | 과제명 | 자동차정비작업 |
|---|---|---|---|

● 기록표는 문항별 구분 절단하여 배부하고, 각 문항별로 종료 시 회수한다.

### 엔진 1  밸브 스프링 장력 점검

| 엔진 번호 : | | | 비번호 | | 감독위원 확 인 | |
|---|---|---|---|---|---|---|
| 항목 | ① 측정(또는 점검) | | ② 판정 및 정비(또는 조치) 사항 | | | 득점 |
| | 측정값 | 규정(정비한계)값 | 판정(□에 'V'표) | 정비 및 조치 사항 | | |
| 밸브 스프링 장력 | | | □ 양호<br>□ 불량 | | | |

※ 단위가 누락되거나 틀린 경우는 오답으로 채점합니다.

### 엔진 3  엔진 센서(액추에이터) 점검

| 자동차 번호 : | | | 비번호 | | 감독위원 확 인 | |
|---|---|---|---|---|---|---|
| 항목 | ① 측정(또는 점검) | | | ② 판정 및 정비(또는 조치) 사항 | | 득점 |
| | 고장 부위 | 측정값 | 규정값 | 고장 내용 | 정비 및 조치 사항 | |
| 센서 (액추에이터) 점검 | | | | | | |

### 엔진 4  배기가스 점검

| 자동차 번호 : | | | 비번호 | | 감독위원 확 인 | |
|---|---|---|---|---|---|---|
| 측정 항목 | ① 측정(또는 점검) | | ② 판정 (□에 'V'표) | | | 득점 |
| | 측정값 | 기준값 | | | | |
| CO | | | □ 양호<br>□ 불량 | | | |
| HC | | | | | | |

※ 감독위원이 제시한 자동차등록증(또는 차대번호)을 활용하여 차종 및 연식을 적용합니다.
※ 자동차 검사 기준 및 방법에 의하여 기록·판정합니다.　　※ CO 측정값은 소수 둘째 자리 이하는 버림하여 기입합니다.
※ HC 측정값은 소수 첫째 자리 이하는 버림하여 기입합니다.

## 섀시 2  캐스터각, 캠버각 점검

| 자동차 번호 : | | | 비번호 | | 감독위원 확 인 | |
|---|---|---|---|---|---|---|
| 항 목 | ① 측정(또는 점검) | | ② 판정 및 정비(또는 조치) 사항 | | | 득점 |
| | 측정값 | 규정(정비한계)값 | 판정(□에 'V'표) | 정비 및 조치 사항 | | |
| 캐스터각 | | | □ 양호<br>□ 불량 | | | |
| 캠버각 | | | | | | |

※ 단위가 누락되거나 틀린 경우는 오답으로 채점합니다.


## 섀시 4  자동변속기 자기진단

| 자동차 번호 : | | | 비번호 | | 감독위원 확 인 | |
|---|---|---|---|---|---|---|
| 항 목 | ① 측정(또는 점검) | | ② 판정 및 정비(또는 조치) 사항 | | | 득점 |
| | 이상 부위 | 내용 및 상태 | 판정<br>(□에 'V'표) | 정비 및 조치 사항 | | |
| 변속기<br>자기진단 | | | □ 양호<br>□ 불량 | | | |


## 섀시 5  최소 회전 반지름

| 항 목 | ① 측정(또는 점검) | | | | ② 산출 근거 및 판정 | | 득점 |
|---|---|---|---|---|---|---|---|
| | 최대조향각도 | | 기준값<br>(최소회전반지름) | 측정값<br>(최소회전반지름) | 산출 근거 | 판정<br>(□에 'V'표) | |
| | 좌측 바퀴 | 우측 바퀴 | | | | | |
| 회전 방향<br>(□에 'V'표)<br>□ 좌<br>□ 우 | | | | | | □ 양호<br>□ 불량 | |

자동차 번호 :     비번호      감독위원 확인

※ 회전방향은 감독위원이 지정하는 위치의 □에 'V' 표시합니다.
※ 축거 및 바퀴의 접지면 중심과 킹핀과의 거리(r)는 감독위원이 제시합니다.
※ 자동차 검사 기준 및 방법에 의하여 기록·판정합니다.
※ 산출 근거에는 단위를 표시하지 않아도 됩니다.

### 전기 2  점화코일 저항 점검

| 자동차 번호 : | | | 비번호 | | 감독위원 확 인 | |
|---|---|---|---|---|---|---|
| 항목 | ① 측정(또는 점검) | | ② 판정 및 정비(또는 조치) 사항 | | | 득점 |
| | 측정값 | 규정(정비한계)값 | 판정(□에 'V'표) | 정비 및 조치 사항 | | |
| 1차 저항 | | | □ 양호  □ 불량 | | | |
| 2차 저항 | | | □ 양호  □ 불량 | | | |

※ 단위가 누락되거나 틀린 경우는 오답으로 채점합니다.

### 전기 3  전조등 회로 점검

| 자동차 번호 : | | | 비번호 | | 감독위원 확 인 | |
|---|---|---|---|---|---|---|
| 항목 | ① 측정(또는 점검) | | ② 판정 및 정비(또는 조치) 사항 | | | 득점 |
| | 이상 부위 | 내용 및 상태 | 판정(□에 'V'표) | 정비 및 조치 사항 | | |
| 전조등 회로 | | | □ 양호<br>□ 불량 | | | |

### 전기 4  경음기 음량 점검

| 자동차 번호 : | | 비번호 | | 감독위원 확 인 | |
|---|---|---|---|---|---|
| 항목 | ① 측정(또는 점검) | | ② 판정 (□에 'V'표) | | 득점 |
| | 측정값 | 기준값 | | | |
| 경음기 음량 | | _____ 이상<br>_____ 이하 | □ 양호<br>□ 불량 | | |

※ 감독위원이 제시한 자동차등록증(또는 차대번호)을 활용하여 차종 및 연식을 적용합니다.
※ 자동차 검사 기준 및 방법에 의하여 기록·판정합니다.
※ 암소음은 무시합니다.

# 국가기술자격 실기시험문제 3안

| 자격종목 | 자동차정비기능사 | 과제명 | 자동차정비작업 |
|---|---|---|---|

비번호 :         시험시간 : 4시간(엔진 : 100분, 섀시 : 80분, 전기 : 60분)

[시험 안 및 요구 사항 일부 내용이 변경될 수 있음]

❶ 주어진 디젤 엔진에서 워터펌프와 라디에이터 압력식 캡을 탈거(감독위원에게 확인)하고 감독위원의 지시에 따라 기록표의 내용대로 기록·판정한 후 다시 조립하시오.

❷ 주어진 전자제어 가솔린 엔진에서 감독위원의 지시에 따라 시동에 필요한 크랭킹 회로의 고장 부분 1개소를 점검 및 수리하여 시동하시오.

❸ 주어진 자동차에서 흡입공기 유량 센서를 탈거(감독위원에게 확인)한 후 다시 조립하고 감독위원의 지시에 따라 진단기(스캐너)를 사용하여 엔진의 각종 센서(액추에이터) 점검 후 고장 부분을 기록하시오.

❹ 주어진 자동차에서 기록표에 제시된 내용을 측정하고 기록·판정하시오.

❶ 주어진 자동차에서 감독위원의 지시에 따라 림(휠)에서 타이어 1개를 탈거(감독위원에게 확인)한 후 다시 조립하시오.

❷ 주어진 수동변속기에서 감독위원의 지시에 따라 입력축 엔드 플레이를 점검하여 기록·판정하시오.

❸ 주어진 자동차에서 감독위원의 지시에 클러치 릴리스 실린더를 탈거(감독위원에게 확인)하고 다시 조립하여 공기빼기 작업 후 클러치의 작동 상태를 확인하시오.

❹ 주어진 자동차에서 감독위원의 지시에 따라 진단기(스캐너)로 전자제어 현가장치(ECS)를 점검하고 기록·판정하시오.

❺ 주어진 자동차에서 감독위원의 지시에 따라 제동력을 측정하여 기록·판정하시오.

❶ DOHC 엔진의 자동차에서 점화플러그 및 고압 케이블을 탈거(감독위원에게 확인)한 후 다시 부착하여 시동이 되는지 확인하시오.

❷ 주어진 자동차의 발전기에서 감독위원의 지시에 따라 충전되는 전류와 전압을 점검하여 확인사항을 기록·판정하시오.

❸ 주어진 자동차에서 와이퍼 회로의 고장 부분을 점검한 후 기록·판정하시오.

❹ 주어진 자동차에서 좌 또는 우측의 전조등 광도를 측정하고 기록·판정하시오.

## 국가기술자격 실기시험 결과기록표 3안

| 자격종목 | 자동차정비기능사 | 과제명 | 자동차정비작업 |
|---|---|---|---|

● 기록표는 문항별 구분 절단하여 배부하고, 각 문항별로 종료 시 회수한다.

### 엔진 1  라디에이터 압력식 캡 점검

| 엔진 번호 : | | | 비번호 | | 감독위원 확 인 | |
|---|---|---|---|---|---|---|
| 항 목 | ① 측정(또는 점검) | | ② 판정 및 정비(또는 조치) 사항 | | | 득점 |
| | 측정값 | 규정(정비한계)값 | 판정(□에 'V'표) | 정비 및 조치 사항 | | |
| 압력식 캡 작동압력 | | | □ 양호<br>□ 불량 | | | |

※ 단위가 누락되거나 틀린 경우는 오답으로 채점합니다.

### 엔진 3  엔진 센서(액추에이터) 점검

| 자동차 번호 : | | | | 비번호 | | 감독위원 확 인 | |
|---|---|---|---|---|---|---|---|
| 항 목 | ① 측정(또는 점검) | | | ② 판정 및 정비(또는 조치) 사항 | | | 득점 |
| | 고장 부위 | 측정값 | 규정값 | 고장 내용 | 정비 및 조치 사항 | | |
| 센서 (액추에이터) 점검 | | | | | | | |

※ 단위가 누락되거나 틀린 경우는 오답으로 채점합니다.    ※ 측정 조건은 감독위원이 제시합니다.

### 엔진 4  디젤 엔진 매연 점검

| 자동차 번호 : | | | | | 비번호 | | 감독위원 확 인 | |
|---|---|---|---|---|---|---|---|---|
| 항 목 | ① 측정(또는 점검) | | | | ② 산출 근거 및 판정 | | | 득점 |
| | 차종 | 연식 | 기준값 | 측정값 | 측정 | 산출 근거(계산) 기록 | 판정(□에 'V'표) | |
| 매 연 | | | | | 1회 :<br>2회 :<br>3회 : | | □ 양호<br>□ 불량 | |

※ 감독위원이 제시한 자동차등록증(또는 차대번호)을 활용하여 차종 및 연식을 적용합니다.
※ 매연 농도를 산술 평균하여 소수점 이하는 버린 값으로 기입합니다.
※ 자동차검사기준 및 방법에 의하여 기록 · 판정합니다.    ※ 측정 및 판정은 무부하 조건으로 합니다.

### 섀시 2  입력축 엔드 플레이 점검

| 자동차 번호 : | | | 비번호 | | 감독위원 확 인 | |
|---|---|---|---|---|---|---|
| 항 목 | ① 측정(또는 점검) | | ② 판정 및 정비(또는 조치) 사항 | | | 득점 |
| | 측정값 | 규정(정비한계)값 | 판정(□에 'V'표) | 정비 및 조치 사항 | | |
| 엔드 플레이 | | | □ 양호<br>□ 불량 | | | |

### 섀시 4  전자제어 현가장치 점검

| 자동차 번호 : | | | 비번호 | | 감독위원 확 인 | |
|---|---|---|---|---|---|---|
| 항 목 | ① 측정(또는 점검) | | ② 판정 및 정비(또는 조치) 사항 | | | 득점 |
| | 이상 부위 | 내용 및 상태 | 판정(□에 'V'표) | 정비 및 조치 사항 | | |
| 전자제어<br>현가장치<br>자기진단 | | | □ 양호<br>□ 불량 | | | |

### 섀시 5  제동력 점검

| 자동차 번호 : | | | | 비번호 | | 감독위원 확 인 | |
|---|---|---|---|---|---|---|---|
| ① 측정(또는 점검) | | | | ② 산출 근거 및 판정 | | | 득점 |
| 항 목 | 구분 | 측정값(kgf) | 기준값<br>(□에 'V'표) | 산출 근거 | | 판정<br>(□에 'V'표) | |
| 제동력 위치<br>(□에 'V'표)<br>□ 앞<br>□ 뒤 | 좌 | | □ 앞 축중의<br>□ 뒤 | 편차 | | □ 양호<br>□ 불량 | |
| | | | 편차 | | | | |
| | 우 | | 합 | 합 | | | |

※ 측정 위치는 감독위원이 지정하는 위치의 □에 'V' 표시합니다.
※ 자동차 검사 기준 및 방법에 의하여 기록·판정합니다.
※ 측정값의 단위는 시험장비 기준으로 기록합니다.
※ 산출 근거에는 단위를 기록하지 않아도 됩니다.

## 전기 2 발전기 점검

| 자동차 번호 : | | | 비번호 | | 감독위원 확 인 | |
|---|---|---|---|---|---|---|
| 항목 | ① 측정(또는 점검) | | ② 판정 및 정비(또는 조치) 사항 | | | 득점 |
| | 측정값 | 규정(정비한계)값 | 판정(□에 'V'표) | 정비 및 조치 사항 | | |
| 충전 전류 | | | □ 양호 □ 불량 | | | |
| 충전 전압 | | | | | | |

※ 단위가 누락되거나 틀린 경우는 오답으로 채점합니다.

## 전기 3 와이퍼 회로 점검

| 자동차 번호 : | | | 비번호 | | 감독위원 확 인 | |
|---|---|---|---|---|---|---|
| 항목 | ① 측정(또는 점검) | | ② 판정 및 정비(또는 조치) 사항 | | | 득점 |
| | 이상 부위 | 내용 및 상태 | 판정(□에 'V'표) | 정비 및 조치 사항 | | |
| 와이퍼 회로 | | | □ 양호 □ 불량 | | | |

## 전기 4 전조등 점검

| 자동차 번호 : | | | 비번호 | | 감독위원 확 인 | |
|---|---|---|---|---|---|---|
| ① 측정(또는 점검) | | | | | ② 판정 (□에 'V'표) | 득점 |
| 구 분 | 측정 항목 | 측정값 | 기준값 | | | |
| (□에 'V'표) 위치 : □ 좌 □ 우 등식 : □ 2등식 □ 4등식 | 광도 | | _____ 이상 | | □ 양호 □ 불량 | |

※ 측정 위치는 감독위원이 지정하는 위치의 □에 'V' 표시합니다.
※ 자동차 검사 기준 및 방법에 의하여 기록·판정합니다.

# 국가기술자격 실기시험문제 4안

| 자격종목 | 자동차정비기능사 | 과제명 | 자동차정비작업 |
|---|---|---|---|

비번호 :　　　　　　　　　시험시간 : 4시간(엔진 : 100분, 섀시 : 80분, 전기 : 60분)

[시험 안 및 요구 사항 일부 내용이 변경될 수 있음]

## 1 엔진

1. 주어진 DOHC 가솔린 엔진에서 캠축과 타이밍 벨트를 탈거(감독위원에게 확인)하고 감독위원의 지시에 따라 기록표의 내용대로 기록·판정한 후 다시 조립하시오.
2. 주어진 전자제어 가솔린 엔진에서 감독위원의 지시에 따라 시동에 필요한 점화회로의 이상 개소를 점검 및 수리하여 시동하시오.
3. 주어진 자동차에서 CRDI 엔진의 연료 압력 조절밸브를 탈거(감독위원에게 확인)한 후 다시 조립하고 감독위원의 지시에 따라 진단기(스캐너)를 사용하여 엔진의 각종 센서(액추에이터) 점검 후 고장 부분을 기록하시오.
4. 주어진 자동차에서 기록표에 제시된 내용을 측정하고 기록·판정하시오.

## 2 섀시

1. 주어진 자동차에서 감독위원의 지시에 따라 (좌 또는 우측) 로어 암(lower control arm)을 탈거(감독위원에게 확인)한 후 다시 조립하시오.
2. 주어진 자동차에서 감독위원의 지시에 따라 휠 유격을 점검하여 기록·판정하시오.
3. 주어진 자동차에서 감독위원의 지시에 따라 제동장치의 (좌측 또는 우측) 브레이크 캘리퍼를 탈거(감독위원에게 확인)하고 다시 조립하여 공기빼기 작업 후 브레이크의 작동 상태를 확인하시오.
4. 주어진 자동차에서 감독위원의 지시에 따라 진단기(스캐너)로 전자제어 제동장치(ABS)를 점검하고 기록·판정하시오.
5. 주어진 자동차에서 감독위원의 지시에 따라 좌 또는 우회전 시 최소 회전 반지름을 측정하여 기록·판정하시오.

## 3 전기

1. 주어진 자동차에서 기동모터를 탈거(감독위원에게 확인)한 후 다시 부착하고 크랭킹하여 기동모터가 작동되는지 확인하시오.
2. 주어진 자동차에서 감독위원의 지시에 따라 메인 컨트롤 릴레이의 고장 부분을 점검한 후 기록표에 기록·판정하시오.
3. 주어진 자동차에서 방향지시등 회로에 고장 부분을 점검한 후 기록표에 기록·판정하시오.
4. 주어진 자동차에서 경음기음을 측정하여 기록표에 기록·판정하시오.

## 국가기술자격 실기시험 결과기록표 4안

| 자격종목 | 자동차정비기능사 | 과제명 | 자동차정비작업 |

● 기록표는 문항별 구분 절단하여 배부하고, 각 문항별로 종료 시 회수한다.

### 엔진 1  캠 높이 점검

| 엔진 번호 : | | 비번호 | | 감독위원 확 인 | |
|---|---|---|---|---|---|
| 항목 | ① 측정(또는 점검) | | ② 판정 및 정비(또는 조치) 사항 | | 득점 |
| | 측정값 | 규정(정비한계)값 | 판정(□에 'V'표) | 정비 및 조치 사항 | |
| 캠 높이 | | | □ 양호<br>□ 불량 | | |

※ 단위가 누락되거나 틀린 경우는 오답으로 채점합니다.

### 엔진 3  엔진 센서(액추에이터) 점검

| 자동차 번호 : | | | 비번호 | | 감독위원 확 인 | |
|---|---|---|---|---|---|---|
| 항목 | ① 측정(또는 점검) | | | ② 판정 및 정비(또는 조치) 사항 | | 득점 |
| | 고장 부위 | 측정값 | 규정값 | 고장 내용 | 정비 및 조치 사항 | |
| 센서<br>(액추에이터)<br>점검 | | | | | | |

※ 단위가 누락되거나 틀린 경우는 오답으로 채점합니다.   ※ 측정 조건은 감독위원이 제시합니다.

### 엔진 4  배기가스 점검

| 자동차 번호 : | | | 비번호 | 감독위원 확 인 | |
|---|---|---|---|---|---|
| 측정 항목 | ① 측정(또는 점검) | | ② 판정<br>(□에 'V'표) | | 득점 |
| | 측정값 | 기준값 | | | |
| CO | | | □ 양호<br>□ 불량 | | |
| HC | | | | | |

※ 감독위원이 제시한 자동차등록증(또는 차대번호)을 활용하여 차종 및 연식을 적용합니다.
※ 자동차 검사 기준 및 방법에 의하여 기록 · 판정합니다.   ※ CO 측정값은 소수 둘째 자리 이하는 버림하여 기입합니다.
※ HC 측정값은 소수 첫째 자리 이하는 버림하여 기입합니다.

### 섀시 2    조향 휠 유격 점검

| 자동차 번호 : | | | 비번호 | | 감독위원 확 인 | |
|---|---|---|---|---|---|---|
| 항 목 | ① 측정(또는 점검) | | ② 판정 | | | 득점 |
| | 측정값 | 기준값 | 산출 근거(계산) 기록 | 판정(□에 'V'표) | | |
| 조향 휠 유격 | | | | □ 양호<br>□ 불량 | | |

※ 단위가 누락되거나 틀린 경우는 오답으로 채점합니다.


### 섀시 4    전자제어 제동장치(ABS) 점검

| 자동차 번호 : | | | 비번호 | | 감독위원 확 인 | |
|---|---|---|---|---|---|---|
| 항 목 | ① 측정(또는 점검) | | ② 판정 및 정비(또는 조치) 사항 | | | 득점 |
| | 이상 부위 | 내용 및 상태 | 판정(□에 'V'표) | 정비 및 조치 사항 | | |
| ABS 자기진단 | | | □ 양호<br>□ 불량 | | | |


### 섀시 5    최소 회전 반지름

| 항 목 | ① 측정(또는 점검) | | | | ② 산출 근거 및 판정 | | 득점 |
|---|---|---|---|---|---|---|---|
| | 최대조향각도 | | 기준값<br>(최소회전반지름) | 측정값<br>(최소회전반지름) | 산출 근거 | 판정<br>(□에 'V'표) | |
| | 좌측 바퀴 | 우측 바퀴 | | | | | |
| 회전 방향<br>(□에 'V'표)<br>□ 좌<br>□ 우 | | | | | | □ 양호<br>□ 불량 | |

자동차 번호 :    비번호    감독위원 확 인

※ 회전방향은 감독위원이 지정하는 위치의 □에 'V' 표시합니다.
※ 축거 및 바퀴의 접지면 중심과 킹핀과의 거리(r)는 감독위원이 제시합니다.
※ 자동차 검사 기준 및 방법에 의하여 기록·판정합니다.
※ 산출 근거에는 단위를 표시하지 않아도 됩니다.

## 전기 2 - 메인 컨트롤 릴레이 점검

| 자동차 번호 : | | 비번호 | | 감독위원 확 인 | |
|---|---|---|---|---|---|
| 항 목 | ① 측정(또는 점검) | ② 판정 및 정비(또는 조치) 사항 | | | 득점 |
| | | 판정(□에 'V'표) | 정비 및 조치 사항 | | |
| 코일이 여자되었을 때 | □ 양호  □ 불량 | □ 양호 □ 불량 | | | |
| 코일이 여자 안 되었을 때 | □ 양호  □ 불량 | | | | |

## 전기 3 - 방향지시등 회로 점검

| 자동차 번호 : | | | 비번호 | | 감독위원 확 인 | |
|---|---|---|---|---|---|---|
| 항 목 | ① 측정(또는 점검) | | ② 판정 및 정비(또는 조치) 사항 | | | 득점 |
| | 이상 부위 | 내용 및 상태 | 판정(□에 'V'표) | 정비 및 조치 사항 | | |
| 방향지시등 회로 | | | □ 양호 □ 불량 | | | |

## 전기 4 - 경음기 음량 점검

| 자동차 번호 : | | 비번호 | | 감독위원 확 인 | |
|---|---|---|---|---|---|
| 항 목 | ① 측정(또는 점검) | | ② 판정 (□에 'V'표) | | 득점 |
| | 측정값 | 기준값 | | | |
| 경음기 음량 | | _____ 이상 _____ 이하 | □ 양호 □ 불량 | | |

※ 감독위원이 제시한 자동차등록증(또는 차대번호)을 활용하여 차종 및 연식을 적용합니다.
※ 자동차 검사 기준 및 방법에 의하여 기록·판정합니다.
※ 암소음은 무시합니다.

# 국가기술자격 실기시험문제 5안

| 자격종목 | 자동차정비기능사 | 과제명 | 자동차정비작업 |

비번호 :　　　　　　　　　　　　시험시간 : 4시간(엔진 : 100분, 섀시 : 80분, 전기 : 60분)

[시험 안 및 요구 사항 일부 내용이 변경될 수 있음]

① 주어진 디젤 엔진에서 크랭크축을 탈거(감독위원에게 확인)하고 감독위원의 지시에 따라 기록표의 내용대로 기록 · 판정한 후 다시 조립하시오.
② 주어진 전자제어 가솔린 엔진에서 감독위원의 지시에 따라 시동에 필요한 연료장치 회로의 고장 부분 1개소를 점검 및 수리하여 시동하시오.
③ 주어진 자동차에서 전자제어 디젤(CRDI) 엔진의 예열플러그(예열장치) 1개를 탈거(감독위원에게 확인)한 후 다시 조립하고 감독위원의 지시에 따라 진단기(스캐너)를 사용하여 엔진의 각종 센서(액추에이터)를 점검 후 고장 부분을 기록하시오.
④ 주어진 자동차에서 기록표에 제시된 내용을 측정하고 기록 · 판정하시오.

① 주어진 자동차에서 감독위원의 지시에 따라 (좌 또는 우측) 앞 등속 축(drive shaft)을 탈거(감독위원에게 확인)한 후 다시 조립하시오.
② 주어진 자동차에서 감독위원의 지시에 따라 1개의 휠을 탈거하여 휠 밸런스 상태를 점검하여 기록 · 판정하시오.
③ 주어진 자동차에서 감독위원의 지시에 따라 타이로드 엔드를 탈거(감독위원에게 확인)하고 다시 조립하여 조향 휠의 직진 상태를 확인하시오.
④ 주어진 자동차에서 감독위원의 지시에 따라 진단기(스캐너)로 자동변속기를 점검하고 기록 · 판정하시오.
⑤ 주어진 자동차에서 감독위원의 지시에 따라 제동력을 측정하여 기록 · 판정하시오.

① 주어진 자동차의 에어컨 시스템의 에어컨 냉매(R-134a)를 회수(감독위원에게 확인) 후 재충전하여 에어컨이 정상 작동되는지 확인하시오.
② 주어진 자동차에서 ISC 밸브 듀티값을 측정하여 ISC 밸브의 이상 유무를 확인하고 기록표에 기록 · 판정하시오.
③ 주어진 자동차에서 경음기(horn) 회로의 고장 부분을 점검한 후 기록표에 기록 · 판정하시오.
④ 주어진 자동차에서 좌 또는 우측의 전조등을 측정하고 기록표에 기록 · 판정하시오.

# 국가기술자격 실기시험 결과기록표 5안

| 자격종목 | 자동차정비기능사 | 과제명 | 자동차정비작업 |
|---|---|---|---|

● 기록표는 문항별 구분 절단하여 배부하고, 각 문항별로 종료 시 회수한다.

### 엔진 1 크랭크축 휨 점검

| 엔진 번호 : | | | 비번호 | | 감독위원 확 인 | |
|---|---|---|---|---|---|---|
| 항 목 | ① 측정(또는 점검) | | ② 판정 및 정비(또는 조치) 사항 | | | 득점 |
| | 측정값 | 규정(정비한계)값 | 판정(□에 'ˇ'표) | 정비 및 조치 사항 | | |
| 크랭크축 휨 | | | □ 양호<br>□ 불량 | | | |

※ 단위가 누락되거나 틀린 경우는 오답으로 채점합니다.

### 엔진 3 엔진 센서(액추에이터) 점검

| 자동차 번호 : | | | 비번호 | | 감독위원 확 인 | |
|---|---|---|---|---|---|---|
| 항 목 | ① 측정(또는 점검) | | | ② 판정 및 정비(또는 조치) 사항 | | 득점 |
| | 고장 부위 | 측정값 | 규정값 | 고장 내용 | 정비 및 조치 사항 | |
| 센서<br>(액추에이터)<br>점검 | | | | | | |

※ 단위가 누락되거나 틀린 경우는 오답으로 채점합니다.   ※ 측정 조건은 감독위원이 제시합니다.

### 엔진 4 디젤 엔진 매연 점검

| 자동차 번호 : | | | | | 비번호 | | 감독위원 확 인 | |
|---|---|---|---|---|---|---|---|---|
| 항 목 | ① 측정(또는 점검) | | | | ② 산출 근거 및 판정 | | | 득점 |
| | 차종 | 연식 | 기준값 | 측정값 | 측정 | 산출 근거(계산) 기록 | 판정(□에 'ˇ'표) | |
| 매 연 | | | | | 1회 :<br>2회 :<br>3회 : | | □ 양호<br>□ 불량 | |

※ 감독위원이 제시한 자동차등록증(또는 차대번호)을 활용하여 차종 및 연식을 적용합니다.
※ 매연 농도를 산술 평균하여 소수점 이하는 버린 값으로 기입합니다.
※ 자동차검사기준 및 방법에 의하여 기록·판정합니다.   ※ 측정 및 판정은 무부하 조건으로 합니다.

## 섀시 2 - 타이어 휠 밸런스 점검

| 자동차 번호 : | | | 비번호 | | 감독위원 확 인 | |
|---|---|---|---|---|---|---|
| 항목 | ① 측정(또는 점검) | | ② 판정 및 정비(또는 조치) 사항 | | | 득점 |
| | 측정값 | 규정(정비한계)값 | 판정(□에 'V'표) | 정비 및 조치 사항 | | |
| 타이어 밸런스 | IN :<br>OUT : | IN :<br>OUT : | □ 양호<br>□ 불량 | | | |

※ 단위가 누락되거나 틀린 경우는 오답으로 채점합니다.

## 섀시 4 - 자동변속기 자기진단

| 자동차 번호 : | | | 비번호 | | 감독위원 확 인 | |
|---|---|---|---|---|---|---|
| 항목 | ① 측정(또는 점검) | | ② 판정 및 정비(또는 조치) 사항 | | | 득점 |
| | 이상 부위 | 내용 및 상태 | 판정<br>(□에 'V'표) | 정비 및 조치 사항 | | |
| 변속기 자기진단 | | | □ 양호<br>□ 불량 | | | |

## 섀시 5 - 제동력 점검

| 자동차 번호 : | | | | | 비번호 | | 감독위원 확 인 | | |
|---|---|---|---|---|---|---|---|---|---|
| ① 측정(또는 점검) | | | | | ② 산출 근거 및 판정 | | | | 득점 |
| 항목 | 구분 | 측정값(kgf) | 기준값<br>(□에 'V'표) | | 산출 근거 | | 판정<br>(□에 'V'표) | | |
| 제동력 위치<br>(□에 'V'표)<br>□ 앞<br>□ 뒤 | 좌 | | □ 앞<br>□ 뒤 | 축중의 | 편차 | | □ 양호<br>□ 불량 | | |
| | 우 | | 편차 | | 합 | | | | |
| | | | 합 | | | | | | |

※ 측정 위치는 감독위원이 지정하는 위치의 □에 'V' 표시합니다.
※ 자동차 검사 기준 및 방법에 의하여 기록·판정합니다.
※ 측정값의 단위는 시험장비 기준으로 기록합니다.
※ 산출 근거에는 단위를 기록하지 않아도 됩니다.

### 전기 2  스텝 모터(공회전 속도 조절 서보) 듀티 점검

| 항목 | 자동차 번호 : | | 비번호 | | 감독위원 확인 | |
|---|---|---|---|---|---|---|
| | ① 측정(또는 점검) | | ② 판정 및 정비(또는 조치) 사항 | | | 득점 |
| | 측정값 | 규정(정비한계)값 | 판정(□에 'V'표) | 정비 및 조치 사항 | | |
| 밸브 듀티 (열림 코일) | | | □ 양호<br>□ 불량 | | | |

※ 단위가 누락되거나 틀린 경우는 오답으로 채점합니다.

### 전기 3  경음기 회로 점검

| 항목 | 자동차 번호 : | | 비번호 | | 감독위원 확인 | |
|---|---|---|---|---|---|---|
| | ① 측정(또는 점검) | | ② 판정 및 정비(또는 조치) 사항 | | | 득점 |
| | 이상 부위 | 내용 및 상태 | 판정(□에 'V'표) | 정비 및 조치 사항 | | |
| 경음기(혼) 회로 | | | □ 양호<br>□ 불량 | | | |

### 전기 4  전조등 점검

| | 자동차 번호 : | | 비번호 | | 감독위원 확인 | |
|---|---|---|---|---|---|---|
| | ① 측정(또는 점검) | | | | ② 판정 (□에 'V'표) | 득점 |
| 구 분 | 측정 항목 | 측정값 | 기준값 | | | |
| (□에 'V'표)<br>위치 :<br>□ 좌<br>□ 우<br>등식 :<br>□ 2등식<br>□ 4등식 | 광도 | | _____ 이상 | | □ 양호<br>□ 불량 | |

※ 측정 위치는 감독위원이 지정하는 위치의 □에 'V' 표시합니다.
※ 자동차 검사 기준 및 방법에 의하여 기록·판정합니다.

# 국가기술자격 실기시험문제 6안

| 자격종목 | 자동차정비기능사 | 과제명 | 자동차정비작업 |
|---|---|---|---|

비번호 :  시험시간 : 4시간(엔진 : 100분, 섀시 : 80분, 전기 : 60분)

[시험 안 및 요구 사항 일부 내용이 변경될 수 있음]

❶ 주어진 가솔린 엔진에서 크랭크축을 탈거(감독위원에게 확인)하고 감독위원의 지시에 따라 기록표의 내용대로 기록 · 판정한 후 다시 조립하시오.

❷ 주어진 전자제어 가솔린 엔진에서 감독위원의 지시에 따라 시동에 필요한 크랭킹 회로의 고장 부분 1개소를 점검 및 수리하여 시동하시오.

❸ 주어진 자동차에서 엔진의 스로틀 보디를 탈거(감독위원에게 확인)한 후 다시 조립하고 감독위원의 지시에 따라 진단기(스캐너)를 사용하여 엔진의 각종 센서(액추에이터)를 점검 후 고장 부분을 기록하시오.

❹ 주어진 자동차에서 기록표에 제시된 내용을 측정하고 기록 · 판정하시오.

❶ 주어진 자동차에서 감독위원의 지시에 따라 앞 또는 뒤 범퍼를 탈거(감독위원에게 확인)한 후 다시 조립하시오.

❷ 주어진 자동차에서 감독위원의 지시에 따라 주차 브레이크 레버의 클릭 수(노치)를 점검하여 기록 · 판정하시오.

❸ 주어진 자동차에서 감독위원의 지시에 따라 파워스티어링의 오일 펌프를 탈거(감독위원에게 확인)하고 다시 조립하여 오일 양 점검 및 공기빼기 작업 후 스티어링의 작동상태를 확인하시오.

❹ 주어진 자동차에서 감독위원의 지시에 따라 진단기(스캐너)로 자동변속기를 점검하고 기록 · 판정하시오.

❺ 주어진 자동차에서 감독위원의 지시에 따라 좌 또는 우회전 시 최소 회전 반지름을 측정하여 기록 · 판정하시오.

❶ 자동차에서 다기능 스위치(콤비네이션 SW)를 탈거(감독위원에게 확인)한 후 다시 부착하여 다기능 스위치가 작동되는지 확인하시오.

❷ 주어진 자동차에서 감독위원의 지시에 따라 축전지의 비중 및 전압을 축전지 용량시험기를 작동하면서 측정하고 기록표에 기록 · 판정하시오.

❸ 주어진 자동차에서 기동 및 점화회로의 고장 부분을 점검한 후 기록표에 기록 · 판정하시오.

❹ 주어진 자동차에서 경음기음을 측정하여 기록표에 기록 · 판정하시오.

# 국가기술자격 실기시험 결과기록표 6안

| 자격종목 | 자동차정비기능사 | 과제명 | 자동차정비작업 |
|---|---|---|---|

● 기록표는 문항별 구분 절단하여 배부하고, 각 문항별로 종료 시 회수한다.

### 엔진 1  크랭크축 마모량 점검

| 항목 | ① 측정(또는 점검) | | ② 판정 및 정비(또는 조치) 사항 | | 득점 |
|---|---|---|---|---|---|
| | 측정값 | 규정(정비한계)값 | 판정(□에 'V'표) | 정비 및 조치 사항 | |
| ( )번 저널 크랭크축 외경 | | | □ 양호<br>□ 불량 | | |

엔진 번호 :   비번호:   감독위원 확인:

※ 단위가 누락되거나 틀린 경우는 오답으로 채점합니다.

### 엔진 3  엔진 센서(액추에이터) 점검

자동차 번호:   비번호:   감독위원 확인:

| 항목 | ① 측정(또는 점검) | | | ② 판정 및 정비(또는 조치) 사항 | | 득점 |
|---|---|---|---|---|---|---|
| | 고장 부위 | 측정값 | 규정값 | 고장 내용 | 정비 및 조치 사항 | |
| 센서(액추에이터) 점검 | | | | | | |

※ 단위가 누락되거나 틀린 경우는 오답으로 채점합니다.   ※ 측정 조건은 감독위원이 제시합니다.

### 엔진 4  배기가스 점검

자동차 번호:   비번호:   감독위원 확인:

| 측정 항목 | ① 측정(또는 점검) | | ② 판정<br>(□에 'V'표) | 득점 |
|---|---|---|---|---|
| | 측정값 | 기준값 | | |
| CO | | | □ 양호<br>□ 불량 | |
| HC | | | | |

※ 감독위원이 제시한 자동차등록증(또는 차대번호)을 활용하여 차종 및 연식을 적용합니다.
※ 자동차 검사 기준 및 방법에 의하여 기록·판정합니다.   ※ CO 측정값은 소수 둘째 자리 이하는 버림하여 기입합니다.
※ HC 측정값은 소수 첫째 자리 이하는 버림하여 기입합니다.

## 섀시 2 · 주차 레버 클릭수 점검

| 항목 | ① 측정(또는 점검) | | ② 판정 및 정비(또는 조치) 사항 | | 득점 |
|---|---|---|---|---|---|
| | 측정값 | 규정(정비한계)값 | 판정(□에 'V'표) | 정비 및 조치 사항 | |
| 주차 레버 클릭수(노치) | | | □ 양호<br>□ 불량 | | |

자동차 번호 : / 비번호 / 감독위원 확 인

## 섀시 4 · 자동변속기 자기진단

| 항목 | ① 측정(또는 점검) | | ② 판정 및 정비(또는 조치) 사항 | | 득점 |
|---|---|---|---|---|---|
| | 이상 부위 | 내용 및 상태 | 판정(□에 'V'표) | 정비 및 조치 사항 | |
| 변속기 자기진단 | | | □ 양호<br>□ 불량 | | |

자동차 번호 : / 비번호 / 감독위원 확 인

## 섀시 5 · 최소 회전 반지름

| 항목 | ① 측정(또는 점검) | | | | ② 산출 근거 및 판정 | | 득점 |
|---|---|---|---|---|---|---|---|
| | 최대조향각도 | | 기준값<br>(최소회전반지름) | 측정값<br>(최소회전반지름) | 산출 근거 | 판정<br>(□에 'V'표) | |
| | 좌측 바퀴 | 우측 바퀴 | | | | | |
| 회전 방향<br>(□에 'V'표)<br>□ 좌<br>□ 우 | | | | | | □ 양호<br>□ 불량 | |

자동차 번호 : / 비번호 / 감독위원 확 인

※ 회전방향은 감독위원이 지정하는 위치의 □에 'V' 표시합니다.
※ 축거 및 바퀴의 접지면 중심과 킹핀과의 거리(r)는 감독위원이 제시합니다.
※ 자동차 검사 기준 및 방법에 의하여 기록·판정합니다.
※ 산출 근거에는 단위를 표시하지 않아도 됩니다.

### 전기 2  축전지 비중 및 전압 점검

| 자동차 번호 : | | | 비번호 | | 감독위원 확인 | |
|---|---|---|---|---|---|---|
| 항목 | ① 측정(또는 점검) | | ② 판정 및 정비(또는 조치) 사항 | | | 득점 |
| | 측정값 | 규정(정비한계)값 | 판정(□에 'V'표) | 정비 및 조치 사항 | | |
| 축전지 전해액 비중 | | | □ 양호<br>□ 불량 | | | |
| 축전지 전압 | | | | | | |

※ 단위가 누락되거나 틀린 경우는 오답으로 채점합니다.


### 전기 3  점화 회로 점검

| 자동차 번호 : | | | 비번호 | | 감독위원 확인 | |
|---|---|---|---|---|---|---|
| 항목 | ① 측정(또는 점검) | | ② 판정 및 정비(또는 조치) 사항 | | | 득점 |
| | 이상 부위 | 내용 및 상태 | 판정(□에 'V'표) | 정비 및 조치 사항 | | |
| 점화 회로 | | | □ 양호<br>□ 불량 | | | |


### 전기 4  경음기 음량 점검

| 자동차 번호 : | | | 비번호 | | 감독위원 확인 | |
|---|---|---|---|---|---|---|
| 항목 | ① 측정(또는 점검) | | ② 판정<br>(□에 'V'표) | | | 득점 |
| | 측정값 | 기준값 | | | | |
| 경음기 음량 | | _____ 이상<br>_____ 이하 | □ 양호<br>□ 불량 | | | |

※ 감독위원이 제시한 자동차등록증(또는 차대번호)을 활용하여 차종 및 연식을 적용합니다.
※ 자동차 검사 기준 및 방법에 의하여 기록·판정합니다.
※ 암소음은 무시합니다.

# 국가기술자격 실기시험문제 7안

| 자격종목 | 자동차정비기능사 | 과제명 | 자동차정비작업 |
|---|---|---|---|

비번호 :　　　　　　　　　시험시간 : 4시간(엔진 : 100분, 섀시 : 80분, 전기 : 60분)

[시험 안 및 요구 사항 일부 내용이 변경될 수 있음]

① 주어진 DOHC 가솔린 엔진에서 실린더 헤드를 탈거(감독위원에게 확인)하고 감독위원의 지시에 따라 기록표의 내용대로 기록·판정한 후 다시 조립하시오.
② 주어진 전자제어 가솔린 엔진에서 감독위원의 지시에 따라 시동에 필요한 점화회로의 고장부분 1개소를 점검 및 수리하여 시동하시오.
③ 주어진 자동차에서 LPG 엔진의 점화 플러그와 배선을 탈거(감독위원에게 확인)한 후 다시 조립하고 감독위원의 지시에 따라 진단기(스캐너)를 사용하여 엔진의 각종 센서(액추에이터)를 점검 후 고장 부분을 기록하시오.
④ 주어진 자동차에서 기록표에 제시된 내용을 측정하고 기록·판정하시오.

① 주어진 자동차에서 감독위원의 지시에 따라 후진 아이들 기어를 탈거(감독위원에게 확인)한 후 다시 조립하시오.
② 주어진 자동차(ABS 장착 차량)에서 감독위원의 지시에 따라 한쪽 브레이크 디스크의 두께 및 흔들림(런아웃)을 점검하여 기록·판정하시오.
③ 주어진 자동차에서 감독위원의 지시에 따라 (좌 또는 우측) 타이로드 엔드를 탈거(감독위원에게 확인)하고 다시 조립하여 조향 휠의 직진 상태를 확인하시오.
④ 주어진 자동차에서 감독위원의 지시에 따라 자동변속기의 오일 압력을 점검하고 기록·판정하시오.
⑤ 주어진 자동차에서 감독위원의 지시에 따라 제동력을 측정하여 기록·판정하시오.

① 주어진 자동차에서 경음기와 릴레이를 탈거(감독위원에게 확인)한 후 다시 부착하여 작동을 확인하시오.
② 주어진 자동차의 에어컨 시스템에서 감독위원의 지시에 따라 에어컨 라인의 압력을 점검하여 에어컨 작동상태의 이상 유무를 확인하고 기록표에 기록·판정하시오.
③ 주어진 자동차에서 라디에이터 전동 팬 회로의 고장 부분을 점검한 후 기록표에 기록·판정하시오.
④ 주어진 자동차에서 좌 또는 우측의 전조등을 측정하고 기록표에 기록·판정하시오.

## 국가기술자격 실기시험 결과기록표 7안

| 자격종목 | 자동차정비기능사 | 과제명 | 자동차정비작업 |
|---|---|---|---|

● 기록표는 문항별 구분 절단하여 배부하고, 각 문항별로 종료 시 회수한다.

### 엔진 1  실린더 헤드 변형도 점검

| 엔진 번호 : | | 비번호 | | 감독위원 확 인 | |
|---|---|---|---|---|---|

| 항 목 | ① 측정(또는 점검) | | ② 판정 및 정비(또는 조치) 사항 | | 득점 |
|---|---|---|---|---|---|
| | 측정값 | 규정(정비한계)값 | 판정(□에 'V'표) | 정비 및 조치 사항 | |
| 헤드 변형도 | | | □ 양호<br>□ 불량 | | |

※ 단위가 누락되거나 틀린 경우는 오답으로 채점합니다.

### 엔진 3  엔진 센서(액추에이터) 점검

| 자동차 번호 : | | | 비번호 | | 감독위원 확 인 | |
|---|---|---|---|---|---|---|

| 항 목 | ① 측정(또는 점검) | | | ② 판정 및 정비(또는 조치) 사항 | | 득점 |
|---|---|---|---|---|---|---|
| | 고장 부위 | 측정값 | 규정값 | 고장 내용 | 정비 및 조치 사항 | |
| 센서<br>(액추에이터)<br>점검 | | | | | | |

※ 단위가 누락되거나 틀린 경우는 오답으로 채점합니다.    ※ 측정 조건은 감독위원이 제시합니다.

### 엔진 4  디젤 엔진 매연 점검

| 자동차 번호 : | | | | 비번호 | | 감독위원 확 인 | |
|---|---|---|---|---|---|---|---|

| 항 목 | ① 측정(또는 점검) | | | | ② 산출 근거 및 판정 | | | 득점 |
|---|---|---|---|---|---|---|---|---|
| | 차종 | 연식 | 기준값 | 측정값 | 측정 | 산출 근거(계산) 기록 | 판정(□에 'V'표) | |
| 매 연 | | | | | 1회 :<br>2회 :<br>3회 : | | □ 양호<br>□ 불량 | |

※ 감독위원이 제시한 자동차등록증(또는 차대번호)을 활용하여 차종 및 연식을 적용합니다.
※ 매연 농도를 산출 평균하여 소수점 이하는 버린 값으로 기입합니다.
※ 자동차검사기준 및 방법에 의하여 기록·판정합니다.    ※ 측정 및 판정은 무부하 조건으로 합니다.

### 섀시 2  브레이크 디스크 두께 및 흔들림 점검

| 항목 | ① 측정(또는 점검) | | ② 판정 및 정비(또는 조치) 사항 | | 득점 |
|---|---|---|---|---|---|
| | 측정값 | 규정(정비한계)값 | 판정(□에 'V'표) | 정비 및 조치 사항 | |
| 디스크 두께 | | | □ 양호<br>□ 불량 | | |
| 흔들림<br>(런아웃) | | | | | |

자동차 번호 :　　　비번호　　　감독위원 확 인

※ 단위가 누락되거나 틀린 경우는 오답으로 채점합니다.

### 섀시 4  자동변속기 오일 압력 점검

자동차 번호 :　　　비번호　　　감독위원 확 인

| 항목 | ① 측정(또는 점검) | | ② 판정 및 정비(또는 조치) 사항 | | 득점 |
|---|---|---|---|---|---|
| | 측정값 | 규정값 | 판정(□에 'V'표) | 정비 및 조치 사항 | |
| (　)의<br>오일 압력 | | | □ 양호<br>□ 불량 | | |

### 섀시 5  제동력 점검

자동차 번호 :　　　비번호　　　감독위원 확 인

| 항목 | ① 측정(또는 점검) | | | ② 산출 근거 및 판정 | | 득점 |
|---|---|---|---|---|---|---|
| | 구분 | 측정값(kgf) | 기준값<br>(□에 'V'표) | 산출 근거 | 판정<br>(□에 'V'표) | |
| 제동력 위치<br>(□에 'V'표)<br>□ 앞<br>□ 뒤 | 좌 | | □ 앞　축중의<br>□ 뒤 | 편차 | □ 양호<br>□ 불량 | |
| | 우 | | 편차 | | | |
| | | | 합 | 합 | | |

※ 측정 위치는 감독위원이 지정하는 위치의 □에 'V' 표시합니다.
※ 자동차 검사 기준 및 방법에 의하여 기록·판정합니다.
※ 측정값의 단위는 시험장비 기준으로 기록합니다.
※ 산출 근거에는 단위를 기록하지 않아도 됩니다.

### 전기 2  에어컨 라인 압력 점검

| 항목 | ① 측정(또는 점검) | | ② 판정 및 정비(또는 조치) 사항 | | 득점 |
|---|---|---|---|---|---|
| | 측정값 | 규정(정비한계)값 | 판정(□에 'V'표) | 정비 및 조치 사항 | |
| 저압 | | | □ 양호 | | |
| 고압 | | | □ 불량 | | |

자동차 번호 :     비번호     감독위원 확 인

※ 단위가 누락되거나 틀린 경우는 오답으로 채점합니다.

### 전기 3  전동 팬 회로 점검

자동차 번호 :     비번호     감독위원 확 인

| 항목 | ① 측정(또는 점검) | | ② 판정 및 정비(또는 조치) 사항 | | 득점 |
|---|---|---|---|---|---|
| | 이상 부위 | 내용 및 상태 | 판정(□에 'V'표) | 정비 및 조치 사항 | |
| 전동 팬 회로 | | | □ 양호<br>□ 불량 | | |

### 전기 4  전조등 점검

자동차 번호 :     비번호     감독위원 확 인

| ① 측정(또는 점검) | | | | ② 판정 (□에 'V'표) | 득점 |
|---|---|---|---|---|---|
| 구 분 | 측정 항목 | 측정값 | 기준값 | | |
| (□에 'V'표)<br>위치 :<br>  □ 좌<br>  □ 우<br>등식 :<br>  □ 2등식<br>  □ 4등식 | 광도 | | _____ 이상 | □ 양호<br>□ 불량 | |

※ 측정 위치는 감독위원이 지정하는 위치의 □에 'V' 표시합니다.
※ 자동차 검사 기준 및 방법에 의하여 기록 · 판정합니다.

# 국가기술자격 실기시험문제 8안

| 자격종목 | 자동차정비기능사 | 과제명 | 자동차정비작업 |
|---|---|---|---|

비번호 :  시험시간 : 4시간(엔진 : 100분, 섀시 : 80분, 전기 : 60분)

[시험 안 및 요구 사항 일부 내용이 변경될 수 있음]

## 1 엔진

① 주어진 가솔린 엔진에서 에어 클리너(어셈블리)와 점화 플러그를 모두 탈거(감독위원에게 확인)하고 감독위원의 지시에 따라 기록표의 내용대로 기록·판정한 후 다시 조립하시오.

② 주어진 전자제어 가솔린 엔진에서 감독위원의 지시에 따라 시동에 필요한 연료장치 회로의 이상 개소를 점검 및 수리하여 시동하시오.

③ 주어진 자동차에서 LPG 엔진의 점화코일을 탈거(감독위원에게 확인)한 후 다시 조립하고 감독위원의 지시에 따라 진단기(스캐너)를 사용하여 엔진의 각종 센서(액추에이터)를 점검 후 고장 부분을 기록하시오.

④ 주어진 자동차에서 기록표에 제시된 내용을 측정하고 기록·판정하시오.

## 2 섀시

① 주어진 후륜구동(FR) 자동차에서 감독위원의 지시에 따라 액슬축을 탈거(감독위원에게 확인)한 후 다시 조립하시오.

② 주어진 자동차에서 감독위원의 지시에 따라 자동변속기의 오일 양을 점검하여 기록·판정하시오.

③ 주어진 자동차에서 감독위원의 지시에 따라 브레이크 캘리퍼를 탈거(감독위원에게 확인)하고 다시 조립하여 공기빼기 작업 후 브레이크의 작동 상태를 확인하시오.

④ 주어진 자동차에서 감독위원의 지시에 따라 인히비터 스위치와 변속 선택 레버의 위치를 점검하고 기록·판정하시오.

⑤ 주어진 자동차에서 감독위원의 지시에 따라 좌 또는 우회전 시 최소 회전 반지름을 측정하여 기록·판정하시오.

## 3 전기

① 주어진 자동차에서 감독위원의 지시에 따라 윈도 레귤레이터(또는 파워 윈도 모터)를 탈거(감독위원에게 확인)한 후 다시 부착하여 윈도 모터가 원활하게 작동되는지 확인하시오.

② 주어진 자동차에서 축전지를 감독위원의 지시에 따라 급속 충전한 후 충전된 축전지의 비중과 전압을 측정하여 기록표에 기록·판정하시오.

③ 주어진 자동차에서 충전회로의 고장부분을 점검한 후 기록표에 기록·판정하시오.

④ 주어진 자동차에서 경음기음을 측정하여 기록표에 기록·판정하시오.

# 국가기술자격 실기시험 결과기록표 8안

| 자격종목 | 자동차정비기능사 | 과제명 | 자동차정비작업 |
|---|---|---|---|

● 기록표는 문항별 구분 절단하여 배부하고, 각 문항별로 종료 시 회수한다.

## 엔진 1 가솔린 엔진 압축압력 점검

| 엔진 번호 : | | | 비번호 | | 감독위원 확 인 | |
|---|---|---|---|---|---|---|
| 항 목 | ① 측정(또는 점검) | | ② 판정 및 정비(또는 조치) 사항 | | | 득점 |
| | 측정값 | 규정(정비한계)값 | 판정(□에 'V'표) | 정비 및 조치 사항 | | |
| (3)번 실린더 압축압력 | | | □ 양호<br>□ 불량 | | | |

※ 단위가 누락되거나 틀린 경우는 오답으로 채점합니다.

## 엔진 3 엔진 센서(액추에이터) 점검

| 자동차 번호 : | | | | 비번호 | | 감독위원 확 인 | |
|---|---|---|---|---|---|---|---|
| 항 목 | ① 측정(또는 점검) | | | ② 판정 및 정비(또는 조치) 사항 | | | 득점 |
| | 고장 부위 | 측정값 | 규정값 | 고장 내용 | 정비 및 조치 사항 | | |
| 센서<br>(액추에이터)<br>점검 | | | | | | | |

※ 단위가 누락되거나 틀릴 경우는 오답으로 채점합니다.　　※ 측정 조건은 감독위원이 제시합니다.

## 엔진 4 배기가스 점검

| 자동차 번호 : | | | 비번호 | | 감독위원 확 인 | |
|---|---|---|---|---|---|---|
| 측정 항목 | ① 측정(또는 점검) | | ② 판정<br>(□에 'V'표) | | | 득점 |
| | 측정값 | 기준값 | | | | |
| CO | | | □ 양호<br>□ 불량 | | | |
| HC | | | | | | |

※ 감독위원이 제시한 자동차등록증(또는 차대번호)을 활용하여 차종 및 연식을 적용합니다.
※ 자동차 검사 기준 및 방법에 의하여 기록·판정합니다.　　※ CO 측정값은 소수 둘째 자리 이하는 버림하여 기입합니다.
※ HC 측정값은 소수 첫째 자리 이하는 버림하여 기입합니다.

### 섀시 2 ｜ 자동변속기 오일 양 점검

| 자동차 번호 : | | 비번호 | | 감독위원 확 인 | |
|---|---|---|---|---|---|
| 항목 | ① 측정(또는 점검) | ② 판정 및 정비(또는 조치) 사항 | | | 득점 |
| | | 판정(□에 'V'표) | 정비 및 조치 사항 | | |
| 오일 양 | COLD　　HOT<br>오일 레벨을 게이지에 그리시오. | □ 양호<br>□ 불량 | | | |

※ 측정값(오일 레벨 라인)에 대한 판정 범위는 감독위원이 제시합니다.


### 섀시 4 ｜ 자동변속기 선택 레버 작동 점검

| 자동차 번호 : | | | 비번호 | | 감독위원 확 인 | |
|---|---|---|---|---|---|---|
| 항목 | ① 측정(또는 점검) | | ② 판정 및 정비(또는 조치) 사항 | | | 득점 |
| | 점검 위치 | 내용 및 상태 | 판정(□에 'V'표) | 정비 및 조치 사항 | | |
| 변속 선택 레버 | | | □ 양호<br>□ 불량 | | | |
| 인히비터 스위치 | | | | | | |


### 섀시 5 ｜ 최소 회전 반지름

| 자동차 번호 : | | | | | 비번호 | | 감독위원 확 인 | |
|---|---|---|---|---|---|---|---|---|
| 항목 | ① 측정(또는 점검) | | | | ② 산출 근거 및 판정 | | | 득점 |
| | 최대조향각도 | | 기준값<br>(최소회전반지름) | 측정값<br>(최소회전반지름) | 산출 근거 | 판정<br>(□에 'V'표) | | |
| | 좌측 바퀴 | 우측 바퀴 | | | | | | |
| 회전 방향<br>(□에 'V'표)<br>□ 좌<br>□ 우 | | | | | | □ 양호<br>□ 불량 | | |

※ 회전방향은 감독위원이 지정하는 위치의 □에 'V' 표시합니다.
※ 축거 및 바퀴의 접지면 중심과 킹핀과의 거리(r)는 감독위원이 제시합니다.
※ 자동차 검사 기준 및 방법에 의하여 기록·판정합니다.
※ 산출 근거에는 단위를 표시하지 않아도 됩니다.

## 전기 2 — 축전지 비중 및 전압 점검

| 항목 | ① 측정(또는 점검) | | ② 판정 및 정비(또는 조치) 사항 | | 득점 |
|---|---|---|---|---|---|
| | 측정값 | 규정(정비한계)값 | 판정(□에 'v'표) | 정비 및 조치 사항 | |
| 축전지 비중 | | | □ 양호<br>□ 불량 | | |
| 축전지 전압 | | | | | |

자동차 번호: / 비번호 / 감독위원 확 인

※ 단위가 누락되거나 틀린 경우는 오답으로 채점합니다.

## 전기 3 — 충전회로 점검

자동차 번호: / 비번호 / 감독위원 확 인

| 항목 | ① 측정(또는 점검) | | ② 판정 및 정비(또는 조치) 사항 | | 득점 |
|---|---|---|---|---|---|
| | 이상 부위 | 내용 및 상태 | 판정(□에 'v'표) | 정비 및 조치 사항 | |
| 충전회로 | | | □ 양호<br>□ 불량 | | |

## 전기 4 — 경음기 음량 점검

자동차 번호: / 비번호 / 감독위원 확 인

| 항목 | ① 측정(또는 점검) | | ② 판정 (□에 'v'표) | 득점 |
|---|---|---|---|---|
| | 측정값 | 기준값 | | |
| 경음기 음량 | | _____ 이상<br>_____ 이하 | □ 양호<br>□ 불량 | |

※ 감독위원이 제시한 자동차등록증(또는 차대번호)을 활용하여 차종 및 연식을 적용합니다.
※ 자동차 검사 기준 및 방법에 의하여 기록·판정합니다.
※ 암소음은 무시합니다.

# 국가기술자격 실기시험문제 9안

| 자격종목 | 자동차정비기능사 | 과제명 | 자동차정비작업 |

비번호 :                           시험시간 : 4시간(엔진 : 100분, 섀시 : 80분, 전기 : 60분)

[시험 안 및 요구 사항 일부 내용이 변경될 수 있음]

① 주어진 가솔린 엔진에서 크랭크축을 탈거(감독위원에게 확인)하고 감독위원의 지시에 따라 기록표의 내용대로 기록 · 판정한 후 다시 조립하시오.
② 주어진 전자제어 가솔린 엔진에서 감독위원의 지시에 따라 시동에 필요한 크랭킹 회로의 이상개소를 점검 및 수리하여 시동하시오.
③ 주어진 자동차에서 LPG 엔진의 맵 센서(공기유량 센서)를 탈거(감독위원에게 확인)한 후 다시 조립하고 감독위원의 지시에 따라 진단기(스캐너)를 사용하여 엔진의 각종 센서(액추에이터)를 점검 후 고장 부분을 기록하시오.
④ 주어진 자동차에서 기록표에 제시된 내용을 측정하고 기록 · 판정하시오.

① 주어진 자동차에서 감독위원의 지시에 따라 뒤 쇽업소버(shock absorber) 및 현가 스프링 1개를 탈거(감독위원에게 확인)한 후 다시 조립하시오.
② 주어진 자동차에서 감독위원의 지시에 따라 종감속 기어의 백래시를 점검하여 기록 · 판정하시오.
③ 주어진 자동차에서 감독위원의 지시에 따라 브레이크 휠 실린더를 탈거(감독위원에게 확인)하고 다시 조립하여 공기빼기 작업 후 브레이크의 작동 상태를 확인하시오.
④ 주어진 자동차에서 감독위원의 지시에 따라 진단기(스캐너)로 ABS 장치를 점검하고 기록 · 판정하시오.
⑤ 주어진 자동차에서 감독위원의 지시에 따라 제동력을 측정하여 기록 · 판정하시오.

① 주어진 자동차에서 감독위원의 지시에 따라 전조등(헤드라이트)을 탈거(감독위원에게 확인)한 후 다시 부착하여 전조등을 켜서 조사방향(육안검사) 및 작동 여부를 확인한 후 필요하면 조정하시오.
② 주어진 자동차의 발전기에서 충전되는 전류와 전압을 점검한 후 기록표에 기록 · 판정하시오.
③ 주어진 자동차에서 에어컨 회로의 고장 부분을 점검한 후 기록표에 기록 · 판정하시오.
④ 주어진 자동차에서 좌 또는 우측의 전조등을 측정하고 기록표에 기록 · 판정하시오.

## 국가기술자격 실기시험 결과기록표 9안

| 자격종목 | 자동차정비기능사 | 과제명 | 자동차정비작업 |
|---|---|---|---|

● 기록표는 문항별 구분 절단하여 배부하고, 각 문항별로 종료 시 회수한다.

### 엔진 1 크랭크축 축 방향 유격 점검

| 엔진 번호 : | | 비번호 | | 감독위원 확 인 | |
|---|---|---|---|---|---|

| 항 목 | ① 측정(또는 점검) | | ② 판정 및 정비(또는 조치) 사항 | | 득점 |
|---|---|---|---|---|---|
| | 측정값 | 규정(정비한계)값 | 판정(□에 'V'표) | 정비 및 조치 사항 | |
| 크랭크축 축 방향 유격 | | | □ 양호<br>□ 불량 | | |

※ 단위가 누락되거나 틀린 경우는 오답으로 채점합니다.

### 엔진 3 엔진 센서(액추에이터) 점검

| 자동차 번호 : | | | 비번호 | | 감독위원 확 인 | |
|---|---|---|---|---|---|---|

| 항 목 | ① 측정(또는 점검) | | | ② 판정 및 정비(또는 조치) 사항 | | 득점 |
|---|---|---|---|---|---|---|
| | 고장 부위 | 측정값 | 규정값 | 고장 내용 | 정비 및 조치 사항 | |
| 센서 (액추에이터) 점검 | | | | | | |

※ 단위가 누락되거나 틀린 경우는 오답으로 채점합니다.　　※ 측정 조건은 감독위원이 제시합니다.

### 엔진 4 디젤 엔진 매연 점검

| 자동차 번호 : | | | | 비번호 | | 감독위원 확 인 | |
|---|---|---|---|---|---|---|---|

| 항 목 | ① 측정(또는 점검) | | | | ② 산출 근거 및 판정 | | | 득점 |
|---|---|---|---|---|---|---|---|---|
| | 차종 | 연식 | 기준값 | 측정값 | 측정 | 산출 근거(계산) 기록 | 판정(□에 'V'표) | |
| 매 연 | | | | | 1회 :<br>2회 :<br>3회 : | | □ 양호<br>□ 불량 | |

※ 감독위원이 제시한 자동차등록증(또는 차대번호)을 활용하여 차종 및 연식을 적용합니다.
※ 매연 농도를 산출 평균하여 소수점 이하는 버린 값으로 기입합니다.
※ 자동차검사기준 및 방법에 의하여 기록·판정합니다.　　※ 측정 및 판정은 무부하 조건으로 합니다.

### 섀시 2 | 종감속 기어 백래시 점검

| 항목 | ① 측정(또는 점검) | | ② 판정 및 정비(또는 조치) 사항 | | 득점 |
|---|---|---|---|---|---|
| | 자동차 번호 : | | 비번호 | 감독위원 확 인 | |
| | 측정값 | 규정(정비한계)값 | 판정(□에 'V'표) | 정비 및 조치 사항 | |
| 백래시 | | | □ 양호<br>□ 불량 | | |

※ 단위가 누락되거나 틀린 경우는 오답으로 채점합니다.

### 섀시 4 | ABS 자기진단 점검

| 항목 | ① 측정(또는 점검) | | ② 판정 및 정비(또는 조치) 사항 | | 득점 |
|---|---|---|---|---|---|
| | 자동차 번호 : | | 비번호 | 감독위원 확 인 | |
| | 이상 부위 | 내용 및 상태 | 판정(□에 'V'표) | 정비 및 조치 사항 | |
| ABS 자기진단 | | | □ 양호<br>□ 불량 | | |

### 섀시 5 | 제동력 점검

| 항목 | 구분 | 측정값(kgf) | 기준값 (□에 'V'표) | | 산출 근거 | 판정 (□에 'V'표) | 득점 |
|---|---|---|---|---|---|---|---|
| | | 자동차 번호 : | | 비번호 | 감독위원 확 인 | | |
| 제동력 위치<br>(□에 'V'표)<br>□ 앞<br>□ 뒤 | 좌 | | □ 앞<br>□ 뒤 | 축중의 | 편차 | □ 양호<br>□ 불량 | |
| | | | 편차 | | | | |
| | 우 | | 합 | | 합 | | |

※ 측정 위치는 감독위원이 지정하는 위치의 □에 'V' 표시합니다.
※ 자동차 검사 기준 및 방법에 의하여 기록 · 판정합니다.
※ 측정값의 단위는 시험장비 기준으로 기록합니다.
※ 산출 근거에는 단위를 기록하지 않아도 됩니다.

## 전기 2  발전기 점검

| 항목 | ① 측정(또는 점검) | | ② 판정 및 정비(또는 조치) 사항 | | 득점 |
|---|---|---|---|---|---|
| | 측정값 | 규정(정비한계)값 | 판정(□에 'V'표) | 정비 및 조치 사항 | |
| 충전 전류 | | | □ 양호 □ 불량 | | |
| 충전 전압 | | | | | |

자동차 번호 :　　비번호　　감독위원 확인

※ 측정(조건)은 감독위원의 지시에 따라 측정한다. 단위가 누락되거나 틀린 경우는 오답으로 채점합니다.

## 전기 3  에어컨 회로 점검

자동차 번호 :　　비번호　　감독위원 확인

| 항목 | ① 측정(또는 점검) | | ② 판정 및 정비(또는 조치) 사항 | | 득점 |
|---|---|---|---|---|---|
| | 이상 부위 | 내용 및 상태 | 판정(□에 'V'표) | 정비 및 조치 사항 | |
| 에어컨 회로 | | | □ 양호 □ 불량 | | |

## 전기 4  전조등 점검

자동차 번호 :　　비번호　　감독위원 확인

| 구 분 | ① 측정(또는 점검) | | | ② 판정 (□에 'V'표) | 득점 |
|---|---|---|---|---|---|
| | 측정항목 | 측정값 | 기준값 | | |
| (□에 'V'표) 위치 : □ 좌 □ 우 등식 : □ 2등식 □ 4등식 | 광도 | | _____ 이상 | □ 양호 □ 불량 | |

※ 측정 위치는 감독위원이 지정하는 위치의 □에 'V' 표시합니다.
※ 자동차 검사 기준 및 방법에 의하여 기록·판정합니다.

# 국가기술자격 실기시험문제 10안

| 자격종목 | 자동차정비기능사 | 과제명 | 자동차정비작업 |
|---|---|---|---|

비번호 :　　　　　　　　　　시험시간 : 4시간(엔진 : 100분, 섀시 : 80분, 전기 : 60분)

[시험 안 및 요구 사항 일부 내용이 변경될 수 있음]

❶ 주어진 가솔린 엔진에서 크랭크축과 메인 베어링을 탈거(감독위원에게 확인)하고 감독위원의 지시에 따라 기록표의 내용대로 기록·판정한 후 다시 조립하시오.
❷ 주어진 전자제어 가솔린 엔진에서 감독위원의 지시에 따라 시동에 필요한 점화장치 회로의 이상 개소를 점검 및 수리하여 시동하시오.
❸ 주어진 자동차에서 가솔린 엔진의 연료펌프를 탈거(감독위원에게 확인)한 후 다시 조립하고 감독위원의 지시에 따라 진단기(스캐너)를 사용하여 엔진의 각종 센서(액추에이터)를 점검 후 고장부분을 기록하시오.
❹ 주어진 자동차에서 기록표에 제시된 내용을 측정하고 기록·판정하시오.

❶ 주어진 자동변속기에서 감독위원의 지시에 따라 오일 필터 및 유온 센서를 탈거(감독위원에게 확인)한 후 다시 조립하시오.
❷ 주어진 자동차에서 감독위원의 지시에 따라 브레이크 페달의 작동 상태를 점검하여 기록·판정하시오.
❸ 주어진 자동차에서 감독위원의 지시에 따라 파워스티어링에서 오일 펌프를 탈거(감독위원에게 확인)하고 다시 조립하여 공기빼기 작업 후 스티어링의 작동 상태를 확인하시오.
❹ 주어진 자동차에서 감독위원의 지시에 따라 진단기(스캐너)로 전자제어 현가장치(ECS)를 점검하고 기록·판정하시오.
❺ 주어진 자동차에서 감독위원의 지시에 따라 제동력을 측정하여 기록·판정하시오.

❶ 주어진 자동차에서 에어컨 필터(실내 필터)를 탈거(감독위원에게 확인)한 후 다시 부착하여 블로어 작동 상태를 확인하시오.
❷ 주어진 자동차에서 엔진의 인젝터 코일 저항(1개)을 점검하여 솔레노이드 밸브의 이상 유무를 확인한 후 기록표에 기록·판정하시오.
❸ 주어진 자동차에서 점화회로의 고장 부분을 점검한 후 기록표에 기록·판정하시오.
❹ 주어진 자동차에서 경음기음을 측정하여 기록표에 기록·판정하시오.

## 국가기술자격 실기시험 결과기록표 10안

| 자격종목 | 자동차정비기능사 | 과제명 | 자동차정비작업 |
|---|---|---|---|

● 기록표는 문항별 구분 절단하여 배부하고, 각 문항별로 종료 시 회수한다.

### 엔진 1 　크랭크축 오일 간극 점검

| 엔진 번호 : | | | 비번호 | | 감독위원 확 인 | |
|---|---|---|---|---|---|---|
| 항 목 | ① 측정(또는 점검) | | ② 판정 및 정비(또는 조치) 사항 | | | 득점 |
| | 측정값 | 규정(정비한계)값 | 판정(□에 'v'표) | 정비 및 조치 사항 | | |
| 크랭크축 ( )번 베어링 오일 간극 | | | □ 양호<br>□ 불량 | | | |

※ 단위가 누락되거나 틀린 경우는 오답으로 채점합니다.

### 엔진 3 　엔진 센서(액추에이터) 점검

| 자동차 번호 : | | | 비번호 | | 감독위원 확 인 | |
|---|---|---|---|---|---|---|
| 항 목 | ① 측정(또는 점검) | | | ② 판정 및 정비(또는 조치) 사항 | | 득점 |
| | 고장 부위 | 측정값 | 규정값 | 고장 내용 | 정비 및 조치 사항 | |
| 센서 (액추에이터) 점검 | | | | | | |

※ 단위가 누락되거나 틀린 경우는 오답으로 채점합니다.　　※ 측정 조건은 감독위원이 제시합니다.

### 엔진 4 　배기가스 점검

| 자동차 번호 : | | | 비번호 | | 감독위원 확 인 | |
|---|---|---|---|---|---|---|
| 측정 항목 | ① 측정(또는 점검) | | ② 판정 (□에 'v'표) | | | 득점 |
| | 측정값 | 기준값 | | | | |
| CO | | | □ 양호 | | | |
| HC | | | □ 불량 | | | |

※ 감독위원이 제시한 자동차등록증(또는 차대번호)을 활용하여 차종 및 연식을 적용합니다.
※ 자동차 검사 기준 및 방법에 의하여 기록·판정합니다.　　※ CO 측정값은 소수 둘째 자리 이하는 버림하여 기입합니다.
※ HC 측정값은 소수 첫째 자리 이하는 버림하여 기입합니다.

## 섀시 2 — 브레이크 페달 점검

| 항목 | ① 측정(또는 점검) | | ② 판정 및 정비(또는 조치) 사항 | | 득점 |
|---|---|---|---|---|---|
| | 측정값 | 규정(정비한계)값 | 판정(□에 'V'표) | 정비 및 조치 사항 | |
| 브레이크 페달 높이 | | | ☑ 양호<br>□ 불량 | | |
| 브레이크 페달 유격 | | | | | |

자동차 번호 : ／ 비번호 ／ 감독위원 확 인

※ 단위가 누락되거나 틀린 경우는 오답으로 채점합니다.

## 섀시 4 — 전자제어 현가장치 점검

| 항목 | ① 측정(또는 점검) | | ② 판정 및 정비(또는 조치) 사항 | | 득점 |
|---|---|---|---|---|---|
| | 이상 부위 | 내용 및 상태 | 판정(□에 'V'표) | 정비 및 조치 사항 | |
| 전자제어 현가장치 자기진단 | | | □ 양호<br>□ 불량 | | |

자동차 번호 : ／ 비번호 ／ 감독위원 확 인

## 섀시 5 — 제동력 점검

자동차 번호 : ／ 비번호 ／ 감독위원 확 인

| 항목 | 구분 | 측정값(kgf) | 기준값 (□에 'V'표) | | 산출 근거 | 판정 (□에 'V'표) | 득점 |
|---|---|---|---|---|---|---|---|
| | | | □ 앞<br>□ 뒤 축중의 | | 편차 | | |
| 제동력 위치 (□에 'V'표)<br>□ 앞<br>□ 뒤 | 좌 | | | | | □ 양호<br>□ 불량 | |
| | 우 | | 편차 | | | | |
| | | | 합 | | 합 | | |

① 측정(또는 점검) ／ ② 산출 근거 및 판정

※ 측정 위치는 감독위원이 지정하는 위치의 □에 'V' 표시합니다.
※ 자동차 검사 기준 및 방법에 의하여 기록·판정합니다.
※ 측정값의 단위는 시험장비 기준으로 기록합니다.
※ 산출 근거에는 단위를 기록하지 않아도 됩니다.

### 전기 2  인젝터 코일 저항 점검

| 항목 | 자동차 번호 : | | 비번호 | 감독위원 확 인 | |
|---|---|---|---|---|---|
| | ① 측정(또는 점검) | | ② 판정 및 정비(또는 조치) 사항 | | 득점 |
| | 측정값 | 규정(정비한계)값 | 판정(□에 'V'표) | 정비 및 조치 사항 | |
| 인젝터 저항 | | | □ 양호<br>□ 불량 | | |

※ 단위가 누락되거나 틀린 경우는 오답으로 채점합니다.

### 전기 3  점화 회로 점검

| 항목 | 자동차 번호 : | | 비번호 | 감독위원 확 인 | |
|---|---|---|---|---|---|
| | ① 측정(또는 점검) | | ② 판정 및 정비(또는 조치) 사항 | | 득점 |
| | 이상 부위 | 내용 및 상태 | 판정(□에 'V'표) | 정비 및 조치 사항 | |
| 점화 회로 | | | □ 양호<br>□ 불량 | | |

### 전기 4  경음기 음량 점검

| 항목 | 자동차 번호 : | | 비번호 | 감독위원 확 인 | |
|---|---|---|---|---|---|
| | ① 측정(또는 점검) | | ② 판정 (□에 'V'표) | | 득점 |
| | 측정값 | 기준값 | | | |
| 경음기 음량 | | _____ 이상<br>_____ 이하 | □ 양호<br>□ 불량 | | |

※ 감독위원이 제시한 자동차등록증(또는 차대번호)을 활용하여 차종 및 연식을 적용합니다.
※ 자동차 검사 기준 및 방법에 의하여 기록·판정합니다.
※ 암소음은 무시합니다.

# 국가기술자격 실기시험문제 11안

| 자격종목 | 자동차정비기능사 | 과제명 | 자동차정비작업 |
|---|---|---|---|

비번호 :   시험시간 : 4시간(엔진 : 100분, 섀시 : 80분, 전기 : 60분)

[시험 안 및 요구 사항 일부 내용이 변경될 수 있음]

❶ 주어진 DOHC 가솔린 엔진에서 실린더 헤드와 캠축을 탈거(감독위원에게 확인)하고 감독위원의 지시에 따라 기록표의 내용대로 기록·판정한 후 다시 조립하시오.
❷ 주어진 전자제어 가솔린 엔진에서 감독위원의 지시에 따라 시동에 필요한 연료장치 회로의 이상 개소를 점검 및 수리하여 시동하시오.
❸ 주어진 자동차에서 엔진의 연료 펌프를 탈거(감독위원에게 확인)한 후 다시 조립하고 감독위원의 지시에 따라 진단기(스캐너)를 사용하여 엔진의 각종 센서(액추에이터)를 점검 후 고장 부분을 기록하시오.
❹ 주어진 자동차에서 기록표에 제시된 내용을 측정하고 기록·판정하시오.

❶ 주어진 후륜구동(FR) 자동차에서 감독위원의 지시에 따라 추진축(propeller shaft)을 탈거(감독위원에게 확인)한 후 다시 조립하시오.
❷ 주어진 자동차에서 감독위원의 지시에 따라 토(toe)를 점검하여 기록·판정하시오.
❸ 주어진 자동차에서 감독위원의 지시에 따라 브레이크 마스터 실린더를 탈거(감독위원에게 확인)하고 다시 조립하여 공기빼기 작업 후 브레이크의 작동 상태를 확인하시오.
❹ 주어진 자동차에서 감독위원의 지시에 따라 진단기(스캐너)로 자동변속기를 점검하고 기록·판정하시오.
❺ 주어진 자동차에서 감독위원의 지시에 따라 제동력을 측정하여 기록·판정하시오.

❶ 주어진 자동차에서 라디에이터 전동 팬을 탈거(감독위원에게 확인)한 후 다시 부착하여 전동 팬이 작동하는지 확인하시오.
❷ 주어진 자동차에서 시동 모터의 크랭킹 전압 강하 시험을 하여 기록표에 기록·판정하시오.
❸ 주어진 자동차에서 제동등 및 미등 회로의 고장 부분을 점검한 후 기록표에 기록·판정하시오.
❹ 주어진 자동차에서 좌 또는 우측의 전조등을 측정하고 기록표에 기록·판정하시오.

## 국가기술자격 실기시험 결과기록표 11안

| 자격종목 | 자동차정비기능사 | 과제명 | 자동차정비작업 |
|---|---|---|---|

● 기록표는 문항별 구분 절단하여 배부하고, 각 문항별로 종료 시 회수한다.

### 엔진 1 캠축 휨 점검

| 엔진 번호 : | | | 비번호 | | 감독위원 확인 | |
|---|---|---|---|---|---|---|
| 항목 | ① 측정(또는 점검) | | ② 판정 및 정비(또는 조치) 사항 | | | 득점 |
| | 측정값 | 규정(정비한계)값 | 판정(□에 'V'표) | 정비 및 조치 사항 | | |
| 캠축 휨 | | | □ 양호<br>□ 불량 | | | |

※ 단위가 누락되거나 틀린 경우는 오답으로 채점합니다.

### 엔진 3 엔진 센서(액추에이터) 점검

| 자동차 번호 : | | | | 비번호 | | 감독위원 확인 | |
|---|---|---|---|---|---|---|---|
| 항목 | ① 측정(또는 점검) | | | ② 판정 및 정비(또는 조치) 사항 | | | 득점 |
| | 고장 부위 | 측정값 | 규정값 | 고장 내용 | 정비 및 조치 사항 | | |
| 센서<br>(액추에이터)<br>점검 | | | | | | | |

※ 단위가 누락되거나 틀린 경우는 오답으로 채점합니다.   ※ 측정 조건은 감독위원이 제시합니다.

### 엔진 4 디젤 엔진 매연 점검

| 자동차 번호 : | | | | | 비번호 | | 감독위원 확인 | |
|---|---|---|---|---|---|---|---|---|
| 항목 | ① 측정(또는 점검) | | | | ② 산출 근거 및 판정 | | | 득점 |
| | 차종 | 연식 | 기준값 | 측정값 | 측정 | 산출 근거(계산) 기록 | 판정(□에 'V'표) | |
| 매 연 | | | | | 1회 :<br>2회 :<br>3회 : | | □ 양호<br>□ 불량 | |

※ 감독위원이 제시한 자동차등록증(또는 차대번호)을 활용하여 차종 및 연식을 적용합니다.
※ 매연 농도를 산술 평균하여 소수점 이하는 버린 값으로 기입합니다.
※ 자동차검사기준 및 방법에 의하여 기록·판정합니다.   ※ 측정 및 판정은 무부하 조건으로 합니다.

## 섀시 2    토(toe) 점검

| 자동차 번호 : | | | 비번호 | | 감독위원 확 인 | |
|---|---|---|---|---|---|---|
| 항목 | ① 측정(또는 점검) | | ② 판정 및 정비(또는 조치) 사항 | | | 득점 |
| | 측정값 | 규정(정비한계)값 | 판정(□에 'V'표) | 정비 및 조치 사항 | | |
| 토(toe) | | | □ 양호<br>□ 불량 | | | |

※ 단위가 누락되거나 틀린 경우는 오답으로 채점합니다.

## 섀시 4    자동변속기 자기진단

| 자동차 번호 : | | | 비번호 | | 감독위원 확 인 | |
|---|---|---|---|---|---|---|
| 항목 | ① 측정(또는 점검) | | ② 판정 및 정비(또는 조치) 사항 | | | 득점 |
| | 이상 부위 | 내용 및 상태 | 판정(□에 'V'표) | 정비 및 조치 사항 | | |
| 변속기<br>자기진단 | | | □ 양호<br>□ 불량 | | | |

## 섀시 5    제동력 점검

| 자동차 번호 : | | | | 비번호 | | 감독위원 확 인 | |
|---|---|---|---|---|---|---|---|
| ① 측정(또는 점검) | | | | ② 산출 근거 및 판정 | | | 득점 |
| 항목 | 구분 | 측정값(kgf) | 기준값<br>(□에 'V'표) | 산출 근거 | | 판정<br>(□에 'V'표) | |
| 제동력 위치<br>(□에 'V'표)<br>□ 앞<br>□ 뒤 | 좌 | | □ 앞   축중의<br>□ 뒤 | 편차 | | □ 양호<br>□ 불량 | |
| | 우 | | 편차 | 합 | | | |
| | | | 합 | | | | |

※ 측정 위치는 감독위원이 지정하는 위치의 □에 'V' 표시합니다.
※ 자동차 검사 기준 및 방법에 의하여 기록·판정합니다.
※ 측정값의 단위는 시험장비 기준으로 기록합니다.
※ 산출 근거에는 단위를 기록하지 않아도 됩니다.

## 전기 2 — 크랭킹 시 전압 강하 점검

| 항목 | 자동차 번호 : | | 비번호 | 감독위원 확인 | 득점 |
|---|---|---|---|---|---|
| | ① 측정(또는 점검) | | ② 판정 및 정비(또는 조치) 사항 | | |
| | 측정값 | 규정(정비한계)값 | 판정(□에 'V'표) | 정비 및 조치 사항 | |
| 전압 강하 | | | □ 양호<br>□ 불량 | | |

※ 단위가 누락되거나 틀린 경우는 오답으로 채점합니다.

## 전기 3 — 제동 및 미등 회로 점검

| 항목 | 자동차 번호 : | | 비번호 | 감독위원 확인 | 득점 |
|---|---|---|---|---|---|
| | ① 측정(또는 점검) | | ② 판정 및 정비(또는 조치) 사항 | | |
| | 이상 부위 | 내용 및 상태 | 판정(□에 'V'표) | 정비 및 조치 사항 | |
| 제동 및 미등 회로 | | | □ 양호<br>□ 불량 | | |

## 전기 4 — 전조등 점검

| | 자동차 번호 : | | 비번호 | 감독위원 확인 | 득점 |
|---|---|---|---|---|---|
| | ① 측정(또는 점검) | | | ② 판정 (□에 'V'표) | |
| 구분 | 측정 항목 | 측정값 | 기준값 | | |
| (□에 'V'표)<br>위치 :<br>□ 좌<br>□ 우<br>등식 :<br>□ 2등식<br>□ 4등식 | 광도 | | _____ 이상 | □ 양호<br>□ 불량 | |

※ 측정 위치는 감독위원이 지정하는 위치의 □에 'V' 표시합니다.
※ 자동차 검사 기준 및 방법에 의하여 기록·판정합니다.

# 국가기술자격 실기시험문제 12안

| 자격종목 | 자동차정비기능사 | 과제명 | 자동차정비작업 |

비번호 :     시험시간 : 4시간(엔진 : 100분, 섀시 : 80분, 전기 : 60분)

[시험 안 및 요구 사항 일부 내용이 변경될 수 있음]

## 1 엔진

1. 주어진 디젤 엔진에서 크랭크축을 탈거(감독위원에게 확인)하고 감독위원의 지시에 따라 기록표의 내용대로 기록·판정한 후 다시 조립하시오.
2. 주어진 전자제어 가솔린 엔진에서 감독위원의 지시에 따라 시동에 필요한 크랭킹 회로의 이상개소를 점검 및 수리하여 시동하시오.
3. 주어진 자동차에서 엔진의 연료 펌프를 탈거(감독위원에게 확인)한 후 다시 조립하고 감독위원의 지시에 따라 진단기(스캐너)를 사용하여 엔진의 각종 센서(액추에이터)를 점검 후 고장 부분을 기록하시오.
4. 주어진 자동차에서 기록표에 제시된 내용을 측정하고 기록·판정하시오.

## 2 섀시

1. 주어진 후륜구동(FR) 자동차에서 감독위원의 지시에 따라 종감속장치에서 차동 기어를 탈거(감독위원에게 확인)한 후 다시 조립하시오.
2. 주어진 자동차에서 감독위원의 지시에 따라 클러치 페달의 유격을 점검하여 기록·판정하시오.
3. 주어진 자동차에서 감독위원의 지시에 따라 브레이크 라이닝(슈)을 탈거(감독위원에게 확인)하고 다시 조립하여 브레이크의 작동 상태를 확인하시오.
4. 주어진 자동차에서 감독위원의 지시에 따라 진단기(스캐너)로 ABS 장치를 점검하고 기록·판정하시오.
5. 주어진 자동차에서 감독위원의 지시에 따라 좌 또는 우회전 시 최소 회전 반지름을 측정하여 기록·판정하시오.

## 3 전기

1. 주어진 자동차에서 발전기를 탈거(감독위원에게 확인)한 후 다시 부착하여 발전기의 충전 전압을 점검하고 정상 작동되는지 확인하시오.
2. 주어진 자동차에서 감독위원의 지시에 따라 스텝 모터(공회전 속도 조절 서보)의 저항을 점검하여 스텝 모터의 고장 부분을 확인한 후 기록표에 기록·판정하시오.
3. 주어진 자동차에서 실내등 및 열선 회로의 고장 부분을 점검한 후 기록표에 기록·판정하시오.
4. 주어진 자동차에서 경음기음을 측정하여 기록표에 기록·판정하시오.

# 국가기술자격 실기시험 결과기록표 12안

| 자격종목 | 자동차정비기능사 | 과제명 | 자동차정비작업 |
|---|---|---|---|

● 기록표는 문항별 구분 절단하여 배부하고, 각 문항별로 종료 시 회수한다.

## 엔진 1 플라이휠 점검

| 엔진 번호 : | | | 비번호 | | 감독위원 확인 | |
|---|---|---|---|---|---|---|
| 항목 | ① 측정(또는 점검) | | ② 판정 및 정비(또는 조치) 사항 | | | 득점 |
| | 측정값 | 규정(정비한계)값 | 판정(□에 'V'표) | 정비 및 조치 사항 | | |
| 플라이휠 런 아웃 | | | □ 양호<br>□ 불량 | | | |

※ 단위가 누락되거나 틀린 경우는 오답으로 채점합니다.

## 엔진 3 엔진 센서(액추에이터) 점검

| 자동차 번호 : | | | 비번호 | | 감독위원 확인 | |
|---|---|---|---|---|---|---|
| 항목 | ① 측정(또는 점검) | | | ② 판정 및 정비(또는 조치) 사항 | | 득점 |
| | 고장 부위 | 측정값 | 규정값 | 고장 내용 | 정비 및 조치 사항 | |
| 센서 (액추에이터) 점검 | | | | | | |

※ 단위가 누락되거나 틀린 경우는 오답으로 채점합니다.　　※ 측정 조건은 감독위원이 제시합니다.

## 엔진 4 배기가스 점검

| 자동차 번호 : | | | 비번호 | | 감독위원 확인 | |
|---|---|---|---|---|---|---|
| 측정 항목 | ① 측정(또는 점검) | | ② 판정 (□에 'V'표) | | | 득점 |
| | 측정값 | 기준값 | | | | |
| CO | | | □ 양호<br>□ 불량 | | | |
| HC | | | | | | |

※ 감독위원이 제시한 자동차등록증(또는 차대번호)을 활용하여 차종 및 연식을 적용합니다.
※ 자동차 검사 기준 및 방법에 의하여 기록·판정합니다.　　※ CO 측정값은 소수 둘째 자리 이하는 버림하여 기입합니다.
※ HC 측정값은 소수 첫째 자리 이하는 버림하여 기입합니다.

## 섀시 2 클러치 페달 유격 점검

| 자동차 번호 : | | | 비번호 | | 감독위원 확 인 | |
|---|---|---|---|---|---|---|
| 항목 | ① 측정(또는 점검) | | ② 판정 및 정비(또는 조치) 사항 | | | 득점 |
| | 측정값 | 규정(정비한계)값 | 판정(□에 'V'표) | 정비 및 조치 사항 | | |
| 클러치 페달 유격 | | | □ 양호<br>□ 불량 | | | |

※ 단위가 누락되거나 틀린 경우는 오답으로 채점합니다.

## 섀시 4 ABS 장치 점검

| 자동차 번호 : | | | 비번호 | | 감독위원 확 인 | |
|---|---|---|---|---|---|---|
| 항목 | ① 측정(또는 점검) | | ② 판정 및 정비(또는 조치) 사항 | | | 득점 |
| | 이상 부위 | 내용 및 상태 | 판정(□에 'V'표) | 정비 및 조치 사항 | | |
| ABS 자기진단 | | | □ 양호<br>□ 불량 | | | |

## 섀시 5 최소 회전 반지름

| 항목 | ① 측정(또는 점검) | | | | ② 산출 근거 및 판정 | | 득점 |
|---|---|---|---|---|---|---|---|
| | 최대조향각도 | | 기준값<br>(최소회전반지름) | 측정값<br>(최소회전반지름) | 산출 근거 | 판정<br>(□에 'V'표) | |
| | 좌측 바퀴 | 우측 바퀴 | | | | | |
| 회전 방향<br>(□에 'V'표)<br>□ 좌<br>□ 우 | | | | | | □ 양호<br>□ 불량 | |

※ 회전방향은 감독위원이 지정하는 위치의 □에 'V' 표시합니다.
※ 축거 및 바퀴의 접지면 중심과 킹핀과의 거리(r)는 감독위원이 제시합니다.
※ 자동차 검사 기준 및 방법에 의하여 기록·판정합니다.
※ 산출 근거에는 단위를 표시하지 않아도 됩니다.

### 전기 2   스텝 모터(공회전 속도 조절 서보) 저항 점검

| 항목 | ① 측정(또는 점검) | | ② 판정 및 정비(또는 조치) 사항 | | 득점 |
|---|---|---|---|---|---|
| | 측정값 | 규정(정비한계)값 | 판정(□에 'V'표) | 정비 및 조치 사항 | |
| 저 항 | | | □ 양호<br>□ 불량 | | |

자동차 번호 : 　　　비번호 　　　감독위원 확인

※ 측정위치는 감독위원이 지정합니다.　　※ 단위가 누락되거나 틀린 경우는 오답으로 채점합니다.


### 전기 3   실내등 및 열선 회로 점검

| 항목 | ① 측정(또는 점검) | | ② 판정 및 정비(또는 조치) 사항 | | 득점 |
|---|---|---|---|---|---|
| | 이상 부위 | 내용 및 상태 | 판정(□에 'V'표) | 정비 및 조치 사항 | |
| 실내등 및<br>열선 회로 | | | □ 양호<br>□ 불량 | | |

자동차 번호 : 　　　비번호 　　　감독위원 확인


### 전기 4   경음기 음량 점검

| 항목 | ① 측정(또는 점검) | | ② 판정<br>(□에 'V'표) | 득점 |
|---|---|---|---|---|
| | 측정값 | 기준값 | | |
| 경음기 음량 | | ＿＿＿＿＿ 이상<br>＿＿＿＿＿ 이하 | □ 양호<br>□ 불량 | |

자동차 번호 : 　　　비번호 　　　감독위원 확인

※ 감독위원이 제시한 자동차등록증(또는 차대번호)을 활용하여 차종 및 연식을 적용합니다.
※ 자동차 검사 기준 및 방법에 의하여 기록·판정합니다.
※ 암소음은 무시합니다.

# 국가기술자격 실기시험문제 13안

| 자격종목 | 자동차정비기능사 | 과제명 | 자동차정비작업 |
|---|---|---|---|

비번호 :    시험시간 : 4시간(엔진 : 100분, 섀시 : 80분, 전기 : 60분)

[시험 안 및 요구 사항 일부 내용이 변경될 수 있음]

❶ 주어진 전자제어 디젤(CRDI) 엔진에서 인젝터(1개)와 예열 플러그(1개)를 탈거(감독위원에게 확인)하고 감독위원의 지시에 따라 기록표의 내용대로 기록·판정한 후 다시 조립하시오.
❷ 주어진 전자제어 가솔린 엔진에서 감독위원의 지시에 따라 시동에 필요한 점화회로의 이상 개소를 점검 및 수리하여 시동하시오.
❸ 주어진 자동차에서 엔진의 공기 유량 센서(AFS)와 에어 필터를 탈거(감독위원에게 확인)한 후 다시 조립하고 감독위원의 지시에 따라 진단기(스캐너)를 사용하여 엔진의 각종 센서(액추에이터)를 점검 후 기록표에 기록하시오.
❹ 주어진 자동차에서 기록표에 제시된 내용을 측정하고 기록·판정하시오.

❶ 주어진 자동변속기에서 감독위원의 지시에 따라 오일펌프를 탈거(감독위원에게 확인)한 후 다시 조립하시오.
❷ 주어진 자동차에서 감독위원의 지시에 따라 사이드 슬립을 측정하여 기록·판정하시오.
❸ 주어진 자동차(ABS 장착 차량)에서 감독위원의 지시에 따라 브레이크 패드를 탈거(감독위원에게 확인)하고 다시 조립하여 브레이크의 작동 상태를 확인하시오.
❹ 주어진 자동차에서 감독위원의 지시에 따라 자동변속기 오일 압력을 점검하고 기록·판정하시오.
❺ 주어진 자동차에서 감독위원의 지시에 따라 제동력을 측정하여 기록·판정하시오.

❶ 주어진 자동차에서 감독위원의 지시에 따라 히터 블로어 모터를 탈거(감독위원에게 확인)한 후 다시 부착하여 모터가 정상적으로 작동되는지 확인하시오.
❷ 주어진 자동차에서 스텝 모터(공회전 속도 조절 서보)의 저항을 점검하고 스텝 모터의 고장 유무를 확인한 후 기록표에 기록·판정하시오.
❸ 주어진 자동차에서 방향지시등 회로의 고장 부분을 점검한 후 기록표에 기록·판정하시오.
❹ 주어진 자동차에서 좌 또는 우측의 전조등을 측정하고 기록표에 기록·판정하시오.

## 국가기술자격 실기시험 결과기록표 13안

| 자격종목 | 자동차정비기능사 | 과제명 | 자동차정비작업 |
|---|---|---|---|

● 기록표는 문항별 구분 절단하여 배부하고, 각 문항별로 종료 시 회수한다.

### 엔진 1 ) 예열 플러그 저항 점검

| 엔진 번호 : | | | 비번호 | | 감독위원 확 인 | |
|---|---|---|---|---|---|---|
| 항목 | ① 측정(또는 점검) | | ② 판정 및 정비(또는 조치) 사항 | | | 득점 |
| | 측정값 | 규정(정비한계)값 | 판정(□에 'V'표) | 정비 및 조치 사항 | | |
| 예열 플러그 저항 | | | □ 양호<br>□ 불량 | | | |

※ 단위가 누락되거나 틀린 경우는 오답으로 채점합니다.

### 엔진 3 ) 엔진 센서(액추에이터) 점검

| 자동차 번호 : | | | 비번호 | | 감독위원 확 인 | |
|---|---|---|---|---|---|---|
| 항목 | ① 측정(또는 점검) | | | ② 판정 및 정비(또는 조치) 사항 | | 득점 |
| | 고장 부위 | 측정값 | 규정값 | 고장 내용 | 정비 및 조치 사항 | |
| 센서 (액추에이터) 점검 | | | | | | |

※ 단위가 누락되거나 틀린 경우는 오답으로 채점합니다.    ※ 측정 조건은 감독위원이 제시합니다.

### 엔진 4 ) 디젤 엔진 매연 점검

| 자동차 번호 : | | | | | 비번호 | | 감독위원 확 인 | |
|---|---|---|---|---|---|---|---|---|
| 항목 | ① 측정(또는 점검) | | | | ② 산출 근거 및 판정 | | | 득점 |
| | 차종 | 연식 | 기준값 | 측정값 | 측정 | 산출 근거(계산) 기록 | 판정(□에 'V'표) | |
| 매 연 | | | | | 1회 :<br>2회 :<br>3회 : | | □ 양호<br>□ 불량 | |

※ 감독위원이 제시한 자동차등록증(또는 차대번호)을 활용하여 차종 및 연식을 적용합니다.
※ 매연 농도를 산술 평균하여 소수점 이하는 버린 값으로 기입합니다.
※ 자동차검사기준 및 방법에 의하여 기록·판정합니다.    ※ 측정 및 판정은 무부하 조건으로 합니다.

## 섀시 2 — 사이드 슬립 점검

| 자동차 번호 : | | | 비번호 | | 감독위원<br>확　인 | |
|---|---|---|---|---|---|---|
| 항 목 | ① 측정(또는 점검) | | ② 판정 및 정비(또는 조치) 사항 | | | 득점 |
| | 측정값 | 규정(정비한계)값 | 판정(□에 'V'표) | 정비 및 조치 사항 | | |
| 사이드 슬립 | | | □ 양호<br>□ 불량 | | | |

※ 단위가 누락되거나 틀린 경우는 오답으로 채점합니다.

## 섀시 4 — 자동변속기 오일 압력 점검

| 자동차 번호 : | | | 비번호 | | 감독위원<br>확　인 | |
|---|---|---|---|---|---|---|
| 항 목 | ① 측정(또는 점검) | | ② 판정 및 정비(또는 조치) 사항 | | | 득점 |
| | 측정값 | 규정값 | 판정(□에 'V'표) | 정비 및 조치 사항 | | |
| (OD)의<br>오일 압력 | | | □ 양호<br>□ 불량 | | | |

※ 감독위원의 지시에 따라 공전 시 한 곳의 오일 압력을 측정합니다.

## 섀시 5 — 제동력 점검

| 자동차 번호 : | | | | 비번호 | | 감독위원<br>확　인 | | |
|---|---|---|---|---|---|---|---|---|
| ① 측정(또는 점검) | | | | ② 산출 근거 및 판정 | | | | 득점 |
| 항 목 | 구분 | 측정값(kgf) | 기준값<br>(□에 'V'표) | | 산출 근거 | | 판정<br>(□에 'V'표) | |
| 제동력 위치<br>(□에 'V'표)<br>□ 앞<br>□ 뒤 | 좌 | | □ 앞<br>□ 뒤 | 축중의 | 편차 | | □ 양호<br>□ 불량 | |
| | 우 | | 편차 | | 합 | | | |
| | | | 합 | | | | | |

※ 측정 위치는 감독위원이 지정하는 위치의 □에 'V' 표시합니다.
※ 자동차 검사 기준 및 방법에 의하여 기록·판정합니다.
※ 측정값의 단위는 시험장비 기준으로 기록합니다.
※ 산출 근거에는 단위를 기록하지 않아도 됩니다.

## 전기 2  스텝 모터(공회전 속도 조절 서보) 저항 점검

| 항목 | ① 측정(또는 점검) | | ② 판정 및 정비(또는 조치) 사항 | | 득점 |
|---|---|---|---|---|---|
| | 측정값 | 규정(정비한계)값 | 판정(□에 'V'표) | 정비 및 조치 사항 | |
| 저 항 | | | □ 양호<br>□ 불량 | | |

자동차 번호 : / 비번호 / 감독위원 확인

※ 측정위치는 감독위원이 지정합니다. ※ 단위가 누락되거나 틀린 경우는 오답으로 채점합니다.

## 전기 3  방향지시등 회로 점검

| 항목 | ① 측정(또는 점검) | | ② 판정 및 정비(또는 조치) 사항 | | 득점 |
|---|---|---|---|---|---|
| | 이상 부위 | 내용 및 상태 | 판정(□에 'V'표) | 정비 및 조치 사항 | |
| 방향지시등 회로 | | | □ 양호<br>□ 불량 | | |

자동차 번호 : / 비번호 / 감독위원 확인

## 전기 4  전조등 점검

| 구 분 | ① 측정(또는 점검) | | | ② 판정 (□에 'V'표) | 득점 |
|---|---|---|---|---|---|
| | 측정 항목 | 측정값 | 기준값 | | |
| (□에 'V'표)<br>위치 :<br>□ 좌<br>□ 우<br>등식 :<br>□ 2등식<br>□ 4등식 | 광도 | | _____ 이상 | □ 양호<br>□ 불량 | |

자동차 번호 : / 비번호 / 감독위원 확인

※ 측정 위치는 감독위원이 지정하는 위치의 □에 'V' 표시합니다.
※ 자동차 검사 기준 및 방법에 의하여 기록·판정합니다.

# 국가기술자격 실기시험문제 14안

| 자격종목 | 자동차정비기능사 | 과제명 | 자동차정비작업 |
|---|---|---|---|

비번호 :    시험시간 : 4시간(엔진 : 100분, 섀시 : 80분, 전기 : 60분)

[시험 안 및 요구 사항 일부 내용이 변경될 수 있음]

## 1 엔진

1. 주어진 DOHC 가솔린 엔진에서 실린더 헤드와 피스톤(1개)을 탈거(감독위원에게 확인)하고 감독위원의 지시에 따라 기록표의 내용대로 기록·판정한 후 다시 조립하시오.
2. 주어진 전자제어 가솔린 엔진에서 감독위원의 지시에 따라 시동에 필요한 연료장치 회로의 이상 개소를 점검 및 수리하여 시동하시오.
3. 주어진 자동차에서 엔진의 공기 유량 센서(AFS)와 에어 필터를 탈거(감독위원에게 확인)한 후 다시 조립하고 감독위원의 지시에 따라 진단기(스캐너)를 사용하여 엔진의 각종 센서(액추에이터)를 점검 후 기록표에 기록하시오.
4. 주어진 자동차에서 기록표에 제시된 내용을 측정하고 기록·판정하시오.

## 2 섀시

1. 주어진 수동변속기에서 감독위원의 지시에 따라 1단 기어를 탈거(감독위원에게 확인)한 후 다시 조립하시오.
2. 주어진 자동차(ABS 장착 차량)에서 감독위원의 지시에 따라 톤 휠 간극을 점검하여 기록·판정하시오.
3. 주어진 자동차에서 감독위원의 지시에 따라 브레이크 휠 실린더를 탈거(감독위원에게 확인)하고 다시 조립하여 공기빼기 작업 후 브레이크의 작동 상태를 확인하시오.
4. 주어진 자동차에서 감독위원의 지시에 따라 진단기(스캐너)로 자동변속기를 점검하고 기록·판정하시오.
5. 주어진 자동차에서 감독위원의 지시에 따라 좌 또는 우회전 시 최소 회전 반지름을 측정하여 기록·판정하시오.

## 3 전기

1. 주어진 자동차에서 에어컨 벨트를 탈거(감독위원에게 확인)한 후 다시 부착하여 벨트 장력까지 점검한 후 에어컨 컴프레서가 작동되는지 확인하시오.
2. 주어진 자동차에서 감독위원의 지시에 따라 메인 컨트롤 릴레이의 고장 부분을 점검한 후 기록표에 기록·판정하시오.
3. 주어진 자동차에서 와이퍼 회로의 고장 부분을 점검한 후 기록표에 기록·판정하시오.
4. 주어진 자동차에서 경음기음을 측정하여 기록표에 기록·판정하시오.

# 국가기술자격 실기시험 결과기록표 14안

| 자격종목 | 자동차정비기능사 | 과제명 | 자동차정비작업 |
|---|---|---|---|

● 기록표는 문항별 구분 절단하여 배부하고, 각 문항별 종료 시 회수한다.

## 엔진 1 실린더 간극 점검

| 항목 | 엔진 번호 : | | 비번호 | | 감독위원 확인 | |
|---|---|---|---|---|---|---|
| | ① 측정(또는 점검) | | ② 판정 및 정비(또는 조치) 사항 | | | 득점 |
| | 측정값 | 규정(정비한계)값 | 판정(□에 'V'표) | 정비 및 조치 사항 | | |
| 실리더 간극 | | | □ 양호<br>□ 불량 | | | |

※ 감독위원이 지정하는 부위를 측정합니다.　　※ 단위가 누락되거나 틀린 경우는 오답으로 채점합니다.

## 엔진 3 엔진 센서(액추에이터) 점검

| 항목 | 자동차 번호 : | | | 비번호 | | 감독위원 확인 | |
|---|---|---|---|---|---|---|---|
| | ① 측정(또는 점검) | | | ② 판정 및 정비(또는 조치) 사항 | | | 득점 |
| | 고장 부위 | 측정값 | 규정값 | 고장 내용 | 정비 및 조치 사항 | | |
| 센서<br>(액추에이터)<br>점검 | | | | | | | |

※ 단위가 누락되거나 틀린 경우는 오답으로 채점합니다.　　※ 측정 조건은 감독위원이 제시합니다.

## 엔진 4 배기가스 점검

| 측정 항목 | 자동차 번호 : | | 비번호 | 감독위원 확인 | |
|---|---|---|---|---|---|
| | ① 측정(또는 점검) | | ② 판정<br>(□에 'V'표) | | 득점 |
| | 측정값 | 기준값 | | | |
| CO | | | □ 양호<br>□ 불량 | | |
| HC | | | | | |

※ 감독위원이 제시한 자동차등록증(또는 차대번호)을 활용하여 차종 및 연식을 적용합니다.
※ 자동차 검사 기준 및 방법에 의하여 기록·판정합니다.　　※ CO 측정값은 소수 둘째 자리 이하는 버림하여 기입합니다.
※ HC 측정값은 소수 첫째 자리 이하는 버림하여 기입합니다.

## 섀시 2 ABS 스피드 센서 점검(톤 휠 간극)

| 자동차 번호 : | | | 비번호 | | 감독위원 확 인 | |
|---|---|---|---|---|---|---|
| 항목 | ① 측정(또는 점검) | | ② 판정 및 정비(또는 조치) 사항 | | | 득점 |
| | 측정값 | 규정(정비한계)값 | 판정(□에 'V'표) | 정비 및 조치 사항 | | |
| 톤 휠 간극 | 전륜·우측 : | 전륜·우측 : | □ 양호<br>□ 불량 | | | |

※ 감독위원이 지정하는 앞 또는 뒤축의 간극을 측정합니다. ※ 단위가 누락되거나 틀린 경우는 오답으로 채점합니다.

## 섀시 4 자동변속기 자기진단

| 자동차 번호 : | | | 비번호 | | 감독위원 확 인 | |
|---|---|---|---|---|---|---|
| 항목 | ① 측정(또는 점검) | | ② 판정 및 정비(또는 조치) 사항 | | | 득점 |
| | 이상 부위 | 내용 및 상태 | 판정(□에 'V'표) | 정비 및 조치 사항 | | |
| 변속기 자기진단 | | | □ 양호<br>□ 불량 | | | |

## 섀시 5 최소 회전 반지름

| 자동차 번호 : | | | | | 비번호 | | 감독위원 확 인 | |
|---|---|---|---|---|---|---|---|---|
| 항목 | ① 측정(또는 점검) | | | | ② 산출 근거 및 판정 | | | 득점 |
| | 최대조향각도 | | 기준값<br>(최소회전반지름) | 측정값<br>(최소회전반지름) | 산출 근거 | 판정<br>(□에 'V'표) | | |
| | 좌측 바퀴 | 우측 바퀴 | | | | | | |
| 회전 방향<br>(□에 'V'표)<br>□ 좌<br>□ 우 | | | | | | □ 양호<br>□ 불량 | | |

※ 회전방향은 감독위원이 지정하는 위치의 □에 'V' 표시합니다.
※ 축거 및 바퀴의 접지면 중심과 킹핀과의 거리(r)는 감독위원이 제시합니다.
※ 자동차 검사 기준 및 방법에 의하여 기록·판정합니다.
※ 산출 근거에는 단위를 표시하지 않아도 됩니다.

## 전기 2   메인 컨트롤 릴레이 점검

| 자동차 번호 : | | 비번호 | | 감독위원 확인 | |
|---|---|---|---|---|---|
| 항목 | ① 측정(또는 점검) | ② 판정 및 정비(또는 조치) 사항 | | | 득점 |
| | | 판정(□에 'V'표) | 정비 및 조치 사항 | | |
| 코일이 여자되었을 때 | □ 양호  □ 불량 | □ 양호<br>□ 불량 | | | |
| 코일이 여자 안 되었을 때 | □ 양호  □ 불량 | | | | |

## 전기 3   와이퍼 회로 점검

| 자동차 번호 : | | | 비번호 | | 감독위원 확인 | |
|---|---|---|---|---|---|---|
| 항목 | ① 측정(또는 점검) | | ② 판정 및 정비(또는 조치) 사항 | | | 득점 |
| | 0 상 부위 | 내용 및 상태 | 판정(□에 'V'표) | 정비 및 조치 사항 | | |
| 와이퍼 회로 | | | □ 양호<br>□ 불량 | | | |

## 전기 4   경음기 음량 점검

| 자동차 번호 : | | 비번호 | | 감독위원 확인 | |
|---|---|---|---|---|---|
| 항목 | ① 측정(또는 점검) | | ② 판정 (□에 'V'표) | | 득점 |
| | 측정값 | 기준값 | | | |
| 경음기 음량 | | _____ 이상<br>_____ 이하 | □ 양호<br>□ 불량 | | |

※ 감독위원이 제시한 자동차등록증(또는 차대번호)을 활용하여 차종 및 연식을 적용합니다.
※ 자동차 검사 기준 및 방법에 의하여 기록·판정합니다.
※ 암소음은 무시합니다

# 국가기술자격 실기시험문제 15안

| 자격종목 | 자동차정비기능사 | 과제명 | 자동차정비작업 |

비번호 :  　　　　　　　　시험시간 : 4시간(엔진 : 100분, 섀시 : 80분, 전기 : 60분)

[시험 안 및 요구 사항 일부 내용이 변경될 수 있음]

1. 주어진 가솔린 엔진에서 실린더 헤드와 피스톤(1개)을 탈거(감독위원에게 확인)하고 감독위원의 지시에 따라 기록표의 내용대로 기록·판정한 후 다시 조립하시오.
2. 주어진 전자제어 가솔린 엔진에서 감독위원의 지시에 따라 시동에 필요한 크랭킹 회로의 이상개소를 점검 및 수리하여 시동하시오.
3. 주어진 자동차에서 엔진의 공기 유량 센서(AFS)와 에어 필터를 탈거(감독위원에게 확인)한 후 다시 조립하고 감독위원의 지시에 따라 진단기(스캐너)를 사용하여 엔진의 각종 센서(액추에이터)를 점검 후 기록표에 기록하시오.
4. 주어진 자동차에서 기록표에 제시된 내용을 측정하고 기록·판정하시오.

1. 주어진 자동변속기에서 감독위원의 지시에 따라 밸브 보디를 탈거(감독위원에게 확인)한 후 다시 조립하시오.
2. 주어진 자동차에서 감독위원의 지시에 따라 자동변속기의 오일 양을 점검하여 기록·판정하시오.
3. 주어진 자동차에서 감독위원의 지시에 따라 클러치 릴리스 실린더를 탈거(감독위원에게 확인)하고 다시 조립하여 공기빼기 작업 후 클러치의 작동 상태를 확인하시오.
4. 주어진 자동차에서 감독위원의 지시에 따라 진단기(스캐너)로 전자제어 현가장치(ECS)를 점검하고 기록·판정하시오.
5. 주어진 자동차에서 감독위원의 지시에 따라 제동력을 측정하여 기록·판정하시오.

1. 주어진 자동차에서 감독위원의 지시에 따라 계기판을 탈거(감독위원에게 확인)한 후 다시 부착하여 계기판의 작동 여부를 확인하시오.
2. 자동차에서 점화코일 1, 2차 저항을 측정하고 코일의 고장 유무를 확인하여 기록표에 기록·판정하시오.
3. 주어진 자동차에서 파워 윈도 회로의 고장 부분을 점검한 후 기록표에 기록·판정하시오.
4. 주어진 자동차에서 좌 또는 우측의 전조등을 측정하고 기록표에 기록·판정하시오.

## 국가기술자격 실기시험 결과기록표 15안

| 자격종목 | 자동차정비기능사 | 과제명 | 자동차정비작업 |
|---|---|---|---|

● 기록표는 문항별 구분 절단하여 배부하고, 각 문항별로 종료 시 회수한다.

### 엔진 1 — 피스톤 링 이음 간극 점검

| 엔진 번호 : | | | 비번호 | | 감독위원 확인 | |
|---|---|---|---|---|---|---|

| 항목 | ① 측정(또는 점검) | | ② 판정 및 정비(또는 조치) 사항 | | 득점 |
|---|---|---|---|---|---|
| | 측정값 | 규정(정비한계)값 | 판정(□에 'V'표) | 정비 및 조치 사항 | |
| 피스톤 링 이음 간극 (압축링) | 압축링 : | | □ 양호<br>□ 불량 | | |

※ 감독위원이 지정하는 부위를 측정하고 단위가 누락되거나 틀린 경우는 오답으로 채점합니다.

### 엔진 3 — 엔진 센서(액추에이터) 점검

| 자동차 번호 : | | | 비번호 | | 감독위원 확인 | |
|---|---|---|---|---|---|---|

| 항목 | ① 측정(또는 점검) | | | ② 판정 및 정비(또는 조치) 사항 | | 득점 |
|---|---|---|---|---|---|---|
| | 고장 부위 | 측정값 | 규정값 | 고장 내용 | 정비 및 조치 사항 | |
| 센서 (액추에이터) 점검 | | | | | | |

※ 단위가 누락되거나 틀린 경우는 오답으로 채점합니다.　　※ 측정 조건은 감독위원이 제시합니다.

### 엔진 4 — 디젤 엔진 매연 점검

| 자동차 번호 : | | | | 비번호 | | 감독위원 확인 | |
|---|---|---|---|---|---|---|---|

| 항목 | ① 측정(또는 점검) | | | | ② 산출 근거 및 판정 | | | 득점 |
|---|---|---|---|---|---|---|---|---|
| | 차종 | 연식 | 기준값 | 측정값 | 측정 | 산출 근거(계산) 기록 | 판정(□에 'V'표) | |
| 매연 | | | | | 1회 :<br>2회 :<br>3회 : | | □ 양호<br>□ 불량 | |

※ 감독위원이 제시한 자동차등록증(또는 차대번호)을 활용하여 차종 및 연식을 적용합니다.
※ 매연 농도를 산출 평균하여 소수점 이하는 버린 값으로 기입합니다.
※ 자동차검사기준 및 방법에 의하여 기록·판정합니다.　　※ 측정 및 판정은 무부하 조건으로 합니다.

## 섀시 2 ❘ 자동변속기 오일 양 점검

| 자동차 번호 : | | 비번호 | | 감독위원 확인 | |
|---|---|---|---|---|---|
| 항목 | ① 측정(또는 점검) | ② 판정 및 정비(또는 조치) 사항 | | | 득점 |
| | | 판정(□에 'V'표) | 정비 및 조치 사항 | | |
| 오일 양 | COLD　　HOT<br>오일 레벨을 게이지에 그리시오. | □ 양호<br>□ 불량 | | | |

※ 측정값(오일 레벨 라인)에 대한 판정 범위는 감독위원이 제시합니다.


## 섀시 4 ❘ 전자제어 현가장치 점검

| 자동차 번호 : | | 비번호 | | 감독위원 확 인 | |
|---|---|---|---|---|---|
| 항목 | ① 측정(또는 점검) | | ② 판정 및 정비(또는 조치) 사항 | | 득점 |
| | 이상 부위 | 내용 및 상태 | 판정(□에 'V'표) | 정비 및 조치 사항 | |
| 전자제어<br>현가장치<br>자기진단 | | | □ 양호<br>□ 불량 | | |


## 섀시 5 ❘ 제동력 점검

| 자동차 번호 : | | | | 비번호 | | 감독위원 확 인 | | |
|---|---|---|---|---|---|---|---|---|
| ① 측정(또는 점검) | | | | ② 산출 근거 및 판정 | | | | 득점 |
| 항목 | 구분 | 측정값(kgf) | 기준값<br>(□에 'V'표) | | 산출 근거 | | 판정<br>(□에 'V'표) | |
| 제동력 위치<br>(□에 'V'표)<br>□ 앞<br>□ 뒤 | 좌 | | □ 앞 축중의<br>□ 뒤 | | 편차 | | □ 양호<br>□ 불량 | |
| | 우 | | 편차 | | 합 | | | |
| | | | 합 | | | | | |

※ 측정값의 단위는 시험장비 기준으로 기록합니다.
※ 자동차 검사 기준 및 방법에 의하여 기록·판정합니다.
※ 측정값의 단위는 시험장비 기준으로 기록합니다.
※ 산출 근거에는 단위를 기록하지 않아도 됩니다.

## 전기 2 · 점화코일 저항 점검

| 항목 | 자동차 번호 : | | 비번호 | | 감독위원 확 인 | |
|---|---|---|---|---|---|---|
| | ① 측정(또는 점검) | | ② 판정 및 정비(또는 조치) 사항 | | | 득점 |
| | 측정값 | 규정(정비한계)값 | 판정(□에 'V'표) | 정비 및 조치 사항 | | |
| 1차 저항 | | | □ 양호 □ 불량 | | | |
| 2차 저항 | | | □ 양호 □ 불량 | | | |

※ 단위가 누락되거나 틀린 경우는 오답으로 채점합니다.


## 전기 3 · 파워윈도 회로 점검

| 항목 | 자동차 번호 : | | 비번호 | | 감독위원 확 인 | |
|---|---|---|---|---|---|---|
| | ① 측정(또는 점검) | | ② 판정 및 정비(또는 조치) 사항 | | | 득점 |
| | 이상 부위 | 내용 및 상태 | 판정(□에 'V'표) | 정비 및 조치 사항 | | |
| 파워윈도 회로 | | | □ 양호 □ 불량 | | | |


## 전기 4 · 전조등 점검

| | 자동차 번호 : | | 비번호 | | 감독위원 확 인 | |
|---|---|---|---|---|---|---|
| | ① 측정(또는 점검) | | | | ② 판정 (□에 'V'표) | 득점 |
| 구분 | 측정 항목 | 측정값 | 기준값 | | | |
| (□에 'V'표) 위치 : □ 좌 □ 우 등식 : □ 2등식 □ 4등식 | 광도 | | _____ 이상 | | □ 양호 □ 불량 | |

※ 측정 위치는 감독위원이 지정하는 위치의 □에 'V' 표시합니다.
※ 자동차 검사 기준 및 방법에 의하여 기록 · 판정합니다.

## 생생한 자동차정비기능사 실기 답안지작성법

2019년 1월 10일 인쇄
2019년 1월 15일 발행

저자 : 임춘무·최종기·이호상·최필식·이주학
펴낸이 : 이정일

펴낸곳 : 도서출판 **일진사**
www.iljinsa.com

(우)04317 서울시 용산구 효창원로 64길 6
대표전화 : 704-1616, 팩스 : 715-3536
등록번호 : 제1979-000009호(1979.4.2)

**값 22,000원**

ISBN : 978-89-429-1566-8

* 이 책에 실린 글이나 사진은 문서에 의한 출판사의 동의 없이 무단 전재·복제를 금합니다.